# 数据恢复技术基础实验指导

## 郭　果　主编

# 数据恢复技术基础实验指导

## 郭　果　主编

科学出版社

北京

# 内 容 简 介

本书通过大量的实验项目——基础实验和磁盘存储结构及文件系统分析实验来引领读者学习数据恢复技术的基本内容，让读者在实验中学习理论知识，提高专业技能，并逐步培养安全使用计算机的良好习惯，从而有效地提高数据的安全性。

本书是根据作者多年从事数据恢复技术的实验教学经验编写而成的，详细地介绍了学习数据恢复技术必须要掌握的技能和知识。通过本书的学习，读者能在实际工作中解决大多数的数据安全和恢复问题。

本书可作为中高等院校（包括各类职业学校）的计算机及应用、软件工程或网络安全等相关专业的专业教材和参考书，也可作为社会培训机构的教学用书，以及计算机爱好者的自学用书。

**图书在版编目（CIP）数据**

数据恢复技术基础实验指导 / 郭果主编. -- 北京：
科学出版社，2014.6
    ISBN 978-7-03-040617-0

    Ⅰ. ①数⋯ Ⅱ. ①郭⋯ Ⅲ. ①数据管理－安全技术
Ⅳ. ①TP309.3

    中国版本图书馆 CIP 数据核字(2014)第 097441 号

责任编辑：杨 岭 朱小刚/ 封面设计：墨创文化
责任校对：邓丽娜 / 责任印刷：余少力

**科学出版社** 出版
北京东黄城根北街 16 号
邮政编码：100717
http://www.sciencep.com

成都创新包装印刷厂印刷
科学出版社发行 各地新华书店经销
＊

2014 年 10 月第 一 版    开本：787×1092 1/16
2016 年 5 月第三次印刷    印张：18 1/2
字数：440 千字
定价：48.00 元

# 《数据恢复技术基础实验指导》
## 编委会

# 编 者 的 话

当今的数字化信息技术备受关注。人们通过各种方式、方法和途径来解决数字化信息的安全问题，比如"云"存储技术、网盘技术等。在实际工作和生活中，人们总是通过计算机来处理原始的数字化信息，所以安全问题在很大程度上是由个人因素（即个人使用计算机的方法及知识结构）直接决定的。

以下是一些常见的操作计算机的不良习惯，请读者改正。

（1）在电脑"桌面"上（或"我的文档"，或操作系统盘上等）放重要文件。这样做不仅会导致开机变慢，而且当操作系统出现问题时，有可能丢失重要文件等数据，且不易恢复。

（2）硬盘分区仍然使用 FAT 32 文件系统。FAT 32 文件系统会产生大量的文件磁盘碎片，数据一旦丢失，将不利于恢复，建议使用更先进的 NTFS 文件系统。

（3）把重要文件直接放在分区的根上而不是文件夹中。文件夹是存放文件十分安全的地方，其中的数据也较容易恢复。

（4）不习惯备份重要文件到移动盘或网盘上。

（5）利用"发送到"命令而不是使用"复制"的方法将文件移动到磁盘或 U 盘上，这样做可能会导致假发送。

（6）假如分区是 FAT 32 文件系统，若使用组合键"Shift+Del"来删除文件，则不利于数据恢复。

数据的保护，主要包括操作系统的保护和文件的保护两部分。操作系统的保护主要是指操作系统备份，它可以在很短时间内将操作系统还原到新安装时的状态。保护好操作系统也能很好地保证文件的安全。文件是最为重要的数据，也是构成数字化信息的主要组成部分。"云"存储技术是文件保护的主要方式之一。

在计算机的使用过程中，数据丢失是难免的。互联网上提供了大量的用于数据恢复的软件和工具，然而，这些数据恢复软件和工具都要求使用者要懂得设置参数，才能很好地恢复数据。

在进行数据恢复时，一定要懂得"准""快""好"三原则。"准"就是准确判断数据丢失的原因（越准确越好）。"快"就是合理设置参数，快速使用相应工具恢复数据。"好"就是指恢复数据的概率越高越好。

本书将通过大量的实验来说明数据丢失的原因（原理），一些实验要求读者亲自破坏数据，从而能很快学会恢复数据的各种方法，以提高"准""快""好"的综合技术能力。

在数据恢复技术领域中，对数据的恢复工作主要分为三个层面：一是软件级技术（也叫高层逻辑级）；二是固件级技术（也叫底层逻辑级）；三是硬件级技术。其中软件级技术是指在操作系统中利用数据恢复软件来进行恢复的技术层面，这是数据恢复技术中最为基础的层面，要求读者不仅要懂得软件工具如何使用，更要懂得数据存储的原理，从而能达到数据恢复的要求。后两个技术层面，要求读者必须具备软件级的能力，同时还要求具备更高的技术能力，这两个层面的技术最终都要回到软件级来进行。

本书的实验主要介绍的是软件级层面的应用，由浅入深，使读者最终能够自主解决实际工作中的数据恢复问题。

　　本书的大多数实验都在虚拟机中完成，这样可避免直接面对实际计算机而导致其崩溃等不利因素。初学数据恢复技术的读者，跟随本书的顺序一步一步地做和学，即可达到学习目标，不会损坏读者的计算机系统和数据。

　　本书由郭果主编，编委成员有：四川师范大学的徐勇、杨春、冯山、郭荣佐、杨军、余毅，四川城市职业学院信息工程系的李力，成都大学信息科学与技术学院的刘莎，成都理工大学继续教育学院的谭素，昆明医科大学的刘永生、章可，云南中医学院的杨莉等。郭果负责统稿、校稿及技术验证。另外，本书由郭涛负责主审，由四川效率源信息安全技术有限责任公司的黄旭（技术总监）和张彬（高级工程师）作学术顾问。在此，对以上老师致以诚挚的谢意！

　　由于编者水平有限，书中难免存在不足和不妥之处，敬请广大读者不吝批评指正。

# 前　言

随着计算机用户数量的不断增长和互联网的迅猛发展，人类社会越来越依赖各种各样的数据网络和数量极为庞大的数字信息，因此数据安全变得越来越重要，其中设备意外损坏、病毒攻击、操作失误、人为破坏等是较为普遍的数据安全问题。

"电脑有价，数据无价"正是对信息时代电脑数据重要性的真实写照。具体到每个人的生活和工作中，从 PC 机、移动硬盘、U 盘、手机、数码相机到各种各样的银行卡、证照卡、交通卡等都有大量的数据贮存在介质上，这些数据汇成巨量数据流，且随时都存在丢失的可能。在庞大的数据损失的基数之上，数据修复业务迅速膨胀，是近年来越来越受重视的一个领域。数据恢复技术是保障数据存储安全的重要措施与手段之一，是计算机技术发展的必然产物，也是一门新兴技术。它主要研究如何修复硬盘上被破坏的数据，以及如何保护硬盘上的数据。相对国外较健全的数据恢复业市场，国内的数据恢复业发展虽慢了一些，但也显示出蓬勃旺盛的发展势头。

本书汇集了作者十余年教学实践经验，主要针对当前应用最普及的微软系列操作系统，循序渐进、全面系统地介绍了如何修复硬盘上被破坏的数据以及如何保护硬盘中的重要数据的方法，能逐步培养读者安全使用计算机的良好习惯，从而有效地提高数据的安全性。本书注重实用性与实效性，强调实践操作。

（1）实验工具说明。本书所用工具软件都来自于互联网。这些工具能使读者快速掌握数据恢复课程所必须具备的能力和知识，是有必要深入学习的工具软件。

本书中的每个实验项目，都列举了本实验项目中所用到的软件工具，建议读者根据所用软件工具的名称在互联网中进行搜索，并下载使用。

本书所介绍的实验工具软件可以从互联网搜索得到，从而可组成一个实验材料（如可以把这些工具软件都封装到一张光盘中），教师在教学过程中还能根据教学的要求或进度，对所选工具或章节进行适当的增减。

（2）实验环境要求。为了能很好地运行虚拟机及其相关软件工具，建议选用 Windows Server 2003、Windows XP、Windows7 和 Windows Sever 2008 等 32 位或 64 位的计算机操作系统之一。

计算机的硬件配置要求如下：CPU 为 P4 或性能更高的型号；内存 2GB 或以上；硬盘的空余空间建议 20GB 以上。

（3）教学建议。本书可用于相关实验教学，建议理论教学学时数为 32～48 学时，实验教学学时数为 32～40 学时。

本书创建了一个安全虚拟的学习环境，收集并提供了实用的系列工具软件，不仅是普通高校、职业技术学院计算机及其相关专业学生的首选实验教材，对广大计算机操作人员来说，也是一本重要的操作指南和技术手册。

由于计算机科学技术发展日新月异，加上作者学识有限，书中难免存在不足之处，敬请读者指正。

# 目　　录

# 第一部分　基 础 实 验

实验项目 1 和实验项目 2 是本书所有实验项目的基础。要求读者能创建自己的可启动 ISO 工具光盘，并能运用到虚拟机上，能在 Win PE 或 DOS 操作系统中使用相应工具软件。

实验项目 3～6 能使读者对分区有直观理解，初步认识数据存储结构。实验要求读者能熟练地对硬盘进行分区操作，并能在分区间进行不同的应用，如 Ghost 应用、数据保护应用（即灾备）、Windows 操作系统的保护，以及 DOS 等操作系统的安装。

# 实验项目 1　创建 ISO 工具光盘

**实验工具软件**

（1）通用 PE 工具箱。

（2）UltraISO。

## 1.1　通过“通用 PE 工具箱”获得 ISO 光盘

### 1.1.1　基本概念

（1）本地操作系统：本地操作系统指读者计算机所用的操作系统，如 Windows 2003/XP/7/Sever 2008 等。

（2）物理光盘：指通过模具压制的，或用刻录机和软件刻录而成的类似塑料的圆片，如常见的 CD、DVD 等，它们分为只读和刻录等类型。物理光盘也可通过软件，如“UltraISO”制作为虚拟光盘。

（3）虚拟光盘：也叫软光盘或光盘映像，是一种文件形式，其类型为 ISO 文件，也有其他的后缀，如 BIN 等。ISO 虚拟光盘一般用在虚拟光驱中或虚拟机中，如同在实际的计算机中使用物理光盘一样。虚拟光盘可以通过刻录机和刻录软件将其刻录为物理光盘。在互联网中提供有大量的 ISO 光盘文件，如工具光盘、操作系统安装光盘等。虚拟光盘也可以通过“UltraISO”等软件工具来编辑得到。虚拟光盘只有在要刻录为物理光盘时，才需要注意容量是否能满足物理刻录光盘的规格。

（4）物理光驱：是指能放入物理光盘的盒子，就是平时说的光驱。一般分为只读及刻录等类型，又有 CD、DVD 等不同种类。物理光驱一般是向下兼容的。

（5）虚拟光驱：是由软件（如“UltraISO”）生成的模拟光驱工作的工具软件，它只能放入（或插入）虚拟光盘，如同将物理光盘放入物理光驱中一样来使用。虚拟光驱可以插入任意大小的虚拟光盘。在本地操作系统中，要区别物理光驱与虚拟光驱的图标和使用方法。

（6）MAXDOS：是迈思工作室利用 DOS V7.1（是 Windows 98 操作系统自带的维护 DOS 操作系统）对微软的传统（或标准）DOS 操作系统进行扩展的一个软件工具。MAXDOS 以光盘或其他可携设备作为媒介，并提供了大量适用的工具和命令，是计算机维护和数据恢复等重要的工作平台。软件“通用 PE 工具箱”就提供有 MAXDOS 操作系统。

（7）WinPE：也叫 Windows 预先安装环境（Microsoft Windows Preinstallation Environment），是 Windows XP、Windows 2003、Vista 7 和 Vista 8 等操作系统的简化版。WinPE 以光盘或其他可携设备作为媒介。WinPE 的作用有：方便企业作出工作站和服务器的企划；给原始设备制造商（OEM）制造自定义的 Windows 操作系统；取代 MS-DOS 软盘等。WinPE 是计算机维护和数据恢复等工作的重要平台，软件“通用 PE 工具箱”就提供有 WinPE 操作系统。

### 1.1.2　工具简介

"通用 PE 工具箱"是一款可安装在硬盘、U 盘、光盘等上使用的 WinPE 或 MAXDOS 工具集合，是一款新手或高手都适用的维护工具。它可以快速实现一个独立于本地操作系统的临时 Windows 或 DOS 操作系统，并含有 Ghost、硬盘分区、密码破解、数据恢复和修复引导等工具。它完全在内存中运行的特性可以极高的权限访问硬盘，让用户在使用 PE 的时候也能够快速进入 DOS（即 MAXDOS，与 WinPE 相伴），能给用户带来完美的维护体验。

"通用 PE 工具箱"是很有代表性的工具，装机量也很大，其主要特点如下。

（1）简易的全能安装。"通用 PE 工具箱"采用 exe 压缩包安装方式，无需借助外部工具，安装时只需点击"下一步"即可。它可快速安装在计算机系统中，并具有制作可启动 U 盘、生成 ISO 镜像并刻录为物理光盘等功能。

（2）无可挑剔的兼容性。"通用 PE 工具箱"对硬盘识别率高达 99.99%，其中 MAXDOS 的兼容性也毋庸置疑，都是使用多年的产品。

（3）强大的功能序列。在"通用 PE 工具箱"中，WinPE 下含有 Ghost、硬盘分区、密码破解、数据恢复、修复引导等工具，DOS 下含有 Ghost，这些工具对维护系统而言完全够用。另外，它还有一键还原、DiskGen、MHDD、HDDReg、PQ 等常用磁盘工具和其他常用 DOS 工具。

（4）优良的性价比。在保证强大的功能序列同时，"通用 PE 工具箱"的大小控制在 100MB 左右。

（5）良好的用户界面。在安装"通用 PE 工具箱"时，会有许多个性化的选项，方便用户根据自己的使用习惯进行设置。

"通用 PE 工具箱"有不同的几个版本，如 V3.3、V4.0、V5.0、V6.0 等，而其内核主要有 Windows XP、Windows 2003、Windows 7 和 Windows 8 等。"通用 PE 工具箱"对计算机的兼容性越来越高（即能更好地利用计算机的硬件资源），但其对计算机的内存要求也越来越高，容量也越来越大。

本书以 Windows 7 内核的 V3.3 版本的"通用 PE 工具箱"为主要的实验工具软件。读者可以任意选择"通用 PE 工具箱"的版本来做实验，只要能生成出可启动的 ISO 虚拟光盘并能正常在虚拟机中使用即可；也可以选用其他的能启动的 ISO 虚拟光盘（网上提供有大量的这类虚拟光盘），只要能正常启动和使用 Win PE 和 DOS 操作系统即可。

Windows 8 内核的任何版本的"通用 PE 工具箱"中的 Win PE 操作系统在某些虚拟机中无法正常运行（其中的 MAXDOS 可以正常运行），原因是它对虚拟机软件的要求很高，必须能兼容 Windows 8 系统。不过，Windows 8 内核的任何版本的"通用 PE 工具箱"在实际的计算机上使用时没有限制。

### 1.1.3　实验目的

能获得适用的可启动 ISO 工具光盘，如"通用 PE 工具箱"等（"通用 PE 工具箱"是本书所有实验的基础工具之一）。能理解 ISO 软光盘的作用，能利用"通用 PE 工具箱"生成 ISO 软光盘。

### 1.1.4　实验指导

在本地操作系统中，双击下载好的"通用 PE 工具箱_V3.3"软件图标，如图1-1所示。

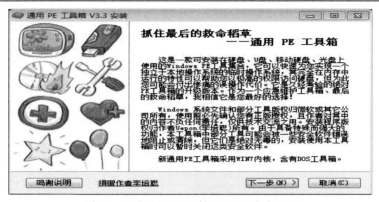

图 1-1　"通用 PE 工具箱_V3.3"欢迎界面

点击"下一步"按钮，如图 1-2 所示。

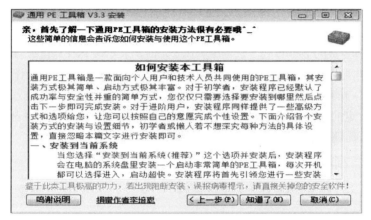

图 1-2　"通用 PE 工具箱_V3.3"介绍画面

点击"知道了"按钮，如图 1-3 所示。图 1-1 和图 1-2 是该软件的介绍和说明，这些内容对用户的使用十分有帮助。

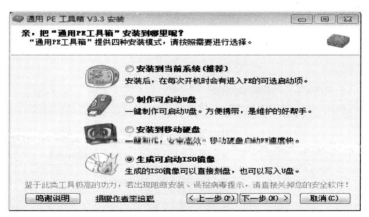

图 1-3　"通用 PE 工具箱_V3.3"的安装模式选择

在安装模式选择界面（图 1-3）上，请读者一定选择"生成可启动 ISO 镜像"选项，其他选项这里暂时不用考虑，也请不要莽撞尝试，以免给你的计算机系统或移动盘带来不必要的麻烦。点击"下一步"按钮，如图 1-4 所示。

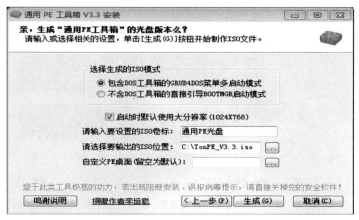

图 1-4 "通用 PE 工具箱_V3.3"生成 ISO 工具的选项

此时采用默认设置即可。需注意 ISO 文件输出的位置在 C 盘的根上，其文件名是"TonPE_V3.3.ISO"。

若选中"选择生成的 ISO 模式"选项中的第一项时，表示该 ISO 光盘在启动计算机后，将显示选择菜单，用户可以选择进入 DOS 操作系统，也可以选择进入 WinPE 操作系统；若选中第二项时，表示该 ISO 光盘在启动计算机后，直接进入 WinPE 操作系统而无法进入 DOS 操作系统。

这种默认设定的启动光盘，是一种通用方式，本书的所有实验项目都将使用这种启动光盘的模式。设置确定后，点击"生成"按钮，如图 1-5 所示。

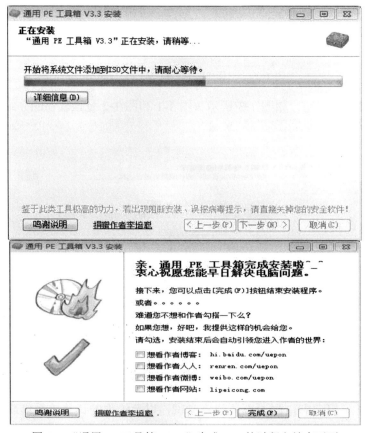

图 1-5 "通用 PE 工具箱_V3.3"生成 ISO 的过程和结束画面

点击"完成"按钮，"TonPE_V3.3.ISO"软光盘创建完成。

在本地操作系统中，双击"我的电脑"图标，再双击 C 盘图标，进入 C 盘根上，找到生成的"TonPE_V3.3.ISO"文件，如图 1-6 所示。

| 名称 | 修改日期 | 类型 | 大小 |
|---|---|---|---|
| Intel | 2012/12/27 20:17 | 文件夹 | |
| PerfLogs | 2009/7/14 10:37 | 文件夹 | |
| Program Files | 2013/1/5 20:06 | 文件夹 | |
| Windows | 2012/12/27 21:15 | 文件夹 | |
| 用户 | 2013/1/5 20:48 | 文件夹 | |
| TonPE_V3.3 | 2013/1/5 23:22 | UltraISO 文件 | 98,046 KB |
| TonPE_V3.3_ISO | 2012/4/10 16:29 | 文本文档 | 3 KB |

图 1-6 　生成的"Ton8PE_V4.0.ISO"文件

注意，"TonPE_V3.3.ISO"是容量较大（大约 98MB）、类型为 ISO 的文件。请读者复制"TonPE_V3.3.ISO"文件到 D 盘中的某个文件夹中备用，本书中的多数实验将使用这个软光盘。

# 1.2 　创建自己的可启动 ISO 工具光盘

## 1.2.1 　基本概念

了解刻录光盘的容量。如果要将已完成编辑并保存后的 ISO 软光盘刻录为物理光盘（没有保存的 ISO 内容是不能刻录的），就必须要了解可刻录的物理光盘的实际容量（或极限容量或规格）。如果保存后的 ISO 文件的容量超过了某种可刻录物理光盘的固有容量极限，将无法刻录，或刻录为废光盘。

保存后的 ISO 文件是经过压缩的，其容量有可能会小于编辑时的 ISO 文件，所以以保存后的 ISO 软光盘的最终容量为准来决定刻录光盘的容量。同时，要求刻录机要能兼容相应的刻录光盘格式，否则无法支持刻录。

以下简单列出一些常见的刻录光盘的极限容量。

（1）CD-R、CD-RW 刻录光盘容量（5.25 英寸）为：80 分钟或 700MB（常用刻录大光盘）。

（2）CD-R、CD-RW 刻录光盘容量（3.5 英寸）为：25 分钟或 225MB（常用刻录小光盘）。

（3）DVD-R、DVD-RW、DVD+RW 刻录光盘容量，大致分为以下四种（5.25 英寸）：单面单层（DVD-5）为 4.3GB；单面双层（DVD-9）为 8.3GB；双面单层（DVD-10）为 9.1GB；双面双层（DVD-18）为 17GB。另外，还有蓝光光盘，其容量更高。

## 1.2.2 　工具简介

"UltraISO"工具也叫软碟通，能轻松编辑、制作和转换光盘映像文件。它可以直接编辑 ISO 文件或从 ISO 中提取文件和目录，也可以将物理光盘制作为光盘映像 ISO 文件或者将硬盘上的文件制作成 ISO 文件，还可以处理 ISO 文件的启动信息，从而制作可引导光盘。使用"UltraISO"并配合光盘刻录软件就可以刻录出自己所需要的工具光盘。

随着大容量硬盘的普及，人们已习惯将光盘转换（或拷贝）成光盘映像文件来使用，普遍采用的是"ISO 9660国际标准格式"，因此，光盘映像文件也简称 ISO 文件。ISO 文件保留了光盘中的全部数据信息（包括光盘启动信息），可以方便地采用常用光盘刻录软件（如"Nero"或"UltraISO"等）通过刻录光驱来刻录成光盘，也可以通过虚拟光驱（如"Daemon-Tools"或"UltraISO"等）来直接使用。

"UltraISO"主要特性如下。

（1）可以直接编辑 ISO 文件，可以将硬盘上的文件制作成 ISO 文件。

（2）双窗口操作，使用十分方便，可以从映像文件中直接提取文件和目录。

（3）可以逐扇区复制光盘，制作为包含引导信息在内的完整映像文件。

（4）支持对 ISO 文件进行添加、删除、新建目录、重命名等操作；可直接设置光盘映像中文件的隐藏属性；支持 ISO 9660 Level 1/2/3和 Joliet 扩展；自动优化 ISO 文件存储结构，节省空间。

（5）"UltraISO"支持几乎所有已知的光盘映像文件格式（如 ISO、BIN、CUE、IMG等），并且将它们保存（转换）为标准的 ISO 格式文件。

（6）支持 Shell 文件类型关联，可在 Windows 资源管理器中通过双击或鼠标右键菜单打开 ISO 文件。

（7）配合具有特定功能的插件，可制作 N 合1启动光盘，且光盘映像文件管理功能更强大。

（8）可以处理光盘启动信息，能在 ISO 文件中直接添加、删除和获取启动信息。

"UltraISO"软件有不同的版本，读者可以任意选择使用。但是，请一定要进行注册，否则软件在使用上的功能有所限制。本书以"UltraISO V9.5.3"为主要的实验工具软件。

### 1.2.3 实验目的

了解物理刻录光盘的容量限制；认识"UltraISO"软件的重要性和基础性（"UltraISO"软件是本书所有实验的基础工具之一）。能将虚拟光盘插入到虚拟光驱中，其中的软件能正常使用；能通过"UltraISO"软件编辑获得自己的可启动 ISO 工具光盘；能设置"UltraISO"软件的压缩方式以及虚拟光驱的数量；能记住常用的物理刻录光盘的规格。

### 1.2.4 实验指导

请准备好由"通用 PE 工具箱_V3.3"软件生成的"TonPE_V3.3.ISO"光盘，该光盘是本书所有实验的基础工具。

（1）安装"UltraISO"软件。在本地操作系统中，双击运行下载好的"UltraISO"软件，如图 1-7 所示，请点击"自定义安装"选项。

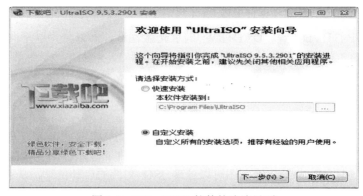

图 1-7    "UltraISO"软件的欢迎界面

大多数的应用软件都提供有"自定义安装"的方式，使用户能具体了解软件的安装步骤、软件中的详细选项设置和组件等信息，除此之外，应用软件也提供有简便的安装方式，如"快速安装"等，这使得用户在安装时，可以不用了解安装的过程，以及被安装有哪些组件等信息内容。建议读者选"自定义安装"方式来安装软件，因为这是一种专业的安装软件的方法。

　　　点击"下一步"按钮，如图 1-8 所示。

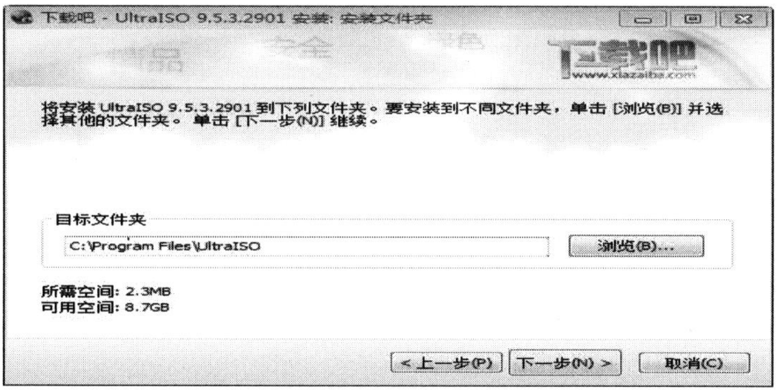

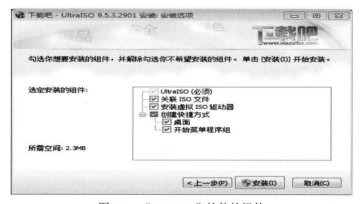

图 1-8　"UltraISO"软件的安装路径

　　　"UltraISO"软件的安装路径不用设置（除非有特殊要求），采用默认即可。点击"下一步"按钮，如图 1-9 所示。

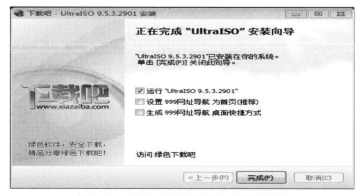

图 1-9　"UltraISO"软件的组件

　　　"UltraISO"软件的组件默认是全选的（也可以看出该软件都有哪些组件被安装）。点击"安装"按钮，安装过程很快，如图 1-10 所示。

图 1-10　"UltraISO"软件完成安装界面

选中"运行'UltraISO 9.5.3.2901'"选项，表示安装完成后即可运行。点击"完成"按钮，可能会出现软件注册提示界面，如图 1-11 所示。

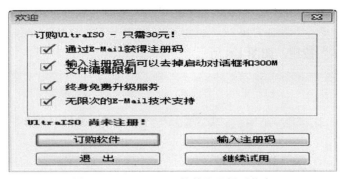

图 1-11 "UltraISO"软件注册提示信息

对于任何一款注册软件来说，请一定要注册后使用，否则软件将有功能限制。请点击"输入注册码"按钮，如图 1-12 所示。

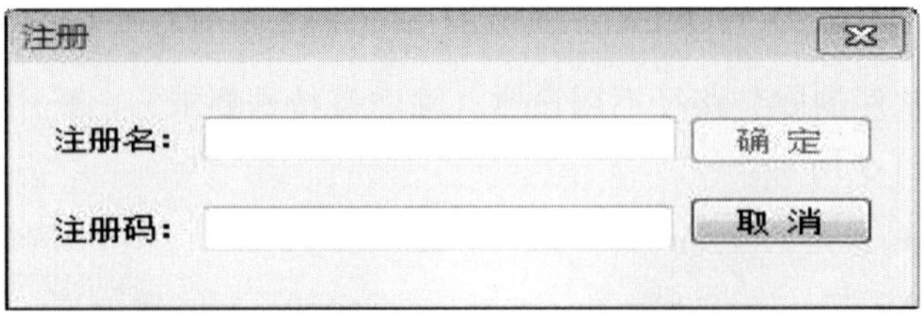

图 1-12 "UltraISO"软件的注册码输入框

请输入正确的注册名和注册码，最后点击"确定"按钮，软件便进入主界面，如图 1-13 所示。此时，"UltraISO"已正确安装在计算机中。

图 1-13 "UltraISO"软件主界面

当正确安装"UltraISO"软件后，所有的 ISO 文件的文件名前的图标都会变成光盘的形状，否则就要重新安装该软件。

（2）将"TonPE_V3.3"光盘插入到虚拟光驱中。如果"UltraISO"软件正确安装后，该软件默认将创建一台虚拟光驱。

　　请双击"我的电脑"图标，可以看到如图1-14所示的盘符图标，与原先的光驱图标相同（如果没有看到自己的计算机多出一台光驱盘符，请重新启动一次计算机，并让其生效）。判断物理光驱和虚拟光驱的方法如下：请右击某个光驱盘符，在出现的快捷菜单中，如果有"UltraISO-加载"命令的，该盘符就一定是虚拟光驱，否则就是物理光驱了。

图 1-14　虚拟光驱盘等图标

　　请右击虚拟光驱，在快捷菜单中选中"UltraISO-加载"命令，如图 1-15 所示。

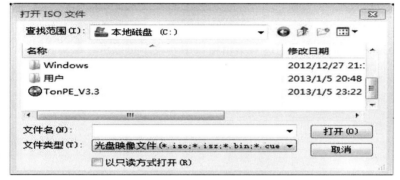

图 1-15　打开 ISO 文件对话框

　　在该对话框中，找到并选中"TonPE_V3.3.ISO"光盘文件，点击"打开"按钮。请双击虚拟光驱，就可以看到光盘中的文件了，如图 1-16 所示。

| CD 驱动器 (G:) 通用PE光盘 ▸ | | | |
| --- | --- | --- | --- |
| 工具(T)　帮助(H) | | | |
| 名称 | 修改日期 | 类型 | 大小 |
| 7777 | 2013/1/5 23:22 | 文件夹 | |
| BOOTMGR | 2013/1/5 23:22 | 文件 | 230 KB |

图 1-16　把"TonPE_V3.3.ISO"光盘插入到虚拟光驱中所显示的文件

　　如果要编辑该虚拟光盘，请一定要从虚拟光驱中弹出该虚拟光盘。否则编辑虚拟光盘时会出错。弹出方法是右击虚拟光驱，在快捷菜单中选中"UltraISO-弹出"命令即可。

　　另外一种将 ISO 光盘插入到虚拟光驱的方法如下：找到相应的 ISO 光盘文件，鼠标右击出现快捷菜单，选中"UltraISO"菜单下的"加载到驱动器 X："（"X："表示光驱的盘符，可根据具体情况来判断当前的盘符）命令，即可将该 ISO 光盘插入到虚拟光驱中。

　　（3）编辑 ISO 光盘。双击"UltraISO"软件图标，进入"UltraISO"软件的主界面，如图1-13所示。图中左上窗口将显示光盘中的目录；右上窗口将显示光盘或文件夹中的文件；左下窗口是本地磁盘中的目录；右下窗口是本地磁盘或文件夹中的文件。

　　点击"UltraISO"软件主界面上的"文件"下拉菜单，并点击"打开"命令，如图1-17所示。

图 1-17　打开 ISO 文件窗口

　　找到并选中"TonPE_V3.3.ISO"光盘文件，点击"打开"按钮，如图 1-18 所示，该"TonPE_V3.3.ISO"虚拟光盘已进入编辑窗口中，表示可以进行编辑。

图 1-18　用"UltraISO"软件打开"TonPE_V3.3.ISO"光盘文件窗口

　　"UltraISO"软件主界面上的" 光盘目录: 可引导光盘 "提示框，表示该虚拟光盘是可启动的光盘。请不要任意点击该按钮，否则将变为其他类型的光盘或毁掉该光盘。该提示框也用于判断一个 ISO 光盘是否是可以启动的虚拟光盘。

　　在图 1-18 中，左上窗口显示了该光盘的目录结构；右上窗口显示了该光盘某目录下的文件。目前窗口中显示的是光盘根上的文件结构，如同在虚拟光驱中看到的一样。

　　请在左下窗口中，选中本地计算机的某磁盘（如 D 盘），并在右下窗口中找到有用的文件或工具软件，如图 1-19 所示。

　　选中图 1-19 中的某个文件，用鼠标拖拽到右上窗口中，即为该光盘或某文件夹中添加了一个文件，如图 1-20 所示。

　　按照上述步骤，就可以添加自己想要的文件或工具软件到虚拟光盘中了。另外，在右上窗口中，可以选中一个文件并将其从虚拟光盘中删除掉。删除方法是：右击需删除的文件，在快捷菜单中，选中"删除"命令即可（该方法不会删除原有的文件）。

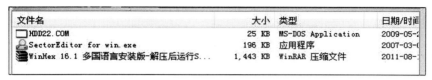

图 1-19　D 盘中的工具软件或文件

图 1-20　将某文件（如三茗硬盘医生.COM）添加到了虚拟光盘中

在"UltraISO"软件窗口的上方，有类似"大小总计：96MB"的提示信息，该信息显示了虚拟光盘目前在编辑中的容量。如果要将该虚拟光盘刻录成物理光盘，一定不要超过物理光盘的容量限制。文件容量越大，保存为 ISO 文件所需的时间就越长（因为有压缩的过程）。

最后，需要将编辑好的虚拟光盘进行保存（最好另存为别的文件，这样可以保护原来的文件）。点击"UltraISO"软件窗口的"文件"菜单下的"另存为"命令，输入新的文件名，如"TonPE_V3.3 编辑后"，点击"保存"按钮，如图 1-21 所示。最后关闭"UltraISO"软件窗口。

图 1-21　编辑的 ISO 文件

此时编辑工作完成，将最终生成的 ISO 虚拟光盘文件保存到 D 盘中某文件夹下备用。

（4）刻录虚拟光盘。如果要刻录编辑好了的虚拟光盘，除了要使得 ISO 文件的容量小于物理光盘的限制容量外，还需要有一台正确连接到计算机上的刻录机。正在编辑而没有保存的虚拟光盘是不能刻录的，只能刻录已经保存的 ISO 文件。

利用"UltraISO"软件打开虚拟光盘进入编辑状态，放入刻录光盘到刻录机中。点击运行窗口上的"工具"菜单下的"刻录光盘映像"命令，如图 1-22 所示。设置好相应参数后，点击"刻录"按钮，请耐心等待。刻录完成后，光盘会自动弹出。

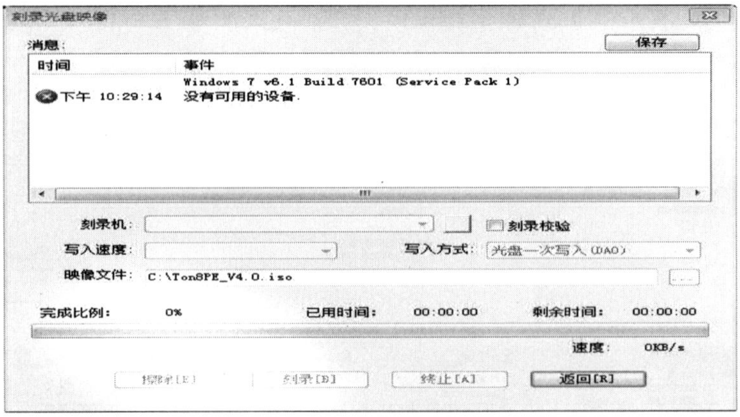

图 1-22　刻录虚拟光盘对话框

在图 1-22 中，"刻录机"提示框表示将在框中显示刻录机的名称和型号信息；"刻录校验"和"写入方式"可以采用默认值；在设置"写入速度"时，采用低速刻录，这样既能保证刻录的成功，也能保证刻录的物理光盘有更好的兼容性。在刻录过程中，要保证不能断电，也不要进行高内存软件的运行，如上网、看电影等，否则会因内存不够而导致刻录失败。

（5）将物理光盘转换为 ISO 虚拟光盘。为了能原样保存物理光盘（如果采用复制光盘内容的方法，内容可能被改变），或为了避免使用物理光驱，或为了能重新编辑原样物理光盘中的内容，都可以将物理光盘转换（生成）为 ISO 虚拟光盘来使用。

把物理光盘插入到光驱中，运行"UltraISO"软件，点击运行窗口上的"工具"菜单下的"制作光盘映像文件"命令，如图 1-23 所示。"CD-ROM 驱动器"提示框将列出所有光驱的盘符或名称等信息，请正确选中插入有原物理光盘的光驱；"读取选项"可采用默认设置；"输出格式"选择框一般选中"标准 ISO（*.ISO）"项；"输出映像文件名"一栏显示了将要形成的 ISO 文件的文件名和保存位置。

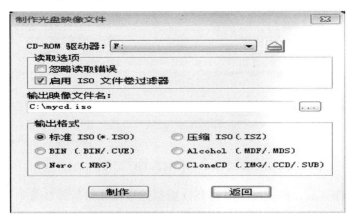

图 1-23　制作光盘映像文件对话框

设置完成后，点击"制作"按钮，转换过程结束。此时可以对转换好的 ISO 文件进行编辑，也可以将其插入到虚拟光驱中使用。

（6）设置"UltraISO"软件的压缩方式以及虚拟光驱的数量。本地计算机系统中除了有物理光驱外，也可以再添加几台虚拟光驱，具体虚拟光驱的数量需要进行相应设置。

在安装了"UltraISO"软件后，软件已经默认设置了 1 台虚拟光驱。运行"UltraISO"软件，点击运行窗口上的"选项"菜单下的"配置"命令，再点击"虚拟光驱"选项卡，如图 1-24 所示。选中"设备数量"选项框，可以设置虚拟光驱的数量，其他参数采用默认设置，最后点击"确定"按钮即可。

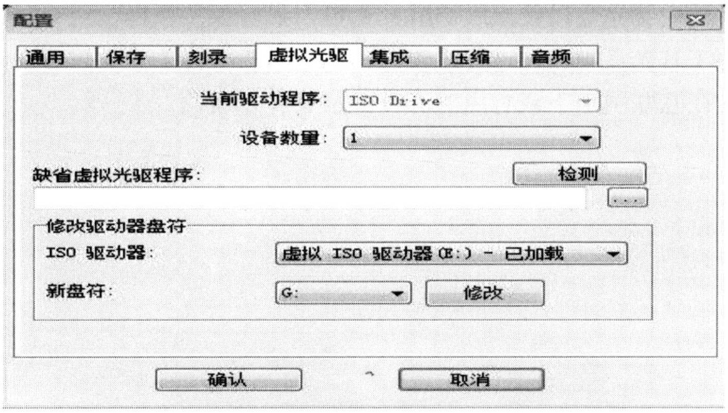

图 1-24　虚拟光驱数量设置对话框

在大多数应用中，虚拟光驱的数量一般不要超过 3 台（经验值），否则会占用过多的内存资源，使计算机运行变慢，并增加管理难度。

在保存已经编辑好了的 ISO 文件时，"UltraISO"软件将采用默认的方式进行压缩，用户也可以通过设置"UltraISO"软件采用的不同的压缩率来进行文件压缩。压缩率低，能快速保存 ISO 文件，但文件容量可能很大；压缩率高，保存 ISO 文件时很慢，但文件容量可能更小一些。

在图 1-24 中，点击"压缩"选项卡，如图 1-25 所示。

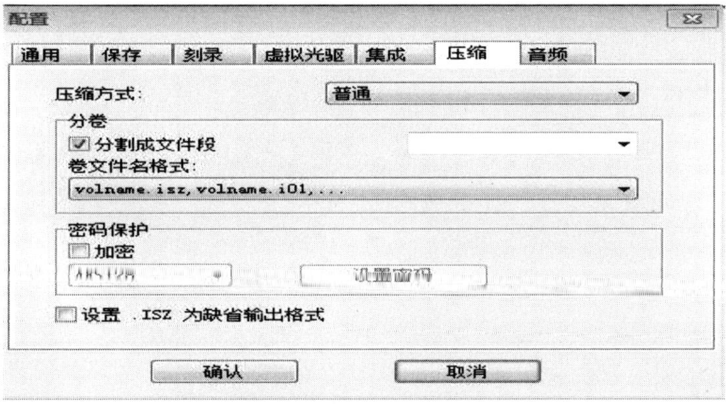

图 1-25　压缩设置对话框

在"压缩方式"选项中，可以设置不同的压缩率方式，如"重压缩"就是最高压缩方式，压缩过程费时但压缩后的 ISO 文件会很小，其他参数采用默认设置。"UltraISO"软件的压缩解压原理与 WINRAR 软件相似。

## 1.3　实　验　练　习

（1）请对已生成好的"TonPE_V3.3.ISO"虚拟光盘文件进行编辑，并在该文件中，加入读者自己认为有用的文件或工具软件并合理设置压缩率，最后生成新的虚拟光盘文件，并在虚拟光驱中查看其内容。

（2）请把一张物理光盘（如 Windows XP 安装光盘）转换成为 ISO 虚拟光盘，并插入到虚拟光驱中（说明：虚拟光驱由"UltraISO"软件生成），查看内容是否正确。请不要编辑标准版的操作系统安装光盘以及原版 Office 光盘，最好保持原样，而 Ghost 版的操作系统安装光盘以及其他工具光盘则可以进行编辑。

（3）请读者在互联网上下载有用的 ISO 光盘文件以备用。

# 实验项目 2  ISO 光盘启动虚拟机

**实验工具软件**

（1）通用 PE 工具箱。

（2）UltraISO。

（3）Virtual PC 2007 SP1 V6.0.192.0（32/64 位）。

## 2.1  Virtual PC 构造虚拟机

### 2.1.1  基本概念

（1）虚拟机软件。虚拟机软件可以虚拟出各种操作系统的计算机，主流产品有微软的 Virtual PC、VMware 公司的 VMware-Workstation 和 SUN 公司的 Virtual BOX 等。

虚拟机主要用于教学演示、网络组网实验、计算机病毒研究、数据恢复技术研究、各种软件测试等方面。虚拟机中的硬盘是一种文件形式，可以对其进行任意操作而不损坏本地的计算机系统，故虚拟机是一种十分安全的应用平台。利用虚拟机软件可以在本地计算机系统中虚拟出若干台虚拟机系统，并能同时运行（只是视本地内存容量来确定能运行的虚拟机的数量）。

（2）虚拟机。虚拟机是指通过虚拟机软件模拟出来的具有完整硬件系统功能的、运行在一个完全隔离环境中（即与用户本地操作系统是隔离的）的完整计算机系统，它是利用了真实计算机中的硬件来创建出的一个软件计算机，即虚拟出来的计算机系统。它具有与实际物理计算机完全一样的功能，其使用方法也完全一样，只是虚拟机系统中的硬盘可以是文件形式，也可以是物理硬盘。在虚拟机中，用户可以安装各种操作系统。

（3）虚拟机内存。虚拟机内存是虚拟机中十分重要的硬件资源。运行虚拟机时，将占用一部分本地计算机的系统内存来做为虚拟机内存，虚拟机内存的大小决定了虚拟机能否正常运行。无论是实际的计算机还是虚拟机，在理论上都是内存容量越大越好。但实际情况不完全是这样，如果虚拟机占用的本地系统内存过多，则会因本地系统无法正确运行而导致虚拟机也无法运行。所以，为了虚拟机能正常运行于本地计算机系统中，就必须为虚拟机找到一个可以接受的内存容量范围，或者是虚拟机应当有一个最大的内存容量值。

在本地操作系统中，为了能同时正常地运行多台虚拟机，则为每台虚拟机可以设置的最大内存容量，根据以下公式来确定。

$$本地计算机系统内存容量/2 \geqslant 虚拟机1（最大内存容量）+虚拟机2（最大内存容量）$$
$$+\cdots+虚拟机\ N（最大内存容量） \tag{2-1}$$

需说明的是，本地计算机的系统内存容量不一定等于计算机中插入的物理内存容量。例如，本地计算机插入的物理内存可能是 4GB 的，而如果使用 32 位的操作系统，一般情况下，系统可以使用的内存容量为 3.2GB 左右（右击"我的电脑"，从"属性"即可看出）。因此为运行一台虚拟机，其设置的最大内存容量不得大于 1.6GB，否则虚拟机将无法运行，而且也会导致本地系统运行不正常。如果同样条件下本地计算机使用 64 位的操作系统，则系统可以使用的内存容量就是 4GB，虚拟机的内存容量就可设置在 2GB 之内。由此可以看出，32 位的操作系统的确限制了一些软件的应用。

### 2.1.2　工具简介

微软发布的 Virtual PC 2007 SP1 是一个虚拟机软件（有 32 位和 64 位的版本）。虚拟机技术广泛用于教学及许多应用场合。通过 Virtual PC 2007 SPI，可以让用户在 Windows 上同时安装并运行 MS-DOS、Windows、OS/2 等操作系统，并随时切换。除此之外它还提供网络通信等功能，能在用户的计算机系统上同时模拟出多台计算机，可以进行 BIOS 设定，可以对硬盘进行分区、格式化等操作，为虚拟机安装的操作系统可以选择 DOS、Windows XP、Windows 2003、Vista 和 Windows 7 等（目前不支持 Windows 8 操作系统）。

使用虚拟机时，用户不需要重新启动本地系统，只要点击鼠标便可以打开新的操作系统或是在操作系统之间进行切换。安装 Virtual PC 2007 SP1 软件完全不需要对本地硬盘进行重新分区或识别，就能够非常顺利地运行用户已经安装的多个操作系统，而且还能够使用拖放功能使之在几个虚拟 PC 之间共享文件和应用程序（建议利用网络共享方式）。

本书中的大多数实验都要使用虚拟机。为了能完成本书中的所有实验，推荐读者使用"Virtual PC 2007 SP1 V6.0.192.0"版本的虚拟机软件，它能使用在 Windows 2003、Windows XP 和 Windows 7 等系统平台上，操作简单，不需要放过多的精力在虚拟机上。其他公司的虚拟机软件不一定能适用于本书的所有实验。

如果在 Windows 7 操作系统中不能顺利安装"Virtual PC 2007 SP1 V6.0.192.0"软件，其原因可能是该操作系统中已经存在了"Virtual PC"的组件。解决方法是把这个"Virtual PC"组件删除掉，即可顺利安装"Virtual PC 2007 SP1 V6.0.192.0"软件。

### 2.1.3　实验目的

了解虚拟机软件和虚拟机系统；掌握虚拟机的构造和使用方法；能熟练创建虚拟机。能合理设置虚拟机内存容量，并能为虚拟机添加硬盘。

### 2.1.4　实验指导

要创建一台虚拟机，最重要的是能创建合理的虚拟机系统，也就是要根据欲安装的操作系统来构造虚拟机，具体要考虑的设置项是：设置适当的内存容量以及添加适当容量的硬盘。

如果本地计算机系统能上互联网，而虚拟机也要求能上互联网，则需要根据本地计算机的连网情况来设置虚拟机的网卡。

（1）"Virtual PC 2007 SP1 V6.0.192.0"的安装。在本地操作系统中，双击下载好的"Virtual PC 2007 SP1 V6.0.192.0"软件并运行，如图 2-1 所示。

点击"Next"按钮，如图 2-2 所示。请选中"I accept the terms in the license agreement"选项，点击"Next"按钮，如图 2-3 所示。

一般选择"Anyone who uses this computer (All Users)"选项即可。点击"Next"按钮，如图 2-4 所示。

一般不用改变"Virtual PC 2007 SP1 V6.0.192.0"软件的安装路径。点击"Install"按钮，如图 2-5 所示。点击"Finish"按钮完成安装。

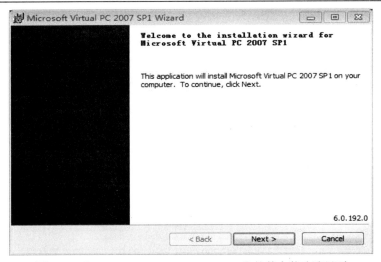

图 2-1　"Virtual PC 2007 SP1 V6.0.192.0"软件安装欢迎界面

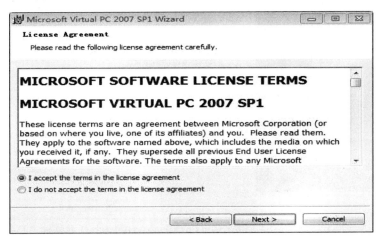

图 2-2　"Virtual PC 2007 SP1 V6.0.192.0"的许可说明页面

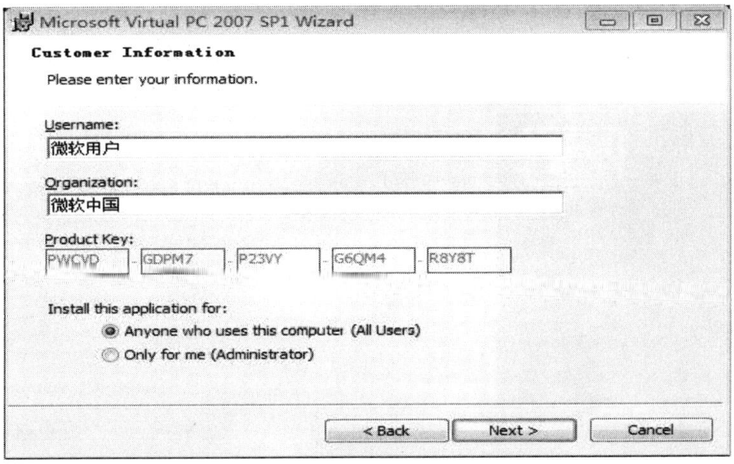

图 2-3　"Virtual PC 2007 SP1 V6.0.192.0"安装的用户方式选择

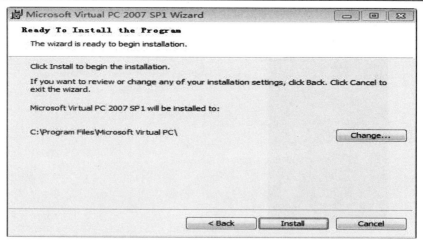

图 2-4　设置"Virtual PC 2007 SP1 V6.0.192.0"安装的安装路径

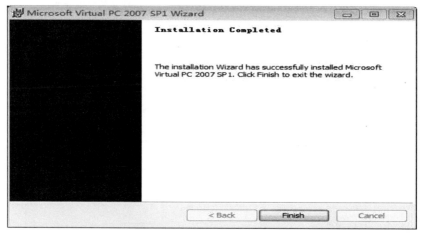

图 2-5　"Virtual PC 2007 SP1 V6.0.192.0"安装结束界面

　　回到本地操作系统中，在"开始"子菜单"程序"中找到"![Microsoft Virtual PC]"图标，单击并运行，如图 2-6 所示。

图 2-6　创建虚拟计算机欢迎界面

　　点击"Cancel"按钮，退出创建虚拟机欢迎界面，返回到"Virtual PC 2007 SP1 V6.0.192.0"主界面上，如图 2-7 所示。

图 2-7　"Virtual PC 2007 SP1 V6.0.192.0"主界面

到此，"Virtual PC 2007 SP1 V6.0.192.0"软件就可以正常使用了。

用户也可以汉化"Virtual PC 2007 SP1 V6.0.192.0"软件。汉化的方法如下：点击主界面上的菜单"File"下的"Options"命令，如图 2-8 所示。

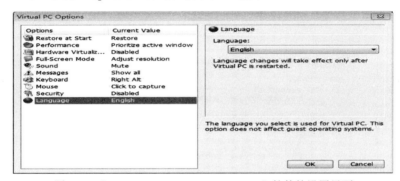

图 2-8　"Virtual PC 2007 SP1 V6.0.192.0"软件的设置界面

选中"Language"选项，在右边的"Language"选择框中，点选"Simplified Chinese"项，如图 2-9 所示。选中该项后，再点击"OK"按钮，随后需要退出"Virtual PC 2007 SP1 V6.0.192.0"软件的运行。

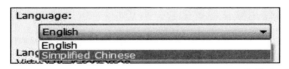

图 2-9　汉化"Virtual PC 2007 SP1 V6.0.192.0"软件选项

再次运行该软件，若汉化成功则如图 2-10 所示。

图 2-10　汉化后的"Virtual PC 2007 SP1 V6.0.192.0"主界面

（2）使用 Virtual PC 创建一台虚拟机。安装好"Virtual PC 2007 SP1 V6.0.192.0"软件后，运行该软件。在主界面上，点击"新建"按钮，如图 2-11 所示。

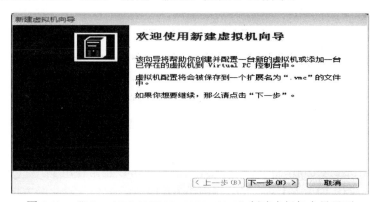

图 2-11　"Virtual PC 2007 SP1 V6.0.192.0"创建虚拟机向导界面

点击"下一步"按钮，如图 2-12 所示。

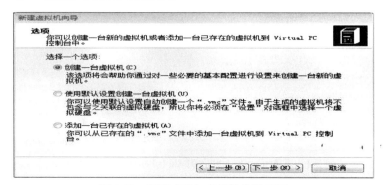

图 2-12　创建或添加虚拟机选择界面

如果已经存在一台虚拟机，就可以选择"添加一台已经存在的虚拟机（A）"选项。如果要新创建一台虚拟机，就选择"创建一台虚拟机（C）"选项，该项可以让用户一步一步地了解创建的过程；"使用默认设置创建一台虚拟机（U）"选项表示创建虚拟机时省略了中间过程而一步完成，所创建的虚拟机只能在创建之后再设置内存容量、硬盘的容量以及网卡等相关参数，该项适合快速创建虚拟机时使用。

为了能看到创建虚拟机的整个过程，这里选中"创建一台虚拟机（C）"，再点击"下一步"按钮，为虚拟机输入一个名称，注意名称的后缀名不可省略，如图 2-13 所示。

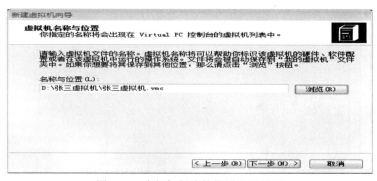

图 2-13　虚拟机创建的位置设置界面

　　点击"浏览"按钮进行虚拟机"位置"的设置（若使用软件默认的位置，以后有可能无法找到该虚拟机的具体位置）。找到一个采用 NTFS 文件系统的大的分区，就在该分区上创建一个"张三虚拟机"的文件夹，以后就将该虚拟机创建到该文件夹中。

　　因为所要创建的虚拟机的硬盘文件可能很大，虚拟机要保存的位置，原则上应存放到本地计算机硬盘空间足够大的分区上的某个文件夹中，且该分区一定要采用 NTFS 文件系统，如果在其他分区格式的分区上保存大容量硬盘文件时，系统会将其自动切割为若干小文件，这就增加了管理难度，且运行速度也会因此而降低。

　　设置好虚拟机的名称和位置后，点击"下一步"按钮，如图 2-14 所示，为创建的虚拟机设置一个以后将要为其安装的操作系统，这里只是一个预设，可以任意设置一个操作系统，如选中"Windows Server 2003"操作系统。点击"下一步"按钮，如图 2-15 所示。

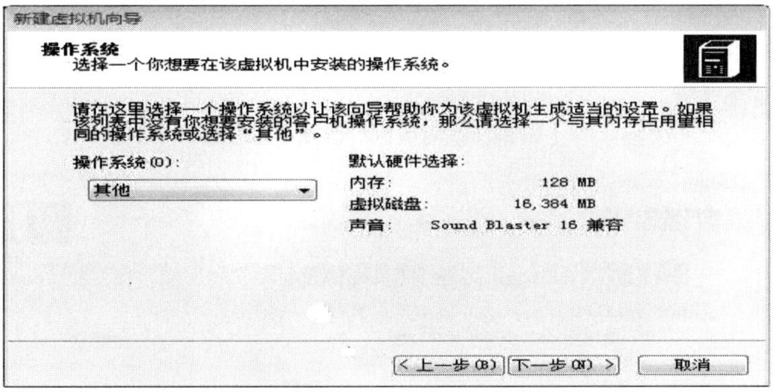

图 2-14　选择虚拟机将要安装的操作系统选项

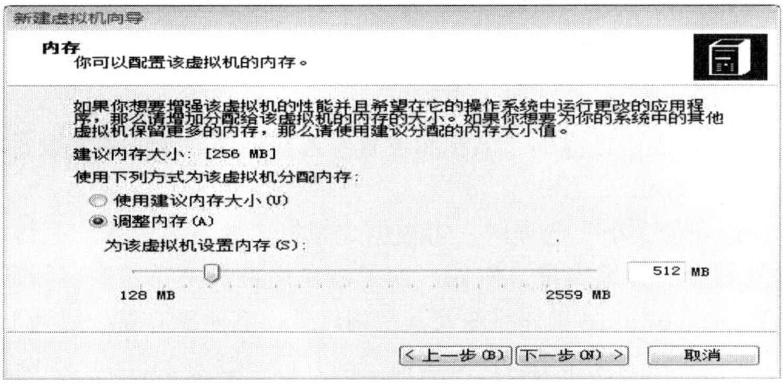

图 2-15　设置虚拟机的内存容量

　　在图 2-15 中，可为该台虚拟机设置内存容量，其容量值与要安装和运行的操作系统有关。如果要安装和运行的操作系统容量大，则内存就要设置大点，但不能大于本地计算机系统内存容量的一半。同时也要知道，运行一个操作系统也有最低内存容量的限制。

　　当运行虚拟机时，本地计算机系统将损失掉虚拟机所设置的内存容量。如果在本地计算机中再运行其他软件，如打开一个网页都变得十分缓慢时，这表示本地系统资源已十分紧张。不过，当关闭虚拟机后，这部分的内存又会交回给本地计算机系统，使其恢复正常状态。这也说明，要在本地计算机上运行多个虚拟机系统，就要为计算机准备足够大的内存容量。

在图 2-15 中，将虚拟机的内存容量设置为 512MB 即可。之后点击"下一步"按钮，如图 2-16 所示。

"一个已存在的虚拟磁盘（A）"选项表示可以使用以前创建的虚拟硬盘；"一个新的虚拟磁盘（E）"选项表示将创建一台虚拟硬盘。请选择"一个新的虚拟磁盘"。点击"下一步"按钮，如图 2-17 所示。

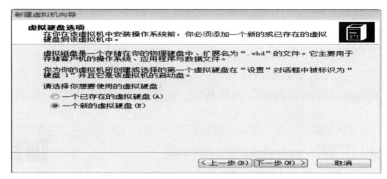

图 2-16　为虚拟机设置虚拟硬盘

图 2-17　设置虚拟硬盘的名称和位置

在图 2-17 中，该虚拟硬盘的"名称和位置"选择框中显示了前面设置好的虚拟机的名称和位置，这里默认即可。

在设置"虚拟硬盘大小"选项时，可根据虚拟机所要安装的操作系统和应用软件所用空间来估算虚拟硬盘的合理容量。例如，为了能在虚拟机中正常安装和运行一个 32 位的 Windows 2003 或 Windows XP 操作系统及其应用软件，其所需容量一般为 15000～25000MB；如果是 32 位的 Windows 7 操作系统，其所需空间容量一般为 25000～35000MB；对于 64 位的操作系统和应用软件，所需要的容量一般为 30000～60000MB。另外，如果虚拟机只是安装和运行 DOS 操作系统及相关软件，其硬盘空间一般为 500～2000MB。

由此可知，本实验项目所创建的虚拟机的硬盘容量十分巨大，所以，必须将其保存到本地磁盘空间大的分区中。

本实验中将"虚拟硬盘大小"设置为 20000MB（大约 20GB）。硬盘空间可以这样安排：用 15000MB 来安装 Windows Server 2003 操作系统和安装应用软件，余下空间可用于存放一些除操作系统之外的文件。

相关参数设置好后，点击"下一步"按钮，如图 2-18 所示。虚拟机设置完成，点击"完成"按钮。如图 2-19 所示。

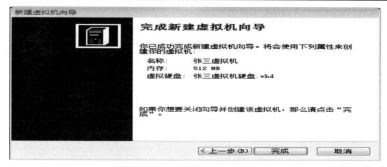

图 2-18　虚拟机设置完成界面

图 2-19　"Virtual PC 2007 SP1 V6.0.192.0"主界面

经上述实验步骤就创建了一台虚拟机，在"Virtual PC 2007 SP1 V6.0.192.0"主界面上会出现被创建的虚拟机图标。选中该图标，就可以对该台虚拟机进行运行、设置和移除等操作了。如果没有选中所创建的虚拟机图标，则只能另外新建虚拟机。

（3）修改虚拟机的硬件设备信息。在创建虚拟机时，可能因对某些硬件的设置有偏差，或由于选中了"使用默认设置创建一台虚拟机（U）"选项，就需要对硬件进行重新设置，方法如下。

在"Virtual PC 2007 SP1 V6.0.192.0"主界面中，选中被创建的虚拟机图标，点击"设置"按钮，即可查看和修改该台虚拟机的硬件设备信息，如图 2-20 所示。

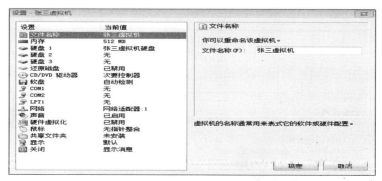

图 2-20　虚拟机设备信息

在虚拟机的硬件设备信息选项卡中，列出了该台虚拟机的硬件设备信息。其中，硬件设备的信息一般有以下几个选项可以进行修改：如虚拟机的名称、内存容量、添加硬盘、网络（即网卡）设置等。要修改虚拟机的硬件设备信息，必须关闭（即停止运行）虚拟机才能进行。

根据虚拟机将要安装和运行的操作系统来确定内存容量。根据经验，运行 32 位的 Windows Server 2003 操作系统其内存容量必须在 256MB 以上，运行 32 位的 Windows 7 操作系统其内存容量必须在 512MB 以上。一般不用重新设置虚拟机的名称。对已经存在的硬盘是不能改变其容量的，但可以临时去除掉（即不用挂这台硬盘）；可利用其他硬盘的接口为虚拟机添加硬盘，一台虚拟机因光驱占用了一个接口而最多能连接三台硬盘；有些设备可以关闭使用，如软盘、网卡等。

修改完成后，点击"确定"按钮即可返回到主界面中。

（4）硬盘的添加和连接。运行"Virtual PC 2007 SP1 V6.0.192.0"并进入主界面，选中被创建的虚拟机图标，点击"设置"按钮，在"设置"选项卡中，点击"硬盘 2"选项，该接口没有连接硬盘，如图 2-21 所示。

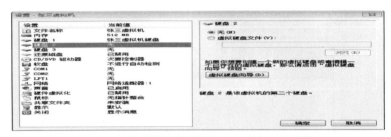

图 2-21　为虚拟机的硬盘接口 2 添加一台硬件

点击"虚拟硬盘向导（D）"按钮，如图 2-22 所示。

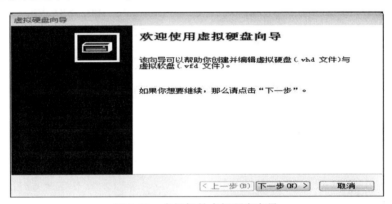

图 2-22　虚拟机的虚拟硬盘向导

点击"下一步"按钮，如图 2-23 所示。

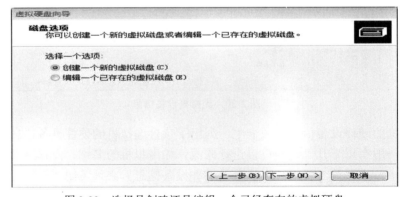

图 2-23　选择是创建还是编辑一个已经存在的虚拟硬盘

选中"创建一个新的虚拟磁盘（C）"选项，点击"下一步"按钮，如图 2-24 所示。

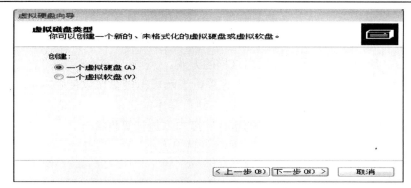

图 2-24　选择创建硬盘还是软盘

这里选中"一个虚拟硬盘（A）"选项，点击"下一步"按钮，如图 2-25 所示。

输入虚拟硬盘的文件名，这里输入如"张三 A 盘.vhd"字符，之后点击"浏览"按钮，将其设置在与虚拟机同一文件夹中，以方便管理，点击"保存"按钮即可。

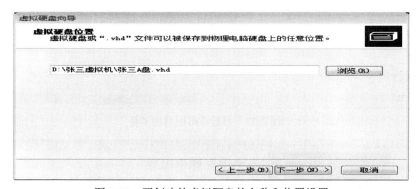

图 2-25　要创建的虚拟硬盘的名称和位置设置

设置完成后，点击"下一步"按钮，如图 2-26 所示。

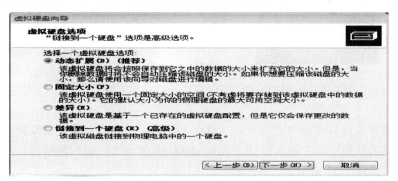

图 2-26　虚拟硬盘的方式设置

其中，"动态扩展（D）（推荐）"选项，表示该虚拟机硬盘是个文件形式，随着虚拟机的运行使用，它的容量会随之变大，直到等于创建虚拟机时所设的硬盘容量为止，这就是所谓的动态形式。这种硬盘的创建过程很快，只是在虚拟机中运行时会比其他的硬盘形式要慢。

"固定大小（F）"选项，表示该虚拟硬盘也是文件形式，创建后直接按照所设容量创建文件。创建时的过程比较慢，但是，在虚拟机中运行时会很快。

"差异（E）"选项，表示如果已经存在了一台虚拟硬盘，就可以使用这种硬盘方式。

只是每运行一次虚拟机，如果原来虚拟硬盘中有内容需要增加时，就会为其另外附加一个虚拟硬盘文件，每增加一次内容就增加一个文件，这样就加大了管理难度，也会影响虚拟机的运行速度。所以，一般不推荐采用这样的方式。

"链接到一个硬盘（K）（高级）"选项，表示虚拟硬盘可以使用本地计算机系统中连接的另外一个物理硬盘（本地操作系统所在硬盘是不能选的），只是这个物理硬盘上的数据可能会被覆盖。该选项使得虚拟机的运行速度与本地计算机接近。

根据以上的选项说明，本实验应该选择"固定大小（F）"选项，点击"下一步"按钮，如图 2-27 所示。

在"虚拟硬盘大小"输入框中，输入 20000MB 容量即可（这是为了与原虚拟硬盘容量一致），点击"下一步"按钮，如图 2-28 所示。

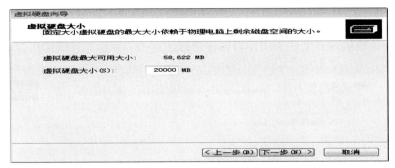

图 2-27　设置虚拟硬盘的容量

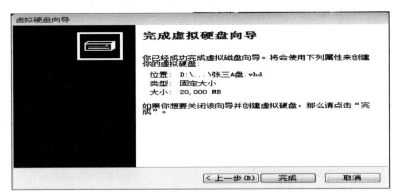

图 2-28　虚拟硬盘设置完成界面

当然，读者也可以选择"动态扩展（D）（推荐）"选项来创建虚拟硬盘。在新创建虚拟机时，默认的就是动态扩展的方式。在图 2-28 中点击"完成"按钮后，将显示虚拟硬盘的创建过程，如图 2-29 所示。

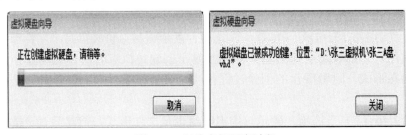

图 2-29　创建虚拟硬盘过程

虚拟硬盘创建完成后，点击"关闭"按钮，返回硬件设置界面，如图 2-30 所示。

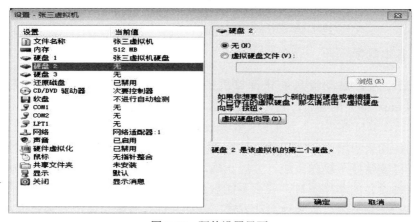

图 2-30    硬件设置界面

为了将新创建的虚拟硬盘连接到虚拟机的空余接口上，选中"硬盘 2"选项，在硬件设置界面的右边，选中"虚拟硬盘文件（V）"单选项，再点击"浏览"按钮，找到新创建的虚拟硬盘文件，如图 2-31 所示。

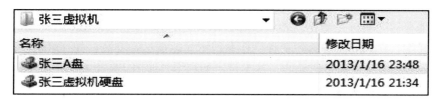

图 2-31    找的创建的虚拟硬盘文件

新创建的虚拟硬盘文件是"张三 A 盘"，选中该文件后，点击"打开"按钮即可，如图 2-32 所示。

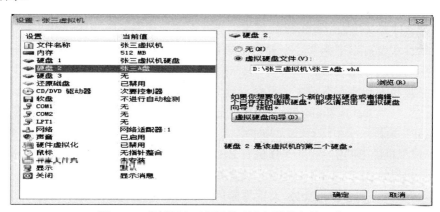

图 2-32    虚拟硬盘已经连接到虚拟计算机接口上

由此可以看出，在硬件设置界面中，"硬盘 2"已经正确连接在"张三 A 盘"的虚拟硬盘中。最后，点击硬件设置界面的"确定"按钮，返回到"Virtual PC 2007 SP1 V6.0.192.0"运行的主界面。

〈请读者思考〉    如图 2-32 所示，能否让"硬盘 3"接口也连接上"张三 A 盘"虚拟硬盘？这样做会有什么问题？

## 2.2　ISO 光盘启动虚拟机

### 2.2.1　基本概念

（1）启动盘。启动盘是能让计算机系统启动并进入到某种操作系统（如 DOS、Windows、Linux 等）的介质，它可以是软盘、硬盘、光盘、U 盘或网卡等。要能让某种启动介质来启动计算机系统进入到某种操作系统，就需要在计算机的 BIOS 中设置设备的启动顺序。比如，如果想用光盘来启动计算机系统，就必须要把光盘设置为启动优先的顺序；如果硬盘已经安装好了操作系统，并能正确地启动，则必须要把硬盘设置为启动优先的顺序。如果启动设备的顺序不对，要么不能启动相应的启动介质，要么启动计算机时十分的缓慢。对启动光盘来讲，有两种启动方式：一种是标准版操作系统安装光盘，如 Windows 安装光盘、Linux 安装光盘和 Mac OS 安装光盘等，它们只能进行相应操作系统的安装，不能进行计算机和操作系统的维护工作，原因是这类启动光盘不提供相关工具软件；另一种是能启动到第三方操作系统的光盘，如"通用 PE 工具箱"生成的光盘、Ghost 版 Windows 安装光盘和其他特殊工具光盘等，这类光盘可以启动到 DOS、WinPE、Linux 等操作系统中，在这些启动光盘中提供了大量可对计算机及其操作系统进行维护的工具软件，也可用于对计算机相关存储介质进行数据恢复等工作。除此之外，一些应用软件的安装光盘大多是不可启动的光盘，它只能在进入到某种操作系统中才能被运行安装，如 Office 安装光盘等。本书的大多数实验将使用带启动的工具光盘，如利用"通用 PE 工具箱"生成的可启动计算机系统的工具光盘。

（2）安装版软件与绿色软件。所谓安装版软件就是指软件生产的原来版本，它有可能未被破解或已经被破解，要使用这样的软件必须有一个安装的过程，这个过程会在操作系统里写入版权信息及驱动等文件，安装版软件一般不能在 WinPE 操作系统中安装和运行。当要卸载安装版软件时，大多数软件会在操作系统中残留注册信息，如"UltraISO"软件、Office 办公软件等（用如"360 软件管家"等软件来卸载安装版软件时可以十分干净彻底）。所谓绿色软件主要有以下两类：一是已被破解的，清除了软件本体外所有广告性质的软件；二是软件生产后就不用安装，只需复制到计算机里就可使用的软件。绿色软件具有避免不必要的信息被写入到操作系统中、不会导致系统膨胀而占资源等好处，如"Ghost"、"三茗硬盘医生"、"Sector Editor"、"DiskGenius"、"WinHex"等软件。大多数绿色软件可以在 WinPE 操作系统中运行。

（3）虚拟机的 BIOS。实际计算机有 BIOS，用"Virtual PC 2007 SP1"创建出来的虚拟机也有与之相似的 BIOS。进入 BIOS 设置界面的方法如下：在启动虚拟机时，不断点击键盘的"DEL"键即可。进入 BIOS 设置界面后，要进行启动设备的顺序设置，其他参数一般不用设置。

（4）操作系统安装光盘的使用要求。操作系统的安装光盘分为两种，第一种是标准版操作系统安装光盘，如 Windows 操作系统盘、Linux 操作系统盘、Mac OS 操作系统盘等。其特点是安装过程较慢，必须按照步骤一步一步地来安装，而且这种安装方式为计算机提供的驱动程序不足，必须在安装完成后再安装驱动程序，采用这种安装方式时计算机硬盘可无分区，只需要用光盘直接启动后安装，在安装过程中进行硬盘分区。当然，也可以安装到已有分区的计算机硬盘上。这种安装可以是修复安装也可以是全新安装。

第二种是 Ghost 版 Windows 操作系统安装光盘（也叫一键 Windows 系统安装光盘，注意，Linux 和 Mac OS 操作系统等没有这样的安装方式），该光盘大多提供了 DOS 或 WinPE 操作系统。其特点如下：Windows 操作系统的安装过程很快，并为计算机提供了几乎完备而较新的驱动程序，Windows（包括 DOS）操作系统的安装必须事先为计算机硬盘分区，对于 DOS 操作系统还必须对分区进行高级格式化，否则无法进行安装。

### 2.2.2　实验目的

了解启动设备介质；理解启动光盘的作用和分类；能熟练用 ISO 工具光盘启动虚拟机并进入 DOS 或 WinPE 操作系统；熟悉 DOS 和 WinPE 操作系统运行界面并理解其重要作用；能设置虚拟机的 BIOS，并能设置设备启动的顺序。

### 2.2.3　实验指导

如果利用"通用 PE 工具箱"生成了一个 ISO 工具光盘文件，同时也创建了一台虚拟机，并对其做了硬件设备的适当设置，就可以利用这个 ISO 光盘来启动虚拟机了。

不过，要能正常用 ISO 光盘来启动虚拟机，还必须对虚拟机进行一次 BIOS 设置，即启动设备的顺序设置，以及插入 ISO 光盘等过程。

（1）设置虚拟机的启动设备顺序。运行"Virtual PC 2007 SP1 V6.0.192.0"软件并进入主界面，点击创建的虚拟机图标，如图 2-33 所示。

图 2-33　"Virtual PC 2007 SP1 V6.0.192.0"运行主界面

点击"启动"按钮，并立即用手指不断敲击"Del"键，直到 BIOS 的设置界面出现，如图 2-34 所示。

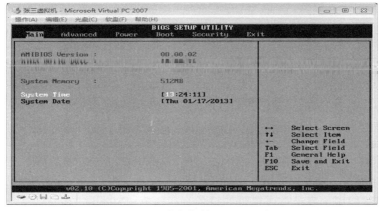

图 2-34　虚拟机的 BIOS 界面

　　如果没有能顺利进入 BIOS 界面，如图 2-35 所示，请点击虚拟机启动界面上的菜单"操作"下的"复位"或"Ctrl+Alt+Del"命令，重新启动虚拟机系统，再次不断敲击"Del"键即可。

图 2-35　虚拟机启动后没能顺利进入 BIOS 界面

　　在顺利进入到了计算机的 BIOS 界面后，用键盘上的"左"、"右"光标键，移动到"Boot"菜单上，如图 2-36 所示。

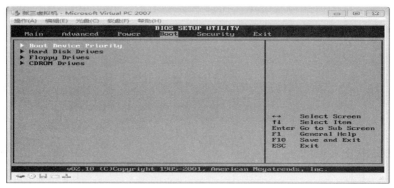

图 2-36　BOOT 设置界面

　　再用键盘的"上"、"下"光标键移动到"Boot Device Priority"命令上，并回车，如图 2-37 所示。

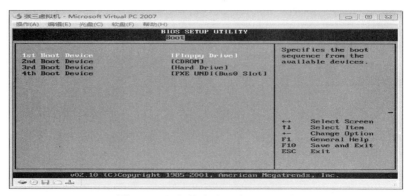

图 2-37　设备的启动顺序设置界面

　　上图中显示能用于启动该虚拟机的设备有：软驱"Floppy Drive"、光驱"CDROM"、硬盘"Hard Drive"以及网卡"PXE UND I(Bus0 Slot)"等（该虚拟机目前不支持 U 盘的启动）。该虚拟机默认的启动设备的顺序是：优先软盘，其次是光驱，最后是硬盘以及网卡。

为了要让 ISO 光盘能顺利启动虚拟机，就必须把光驱设置在所有启动设备之前的位置，即优先启动的位置，方法如下：按键盘的"上"、"下"光标键指到光驱"CDROM"的位置，再按一次数字键盘上的"＋"或"－"键来更改位置，按一次键只能改变一次设备的位置，请多次反复，即可正确设置，如图 2-38 所示。

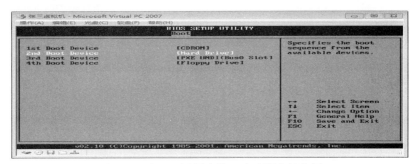

图 2-38　光驱已设置为第一启动顺序的位置

光驱启动位置设置正确后，按键盘的"F10"键，保存 BIOS 的设置信息，如图 2-39 所示。

图 2-39　BIOS 保存提示信息

按键盘的"左"、"右"光标键到"OK"选项，按回车即可完成对启动设备的顺序设置。

如果虚拟机的硬盘上已经安装有可启动的操作系统，而不再需要 ISO 光盘来启动虚拟机，就必须设置硬盘作为第一启动设备。

（2）ISO 光盘插入虚拟机光驱中并启动。在虚拟机启动界面上，点击"光盘（C）"菜单下的"载入 ISO 镜像..."命令，找到已经生成好的 ISO 工具光盘文件，如"TonPE_V3.3"，如图 2-40 所示。

图 2-40　找到生成好的 ISO 工具光盘文件

点击"打开"按钮，需要再次重新启动虚拟机。如图 2-41 所示。

在图 2-41 中，进入 ISO 工具光盘的启动界面后，请立即按一下键盘上的"上"或"下"键，以取消自动计时，否则，计时一到就自动启动进入"通用 PE 工具箱"中默认的 WinPE 操作系统中了。如果要进入 DOS 操作系统，用键盘的"上、下"键指向"MaxDOS 工具箱"选项，再回车即可。

图 2-41　　"通用 PE 工具箱"生成的 ISO 工具光盘的启动界面

　　如果选择"[01]通用 PE 工具箱"选项，则进入到 WinPE 操作系统的界面，如图 2-42 所示。该界面中提供有若干的工具，用于计算机维护和数据恢复的处理。

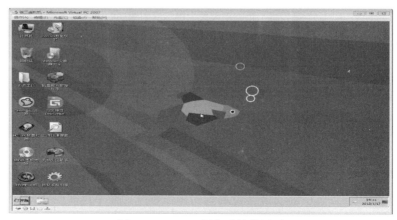

图 2-42　WinPE 操作系统的界面

　　如果光标进入到了 WinPE 操作系统中但不能在本地系统中使用时，即不能操作虚拟机界面上的菜单时，请按键盘右边的"Alt+Ctrl"键即可退出光标到本地系统中来。

　　如果选择"[02]MaxDOS 工具箱"选项，则进入到 MaxDOS 操作系统的界面中，如图 2-43 所示。

图 2-43　进入 MaxDOS 模式选项

在进入 DOS 操作系统之前有若干的模式选择。这里请选择"A. MAXDOS 工具箱 & MAXDOS TOOL BOX."选项。该选项也是大多数情况下使用的模式，如图 2-44 所示。

对于其他的模式，请不要随意选择！只有在弄清楚了原理后才能使用，否则会给以后的操作带来不必要的麻烦。

图 2-44 是 MaxDOS 操作系统的主界面，其中提供有若干的工具和命令，用于计算机维护和数据恢复的处理。

如果光标进入到了 DOS 操作系统中但不能在本地系统中使用时，即不能操作虚拟机界面上的菜单时，请按键盘右边的"Alt+Ctrl"键即可退出光标到本地系统中来。

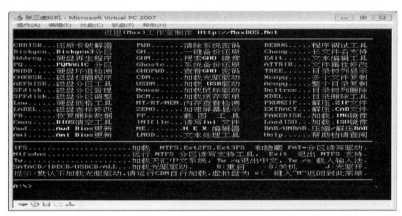

图 2-44　MaxDOS 操作系统界面

（3）弹出（释放）虚拟机中的光盘。如果不需要用 ISO 光盘来启动虚拟机了，就可以弹出该光盘。方法如下：在虚拟机启动界面上，点击"光盘（C）"菜单下的"释放 TonPE_V3.3.ISO"命令即可。再重新启动虚拟机，如果虚拟机的硬盘已经安装了操作系统，就能用虚拟硬盘来启动并进入操作系统。

（4）关闭虚拟机。如果不需要运行虚拟机，就必须要关闭，否则会使本地系统的运行变慢。当关闭虚拟机后，内存就还给了本地系统。

关闭的方法如下：在虚拟机启动界面上，如图 2-44 所示，点击"操作"菜单下的"关闭"命令，如图 2-45 所示。

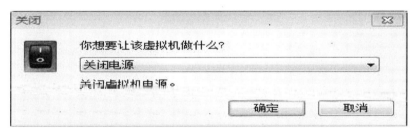

图 2-45　关闭虚拟机选项

请一定要选择"关闭电源"选项，就像实际计算机拔掉电源一样！这样，以后才能对虚拟机进行硬件设备及 BIOS 设置。如果选择"保存状态"选项，就表示虚拟机在被关闭后，将保存当前虚拟机关机时的运行状态，就像实际计算机进入的睡眠（Window XP 操作系统）或休眠状态一样。

## 2.3　实　验　练　习

（1）请在本地系统中，用"Virtual PC 2007 SP1 V6.0.192.0"软件创建一台合理的能安装 32 位 Windows 7 操作系统的虚拟机。

（2）请利用"通用 PE 工具箱"生成的"TonPE_V3.3.ISO"虚拟光盘来启动"（1）题"中的虚拟机，并要求能分别进入 DOS 和 WinPE 操作系统界面。能在 BIOS 中设置 ISO 光盘的启动顺序，并能正常插入或弹出 ISO 光盘、关闭虚拟机；最后，请验证当设置的虚拟机内存大于本地内存的一半时，该虚拟机是否能正常工作？

（3）请读者从互联网上下载自己认为好的可启动的 ISO 光盘，看看是否能正常启动虚拟机；检查该光盘是否提供有 DOS 或 WinPE 操作系统。

# 实验项目 3  DOS 操作系统安装与 DOS 命令使用

**实验工具软件**

（1）通用 PE 工具箱。

（2）UltraISO。

（3）Virtual PC 2007 SP1 V6.0.192.0（32/64 位）。

（4）CCDOS97 V6.00.9805（成然 CCDOS97）。

## 3.1  硬  盘  分  区

### 3.1.1  基本概念

（1）分区的意义。要正常使用硬盘，就必须对其进行分区（即便要使用整个硬盘空间，也要进行分区的操作，并把它做为一个分区来使用）和对分区进行高级格式化等操作。硬盘分区便于硬盘规划、文件管理；有利于数据的安全；可有效利用磁盘空间以及提高系统运行效率；便于为不同的用户分配不同的权限（主要指 NTFS 分区）；当安装多个操作系统，需要使用不同类型的文件系统时，就必须在不同的分区上实现等。对硬盘分区时，首先要考虑采用分区类型、数量、格式和容量等问题，如果有扩展分区，还要考虑逻辑分区数量以及大小等问题；最后确定分区采用哪种文件系统。

（2）分区类型。它是指对硬盘进行区域划分的方式（根据"DiskGenius"工具软件的定义），如可以是主分区、扩展分区和扩展分区内包含的逻辑分区；也可以是"某卷"（如"简单卷"等）这样的区域划分方式；在 Windows 2003、Windows XP 等操作系统中提供的磁盘管理工具，可以在硬盘上创建主分区及扩展分区，扩展分区内可再划分逻辑分区。在 Windows 2008、Vista 和 Windows 7/8 等操作系统中也提供了磁盘管理工具，但只能创建简单卷（也叫主分区），而无法创建扩展分区和逻辑分区。扩展分区对数据有一定的保护作用，是一种优秀的区域划分方式。所以，在任何操作系统中如果要创建主分区、扩展分区和逻辑分区，可以借用功能强大的分区工具软件来完成。

（3）分区格式。它是指对硬盘分出的具体区域（即分区）上的某种标志信息 ID，或系统 ID（可以是名称，也可以是数值）。具体区域可以是主分区、扩展分区、逻辑分区或简单卷等，任何一个区域都可有如下的系统 ID 名称： FAT 16、FAT 32、NTFS、EXT2 和 EXT3 等。每个 ID 名称都对应一个范围在 00H～FFH 之间的 ID 数值（另外，扩展分区也有系统 ID 数值，如 05H 或 0FH 等）。不同类型的操作系统采用不同的硬盘分区格式，且不一定兼容。如微软的 Windows 7 操作系统，就只能识别和使用 FAT 16、FAT 32、NTFS 分区格式，不能识别 EXT2/3；而 Linux 可以识别和使用 FAT 16、FAT 32、NTFS、EXT2/3 等分区格式。

分区格式的系统 ID 是为分区加上的标志，可供操作系统进行识别和使用。无论是主分区、扩展分区还是逻辑分区（也包括"某某卷"），都必须有一个明确的系统 ID。

（4）高级格式化（即文件系统格式）。一个硬盘完成分区后，为了能在分区上正常操作文件或文件夹等常规数据，就必须要对分区进行一次高级格式化，即写上某种文件系统格式。文件系统格式的名称有 FAT 16、FAT 32、NTFS、exFAT 和 EXT2/3 等，而文件系统格式的数值范围为 00H～FFH。注意文件系统格式与分区格式的区别，分区格式只是一个区域的标志 ID（一个区域如果仅有 ID，操作系统不能对这个区域进行操作），而文件系统格式是对区域的具体操作，一旦分区进行了高级格式化，操作系统就可以使用该分区，而且该分区的分区格式就由文件系统格式所统一，即两者的格式一致（高级格式化之前还可以不一致）。一定要在相应的操作系统中进行分区的高级格式化操作，如在 DOS 操作系统中，只能完成 FAT 16 或 FAT 32 等高级格式化（不过，一些专业工具软件可以完成 NTFS 的高级格式化）；而 NTFS 及 exFAT 只能在 Windows 操作系统中进行高级格式化；当然，Windows 系统也能进行 FAT 16 或 FAT 32 的高级格式化；另外，EXT2/3 只能在 Liunx 系统中进行高级格式化。

一个分区（或 U 盘）高级格式化为 exFAT 文件系统格式后，其分区格式与文件系统格式并不统一，因微软没有为 exFAT 提供相应的分区格式，exFAT 用的是 NTFS 的分区格式，其 ID 数值为 07H。

（5）多硬盘、多分区的盘符交错。如果在计算机中配置了双硬盘或多个硬盘，而各个硬盘上又有多个不同格式的分区（主要指 FAT 16、FAT 32、NTFS 及 exFAT 等），且分区方案采用常规方案（即硬盘的第一个分区是主分区）时，操作系统（主要指 DOS 和 Windows）会为各个分区重新配置驱动器盘符，这将产生盘符的交错现象。可用 C 到 Z 共 24 个字母（A 和 B 盘符用于软盘驱动器）表示硬盘各分区、光驱、网络磁盘以及其他存储器的驱动符。在不同操作系统中，进行多硬盘多分区之间的相关操作时，很容易在操作上误判，从而丢失或覆盖数据。然而，在标准 DOS 操作系统中，盘符的交错是有规律的，而在 Windows 操作系统（包括 WinPE 操作系统）中不一定有规律。不过，只要掌握了标准 DOS 操作系统下的分区交错规律，就容易分析其他操作系统下的分区交错情况。针对采用常规分区方案的硬盘情况，在标准 DOS 操作系统下的分区交错规律，即盘符分配规则如下。

首先，根据连接的硬盘接口顺序从上到下来查找（或是由 BIOS 决定的顺序）。

其次，根据活动主分区从上到下来查找并分配盘符，如果存在无任何活动主分区的磁盘，则从上到下为第一个主分区分配盘符。

再次，按逻辑分区从左到右、从上到下来查找并分配盘符。

最后，对非活动主分区，从左到右、从上到下来查找并分配盘符。

在 DOS 操作系统中，对非 DOS 分区（即非 FAT 分区，指标准 DOS 操作系统不能识别的分区格式）不予分配盘符。

标准 DOS 操作系统是指由微软发布的原版 DOS 操作系统（如 DOS 6.22、DOS 7.0、DOS 7.1 等），标准 DOS 操作系统不能对非 FAT 的分区格式（如 NTFS 分区格式等）进行操作，当然就不能对非 FAT 分区格式的分区分配盘符。而有些经过修改过的 DOS 操作系统产品（如 MAXDOS 操作系统等），因其提供了能在 DOS 操作系统下使用非 FAT 分区格式（如 NTFS 分区格式）的补丁程序，从而可以对非 FAT 分区格式进行操作，也就是能对非 FAT 分区格式的分区分配盘符了。我们把运行了补丁程序的 DOS 操作系统叫非标准 DOS 操作系统，没有运行补丁程序的操作系统仍然叫标准的 DOS 操作系统，简称 DOS 操作系统。

### 3.1.2　工具简介

"DiskGenius"是一款集磁盘分区管理与数据恢复功能于一身的免费基础工具软件，也是一个免安装的绿色软件，提供有 16 位、32 位及 64 位的版本。它是在最初的 DOS 版的"DiskMan"基础上开发而成的。它不仅具备与分区管理有关的几乎全部功能，支持 GUID 分区表（即 GPT 分区结构），支持各种硬盘、存储卡、虚拟硬盘、RAID 分区，提供了独特的快速分区、整数分区等功能，还具备堪称经典的丢失分区恢复、完善的误删除文件恢复、分区损坏文件恢复等功能。其特点如下：

（1）能进行快速分区、整数分区、快速格式化、支持 GUID 分区表、动态磁盘；

（2）搜索已丢失分区、搜到分区立即就能看到文件；

（3）误删除、误格式化、变成 RAW 格式分区的文件均可恢复；

（4）分区备份与还原功能、镜像文件可压缩；

（5）虚拟重组 Raid 功能、支持分区及文件数据恢复；

（6）无限制的文件读写，基于磁盘扇区、不受系统限制；

（7）分区表错误检查与更正、备份与还原分区表、支持 VMWare 虚拟硬盘、支持 FAT 12、FAT 16、FAT 32、NTFS 和 EXT3 分区格式及文件系统格式（目前暂不支持 exFAT 文件系统格式）。

"DiskGenius"软件内附最新 DOS 版本。另外，该工具软件已经集成在"通用 PE 工具箱"软件中，在 DOS 和 WinPE 操作系统中有相同的界面，而且功能完全一样。

### 3.1.3　目的和要求

认识分区的意义和作用，认识分区类型、分区格式和文件系统格式；熟练绘制硬盘分区示意图；理解多硬盘多分区盘符交错的规律；熟悉 DOS 和 WinPE 操作系统平台。熟练在 DOS 或 WinPE 操作系统中用"DiskGenius"工具软件对硬盘进行分区和高级格式化分区等操作，包括对多硬盘进行多分区操作；熟练使用 Windows（包括 WinPE）操作系统提供的"磁盘管理"功能，以及熟练在 DOS 操作系统中为多硬盘多分区正确标注盘符。

### 3.1.4　实验指导

本实验的最终目的是为虚拟机安装可以处理汉字信息的汉字 DOS 操作系统。其具体过程是：必须先对硬盘进行合理的分区，之后再对分区进行高级格式化，最后安装 DOS 操作系统以及汉字操作系统等软件。

利用"通用 PE 工具箱 V3.3"软件来生成"TonPE_V3.3.ISO"光盘，以备用。用"Virtual PC 2007"创建一台虚拟机，虚拟机名称为"张三虚拟机"，其中要求硬盘容量大于 5GB，内存容量 512MB。

用"TonPE_V3.3.ISO"光盘启动"张三虚拟机"，进入 DOS 或 WinPE 操作系统界面均可，如图 3-1 所示。

（1）给硬盘分区。如果进入的是 DOS 操作系统，请在命令行中，输入"DiskGenius"字符，并回车即可运行"DiskGenius"软件。

如果进入的是 WinPE 操作系统，则双击"DiskGenius"软件的图标即可运行，如图 3-2 所示。

图 3-1　DOS 操作系统界面和 WinPE 操作系统界面

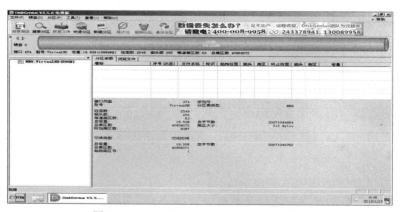

图 3-2　"DiskGenius"工具软件运行界面

　　在 DOS 和 WinPE 操作系统中，"DiskGenius"工具软件的界面是相同的，功能也一样。在以后的实验项目中，如果使用"DiskGenius"工具软件，将不再提示进入何种操作系统中。请读者根据自己的要求来决定使用何种操作系统。

　　图 3-3 所示为该硬盘的直观图，其中显示了该硬盘的基本参数，如接口、型号、容量等；左边是硬盘切换按钮，用于切换连接的其他硬盘。

图 3-3　硬盘直观图

右击硬盘的直观图，在出现的快捷菜单中，点击"建立新分区（N）"命令，如图 3-4 所示。

图 3-4　新建分区对话框

在此对话框中，"请选择分区类型"选项中的"主磁盘分区"即主分区，"扩展磁盘分区"即扩展分区，逻辑分区只有在创建了扩展分区之后才能用。

对一台硬盘进行分区操作时，绝大多数的情况下首先创建主分区，之后创建扩展分区，在扩展分区内创建各个逻辑分区，这也叫"常规分区"方案。主分区主要用于安装操作系统（多主分区也是这个目的），而逻辑分区主要用于保存数据。若一台硬盘主要用于保存数据，则可直接创建扩展分区，再创建逻辑分区，这也叫"非常规分区"方案。不过，对使用"非常规分区"方案的硬盘，在 DOS 操作系统中使用"PQ"工具软件来查看时，不会正确显示分区信息，即被认为是错误分区的硬盘。逻辑分区用于保存数据的安全性很高，而多主分区的安全性则不一定很高。

注意，主分区和扩展分区，本书以后统一叫独立分区。一个硬盘最多可以分 4 个独立分区，如可以是 4 个主分区、或 3 个主分区加一个扩展分区。

在大多数情况下，对硬盘进行分区时，主分区在最前面，而扩展分区可以在主分区之后的任何位置。例如，硬盘最前面为主分区、之后是扩展分区（其内可以有若干逻辑分区）、最后可以再分一个或两个主分区；如果一台硬盘首先分一个扩展分区，再分主分区，则不利于操作系统的备份与还原操作。

一个硬盘的常规分区方案如下（即通常的硬盘使用情况）：一个主分区加一个扩展分区，扩展分区内有一些逻辑分区。其他的分区方案使用不多，也存在数据安全隐患。

在图 3-4 中，在"请选择分区类型"中，选中"主磁盘分区"单选钮，在"请选择文件系统类型"下拉框中，找到一个合理的分区格式，标准的 DOS 操作系统只能识别 FAT 12、FAT 16 和 FAT 32 的分区格式，并对其分配盘符。所以，为了要能在这个主分区上安装 DOS 操作系统，就必须选用 FAT 分区格式，又因为将创建的分区容量大于 2GB，所以选择 FAT 32 分区格式。

如图 3-4 所示，在"新分区大小（0-19GB）"输入框中，输入 3（因安装 DOS 操作系统完全够用了，故不用设置得太大），单位选"GB"。其他参数不用设置，点击"确定"按钮，即可创建一个 3GB 容量的 FAT 32 分区格式的主分区，如图 3-5 所示。

图 3-5    硬盘分出一个主分区

在创建了主分区之后，"DiskGenius"工具软件就将自动对其激活，即自动设置为活动的分区。

操作系统一般都安装到主分区上，而要让其启动进入操作系统界面，一个必要的条件就是"激活"该分区。当然，如果硬盘不用启动任何的操作系统，则可以不激活。一台硬盘只能激活一个主分区，如果一台硬盘有多个主分区时，也只能激活一个，不能同时激活多个主分区。逻辑分区激活是无意义的，因一般不把操作系统安装在逻辑分区上。

图 3-6    新建分区对话框

在图 3-5 中，右击余下的硬盘直观图，在出现的快捷菜单中，点击"建立新分区（N）"命令，如图 3-6 所示。

选中"请选择分区类型"下的"扩展磁盘分区"单选项；则在"新分区大小（0-19GB）"输入框中就自动显示了余下硬盘的空间大小，这里默认即可（即把余下的硬盘空间全部设置为扩展分区），其他参数可以不用设置，之后点击"确定"按钮，扩展分区即刻被创建，如图 3-7 所示。

图 3-7    硬盘以及分出了一个主分区和一个扩展分区

在扩展分区中，必须要创建逻辑分区，同时还必须考虑逻辑分区的数量、各个逻辑分区的容量，以及各个逻辑分区的分区格式等问题。

在图 3-7 中，右击硬盘直观图上的扩展分区部分，在出现的快捷菜单中，点击"建立新分区（N）"命令，如图 3-8 所示。

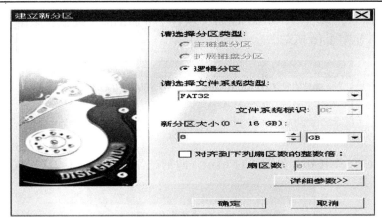

图 3-8　硬盘逻辑分区对话框

本实验创建 3 个逻辑分区，都采用 FAT 32 分区格式，各分区的容量分别为 8GB、5GB 和 4GB。

在"请选择分区类型"中选"逻辑分区"；在"请选择文件系统类型"中选 FAT 32 分区格式；在"新分区大小"中输入字符"8"，单位为"GB"。设置好后，点击"确定"按钮，即可创建第一个逻辑分区。

类似上述过程，在余下的扩展分区空间中继续创建其他两个逻辑分区，如图 3-9 所示。

图 3-9　创建完逻辑分区的硬盘

至此，该硬盘的所有分区创建完毕。其中，第一个分区是激活的主分区，容量 3GB，分区格式为 FAT 32；第二个分区是扩展分区中的第一个逻辑分区，容量 8GB，分区格式为 FAT 32；其他从略。

在扩展分区内创建逻辑分区时，如果其中的逻辑分区有误，如分区格式有误，则可以进行及时的删除并重新再创建。删除一个逻辑分区的方法如下：右击该分区，在快捷菜单中，点击"删除当前分区（Del）"命令即可。

如果是逻辑分区的分区容量有误或逻辑分区的数量有误，就必须要把该逻辑分区之前的或之后的逻辑分区删除后，经准确计算后，再重新创建逻辑分区。

如果主分区的分区格式有误，与逻辑分区的处理方法相同。但是，如果主分区的容量有误（包括主分区的数量有误），就必须先删除主分区和所有的逻辑分区，再删除扩展分区，经准确计算后，再重新创建各个分区。

上述内容说明，要对一台硬盘进行分区，就必须要在分区前事先确定好分区数量、分区格式以及容量等参数。否则，因重新创建分区而必须删除分区就可能导致数据丢失。

当然，可以利用分区调整工具软件来对分区进行参数调整，如"Norton PartitionMagic"（即"PQ"）。不过，利用这样的分区调整工具软件是存在安全隐患的，对生产用计算机应严格禁止使用类似工具软件。

如图 3-9 所示，如果该硬盘的分区情况是正确的，就必须要进行保存，并在之后对各个分区进行高级格式化操作。

如图 3-2 所示，请点击"DiskGenius"软件主界面上的"硬盘"菜单下的"保存分区（F8）"命令，如图 3-10 所示。

图 3-10　保存硬盘分区提示信息

点击"是（Y）"按钮，如图 3-11 所示，即刻对各个分区进行高级格式化。

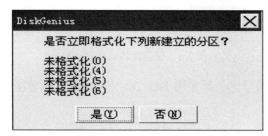

图 3-11　各个分区是否都要高级格式化提示信息

"是（Y）"按钮表示，"DiskGenius"软件会根据各个分区所设的分区格式，自动地写上相应的文件系统格式。因分区所设的分区格式是 FAT 32 的，故文件系统格式就是 FAT 32。

"否（N）"按钮表示，不使用该工具软件来自动高级格式化各个分区，而在以后由用户单独利用其他工具软件进行高级格式化操作，即这些分区可以在以后由用户来最终决定其文件系统格式。

至此，可根据如图 3-9 所示的硬盘直观图，画出该硬盘的分区示意图，并标出活动标志、分区类型、分区容量及高级格式化后的文件系统类型（如果没有高级格式化分区，则写上分区格式），以备用。如图 3-12 所示。

| | 扩展分区 | | |
|---|---|---|---|
| 主分区　活动 | 逻辑分区 | 逻辑分区 | 逻辑分区 |
| FAT 32 | FAT 32 | FAT 32 | FAT 32 |
| 3GB | 8GB | 5GB | 2.5GB |

图 3-12　硬盘分区示意图

画出硬盘分区示意图后，无论是否进行了高级格式化操作，必须重新启动虚拟机（实际计算机同理），使分区生效。

无论是用"DiskGenius"软件还是用某种操作系统中的磁盘工具软件，对硬盘修改过分区数量、分区容量或分区格式等，都必须要重新启动计算机，使其生效。

如图 3-2 所示，点击"DiskGenius"软件主界面上的"文件"菜单下的"退出"命令，如图 3-13 所示。

图 3-13　更改硬盘分区后重启对话框

这里点击"立即重启"按钮，让虚拟机重新启动，使硬盘的分区生效。该虚拟机重启后，请进入 DOS 操作系统界面，如图 3-14 所示。

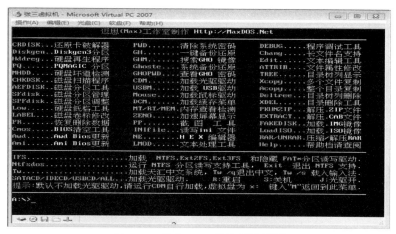

图 3-14　进入 DOS 操作系统界面

为了能直观地看到 DOS 操作系统为各个分区分配的盘符情况，本实验使用 DOS 操作系统中的工具软件"PQ"或叫"Norton PartitionMagic"来观看。事实上，就是利用"PQ"工具软件来进行验证 DOS 操作系统中为分区分配的盘符情况。

为了能正确地理解和掌握操作系统为硬盘分区分配盘符的规律，特别是多硬盘多分区的盘符交错的规律，本实验在 DOS 操作系统中来观察和验证。

在 DOS 操作系统界面的命令行中（图 3-14），输入"PQ"字符并回车，即运行"PQ"软件，如图 3-15 所示。

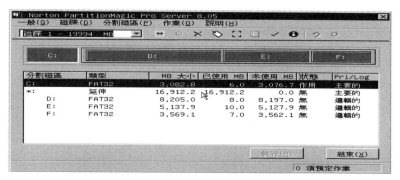

图 3-15　"Norton PartitionMagic"软件主界面

在"Norton PartitionMagic"软件主界面上，其中"磁碟 1 - 19994 MB"下拉选择框用于选择该虚拟机处理的硬盘；在"Norton PartitionMagic"软件主界面上的硬盘直观图中，已经显示了各个分区的盘符情况，如图 3-16 所示。

图 3-16　硬盘分区盘符分配情况

在"Norton PartitionMagic"软件显示的分区直观图中，如果是 FAT 的分区格式将正常显示盘符，而其他分区格式不显示盘符，只用"*"表示。由此，就可以在 DOS 操作系统中，观看和验证分区的盘符分配情况了。

根据该虚拟机中硬盘分区的盘符分配情况，把盘符填入图 3-12 中，如图 3-17 所示。

| | 扩展分区 | | |
|---|---|---|---|
| 主分区　活动　C | 逻辑分区　　　D | 逻辑分区　　　E | 逻辑分区　　　F |
| FAT 32 | FAT 32 | FAT 32 | FAT 32 |
| 3GB | 8GB | 5GB | 2.5GB |

图 3-17　硬盘分区示意图

硬盘分区示意图填好后，点击"Norton PartitionMagic"软件主界面中的"结束"按钮即可。

注意，一台计算机如果只有一台硬盘，而且分区方案是常规的（即一个主分区和扩展分区，扩展分区内有若干逻辑分区的情况），则在 DOS 操作系统中，为分区分配的盘符则是顺序分配的，不存在分区交错情况。如果硬盘上有非 FAT 分区格式的分区，则不会为其分配盘符。

（2）多硬盘多分区盘符交错规则。用"Virtual PC 2007"创建一台虚拟机，如"张三虚拟机"，并要求内存容量为 512MB，要求连接三台虚拟硬盘，其硬盘容量都为 20000MB，"硬盘 1"接口连接 A 硬盘、"硬盘 2"接口连接 B 硬盘、"硬盘 3"接口连接 C 硬盘。如图 3-18 所示。

| 设置 | 当前值 |
|---|---|
| 文件名称 | 张三虚拟机 |
| 内存 | 512 MB |
| 硬盘 1 | a |
| 硬盘 2 | b |
| 硬盘 3 | c |

图 3-18　虚拟机已经连接有三台硬盘

用"TonPE_V3.3.ISO"光盘启动"张三虚拟机"，进入 DOS 或 WinPE 操作系统界面，并运行"DiskGenius"工具软件，如图 3-19 所示。

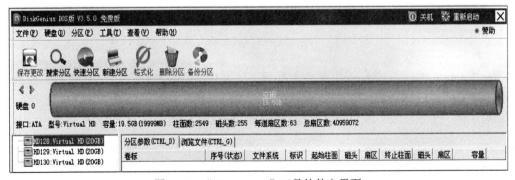

图 3-19　"DiskGenius"工具软件主界面

在"DiskGenius"工具软件主界面上，注意硬盘直观图的左下面，显示有三台硬盘，如图 3-20 所示。

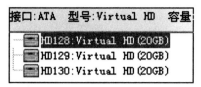

图 3-20　虚拟机连接的三台硬盘

用鼠标选中一台硬盘之后，就在主界面上显示了该硬盘的直观图，并能对其操作。其中，"HD128"硬盘对应"硬盘 0"，即 A 硬盘，表示该硬盘连接在虚拟机的第一个接口上；"HD129"硬盘对应"硬盘 1"，即对应 B 硬盘，连接第二个接口；"HD130"硬盘对应"硬盘 2"，即 C 硬盘，连接第三个接口；可以将虚拟机中的光驱理解为连接到第四个接口上。

为了便于观看和验证多硬盘多分区的盘符交错规则，"张三虚拟机"中的所有硬盘都需要进行分区，且采用常规分区方案。在此选中第一个硬盘并对其分区，其分区方案为如图 3-21 所示。

| 主分区 | | 扩展分区 | | 主分区　活动 |
| 主分区 | 逻辑分区 | 逻辑分区 | 主分区　活动 |
|---|---|---|---|
| FAT 32 | NTFS | FAT 32 | FAT 32 |
| 3GB | 8GB | 5GB | 3.5GB |

图 3-21　第一个硬盘的分区方案

要设置一个主分区为活动的，即激活的，请右击该分区，在快捷菜单中，点击"激活当前分区（F7）"命令；如果该主分区已经是激活的，则该命令无效。

选中第二个硬盘，对其分区，其方案如图 3-22 所示。

| 主分区　活动 | 扩展分区 | | 主分区 |
|---|---|---|---|
| FAT 16 | NTFS | FAT 32 | FAT 32 |
| 1.5GB | 6GB | 9GB | 3.5GB |

图 3-22　第二个硬盘的分区方案

选中第三个硬盘，对其分区，其方案如图 3-23 所示。

| 主分区　活动 | 扩展分区 | | 逻辑分区 |
|---|---|---|---|
| NTFS | FAT 32 | FAT 32 | NTFS |
| 4GB | 6GB | 5GB | 5GB |

图 3-23　第三个硬盘的分区方案

此时，"张三虚拟机"中的三台硬盘分区已经完成，请保存分区信息。最后，重新启动虚拟机，以便使硬盘分区生效。重启动后进入 DOS 操作系统界面。

请读者根据"DiskGenius"工具软件主界面上的硬盘直观图，画出这三台硬盘的分区示意图，并标出活动标志、分区类型、分区容量及高级格式后的文件系统格式（如果没有高级格式化分区，则写上分区格式），以备用。

运行工具软件"PQ"，在这三台硬盘的分区示意图中标出各个分区的盘符，再验证（分析）盘符分配的正确性。如图 3-24 所示。

| 扩展分区 | | | |
|---|---|---|---|
| 主分区　　I | 逻辑分区 | 逻辑分区　　E | 主分区　活动　C |
| FAT 32 | NTFS | FAT 32 | FAT 32 |
| 3GB | 8GB | 5GB | 3.5GB |

①第一硬盘分区示意图

| 扩展分区 | | | |
|---|---|---|---|
| 主分区　活动　D | 逻辑分区 | 逻辑分区　　F | 主分区　　J |
| FAT 16 | NTFS | FAT 32 | FAT 32 |
| 1.5GB | 6GB | 9GB | 3.5GB |

②第二硬盘分区示意图

| 扩展分区 | | | |
|---|---|---|---|
| 主分区　活动 | 逻辑分区　　G | 逻辑分区　　H | 逻辑分区 |
| NTFS | FAT 32 | FAT 32 | NTFS |
| 4GB | 6GB | 5GB | 4.5GB |

③第三硬盘分区示意图

图 3-24　三个硬盘的分区示意图

以上说明在 DOS 操作系统中，硬盘分区分配盘符的规律正如前文所述，分区交错现象是完全正确的。

**〈请读者思考〉** 是否能在使用"PQ"工具软件之前，根据分区交错规律，就能正确地分析出分区的盘符分配情况？

请读者进入 WinPE 操作系统，右击"我的电脑"，在菜单中点选"管理"命令，就可通过"磁盘管理"工具（也可以用"DiskGenius"工具软件）来观看分区盘符的情况，并与在 DOS 操作系统中的分区盘符情况进行比较。

在 DOS 或 Windows（包括 WinPE）操作系统中，硬盘分区的盘符分配情况是完全不相同的，这容易使人误操作。比如，针对如图 3-24 所示的硬盘分区盘符分配情况，本想在 Windows 系统中要把 C 盘的数据复制到 E 盘上，若进入 DOS 操作系统中操作，则结果可能把"I"盘上的数据复制到了 C 盘上。另外，如果在不同的操作系统中使用 Ghost 工具软件进行相关操作，也会导致误操作从而数据丢失。

## 3.2　安装 DOS 操作系统及常规 DOS 命令的使用方法

### 3.2.1　基本概念

常规 DOS 命令。在计算机维护或数据恢复工作中，当用户的本地操作系统或 WinPE 操作系统不能正常工作或缺乏必要工具软件时，DOS 操作系统可能就是唯一且最好的平台了。DOS 操作系统对计算机的要求很低，兼容性非常好，而且提供有大量的工具软件和命令，如通常使用的"通用 PE 工具箱"生成的虚拟光盘所提供的 MaxDOS 操作系统（以后简称 DOS 操作系统）。所以，要使用 DOS 操作系统，就必须掌握一些常规的命令来处理文件或文件夹。常规的 DOS 命令主要是"DIR"、"CD"、"MD"、"RD"、"DEL"、"COPY"、"XCOPY"、"ATTRIB"、"SYS"、"REN"、"FDISK"和"FORMAT"等，其中一些命令可以与通配符"*"、"？"等配合使用。

### 3.2.2　工具简介

汉字 DOS 操作系统：标准 DOS 操作系统原本是英文界面的，只能处理英文的文件或文件夹等。为了能在 DOS 操作系统中处理汉字信息，就设计了汉字操作系统，汉字操作系统必须要在标准 DOS 操作系统中加载运行才能使用。把在标准 DOS 操作系统中使用的汉字操作系统，称为汉字 DOS 操作系统。因此，汉字操作系统不是独立使用的系统。

在标准 DOS 操作系统中，能使用的汉字操作系统有：成然 CCDOS97 （V6.00.9805）、UCDOS 和天汇等，它们都提供了汉字输入法。"通用 PE 工具箱"生成的虚拟光盘所提供的 MaxDOS 操作系统，就提供了天汇汉字 DOS 操作系统。

成然 CCDOS97 是能在标准 DOS 操作系统中使用的优秀的汉字操作系统之一，功能多，可以做到真正的零内存占用率，它提供有 GB/BIG5 内码自动识别和同屏显示功能，与互联网接轨，与 UCDOS、Windows 95 操作系统全兼容，系统内建五笔和拼音（非常智能）输入法，体积小，解压后只有 1.4M 左右（一张软盘可装下）。该系统中还包含一个类似 CCED 的文本、表格编辑软件，一个词组工具，一个计算器，一个 GB、BIG5 和 HZ 多内码转换程序和说明文件等。

成然 CCDOS97 （V6.00.9805）提供的是自解压文件，也叫绿色软件，解压并复制到 DOS 操作系统中即可使用。

### 3.2.3　实验目的

理解 DOS 操作系统与汉字操作系统的区别；在汉字 DOS 操作系统平台上熟练处理中英文文件或文件夹。能为虚拟机安装汉字 DOS 操作系统；在汉字 DOS 操作系统平台上熟练使用常规命令；熟练地把光盘中的文件或文件夹复制到硬盘上。

### 3.2.4　实验指导

在虚拟机中安装汉字 DOS 操作系统的步骤如下：首先，制作包含有汉字操作系统软件的虚拟光盘，之后对虚拟机硬盘进行合理分区，最后安装标准 DOS 操作系统和汉字操作系统。

（1）制作有汉字操作系统的光盘。把下载的"CCDOS97 V6.00.9805"文件解压，即双击运行该自解压文件"CCDOS.EXE"，并保存到 C 盘上，如图 3-25 所示。

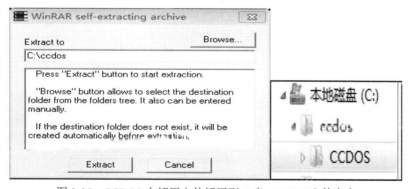

图 3-25　CCDOS 自解压文件解压到 C 盘 CCDOS 文件夹中

CCDOS 解压后有两层文件夹，以后主要使用第二层文件夹，即 CCDOS 文件夹。

用"UltraISO"软件编辑"通用 PE 工具箱"生成的 ISO 启动工具光盘"TonPE_V3.3.ISO"，并把第二层文件夹 CCDOS 放入光盘中。如图 3-26 所示。

图 3-26 编辑"TonPE_V3.3.ISO"光盘并加入到"CCDOS"文件夹

包含有 CCDOS 文件夹的"TonPE_V3.3.ISO"光盘编辑完成后，请保存为文件"TonPE_V3.3 自用.ISO"，以备用。

（2）对虚拟机硬盘合理分区以及在 DOS 操作系统中使用虚拟光盘。创建一台虚拟机如"张三虚拟机"，要求内存 512MB，硬盘容量 20000MB 即可。

用"TonPE_V3.3 自用.ISO"光盘启动"张三虚拟机"，并用"DiskGenius"工具软件对硬盘分区，分区要求如下：一个主分区（容量 3GB、激活，分区格式为 FAT 32），扩展分区及其逻辑分区自定。如图 3-27 所示。

在硬盘的分区中，因为要在主分区中安装 DOS 操作系统，所以主分区要采用 FAT 32 的分区格式。

| 主分区　活动 | 扩展分区自定 | | |
| | 逻辑分区 | 逻辑分区 | 逻辑分区 |
| FAT 32 | 自定 | 自定 | 自定 |
| 3GB | | | |

图 3-27 "张三虚拟机"硬盘分区方案

<请读者思考> 就如图 3-27 所示的硬盘分区方案图中，如果主分区的格式为 NTFS 或其他的非 FAT 分区格式，是否可以安装 DOS 操作系统？

该硬盘按照如图 3-27 所示的分区方案分成完区后，保存并重新启动虚拟机进入 DOS 操作系统界面，如图 3-28 所示。

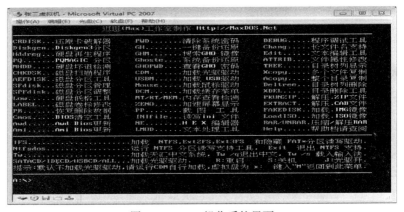

图 3-28 DOS 操作系统界面

为了能在 DOS 操作系统中使用光驱并读出光盘上的文件，请运行命令“CDM”，并回车，如图 3-29 所示。

IDE/USB/SATA 光驱驱动菜单
1. 加载 IDE 光驱驱动支持
2. 加载 USB 光驱驱动支持
3. 加载 SATA 光驱驱动支持
4. 加载 UIDE /N1 光驱驱动
5. IDE/SCSI/SATA/AHCI/USB
6. 退出并返回到工具箱菜单
提醒： UIDE /N1为屏蔽磁盘驱动及缓存

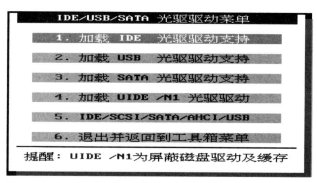

图 3-29　加载光驱选择项

用键盘上的“上”、“下”光标键或数字键，选中第一项“1. 加载 IDE 光驱驱动支持”或第五项“5. IDE/SCSI/SATA/AHCI/USB”均可，并回车，如图 3-30 所示。因 V PC 虚拟机的光驱接口是 IDE 的，故选择第一项或第五项均可（实际上，第五项更通用），其他选项无法支持该光驱。

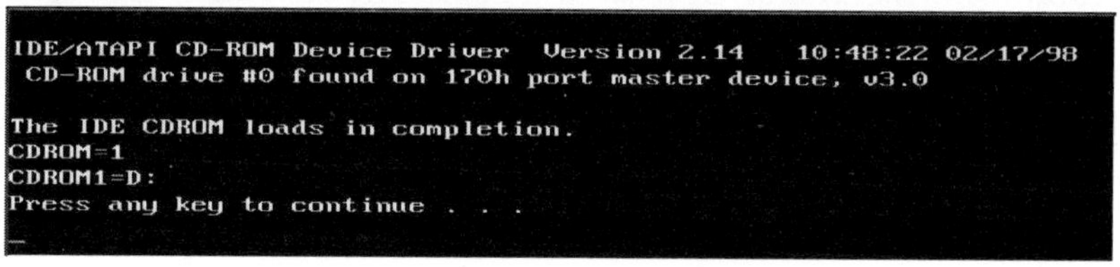

IDE/ATAPI CD-ROM Device Driver Version 2.14 10:48:22 02/17/98
CD-ROM drive #0 found on 170h port master device, v3.0
The IDE CDROM loads in completion.
CDROM=1
CDROM1=D:
Press any key to continue . . .

图 3-30　光驱加载成功并分配光盘盘符

在显示信息的界面中，要特别注意光驱的盘符，在图 3-30 中倒数第二行就指示了光驱的盘符为 D，其显示的信息为“CDROM 1=D:”。 在 DOS 操作系统中，一定要加载光驱后才能使用光盘。最后，确定了光驱的盘符后，按任意键，返回到 DOS 操作系统界面。

**〈请读者思考〉** 在该实验中，为什么光驱的盘符为 D？在读者自己的实验过程中，光驱的盘符又是什么呢？

（3）在主分区上安装 DOS 操作系统。该“张三虚拟机”的硬盘已经分出了一个主分区，分区格式是 FAT 32，这样就可以安装 DOS 操作系统了。

在如图 3-28 所示的 DOS 操作系统界面中，输入命令字符“FORMAT C:/S”并回车，如图 3-31 所示。这是用“FORMAT”命令对硬盘分区进行高级格式化时，显示的警告提示信息。这表示如果要进行该操作，则该分区上的数据将丢失。

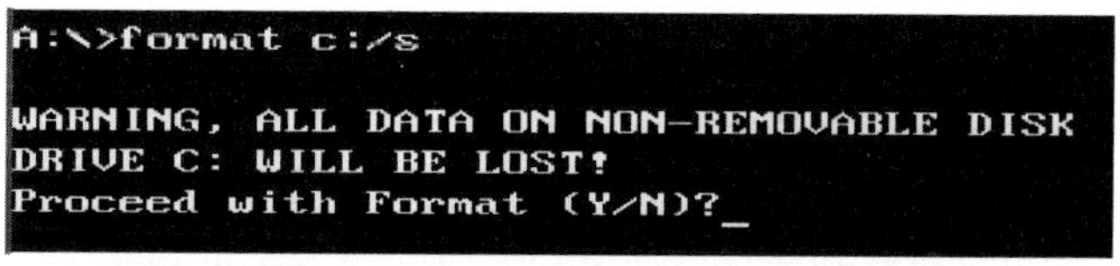

A:\>format c:/s
WARNING, ALL DATA ON NON-REMOVABLE DISK
DRIVE C: WILL BE LOST!
Proceed with Format (Y/N)?_

图 3-31　FORMAT 高级格式化警告提示信息

如果 DOS 操作系统中的“FORMAT”命令加入了“/S”参数，则表示写入 FAT 文件系统，同时安装（写入）DOS 操作系统（如果用 DOS 中的命令“DIR /A”查看，可以看到操作系统中的三个文件，分别是 IO.SYS、MSDOS.SYS 和 COMMAND.COM）；如果不用

"/S" 参数，则只写入 FAT 文件系统，不会安装（写入）DOS 操作系统。

如果对一台硬盘用"DiskGenius"工具软件完成分区后（保存后将写上 MBR 信息），同时又对分区进行了高级格式化，则该硬盘的分区上只写上了文件系统，没有安装 DOS 操作系统，这与不用"/S"参数的"FORMAT"命令是一样的。不过，该分区以后可以用 DOS 命令如"SYS C:"写入 DOS 操作系统的。所以，"SYS C:"命令为不删除任何文件的用于安装 DOS 操作系统的命令。

在图 3-31 中，输入字符"Y"并回车，进入高级格式化和安装 DOS 操作系统的过程。最后提示是否输入分区卷标信息，如图 3-32 所示。

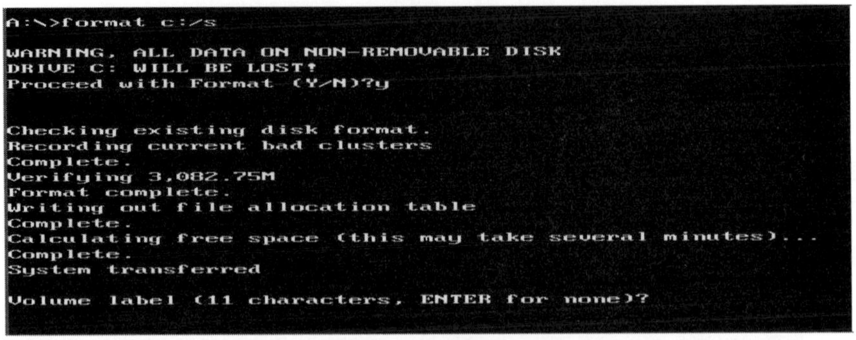

图 3-32　高级格式化后提示输入磁盘卷标

磁盘卷标即该分区的名称，可以任意输入不超过 11 个字符的信息，最后回车即可。到此，完成了对该虚拟机硬盘主分区高级格式化、DOS 操作系统的安装过程。

如图 3-28 所示，在 DOS 操作系统界面上，输入字符"C:"并回车，将盘符转到 C 盘。再输入命令字符"DIR"或"DIR /A"并回车，如图 3-33 所示。

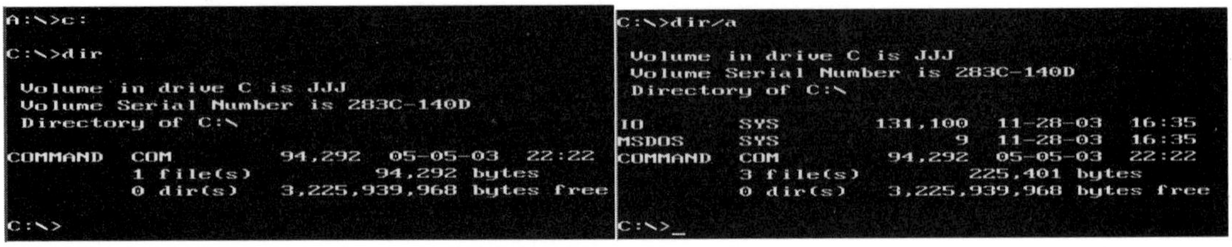

图 3-33　"DIR"及"DIR/A"命令的区别

可见，用命令"DIR/A"可以看到隐藏的和正常显示的文件，如其中的隐藏系统文件 IO.SYS 和 MSDOS.SYS，以及正常显示的文件 COMMAND.COM；而使用"DIR"命令，只能看到正常显示的文件 COMMAND.COM。三个文件就是构成基本 DOS 操作系统的系统文件。

以下验证该虚拟机上的 DOS 操作系统是否能正常启动和正常使用。

在虚拟机界面上，点击菜单"光盘（C）"下的"释放"命令，弹出"张三虚拟机"中的"TonPE_V3.3 自用.ISO"光盘。之后，重新启动虚拟机，如图 3-34 所示。

可以看出，该虚拟机已经能正常（成功）启动进入 DOS 操作系统了，当然也就能处理英文的文件或文件夹信息。但是，还不能处理汉字的文件或文件夹信息。

该虚拟机上安装的 DOS 操作系统称为最小 DOS 操作系统，也叫基本 DOS 操作系统。因为该 DOS 操作系统没有包含其他的软件，所以只能使用一些常规的内部命令来处理英文

的文件或文件夹信息，如 "DIR"、"COPY"、"DEL"、"TYPE"、"CD"、"MD"、
"RD" 和 "REN" 等命令。

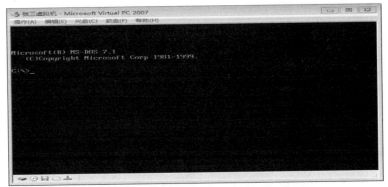

图 3-34　该虚拟机正常启动进入 DOS 操作系统

（4）安装 CCDOS 汉字操作系统。对于能正常启动进入 DOS 操作系统的虚拟机，为了
要能处理汉字信息，就必须要再安装一个汉字操作系统，如 CCDOS。

将 "TonPE_V3.3 自用.ISO" 光盘再次插入到 "张三虚拟机" 的光驱中，并启动进入
DOS 界面，再启用光驱（因要读取光盘上的文件）。

如果光驱的盘符是 D，则进入到光驱中，输入字符 "D："并回车即可。为了查看光盘
上的文件，输入命令字符 "DIR"并回车。如图 3-35 所示。

```
C:\>d:

D:\>dir

 Volume in drive D is 通用PE光盘
 Directory of D:\

7777            <DIR>             01-17-13      9:48
BOOTMGR          234,834          01-17-13      9:48
CCDOS           <DIR>             01-26-13     11:44
         1 file(s)        234,834 bytes
         2 dir(s)               0 bytes free

D:\>
```

图 3-35　盘符转到 D 盘并查看其文件

其中文件夹 CCDOS 是之前放入到 "TonPE_V3.3 自用.ISO" 光盘上的，其他的文件和
文件夹是光盘上固有的，如 BOOTMGR。

注意，在 DOS 操作系统中，文件夹在其后一定有 "<DIR>" 标记，文件则没有。请读
者一定要熟悉 DOS 操作系统下文件列表信息。

在如图 3-28 所示的 DOS 操作系统界面上，找到 "XCOPY"外部命令（它是一个文
件），利用该命令把 CCDOS 文件夹整体复制到 C 盘上（即虚拟机硬盘的主分区），便于
以后启动进入汉字操作系统，命令如下：

A:\>MD　C:\CCDOS（回车）

A:\>XCOPY　D:\CCDOS　C:\CCDOS　/S（回车）

其中，第一行命令表示在 C 盘上先创建一个空的文件夹 CCDOS，第二行命令表示把光盘 D
盘上的 CCDOS 文件夹及其内容全部复制到 C 盘上的 CCDOS 空文件夹中。以上过程，就是
安装 CCDOS 汉字操作系统的过程。

"XCOPY"外部命令的参数 "/S"表示可以将文件夹 "CCDOS"中的所有内容（即指

其内的可能存在的文件和子文件夹等）全部复制（即复制 CCDOS 的整个树结构）。如果“XCOPY”命令中没有使用参数“/S”，则只将 CCDOS 文件夹和这一层文件夹内的文件进行复制，而无法复制其内的子文件夹。

在完成了 CCDOS 汉字操作系统的安装过程后，输入 DOS 命令“C：”并回车，输入“DIR”命令并回车。以便检查 C 盘上是否有 CCDOS 文件夹等内容。如图 3-36 所示。

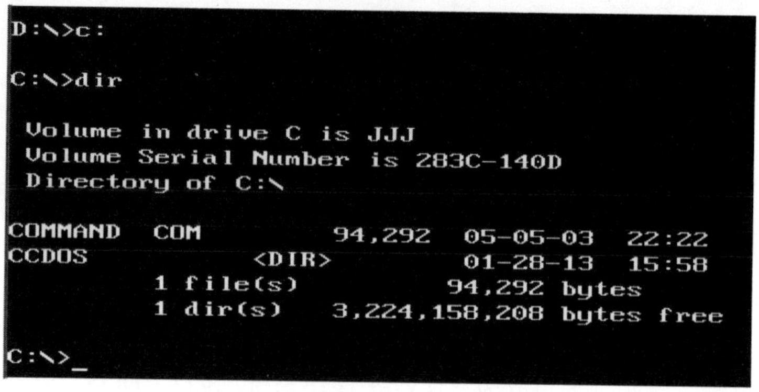

D:\>c:
C:\>dir
Volume in drive C is JJJ
Volume Serial Number is 283C-140D
Directory of C:\
COMMAND COM 94,292 05-05-03 22:22
CCDOS <DIR> 01-28-13 15:58
1 file(s) 94,292 bytes
1 dir(s) 3,224,158,208 bytes free
C:\>_

图 3-36 查看 C 盘上文件列表

由此可以看出 C 盘上已经有了 CCDOS 文件夹。为查看 CCDOS 文件夹中的内容是否完整，便于与原光盘上的 CCDOS 文件夹中的内容进行比较，就输入如下命令，CCDOS 汉字操作系统安装完成后，CCDOS 文件夹中的内容应该是：20 个文件；5 个文件夹。

C:\>CD CCDOS（回车）

C:\CCDOS>DIR（回车）

当确定了 CCDOS 汉字操作系统安装正确后，下面进一步来验证是否能正常启动汉字操作系统了。

请再次弹出“张三虚拟机”中的“TonPE_V3.3 自用.ISO”光盘，并重新启动虚拟机到 DOS 操作系统中；启动 CCDOS 汉子操作系统的方法：C:\>CD CCDOS（回车），C:\CCDOS>CCDOS（回车），如图 3-37 所示。

图中显示 CCDOS 汉字操作系统成功启动了。在这个操作系统中既可以使用 DOS 命令也可以使用汉字输入法输入汉字信息。更重要的是，曾经保存的中文文件或文件夹，就能正常地处理了。

张三虚拟机 - Microsoft Virtual PC 2007
CCDOS 97
北京铭泰公司授权使用
C:\CCDOS>
半角 【英文】
成然 CCDOS 97 [V6.00.9805] DFKC2000 专用版
GB 16:17

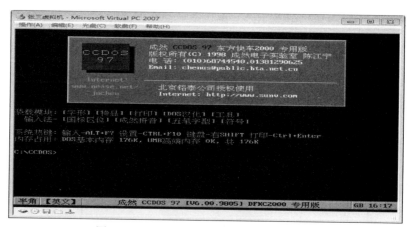

图 3-37 CCDOS 汉字操作系统启动后界面

如果在 DOS 操作系统中启动的 CCDOS 汉字操作系统时显示的不是如图 3-37 所示的界面，就表示安装的 CCDOS 汉字操作系统失败了，必须从"在主分区上安装 DOS 操作系统"这一步骤重新开始操作。

汉字和英文输入法的切换按键如下，拼音输入法（即"成然拼音"）输入法是"Alt+F3"五笔输入法是"Alt+F4"；英文输入法是"Alt+F6"。

（5）常规 DOS 命令使用。在计算机维护或数据恢复工作中，如果使用汉字 DOS 操作系统来处理，则需要熟练地使用 DOS 操作系统中常用的命令，即常规 DOS 命令，如内部命令有"DIR"、"CD"、"MD"、"RD"、"DEL"、"REN"、"TYPE"、"COPY"；外部命令有"XCOPY"、"ATTRIB"、"SYS"、"FDISK"、"FORMAT"等。其中一些命令可以与通配符"*"、"？"等配合使用。使用这些命令，就能在汉字 DOS 操作系统中处理英文或中文的文件和文件夹信息了。

假定有一台计算机（包括虚拟机），其硬盘上有若干分区（如 C、D、E 等盘符）、还有光驱（假定光驱盘符为 H）以及其他设备（如软驱，盘符为 A 或 B）等。在汉字 DOS 操作系统中，时常要在分区或设备之间互相转换并完成相关工作。

**例 1**　如果要从一个分区或设备切换到另一个分区或光驱上工作，只需输入该分区或光驱的盘符，再加一个冒号即可。假如当前的位置（即光标）在 C 盘上，当要转换到 D 盘上工作，则输入如下命令。

C:\>_

C:\>D:（回车）

D:\>_

第一行表示目前（即当前位置，光标的位置）正在 C 盘的根上；第二行表示输入 D 盘的盘符并回车（回车表示即刻运行输入的命令，类似于在 Windows 中的双击图标的效果）；第三行表示目前（即当前位置，光标的位置）已经在 D 盘的根上了。

**例 2**　如果想看 D 盘根上的文件或文件夹情况，即显示文件列表，则输入命令：

D:\>DIR

或

D:\>DIR　/A

前者表示只显示正常的文件或文件夹的列表；后者表示可以显示正常的和隐藏的文件或文件夹列表。

**例 3**　如果想在 D 盘上创建一个中文的文件夹，如"张三"，并查看文件列表，则命令如下。

D:\>MD　张三

D:\>DIR

第一行命令行表示创建中文文件夹"张三"；第二行表示查看 D 盘根上的文件列表，并查看所创建的中文文件夹是否正确。

注意，在输入英文命令时，按"Alt+F6"；在输入中文时，按"Alt+F3"（拼音）或"Alt+F4"（五笔）。中、英文输入法一定要熟练地切换。

**例 4**　如果 D 盘上已经有了一个中文文件夹"张三"，要查看其该文件夹内部是否有其他的文件或文件夹，就需要进入该文件夹中，并显示文件列表；完成之后还需要返回到 D 盘的根上，则输入如下命令。

D:\>CD 张三

D:\张三>DIR

D:\张三>CD .. 或 D:\张三>CD \

D:\>_

在以上命令行中，第一行表示进入到文件夹"张三"内；第二行表示查看文件夹内的文件列表；第三行表示退回（返回）到 D 盘根上（其中，前者表示一层一层地返回，后者表示直接返回）；第四行表示已经返回到了 D 盘根上。

**例 5** 如果想查看"张三"文件夹内的某些文件或文件夹，就需要用到通配符"*"或和"？"。如果想查看文件名后缀为只有一个字符的所有文件，则输入如下命令。

D:\张三>DIR *.?

如果想查看文件名后缀为"COM"的所有文件，则输入命令如下：

D:\张三>DIR *.COM

如果想查看其下所有的文件夹（包括无后缀的文件），则输入命令如下：

D:\张三>DIR *.

如果想查看其下的所有文件和文件夹，包括隐藏的内容，则输入命令如下：

D:\张三>DIR *.* /A 或 D:\张三>DIR . /A 或 D:\张三>DIR /A

如果想查看其下所有的文件名第一个字符为"G"的文件，则输入命令如下：

D:\张三>DIR G*.*

**例 6** 如果要删除 D 盘根上的一个文件，如"张三.TXT"，则输入如下命令。

D:\>DEL 张三.TXT

如果要删除掉 D 盘根上的所有文件（即各种后缀的文件，或叫各种类型的文件），则输入命令如下：

D:\>DEL . 或 D:\>DEL *.*

注意，DEL 命令不能删除文件夹。DEL 命令可以使用"*"、"？"等通配符。

**例 7** 如果要删除掉 D 盘根上一个文件夹，如"张三"，则输入命令如下：

D:\>RD 张三

注意，要删除掉一个文件夹，一定要保证该文件夹内没有任何文件或文件夹；也一定要保证是在该文件夹的上层，RD 命令不能用于批量删除文件夹。

**例 8** 如果一个文件的名称是"张三.TXT"，要修改其名称为"ZHANGSAN.TXT"，则输入如下命令。

D:\>RNE 张三.TXT ZHANGSAN.TXT

**例 9** 如果一个文件是文本文件，要查看该文件所写内容，则输入如下命令。

D:\>TYPE ZHANGSAN.TXT

注意，文本文件的后缀有".TXT"、".ini"和".BAT"等，也包括一些高级语言编写的原程序。

**例 10** 用"TonPE_V3.3 自用.ISO"光盘启动已经安装有 CCDOS 汉字系统的"张三虚拟机"到 DOS 操作系统中；当前的位置为 A 盘，其上有一个文件夹 SOFT，其内有若干文件，包括一些 DOS 外部命令（文件），如"XCOPY.EXE"、"SYS.COM"和"ATTRIB.COM"等；请把这三个文件复制到 C 盘的 CCDOS 文件中，则输入如下命令。

A:\>

A:\>CD SOFT

A:\SOFT>DIR X*.*

A:\SOFT>DIR SY*.*

A:\SOFT>DIR ATT*.*

A:\SOFT>COPY XCOPY.EXE　　C:\CCDOS

A:\SOFT>COPY SYS.COM　　C:\CCDOS

A:\SOFT>COPY ATTRIB.COM　　C:\CCDOS

以上命令行中，第一行表示当前位置在 A 盘根上；第二行表示进入文件夹 SOFT 中；第三行表示列出文件名第一个字符为 X 的所有文件的列表（主要是为了容易找到"XCOPY.EXE"文件）；第四行和第五行作用与第三行类似；最后三行表示把找到的三个文件复制到"C:\CCDOS"内。

如果当前位置在 C 盘根上，则输入如下命令。

C:\>DIR A:\SOFT\X*.*

C:\>DIR A:\SOFT\SY*.*

C:\>DIR A:\SOFT\ATT*.*

C:\>COPY A:\SOFT\XCOPY.EXE　　C:\CCDOS

C:\>COPY A:\SOFT\SYS.COM　　C:\CCDOS

C:\>COPY A:\SOFT\ATTRIB.COM　　C:\CCDOS

以上命令行中，第一行表示当前位置在 C 盘根上，并列出 A 盘上 SOFT 文件夹中文件名第一个字符为 X 的所有文件；第二行和第三行与第一行类似；最后三行表示把找到的三个文件复制到"C:\CCDOS"内。

当把找到的三个文件复制到了"C:\CCDOS"位置后，还需要进一步检查，即检查"C:\CCDOS"内是否存在这三个文件，则输入如下命令。

A:\SOFT>C:

C:\>CD　　CCDOS

C:\CCDOS>DIR

以上命令行中，第一行表示如果当前的位置在 A 盘文件夹 SOFT 内，并转换到 C 盘的根上；其他命令行意思同上。

**例 11**　如果一台计算机的 Windows 系统不能启动了，而在 Windows 的"桌面"（"桌面"本身也是文件夹）上又保存有若干重要文件，这时只能通过 DOS 操作系统（用某种可启动的工具光盘或 U 盘等）来把"桌面"上的文件给复制到 D 盘根上，则输入命令如下：

A:\>COPY　　C:\DOCUME~1\ADMINI~1\桌面\*.*　　D:\

**例 12**　根据"例 11"的假定，如果 Windows 的"桌面"上既有文件也有其他的子文件夹，而要求一次性地把"桌面"这个文件夹整个地复制到 D 盘根上的相同文件夹中，则输入如下命令。

A:\>MD　　D:\桌面

A:\>XCOPY　　C:\DOCUME~1\ADMINI~1\桌面\*.*　　D:\桌面　　/S

以上命令行中，第一行表示在 D 盘的根上创建一个文件夹（按要求创建），如"桌面"文件夹（这是"XCOPY"命令的使用要求）；第二行表示将把"桌面"文件夹内的所有内容（指文件或其他的子文件夹等）都进行复制；"XCOPY"命令后面的参数"/S"一定不能省（如果缺少"/S"参数，则只能复制"桌面"文件夹和其中的文件，而无法复制其中的子文件夹）。

〈**请读者思考**〉　如果一台计算机的 Windows 操作系统不能启动了，而在 Windows 的"我的文档"（本身也是文件夹）中又保存有若干重要文件（包括其他的子文件夹），这时又只能通过 DOS 操作系统来把"我的文档"中的数据给复制到 E 盘根上，则正确的命令行是什么？

## 3.3　实　验　练　习

（1）构造一台虚拟机，名称如"李五虚拟机"，要求该虚拟机有三台硬盘，每台硬盘容量不低于 10GB，并用"TonPE_V3.3 自用.ISO"光盘启动。用"DiskGenius"工具软件对该虚拟机三台硬盘进行分区，分区要求如下：每台硬盘至少 5 个分区，且采用常规分区方案，分区类型、分区格式（每台硬盘要交叉使用 FAT 和 NTFS 分区格式）、分区容量、激活标志、文件系统、盘符等参数，由读者自定并记录下来。

请在 DOS 操作系统中，用"PQ"软件观察该虚拟机硬盘的分区盘符分配情况，并将相关信息记录在图 3-38 中。

①第一硬盘分区方案

②第二硬盘分区方案

③第三硬盘分区方案

图 3-38　硬盘分区方案图

请在 WinPE 操作系统中，用"磁盘管理"工具观察该虚拟机硬盘的分区盘符分配情况，并记录相关信息在图 3-39 中。

①第一硬盘分区方案

②第二硬盘分区方案

③第三硬盘分区方案

图 3-39　硬盘分区方案图

（2）在上一题的基础上，要求在第二台硬盘的尾部安装 DOS 操作系统并能正常启动（硬盘接口顺序一旦确定，不能更改）。当去掉该虚拟机的"TonPE_V3.3 自用.ISO"光盘后，由虚拟机进入 DOS 操作系统，各个分区的盘符分配情况如何？用什么方法来验证？硬盘的顺序是否会自动交换？请将分区容量、分区类型、分区格式（或文件系统）、盘符和激活标志记录在图 3-40 中。

提示：读者可以下载"PQ for DOS"和"DiskGenius for DOS"工具软件，并复制到启动分区中，便于验证！

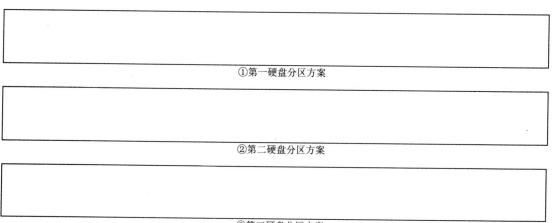

①第一硬盘分区方案

②第二硬盘分区方案

③第三硬盘分区方案

图 3-40　硬盘分区方案示意图

（3）创建一台虚拟机，名称如"李四虚拟机"，为其安装双汉字操作系统并能正常启动（激活标志的应用，也是对多操作系统启动管理的认识），具体要求：硬盘 10GB，内存 512MB；硬盘分区为两个主分区和两个逻辑分区，其中第一个主分区安装 UCDOS 汉字操作系统（请读者自行下载），第二个主分区安装 CCDOS 汉字操作系统，各个分区的容量自定，各个逻辑分区要求能被 DOS 操作系统访问。在图 3-41 中画出分区示意图，要求记录的参数如下：分区容量、分区类型、分区格式（或文件系统）、盘符和激活标志。

图 3-41　硬盘分区方案示意图

当虚拟机启动进入任何一个汉字操作系统后（不能使用"TonPE_V3.3 自用.ISO"光盘来启动），把 C 盘上的所有内容复制到 E 盘上；同时，把 D 盘上的所有内容复制到 F 盘上。提示：为了能启动某个主分区上的 DOS 操作系统，可用光盘启动后激活该主分区。

（4）在标准 DOS 操作系统中，假定一硬盘有两个可使用的分区 D 和 F，在 F 盘上有一个子目录结构，如"\GH1\AB1\BP"（其中在每一层子目录内有若干文件），要求把整个"\GH1\AB1\BP"子目录搬到 D 盘根上（不能用 XCOPY 命令！），要求有相同的结构，请写出 DOS 命令序列。再把 F 盘上的"\GH1\AB1\BP"子目录结构全部删掉（不能用 DELTREE 命令！），请写出 DOS 命令序列。

（5）创建一台虚拟机，要求硬盘容量为 20GB，内存 512MB，使用"TonPE_V3.3 自用.ISO"光盘启动该虚拟机，并对该硬盘分区，分区方案为：一个主分区，三个逻辑分区。

并在图 3-42 中画出原硬盘分区的方案并记录分区容量、分区类型、分区格式（或文件系统）、盘符和激活标志等参数。

图 3-42　原硬盘示意图

　　请读者用"PQ"工具软件来调整分区，要求如下：调大第二个逻辑分区的容量；调大主分区的容量。在图 3-43 中画出分区示意图。

图 3-43　硬盘分区调整后分区示意图

# 实验项目 4  备份与还原

**实验工具软件**

（1）通用 PE 工具箱。

（2）UltraISO。

（3）Virtual PC 2007 SP1 V6.0.192.0（32/64 位）。

（4）Ghost 版 Windows （Server 2003/2008/XP/7 等）等 32 位操作系统 ISO 安装光盘。

（5）易数一键还原。

（6）WinHex。

## 4.1  安装 Ghost 版 Windows 操作系统

### 4.1.1  基本概念

Ghost 版 Windows 操作系统安装盘。这类系统安装盘是指利用 Ghost 软件做成压缩包的 Windows 操作系统安装盘，也称克隆版 Windows 操作系统安装盘，是一种广受关注的产品，主要包括：Windows Sever 2003、Windows Server 2008、Windows XP、Windows7、Windows8 等。它是一种操作系统安装盘的封装方式（即 Ghost 系统封装技术），一般是利用微软标准版（即 VOL 原版，该版本有通用性；不能用无通用性的 GhostOEM 版）Windows 操作系统作为母盘，再利用微软封装部署技术，并融合了许多实用的功能，其目的是节省安装时间，为各种台式机、笔记本电脑、工作站及服务器等提供一种简化安装方式。

标准版的 Windows 操作系统安装过程复杂，不完全提供计算机所需的硬件驱动程序和补丁程序，并要求用户单独安装一些常规的工具性软件，但其具有最好的兼容性和稳定性。Ghost 版 Windows 操作系统一般在几分钟内就能完成安装，而且能提供最新的计算机硬件的驱动程序和绝大多数的补丁程序。另外，当安装完成后，用户可以自主选择安装一些常规的工具性软件以及安全类软件。不过，Ghost 版 Windows 产品的兼容性和稳定性有待提高和完善，而且通用性也不强。所以，这样的产品只能作为研究和学习使用。

Ghost 版 Windows 操作系统安装盘大致有两种产品：一种是光盘产品，另一种是 GHO 映像产品。光盘产品可以是实物（如 CD 光盘或 DVD 光盘等），也可以是从网络上下载的 ISO 光盘。ISO 光盘可用于虚拟机，或者刻录成物理光盘使用。这类产品在为计算机安装系统时，只需要选择光盘启动后的相应菜单即可，也可以把 ISO 光盘中的 GHO 映像单独复制出来。GHO 映像产品比光盘产品使用更为灵活，当为计算机安装操作系统时，可以不使用光盘而直接在硬盘上安装，GHO 映像也可以用于用户自己创建的操作系统安装盘，如光盘或 U 盘等方式。

利用 Ghost 版 Windows 操作系统安装盘安装系统时，硬盘上用于安装操作系统的分区容量一定要足够大，而且一定是第一个主分区，因它是该类安装盘默认的安装位置。一般来讲，可根据的安装的操作系统的类型来确定具体的容量，其大小一般在 10GB～50GB 之间，使用 Ghost 版 Windows 操作系统安装盘来安装系统时，若没有分析硬盘的分区结构，尤其是 GPT 的分区结构，就有可能导致硬盘数据丢失。Ghost 版 Windows 操作系统安装盘只能用于 DOS 分区结构的硬盘而 GPT 分区结构的硬盘目前只能使用标准版的 Windows 操作系统安装光盘。

请读者注意，本书实验项目所用 ISO 光盘只作教学使用，请读者不得扩散和宣传，否则，若产生的一切法律纠纷或数据损失概由读者负责。

### 4.1.2　工具简介

本实验可以采用任何 Ghost 版 Windows 操作系统的安装盘，以"景睿技术 Ghost Windows 2003 服务器专用版"ISO 光盘为例。建议读者使用 32 位的系统，这样可以节约实验时间。

"景睿技术 Ghost Windows 2003 服务器专用版"ISO 光盘的特点如下：（1）以微软 Windows Server 2003 SP2 MSDN 官方简体中文企业版为基础进行制作，磁盘格式使用原生 NTFS 文件系统；（2）内置集成了 Windows Server 2003 安装文件，为系统添加或者修改功能组件时，无需放入原始安装光盘；（3）该光盘集成了 2012 年 11 月之前发布的全部系统关键性补丁和部分可选软件更新，集成了 VB、VC2005、VC2008、MSXML 6.0、最新的 DirectX 9.0c 运行库、Adobe Flash Player 11 和 Winrar 压缩软件；（4）破解了 UxTheme.dll，可直接使用第三方系统主题资源；（5）支持 64 位多核 CPU 平台和 32G 超大内存（因破解了使用 4GB 以上内存的限制）；（6）支持各种 PATA、SATA、SCSI 和 RAID 主流磁盘平台，支持常见磁盘控制器。

"景睿技术 Ghost Windows 2003 服务器专用版"ISO 光盘制作的目的是为小型网站、网吧、办公、家用等提供的一种备选理想平台。它的亮点是能够最大化地利用内存资源。

在实际的计算机上安装操作系统，可以安装任意类型 Ghost 版 Windows 操作系统，但一定要更新安装硬件驱动、多媒体"DirectX"驱动以及底层驱动（如"Microsoft .NET Framework 2.0/3.0"）等，这样才能有效利用硬件资源。硬件驱动的更新一般可利用如"360 驱动大师"等工具软件来完成；多媒体"DirectX"驱动的更新一般利用如"DirectX web setup 网络安装版"工具软件来完成；"Microsoft .NET Framework 2.0/3.0"底层驱动从网上下载安装即可。

### 4.1.3　实验目的

了解"Ghost 版 Windows 操作系统安装盘"与"标准版 Windows 操作系统安装光盘"的区别和意义；熟练使用不同工具光盘中的相关工具软件，并为虚拟机安装 Windows 操作系统；了解 Windows 操作系统的完备安装过程。

### 4.1.4　实验指导

（1）准备工作。下载"景睿技术 Ghost Windows 2003 服务器专版 V2.4.ISO"虚拟光盘，以备用。

用"Virtual PC 2007 SP1V6.0.192.0"创建一台虚拟机，如名称为"张三 03 机"，其中要求硬盘容量为 30000MB，内存容量为 512MB。

用"景睿技术 Ghost Windows 2003 服务器专版 V2.4.ISO"虚拟光盘启动"张三 03 机"虚拟机，找到"DiskGenius"工具软件并用该工具对硬盘分区，主分区容量为 15000MB，余下空间自定。最后重新启动虚拟机，让分区生效，以备用。

（2）安装 Ghost 版 Windows 操作系统（基础系统）。"张三 03 机"虚拟机的硬盘上已经存在一个主分区了，用"景睿技术63 Ghost Windows 2003 服务器专版 V2.4.ISO"虚拟光盘来启动"张三 03 机"，启动选单主界面如图 4-1 所示。

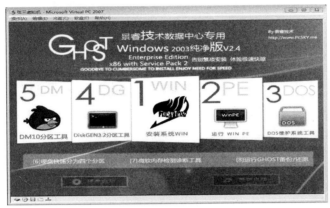

图 4-1　　"景睿技术 Ghost Windows 2003 服务器专版 V2.4.ISO"虚拟光盘启动的主界面

在光盘启动主界面上，点击"1"按钮，进入系统安装过程的第一步骤，即系统还原过程，如图 4-2 所示，该过程是利用了 Ghost 软件来将光盘上的 GHO 映像还原到硬盘的第一主分区上，这是默认设定，它要求这个主分区的容量有足够的空间。

还原完毕后，虚拟机将自动重新启动。这时，请将"景睿技术 Ghost Windows 2003 服务器专版 V2.4.ISO"光盘弹出。

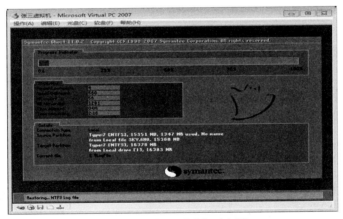

图 4-2　系统还原过程示意图

之后，系统将进入安装过程的第二阶段，即操作系统的部署阶段，硬件设备驱动程序自动安装的界面如图 4-3 所示。

一般情况下，针对实际计算机而言，"万能驱动助理"软件对话框不用点选，因它几乎都能自动找到计算机上相关设备的驱动程序。在虚拟机中，该安装过程并不能完全找到其硬件设备的驱动程序，故需要选中所有的设备使其完成安装。

勾选完设备后，点击"万能驱动助理"软件界面的"开始"菜单下的"解压并安装驱动"命令即可。之后将进入自动安装过程，直到系统安装完毕。如图 4-4 所示。

系统安装完成后，虚拟机将重新启动并进入系统登录界面，如图 4-5 所示。点击"确定"

按钮，即可进入 Windows Server 2003 操作系统桌面。至此，为"张三 03 机"虚拟机安装
Windows 操作系统的实验完毕（基础系统）。

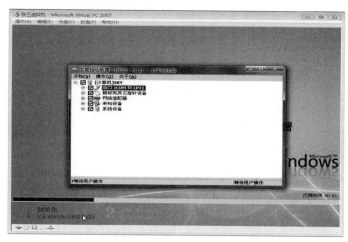

图 4-3　安装到驱动选择对话框

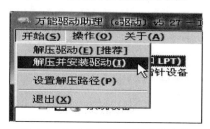

图 4-4　手动选择设备驱动并安装

　　如果是在实际的计算机上安装完 Windows 操作系统（基础系统）后，还必须首先安装
安全类软件，再检查硬件驱动、多媒体"DirectX"驱动以及底层驱动等是否完备，最后再
安装常规工具软件、办公类软件，以及保护类工具软件等读者自己所需的软件。我们把以
上的整个过程，称为操作系统的完备安装过程。

图 4-5　虚拟机进入 Windows Server 2003 登录界面

　　最后，请读者保留本实验已经安装好的 Windows Server 2003 操作系统"张三 03 机"虚
拟机，后面的实验项目需要用到。

## 4.2　操作系统的备份与还原（"GHOST"版）

### 4.2.1　基本概念

操作系统的备份与还原。要进行数据恢复工作(包括计算机维护工作)，首先要学会对数据进行保护。数据一般分为两类，一是指软件以及用户产生的文档等数据，也包括数据库；二是指磁盘存储的结构，如文件系统以及分区信息等。操作系统及所在区域同时包含了这两者，故对操作系统的保护就显得十分重要。对数据的保护，基本的方法就是备份，这也是数据恢复的基础。当数据丢失且完整的数据恢复已经不可能时，数据还原就是最基本、最可靠的数据安全保证，进行数据还原能将数据损失降到最低。所以，针对操作系统这种特殊数据的保护，或对有重要数据的分区的保护，就需要寻求能进行备份和还原的技术和方法了。

任何操作系统都是重要数据，使用操作系统自身的保护功能也无法保证数据一定不丢失，有重要数据的分区也是如此，这就需寻求第三方工具软件来解决此问题了，如知名的"Notron Ghost"、"易数一键还原"、"DiskGenius"、"HDClone"以及"WinHex"等工具，它们都是十分优秀的数据备份与还原的原创软件。上述软件可对 Windows 操作系统进行备份与还原，也能对非操作系统分区进行备份与还原，以保护重要数据。前三种工具软件对所要备份和还原的数据的完备性要求不高，即是只需要备份和还原有用的数据扇区即可。而后两种工具软件，特别适合数据恢复或电子取证工作的备份与还原等情况，其目的是保护原始磁盘或证据，要求必须保证磁盘数据的完整性，无论磁盘上是否有有效数据，都必须完整地进行扇区的全面备份，所以也叫完整性克隆，或叫磁盘物理层备份。后两种工具软件也常常用于对非操作系统分区或 U 盘等设备的所有扇区进行完整性备份，当然也可用于不同类型的操作系统的备份与还原。

"Ghost"软件是使用最广泛的基础工具软件，它主要针对 Windows 操作系统进行备份与还原，所产生的备份文件，即映像文件".GHO"，可以放在非系统分区中备用、也可以放在物理光盘或 ISO 光盘中，还可以放在移动硬盘中备用。当操作系统无法正常使用时，可以利用映像文件".GHO"来进行还原，这等于在短时间内又重新安装了操作系统。不仅如此，这个重新安装的操作系统也不需要再考虑计算机硬件设备驱动程序重新安装的问题，以及常规工具软件、办公类软件和安全类软件等的安装问题。这种方法节约了大量的时间。

"Ghost"软件也叫克隆软件，其功能十分强大，它不仅能把操作系统分区备份为映像文件，还能进行硬盘间的克隆，或进行分区间的克隆。"Ghost"软件的还原操作就是指把映像文件还原到分区上或硬盘上。备份操作就是把分区或硬盘备份到映像文件的过程，而把分区到分区或硬盘到硬盘的备份过程叫克隆。

"Ghost"软件的功能的确强大，但如果操作不当，也会对硬盘上的数据造成影响，可能会导致硬盘上的数据永久丢失而不可恢复。比如，在将一个映像文件还原到分区上时，由于误判将其还原到了有重要数据的分区上，则会导致重要的数据丢失；如果一个映像文件，它本身是由硬盘备份产生的，由于误操作将其还原到分区上，结果会导致整个硬盘的分区丢失。

"Ghost"软件有 16 位版本和 32 位版本之分，或分为 DOS 版本和 Windows（或WinPE）版本，其软件界面和操作方式完全一致，没有区别，只是 32 位版本的运行速度比

16 位版本更快。"Ghost"是个小软件（是由诺顿 Ghost 软件包中脱离出来的），故有不少专家又将其整合到了其他的软件包中，而且还把"Ghost"的备份还原等操作流程简化成批处理菜单，大大简化了操作过程，这些软件包称为"基于 Ghost 的应用软件"。它们可以安装到 Windows 操作系统中，构成一种双系统（指 DOS 或 WinPE 操作系统与 Windows 操作系统同在）的模式，这样就可以脱离光盘或 U 盘等第三方启动介质，比如当 Windows 操作系统出现了故障时，就可以启动上述应用软件进入 DOS 或 WinPE 操作系统中来解决。此类工具软件有"通用 PE 工具箱"、"傻瓜一键恢复"、"一键 Ghost 还原精灵"、"OneKey 一键还原"、"Ghost 版 Windows 操作系统光盘"等。

事实上，这些基于"Ghost"应用软件已经成为计算机维护的基础工具了，也可以称为保护 Windows 操作系统的"Ghost"子系统。利用"Ghost"软件来对 Windows 操作系统进行备份与还原操作，有以下要求。

（1）备份要求。备份的主要目的是为完备安装的 Windows 操作系统备份一个映像文件，在还原之后，其操作系统也就自然是完备的了。所以，要保证所备份的 Windows 操作系统是完备的，在备份之前，就必须完成以下步骤：安装安全类软件，完善各种设备驱动、补丁、常用工具软件、办公类软件的安装，之后还必须对系统进行优化工作（在这期间，请不要上网，以免带来病毒）。操作系统的优化十分重要，其优化过程包括：清除垃圾文件、清除注册表里的垃圾信息、整理系统盘磁盘碎片以及杀毒等操作过程。在完成了以上所有过程后，就可以进行该系统分区的备份了。备份可以在 DOS 或 WinPE 操作系统中完成。需要注意的是，所生成的映像文件一定要放在安全的分区上，且该分区的容量要足够大。

（2）还原要求。当感觉系统运行缓慢（如经常安装、卸载软件而残留了大量的垃圾文件）、误删了一些文件导致系统紊乱、系统崩溃、中了比较难杀除的病毒等时，就需要还原操作系统。当系统分区因长时间没整理磁盘碎片且整理磁盘碎片相当费时，也可以通过还原来解决此类问题。

就即便为 Windows 操作系统安装了基于"Ghost"应用软件，但 Windows 操作系统和基于"Ghost"应用软件也比较脆弱，原因如下：所备份的映像文件与"Ghost"应用软件都无法得到安全保证，如误删除可导致映像文件的丢失，便无法使用备份和还原功能。所以，基于"Ghost"应用软件只是为 Windows 操作系统提供了一种弱保护形式，也叫后援式保护方式。要想提高对 Windows 操作系统的保护能力和手段，就必须寻求另外的方式，如使用系统保护卡或系统保护软件等方式。

### 4.2.2　工具简介

"Ghost"（General Hardware Oriented Software Transfer，面向通用型硬件系统传送器）软件是美国赛门铁克公司推出的一款出色的硬盘备份还原基础性原创工具，可以实现对 FAT 16、FAT 32、NTFS、OS2 等多种硬盘分区格式进行分区及备份还原。"Ghost"软件出现在 Windows 操作系统前，并一直沿用至今，成为了 Windows 操作系统的一款辅助性基础工具软件。所以，"Ghost"又被特指为能快速安装操作系统的软件，或叫一键安装系统软件。不过，"Ghost"软件的垄断地位有可能被如今的国有软件"易数一键还原"打破。

### 4.2.3　目的和要求

理解"Ghost"工具软件的使用范围对数据和 Windows 操作系统的保护意义，理解误操作"Ghost"工具所带来的危害；能熟练操作"Ghost"工具进行数据的克隆、备份与还原；能为 Windows 操作系统安装任意一款硬盘版的基于"Ghost"应用软件。

### 4.2.4  实验指导

"Ghost"既是功能强大也是十分危险的工具软件。为了能很好地掌握它，在虚拟机上做实验是最好的方法，因为这样不会破坏读者的计算机系统和数据。当完全掌握了"Ghost"工具后，就可以在实际计算机上应用了。

（1）"Ghost"软件使用前的准备。利用"通用 PE 工具箱_V3.3"软件生成"TonPE_V3.3.ISO"虚拟光盘。对已经保存好的安装有 Windows Server 2003 操作系统的"张三 03 机"虚拟机进行如下设置（原虚拟机中的硬盘为原硬盘）：为该虚拟机再添加两台硬盘，分别是 A 盘和 B 盘，容量都是 30000MB。总共三台硬盘的分区方案以及各个分区的参数要求，参见如图 4-6 所示的分区方案示意图（原硬盘上的操作系统分区要保留，是重要的实验用原始数据）。

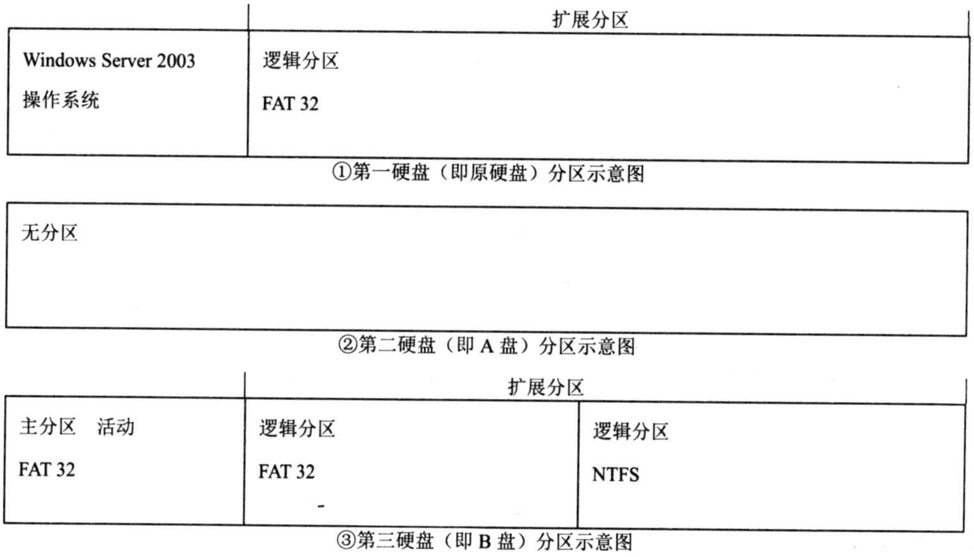

图 4-6  "张三 03 机"虚拟机硬盘分区方案示意图

对"张三 03 机"虚拟机的三台硬盘按照分区方案完成分区后，需要重新启动虚拟机，让分区生效。

请读者在图 4-6 中，标示出 DOS 操作系统为分区分配的盘符（后面的实验会用到）。

最后，用"TonPE_V3.3.ISO"光盘启动"张三 03 机"虚拟机，读者可以选用两种操作系统之一（即 DOS 或 WinPE）来运行 Ghost 软件。

如果进入的是 DOS 操作系统，首先输入字符"Mouse"运行鼠标程序，之后输入字符"Ghost"运行"Ghost"软件，这样可以用鼠标来操作，如图 4-7 所示。

"Ghost"软件可以不使用鼠标来操作，但必须通过键盘上的"上"、"下"、"左"、"右"、"Tab"（用于跳过选择）、"Esc"（用于放弃操作）、"回车"等键来操作。

在 DOS 操作系统下用键盘来操作应用软件是基本功，而且要重视这种操作方式。读者也可以在 DOS 操作系统中，输入"Ghost"字符来运行 Ghost 软件；或者输入"GH"字符，并选择"手动操作"命令来运行"Ghost"软件。这两种方式都能使用鼠标来操作。

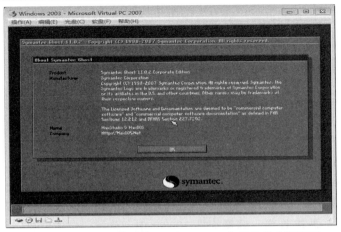

图 4-7　在 DOS 操作系统下运行"Ghost"软件的欢迎界面

如果进入的是 WinPE 操作系统，在"开始"菜单下的"所有程序"中找到"手动运行 Ghost32"程序，点击运行"Ghost"软件，如图 4-8 所示。

图 4-8　在 WinPE 操作系统中运行"Ghost"软件的欢迎界面

可见，在 DOS 和 WinPE 操作系统中运行"Ghost"软件，其界面和操作方式是完全一样的。本书以后不再指定进入那种操作系统来运行"Ghost"软件，请读者根据自己的喜好来确定。

无论是在哪种操作系统中运行"Ghost"软件，当进入到欢迎界面时，点击"确定"按钮，便进入到"Ghost"软件的主菜单界面，如图 4-9 所示。

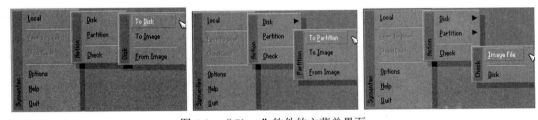

图 4-9　"Ghost"软件的主菜单界面

点击"Local"（本地）菜单，出现三个子菜单，即"Disk"、"Partiton"和"Check"子菜单。图 4-9 左边部分是"Disk"（硬盘）的相关操作子菜单；中间部分是"Partiton"

（分区）的相关操作子菜单；右边部分是"Check"（检查）的相关操作子菜单，该菜单下的命令用于对映像文件或硬盘进行校验检查，看是否正常可用。另外，主菜单上的"Options"参数的设置，大多数情况下默认即可。

在对硬盘的操作中，一般分为三种不同类型的操作，即克隆、备份和还原等操作。

（1）克隆操作分为硬盘到硬盘的克隆操作和分区到分区的克隆操作。硬盘到硬盘的克隆操作主要用于两个硬盘间，从而可以制作两台内容相同的硬盘，即把原硬盘上的数据完完全全地复制到目标硬盘上。在克隆到目标硬盘之前，可以修改目标硬盘各个分区的容量，但分区数量是不能修改的。要注意，目标硬盘的容量一定要大于等于原硬盘，否则将丢失数据，或无法操作（或中断其操作）。硬盘到硬盘的克隆操作将会覆盖目标硬盘上的一切数据，该操作常用于为另外一台计算机硬盘做快速分区，或为有相同硬件标准的计算机做操作系统硬盘。

分区到分区的克隆操作，主要用于两台硬盘任意分区之间，从而可以制作一台与原硬盘有相同分区内容的硬盘（在一台硬盘上做分区间的克隆是无意义的），该操作将把原硬盘上的分区数据完完全全地克隆到目标硬盘的某分区上。在克隆到目标分区之前，可以修改目标硬盘分区的容量，但不得小于原分区大小。要注意，目标硬盘上一定要有一个分区存在，否则无法进行操作；目标分区的容量一定要大于等于原硬盘相应分区的容量，否则将有数据丢失，或无法操作（或中断其操作）。该操作将会覆盖目标分区上的一切数据，常用于 Windows 操作系统的克隆，为另外一台相同硬件配置的计算机硬盘做操作系统，也常用于将某数据分区克隆到另外一个硬盘的某位置分区上，以保存数据。

（2）备份操作分为硬盘到映像文件的备份操作和分区到映像文件的备份操作。硬盘到映像文件的备份操作，主要用于把原硬盘上的整个数据备份为一个映像文件，并保存到目标硬盘（另一个硬盘）的分区上。要注意，一定要有目标硬盘存在，而且目标硬盘上的分区要能正常使用，还要求分区容量一定要能放得下映像文件，否则无法操作或造成数据丢失（即备份不全）。该操作并不常用。

分区到映像文件的备份操作，主要用于把硬盘某原分区上的整个数据备份为一个映像文件，并保存到目标分区上（该目标分区可以是同一台硬盘上的其他分区，也可以是另外一台硬盘的某分区）。要注意，该操作可以在任意硬盘任意分区间进行，备份的映像文件所要保存的目标分区，一定要存在且能正常使用，目标分区的容量也一定要能放得下映像文件，否则将有数据丢失或无法操作。该操作常用于 Windows 操作系统的备份，并用于相同硬件配置的计算机系统中；该操作也常用于对某数据分区进行备份，以保存数据。

（3）还原操作分为映像文件到硬盘的还原操作和映像文件到分区的还原操作。映像文件到硬盘的还原操作，主要是把以前硬盘备份到映像文件所产生的备份文件，完全按照以前备份时的形态再次还原到目标硬盘（另外一台硬盘）上。要注意，该操作将覆盖目标硬盘上的一切内容，目标硬盘一定是另外一台硬盘。

映像文件到分区的还原操作，主要是把以前分区备份到映像文件所产生的备份文件，完全按照以前备份时的形态再次还原到目标分区上。要注意，该映像文件可以还原到任何硬盘的任何目标分区上（除了映像文件所在分区），且将覆盖其上的所有内容，目标分区一定要存在且容量一定要保证能放下所有内容。该操作常用于相同硬件配置的计算机的 Windows 操作系统还原（相当于利用映像文件来重新安装操作系统），也常用于还原某数据分区。

在多硬盘多分区的情况下，特别在进行分区到分区的克隆、映像文件到分区的还原等操作中，容易进行误操作。所以，在还原操作之前，一定要用"Check"（检查）命令来验证映像文件是硬盘备份的文件还是分区备份的文件，这一点十分重要！

在使用 Ghost 工具软件之前，进入 DOS 操作系统中，利用"PQ"软件来观察"张三 03 机"虚拟机的硬盘分区方案，特别是分区的盘符分配情况，并标出分区类型、活动标志、分区容量、分区格式（或文件系统）和盘符等信息。如图 4-10 所示。

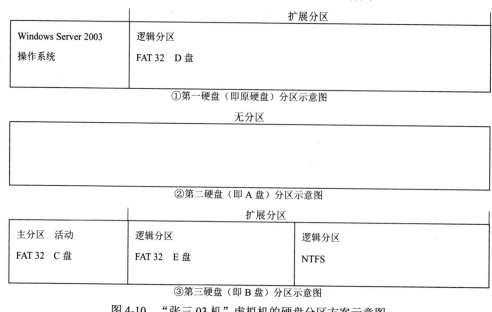

图 4-10　"张三 03 机"虚拟机的硬盘分区方案示意图

在硬盘分区方案示意图中，已经标示出了 DOS 操作系统为其分配的分区盘符。该示意图也表示在进行克隆、备份和还原等操作之前的分区盘符分配情况。

〈请读者观察验证〉　针对以上实验，进入 WinPE 操作系统中，查看其盘符分配的情况，并作相关记录。该方法也适用于以下实验过程中观察克隆、备份和还原等操作之后的盘符变化。

（2）硬盘到硬盘的克隆。针对"张三 03 机"虚拟机，完成第一硬盘到第二硬盘的克隆操作。

进入到"Ghost"软件的主菜单界面，点击"Local"（本地）菜单，点击"Disk"（硬盘）下的"To Disk"（到硬盘）命令，如图 4-11 所示。该界面要求选择原硬盘。这里看到的"Drive"（驱动器）数码顺序，就是该虚拟机（实际计算机同理）硬盘接口的顺序。

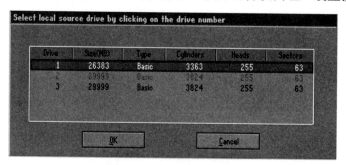

图 4-11　选择原硬盘界面

请选"1"的硬盘，点击"OK"按钮，如图 4-12 所示。

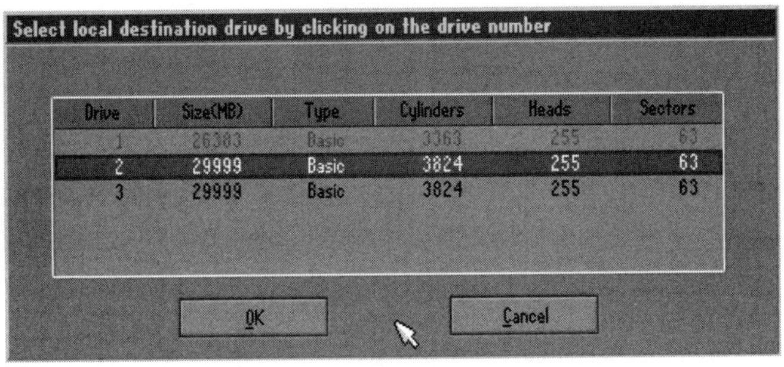

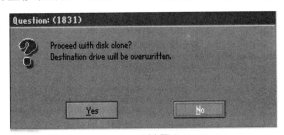

图 4-12　选择目标硬盘界面

该界面要求选择目标硬盘。请选"2"的硬盘，点击"OK"按钮，如图 4-13 所示。这里显示了即将为目标硬盘提供的分区状况，其参数与原硬盘相同。不过，目标硬盘上的分区数量是不能修改的，而各个分区的容量则可以修改。

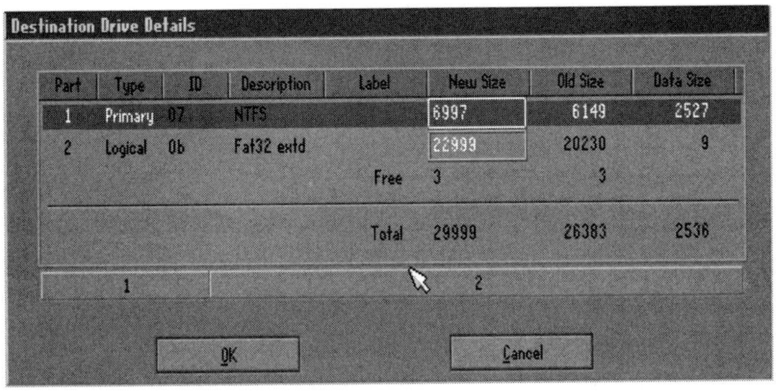

图 4-13　修改目标硬盘上分区容量

修改分区容量的方法如下：先修改逻辑分区的容量，再修改主分区的容量，这需要反复调整，直到硬盘的剩余容量基本用完为止。

目标硬盘的分区容量修改好后，点击"OK"按钮，如图 4-14 所示。

图 4-14　目标硬盘将被覆盖的警告提示

如果确实要进行硬盘到硬盘的克隆操作，请点击"Yes"按钮，即可进入克隆过程（该过程将使目标硬盘上的数据全部被覆盖），直到结束。在点击了"Yes"按钮后，如果"Ghost"软件是在 DOS 操作系统中运行的，可能会出现出错的提示，如图 4-15 所示。这里点击"OK"按钮以及"Continue"按钮即可。

如果"Ghost"软件是在 WinPE 操作系统中运行的，上述操作则不会出现出错提示。

硬盘到硬盘的克隆结束后，需要重新启动虚拟机，让目标硬盘的分区生效。在完成了硬盘到硬盘的克隆操作后，该虚拟机的三个硬盘的分区发生了一些变化，特别是分区的盘符分配有了很大的变化，这一变化可能会对后面的实验项目有影响。

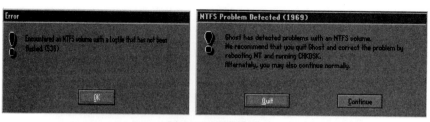

图 4-15　出错提示

<请读者思考>　在硬盘到硬盘的克隆过程中，如果一旦选择错了目标硬盘，会有怎样的后果？

再次进入 DOS 操作系统中，利用"PQ"软件来观察"张三 03 机"虚拟机的硬盘分区方案，特别是分区的盘符分配情况，并标出分区类型、活动标志、分区容量、分区格式（或文件系统）和盘符等信息；并验证是否符合分区交错的规律。如图 4-16 所示。

| | 扩展分区 |
|---|---|
| Windows Server 2003 操作系统 | 逻辑分区<br>FAT 32　D 盘 |

①第一硬盘（即原硬盘）分区示意图

| | 扩展分区 |
|---|---|
| Windows Server2003 操作系统 | 逻辑分区<br>FAT 32　E 盘 |

②第二硬盘（即 A 盘）分区示意图

| | 扩展分区 | |
|---|---|---|
| 主分区　活动<br>FAT 32　C 盘 | 逻辑分区<br>FAT 32　F 盘 | 逻辑分区<br>NTFS |

③第三硬盘（即 B 盘）分区示意图

图 4-16　克隆后新的分区盘符

<请读者验证>　针对"张三 03 机"虚拟机，如果把该虚拟机中的第一硬盘卸掉，同时把"TonPE_V3.3.ISO"光盘也弹出。则该虚拟机中的第二个硬盘就变成系统盘了。重新启动虚拟机后，看看是否能正常启动进入 Windows Server 2003 操作系统？以此验证克隆后的硬盘是否能正常工作。另请读者思考，若克隆后的硬盘不能正常工作，其原因是什么？若克隆时，选择了错误的目标硬盘，会发生哪些情况？

（3）分区到映像文件（即备份）。如图 4-16 所示，"张三 03 机"虚拟机在完成了硬盘到硬盘的克隆操作之后，硬盘分区已经发生了变化，在此基础上将 Windows Server 2003 操作系统的分区备份为映像文件，并将其保存到 D 盘上，因该两个操作系统分区的内容一样，可任选一个分区进行以下实验。

〈请读者思考〉　如果要把映像文件保存（或备份）到 E 盘上，那么，硬盘到硬盘的克隆操作的前后，其 E 盘的位置是否存在差异？也就是说，这里说的 E 盘到底是哪个呢？以后又如何操作呢？

用"TonPE_V3.3.ISO"虚拟光盘启动虚拟机并进入到"Ghost"软件的主菜单界面，点击"Local"（本地）菜单，点击"Partiton"（分区）下的"To Image"（到映像）命令，如图 4-17 所示。

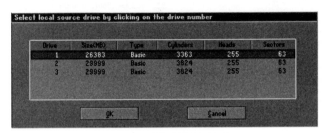

图 4-17　选择原硬盘界面

该对话框提示请正确选择原硬盘。对该虚拟机而言，第一硬盘已经克隆到了第二硬盘，故两台硬盘上都有 Windows Server 2003 操作系统分区，即原分区，都可以作为原硬盘使用。这里选择"1"硬盘，点击"OK"按钮，如图 4-18 所示。

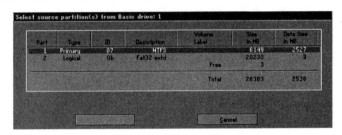

图 4-18　选择原硬盘上原分区的界面

该对话框提示请正确选择原分区，即需要备份的分区。其中，"Part"即分区的简写，其下的数码顺序就是该原硬盘上的分区顺序。"1"就是操作系统分区，即原分区，"2"是逻辑分区，即 D 盘。

这里选"Part"下的"1"原分区，点击"OK"按钮，如图 4-19 所示。

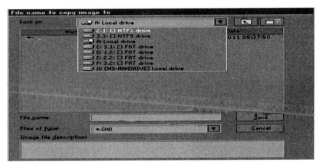

图 4-19　保存映像文件位置选择界面

该对话框显示了要保存映像文件的位置。点击"Lock in:"选择框的下拉列表，可以看到有不同的区域或位置可以选择。在该下拉列表中，有的项表示某分区，有的项表示某存储设备。所以，必须根据如图 4-16 所示的分区示意图来辅助分析映像文件要保存的正确位置。这是因为在 DOS 和 WinPE 操作系统中，位置的选项列表是完全不一样的，具体如图

4-20 所示。

可以看出，图的左边是 DOS 操作系统下的位置选项列表；右边是 WinPE 操作系统下的位置选项列表。它们显示的位置选项完全不同，特别是盘符所表达的位置。所以，为了能精确地选择所需的目标位置，就必须要了解分区位置序号。

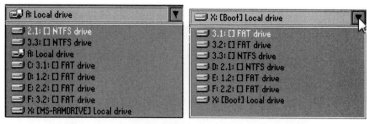

图 4-20　DOS 和 WinPE 操作系统下位置选项列表

分区位置序号是一种通用的表达硬盘分区位置的方法。该方法用"1.1、1.2、2.1、2.2"等这样一组序列号来表达分区的位置，比如"1.1"就表示第一台硬盘上的第一个分区位置；"2.1"就表示第二台硬盘上的第一个分区位置。此种方法与操作系统无关，也与盘符无关。这就能十分精准地找到需要的分区位置。

根据分区位置序号的表达方法，就可以在图 4-16 所示的分区示意图上标识出分区位置序号，从而，就能一一对应地找到目标分区位置。根据如图 4-16 所示的分区示意图，在硬盘分区方案示意图中标出：分区类型、活动标志、分区容量、分区格式（或文件系统）、盘符和分区位置序号等信息，如图 4-21 所示。

| | 扩展分区 |
|---|---|
| Windows Server 2003 操作系统　1.1 | 逻辑分区<br><br>FAT 32　D 盘<br><br>1.2 |

①第一硬盘（即原硬盘）分区示意图

| | 扩展分区 |
|---|---|
| Windows Server 2003 操作系统　2.1 | 逻辑分区<br><br>FAT 32　E 盘<br><br>2.2 |

②第二硬盘（即 A 盘）分区示意图

| | 扩展分区 | |
|---|---|---|
| 主分区　活动<br><br>FAT 32　C 盘<br><br>　　　　3.1 | 逻辑分区<br><br>FAT 32　F 盘<br><br>3.2 | 逻辑分区<br><br>NTFS<br><br>3.3 |

③第三硬盘（即 B 盘）分区示意图

图 4-21　分区位置序号表示的分区位置示意图

根据实验要求，需要把备份的映像文件保存到 D 盘上，实际就是指"1.2"分区位置序号所指的分区位置上。另外，如果实验要求是保存到 E 盘，就必须要知道这里所说的 E 盘到底是指哪个分区，即是否为进行硬盘到硬盘克隆操作之前的 E 盘？如果是之前的 E 盘，就是指"3.2"的分区位置，否则就是指"2.2"的分区位置。可见，位置有很大的差异，是很容易误操作的。

如图 4-20 所示，在位置选项列表中，点选分区位置序号为"1.2"的选项，并在相应输入框中输入映像文件的名称（名称自定），点击"Save"按钮，如图 4-22 所示。

图 4-22　对映像文件的压缩能力选项

该对话框表示选择对映像文件进行何种类型的压缩操作。其中，"No"表示不压缩，备份的速度最快，产生的文件容量大；"High"表示最高压缩能力，备份的速度最慢，产生的文件容量最小；"Fast"表示两者之间的能力。

这里点击"High"选择按钮，如图 4-23 所示。点击"Yes"按钮，即可进行相应操作直至完成备份操作。

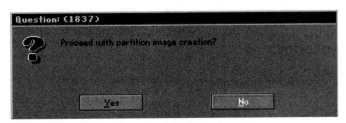

图 4-23　是否创建映像文件的提示

最后，请读者自行查看所备份的映像文件是否正确地保存到了所指定的分区上。

（4）映像文件还原到分区。如图 4-21 所示，在"张三 03 机"虚拟机中，已经完成了把一个操作系统分区备份为一个映像文件的操作，而且保存在了"1.2"的分区位置上。下面将该映像文件还原到"3.1"的分区位置上，即操作系统的还原实验。

用"TonPE_V3.3.ISO"虚拟光盘启动虚拟机并进入到"Ghost"软件的主菜单界面，点击"Local"（本地）菜单，点击"Partiton"（分区）下的"From Image"（从映像）命令，如图 4-24 所示。

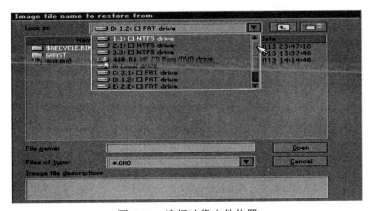

图 4-24　选择映像文件位置

请正确选择映像文件所在分区位置，并找到映像文件。这里点击分区位置序号为"1.2"的分区，即可在文件显示框中显示出映像文件的名称。选中该映像文件，再点击"Open"按钮，如图4-25所示。

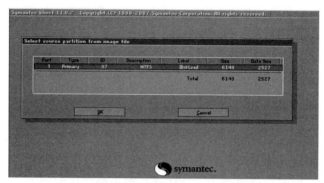

图4-25　选择原映像文件所在分区

点击"OK"按钮，如图4-26所示。

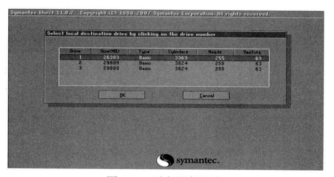

图4-26　选择目标硬盘

该对话框要求正确选择还原的目标分区所在的目标硬盘。可根据如图4-21所示的分区示意图来辅助分析。

这里选"3"号目标硬盘，点击"OK"按钮，如图4-27所示。

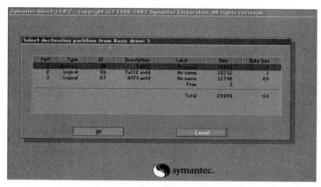

图4-27　选择目标硬盘上的目标分区

该对话框要求必须正确选择还原的目标分区。这里选"1"号分区，即把映像文件还原到第三硬盘的主分区上（也就是本实验所要求的"3.1"位置）。点击"OK"按钮，如图4-28所示。

图 4-28  目标分区将被覆盖的提示信息

点击 "Yes" 按钮，即可进行还原操作。还原操作完成后，需要重新启动虚拟机，让硬盘分区生效。

在对 "张三 03 机" 虚拟机完成了映像文件到分区的还原操作后，进入 DOS 操作系统中，查看其盘符分配情况，画出硬盘分区示意图，并在图中标出分区类型、活动标志、分区容量、分区格式（或文件系统）、盘符和分区位置序号等信息，如图 4-29 所示。

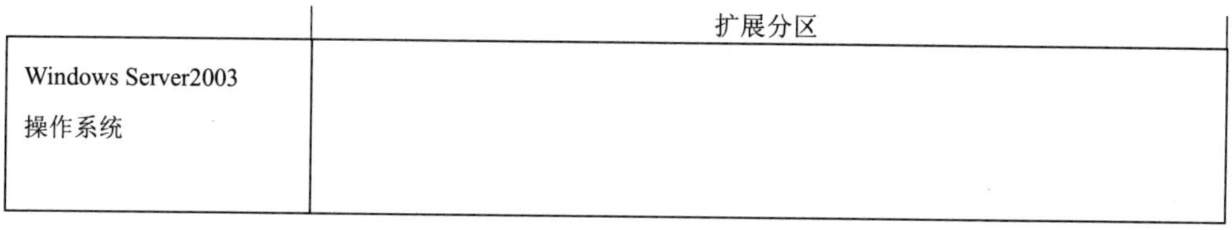

| | 扩展分区 |
|---|---|
| Windows Server2003<br>操作系统 | |

①第一硬盘（即原硬盘）分区示意图

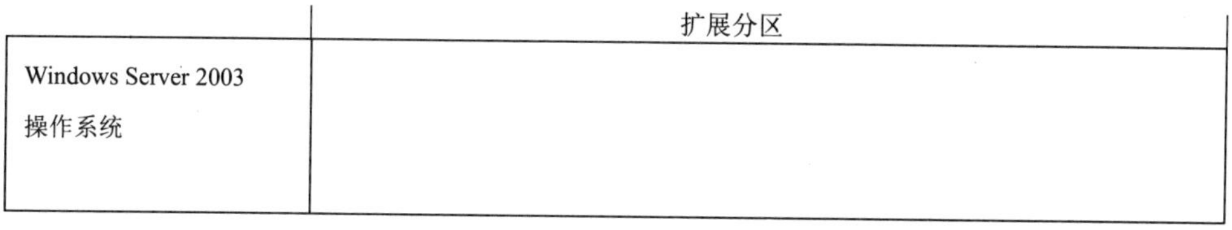

| | 扩展分区 |
|---|---|
| Windows Server 2003<br>操作系统 | |

②第二硬盘（即 A 盘）分区示意图

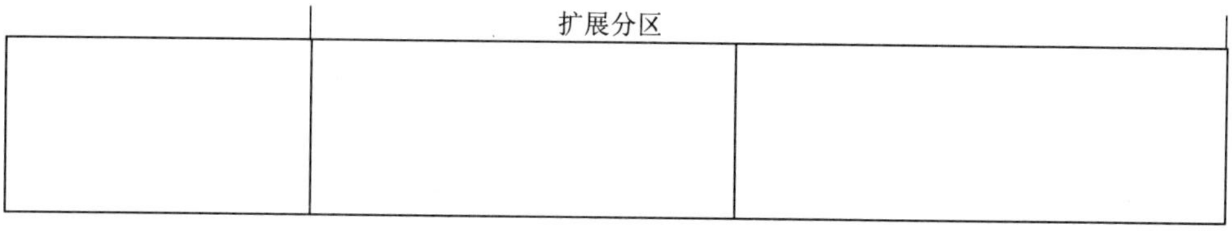

| | 扩展分区 | |
|---|---|---|
| | | |

③第三硬盘（即 B 盘）分区示意图

图 4-29  分区示意图

〈请读者验证〉  针对 "张三 03 机" 虚拟机，把该虚拟机中的第一硬盘和第二台硬盘卸掉，同时把 "TonPE_V3.3.ISO" 光盘也弹出，即让第三个硬盘变成系统盘，并重新启动虚拟机，验证第三台硬盘在这台虚拟机中是否能正常启动并进入 Windows Server 2003 操作系统，如果不能正常启动，原因是什么？有什么办法解决呢？

〈请读者思考〉  要把一个映像文件还原到 E 盘上，那么，硬盘到硬盘的克隆操作的前和后，其 E 盘的位置是否存在差异？如果一旦操作错误，将会有怎样的后果？

上述操作完成后请还原该虚拟机的配置。

另外，请读者下载某个硬盘版的基于 Ghost 应用软件，如 "通用 PE 工具箱"、"傻瓜一键恢复"、"一键 Ghost 还原精灵" 和 "OneKey 一键还原" 等，并学会在 Windows Server 2003 操作系统虚拟机中安装和使用，即对虚拟机中的 Windows Server 2003 操作系统进行备份和还原操作。

# 4.3　操作系统的备份与还原（"易数一键还原"版）

## 4.3.1　工具简介

"易数一键还原"软件是易数科技自主研发的、针对 Windows 操作系统进行备份与还原的基础性工具软件，它不同于"一键 Ghost"等基于"Ghost"应用软件。"易数一键还原"是基于 DiskGenius 内核开发的，支持全中文傻瓜式向导型操作界面，是安全可靠又易于使用的一种基础工具软件。就保护 Windows 操作系统而言，"易数一键还原"软件完全可以替代基于"Ghost"应用软件，它安装后完全不影响计算机的性能，支持 GPT 分区结构下的 Windows 操作系统的备份与还原，但目前暂不支持对动态磁盘进行备份与还原。

"易数一键还原"软件的最大特点是支持增量备份与多时间点还原，支持多种应急还原方式，功能远比"一键 Ghost"、"一键还原精灵"等基于"Ghost"应用软件强大。

使用"易数一键还原"，可以方便地将正在使用的 Windows 操作系统做备份，系统被电脑病毒感染、出现分区错误等情况时，可快速地将系统还原为备份时状态。

"易数一键还原"使用了全中文的向导式操作界面，用户只需点击几下鼠标，即可轻松地完成系统备份及恢复工作。

"易数一键还原"备份与还原系统时，速度极快。经过测试，一般配置的电脑，备份与还原速度都在 1G 每分钟以上，备份与还原一个 Windows 7 系统，只需要几分钟。

"易数一键还原"支持增量备份，用户使用该软件备份了一次系统之后，再次备份系统时，可以只备份系统中改变了的部分，既提高了备份的速度，又节约了硬盘空间。使用"易数一键还原"软件还原系统时，用户可以将系统还原到任意的时间点，极大的提高了这款软件的实用性。

"易数一键还原"支持在 Windows 操作系统正常运行时的系统还原；支持在 Windows 操作系统启动时，通过菜单选项还原系统；支持在电脑开机时，按 "F11" 键还原系统；支持制作 USB 启动盘，通过 USB 启动盘还原系统；暂不支持多操作系统安装。另外，"易数一键还原"目前还不能提供硬盘间或分区间的克隆操作，这也是他的弱点。

## 4.3.2　实验目的

了解基于"Ghost"应用软件与"易数一键还原"工具软件在操作、功能和性能的差异，熟练为 Windows 操作系统安装"易数一键还原"软件，并能对其进行备份、增量备份与还原等操作。

## 4.3.3　实验指导

通过上一节的相关应用实验，就能认识到"Ghost"软件不仅使用上十分复杂，而且也十分危险，很容易对硬盘上的分区造成影响。那么，如果不考虑硬盘间或分区间的操作和应用，仅就 Windows 操作系统保护而言，使用"易数一键还原"软件就是更为简单的方法。

（1）易数一键还原软件使用前的准备。利用"通用 PE 工具箱_V3.3"软件生成"TonPE_V3.3.ISO"虚拟光盘，并将下载的"易数一键还原"软件放入"TonPE_V3.3.ISO"虚拟光盘中。准备好已经保存了的 Windows Server 2003 操作系统"张三 03 机"虚拟机。

用"TonPE_V3.3.ISO"虚拟光盘启动"张三 03 机"虚拟机，并对硬盘作如图 4-30 所示的分区设置，原操作系统分区要保留，不作任何修改。

| 原硬盘: | 扩展分区 |
|---|---|
| Windows Server 2003 | 逻辑分区 |
| 操作系统 | NTFS |

图 4-30    "张三 03 机"虚拟机硬盘分区示意图

对"张三 03 机"虚拟机的硬盘分区设置完后，弹出"TonPE_V3.3.ISO"虚拟光盘。并重新启动该虚拟机进入 Windows Server 2003 操作系统界面。

（2）"易数一键还原"软件的安装。"张三 03 机"虚拟机启动进入 Windows Server 2003 操作系统界面后，插入"TonPE_V3.3.ISO"虚拟光盘，在光盘中找到易数一键还原软件并运行，如图 4-31 所示。

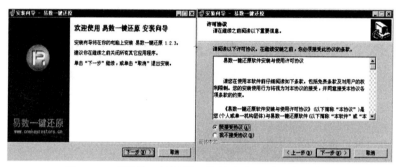

图 4-31    "易数一键还原"软件欢迎界面及许可信息

选中"我接受协议"单选项，点击"下一步"按钮，如图 4-32 所示。

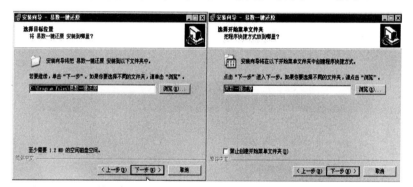

图 4-32    "易数一键还原"软件安装位置界面及快捷方式位置确定界面

这里不用修改软件安装位置，点击"下一步"按钮，如图 4-33 所示。

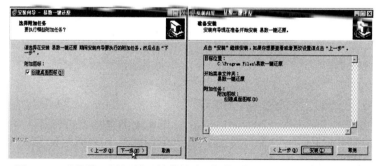

图 4-33    "易数一键还原"软件的桌面图标确认界面及安装确认界面

点击"下一步"按钮之后点击"安装"按钮，即可进行安装。如图 4-34 所示。

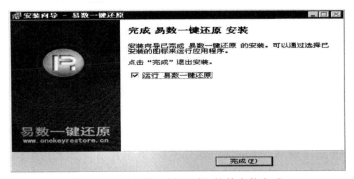

图 4-34　"易数一键还原"软件安装完成

安装完成后，选中"运行 易数一键还原"单选项，并点击"完成"按钮，如图 4-35 所示。"易数一键还原"软件提示用户在刚安装好该软件后，需要用户立即保护 Windows 操作系统。

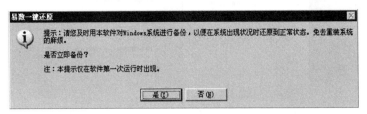

图 4-35　"易数一键还原"软件第一次运行时的提示信息

如果 Windows 操作系统已经是完备安装好了的，就可以点击"是（Y）"按钮，进行下一步的备份操作了；否则就点击"否（N）"按钮。

这里点击"否（N）"按钮，并返回到"易数一键还原"软件的主界面上，显示如图 4-36 所示。

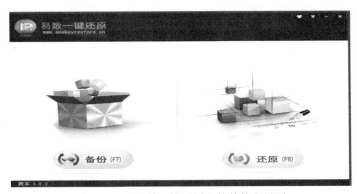

图 4-36　"易数一键还原"软件的主界面

"易数一键还原"软件的主界面上只有两个按钮，一个是备份，一个是还原，界面十分干净利落。至此，"易数一键还原"软件安装完毕。

（3）"易数一键还原"软件的启动项设置。当为 Windows 操作系统安装了某些基于"Ghost"应用软件之后，就必须为 Windows 操作系统的启动项设置加入相应的启动选项，如"OneKey 一键还原"软件；而某些软件将采用自动的方式为 Windows 操作系统加入启动菜单项，如"傻瓜一键恢复"软件等。

对"易数一键还原"软件来讲,在安装完成之后,必须首先为 Windows 操作系统的启动项设置加入"易数一键还原"软件的启动菜单项。设置启动项有以下两种方式:一是 MBR 启动方式,二是 Windows 操作系统启动选择方式。设置启动项完成后,当在 Windows 操作系统启动之前或启动之时,就随时可以利用相关的键盘按键,切换到"易数一键还原"软件界面,从而进行备份或还原等操作。该功能可在不能进入 Windows 操作系统时,仍然可以在 DOS 操作系统界面上进行还原或备份操作。

在"易数一键还原"软件的主界面的右上角,点击快捷菜单按钮,如图 4-37 所示。

图 4-37　"易数一键还原"软件的快捷菜单界面

选择"安装易数一键还原启动项"菜单,如图 4-38 所示。

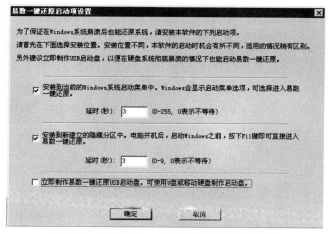

图 4-38　安装易数一键还原启动项设置界面

该界面从上至下,共有三个复选框,分别说明如下。

第一个复选框表示,为 Windows 操作系统的启动项加入"易数一键还原"启动项菜单。当系统启动时,在等待时间内,可以点击键盘上的"上"或"下"键,锁定相关的菜单并启动,同时还可以设置启动项显示的等待时间。

第二个复选框表示,在 Windows 操作系统启动之前,就显示"易数一键还原"启动项界面,也叫 MBR 启动显示界面。在等待时间内,按键盘上的"F11"键,即可使用"易数一键还原"软件，同时还可以设置启动项显示的等待时间。

　　第一个和第二个复选框设置的启动项，可能会与某些基于"Ghost"应用软件发生冲突。一般来讲，为 Windows 操作系统安装此类保护性软件，要么安装"易数一键还原"软件，要么安装某个基于"Ghost"的应用软件，不能多个同时使用。

　　第三个复选框表示创建一个 U 盘启动盘，它作为一种应急备用工具，便于在 Windows 操作系统发生了比较严重的情况时使用。

　　因为该实验是在虚拟机中使用"易数一键还原"软件，所以，选中第一和第二个复选框，并设置好启动等待时间。点击"确定"按钮，如图 4-39 所示。

图 4-39　提示第一个复选框生效和重新启动计算机界面

　　点击"确定"按钮，如图 4-40 所示。

图 4-40　提示第二个复选框生效并安装启动信息

　　这表示，"易数一键还原"软件将创建一个 MBR 启动项，并在硬盘的最后部分或某分区的最后部分分离出一小块空间（一般不会超过 10MB），放置"易数一键还原"软件，

　　点击"安装"按钮，如图 4-41 所示。之后点击"确定"按钮，返回到如图 4-36 所示的主界面，并关闭"易数一键还原"软件。重新启动计算机（这里指虚拟机），让设置的启动项生效。该虚拟机启动时的界面如图 4-42 所示。

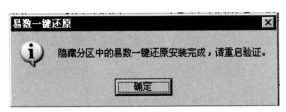

图 4-41　提示第二个复选框设置生效界面

　　左边画面就是"易数一键还原"软件设置的第一个启动项时的启动界面；右边画面就是"易数一键还原"软件设置的第二个启动项时的启动界面，该启动界面总是在 Windows 操作系统启动之前启动，并等待用户的按键。

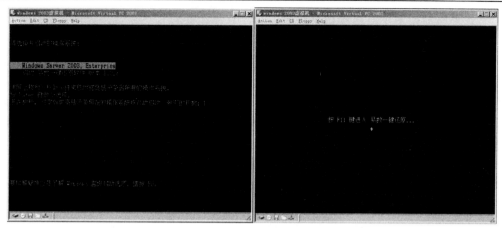

图 4-42　成功安装了"易数一键还原"软件的启动项启动界面

（4）"易数一键还原"软件的备份与还原。在"张三 03 机"虚拟机中安装的"易数一键还原"软件，已经为 Windows 操作系统设置了第一个和第二个启动方式。这样，计算机在启动后即可使用"易数一键还原"软件，也可以在 Windows 操作系统中来使用。这为计算机提供了多种启动"易数一键还原"软件的方式，为 Windows 操作系统提供了一种良好的保卫措施。

重新启动计算机（指虚拟机），进入 Windows Server 2003 操作系统界面，运行"易数一键还原"软件到主界面。对 Windows Server 2003 操作系统进行一次备份，即全备份。

在"易数一键还原"软件的主界面上，点击"备份"按钮，如图 4-43 所示。

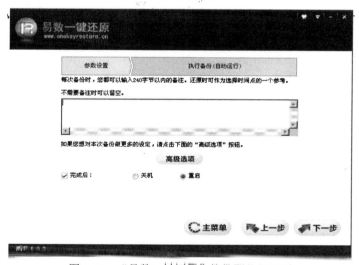

图 4-43　"易数一键还原"软件的备份界面

点击"高级选项"按钮，如图 4-44 所示。

由此可以看出，"易数一键还原"软件默认的设置参数已经十分可靠。对于大多数用户来讲，可以设置的参数主要有：压缩方式、设置密码、分隔备份文件为和文件夹名称等。对操作系统十分了解及熟悉分区的用户，可设置"要备份的系统分区"等其他参数。

下面介绍图 4-44 所示的主要参数，并简单分析其作用。

"要备份的系统分区"表示：对于单操作系统，只备份该操作系统分区；"易数一键还原"软件目前暂不支持多操作系统的安装，只能在安装有"易数一键还原"软件的操作系统中使用该软件。

"将备份文件保存到此分区"表示：将备份文件保存到正常非操作系统分区中或任何可用空间上划分出来的分区中（如可能在磁盘尾部、或非操作系统分区尾部或操作系统区域的多余空间尾部等），并保存到隐藏的文件夹中。"易数一键还原"软件首次默认的设置为第一个正常的非操作系统分区；也可由用户指定将备份文件保存到安全且空间足够的位置，如硬盘的尾部或某个分区的尾部，并设置为隐藏方式。对于不同分区方式的硬盘来讲，该参数中的选项也是不相同的。对分区不太熟悉的用户，如果设置不当，将会在硬盘上产生很多的分区。另外，如果进行过第一次的备份，该参数的选项将默认为上次的设置，这时，请不要随意修改，否则将在硬盘上再次分出一个分区来。

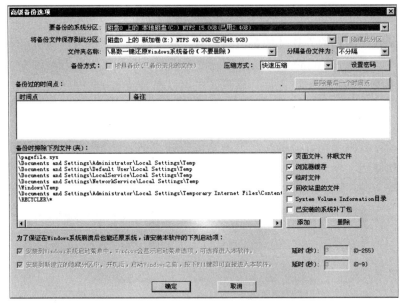

图 4-44　　"易数一键还原"软件备份设置界面

"隐藏此分区"表示：备份文件所在的分区一般不会被使用和操作，所以要求设置为隐藏方式。不过，正常使用中的分区是不能被隐藏的。

"备份方式"表示：如果是第一次备份，也叫全备份，该单选项是不可选的。如果是再次进行的备份，若有差异也叫增量备份，该单选项默认是选中的。但是，如果要求重新全备份，该单选项可以不用选中，即可进行与第一次备份一样的备份。

"删除最后一个时间点"表示：若该操作系统已经备份了若干次了，就产生了若干的映像文件或时间点，这将在"备份过的时间点"显示框中显示出来。"删除最后一个时间点"按钮的删除方式为：从最后一个时间点开始删除，直到遇到第一次备份的时间点为止（第一次备份的时间点不能在这里删除，只能在如图 4-37 所示的菜单来删除）。

"备份时排除下列文件（夹）"表示："易数一键还原"软件的主要目的是为 Windows 操作系统进行备份，所以就只需要考虑有用的数据，而无用的数据可以不用备份。就操作系统而言，存在一些无用的数据，在"备份时排除下列文件（夹）"列表框的右边，列出了一些典型的无用数据。当然，用户也可以再设置自己认为无用的数据。在备份时，这些数据将不会被备份，备份的效率就可提高。

"压缩方式"表示：选择备份映像文件被压缩的压缩率的大小，这与 WinRAR 软件相同。该参数设有四个档次，其中"不压缩"为映像文件最大，备份时间最短；"高质量压缩"为映像文件最小，备份时间最长，其他档次在这两者之间。

"设置密码"表示：为映像文件设置一个秘码，如果秘码丢了或忘记了，该备份的时间点就废了，于是只能删除这个时间点。

"分隔备份文件为"表示：为了保存和携带的方便，需要将备份的大的映像文件分隔为小的文件块。不过，对于 NTFS 文件系统的分区，如可以是移动硬盘或 U 盘等，只要容量允许，是可以保存任意大小的文件，所以不用考虑分隔的问题。

"文件夹名称"表示：该参数可以设置文件夹的名称，但不可省略"\"。

当第一次备份后，以后的增量备份将直接默认上次的设置参数。不过，其中有些参数是可以修改的，但并不建议修改。

如图 4-44 所示，本实验采用默认的参数。点击"取消"按钮，返回到图 4-43 所示的界面。并点击"下一步"按钮，如图 4-45 所示。

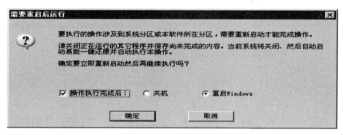

图 4-45    提示需要重启计算机（指虚拟机）

点击"确定"按钮，如图 4-46 所示。

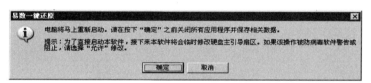

图 4-46    提示计算机将要重启

点击"确定"按钮，计算机即可重新启动。如图 4-47 所示。

图 4-47    计算机重新启动后直接开始备份的操作

这是第一次备份，也是全备份，所用时间较长。当备份完成后，计算机将重新启动，并进入 Windows Server 2003 操作系统界面。在备份过程中，中途不能断电，否则将损坏硬盘！到此，"张三 03 机"虚拟机的备份工作结束。

在计算机进入 Windows Server 2003 操作系统界面之后，用户可以增加一些软件或卸载掉一些软件等操作，也可以上网，或放一些病毒等。

下面，对 Windows Server 2003 操作系统进行一次增量备份。

计算机重新启动后并进入到 Windows Server 2003 操作系统界面，运行"易数一键还原"软件到主界面。在主界面上，点击"备份"按钮，再点击"下一步"按钮。以后将显示如图 4-45 和如图 4-46 所示的界面，分别点击"确定"按钮，计算机将重新启动，并在启动后进行增量备份的操作。增量备份结束后，计算机将重新启动，再次进入到 Windows Server 2003 操作系统界面。

再次运行"易数一键还原"软件到主界面上，点击"备份"按钮，再点击"高级选项"按钮，如图 4-48 所示。

图 4-48　观察两次备份的时间点

两次备份之后，在"备份过的时间点"显示框中显示了两时间点，其中，第一个表示是第一次全备份的时间点，第二个表示是增量备份的时间点。

注意，增量备份的内容，可能存在一些恶意软件，或存在大量的垃圾文件时，可能会导致该操作系统不好使用，也可能导致操作系统不能进入等情形。用户可以在计算机启动时，进入"易数一键还原"软件，把有问题的增量时间点删除掉，同时再还原到原始的时间点上。这样，操作系统就能正常使用。

到此，"张三 03 机"虚拟机的增量备份工作结束。下面，对 Windows Server 2003 操作系统进行一次还原操作，即还原到原始时间点。

计算机重新启动后，在 Windows Server 2003 操作系统启动之前，按"F11"键，运行"易数一键还原"软件到主界面。点击"还原"按钮，如图 4-49 所示。

在"请选择您要还原的时间点"显示框中，可以看到有两个时间点，选中最上面一条时间点，并点击"下一步"按钮，如图 4-50 所示。

请一定确认"要还原的时间点"所显示的时间点信息，确定无误后，点击"下一步"按钮，如图 4-51 所示。

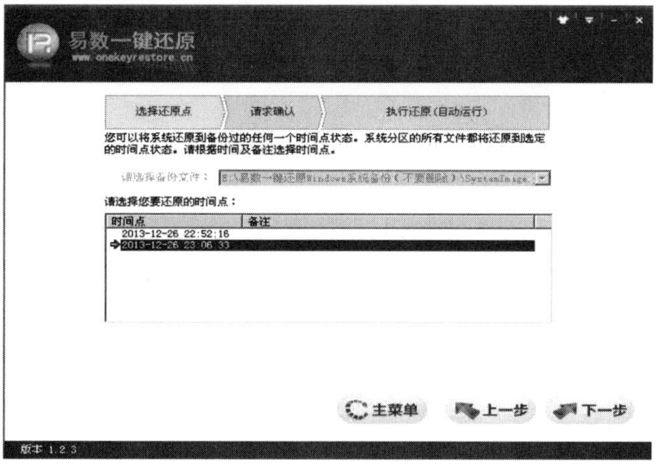

图 4-49　显示还原参数设置界面

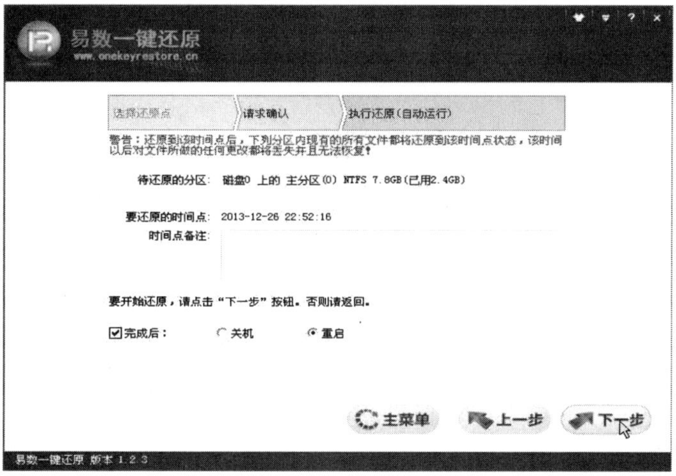

图 4-50　还原到原始时间点提示界面

图 4-51　还原到原始时间点的过程

　　还原的过程所需时间较长，当还原完成之后，计算机将重新启动进入第一次备份时的操作系统中。在还原的过程中，中途不能断电，否则将损坏硬盘！

到此，"张三 03 机"虚拟机的还原工作结束。

另外，"易数一键还原"软件还有其他一些功能，比如，删除第一个备份时间点、修复启动项、制作 USB 启动盘、自修复功能等等，请读者参见相关资料。

因操作系统使用了如"易数一键还原"软件或基于 Ghost 应用软件等这样的保护工具（将来也可能会使用系统保护类的软件），操作系统可能随时会需要还原。因此，绝对不能在操作系统所在区域中放重要文件，这些区域如"我的文档"、"桌面"、"系统盘 C"等，否则系统还原之后，重要文件将被覆盖且无法恢复。

## 4.4　磁盘完整性克隆

### 4.4.1　基本概念

完整性克隆。人们常常用基于 Ghost 应用软件或"易数一键还原"软件，来保护 Windows 操作系统，对于文件系统而言是正常存在的、可识别的数据就是正常数据。而对于文件系统来说，已经被删除掉的、或处于丢失状态的文件，这些数据叫隐蔽数据。上述软件只对磁盘中的正常数据进行操作。所以，它们也叫基于文件系统层的备份与还原软件。比如，用 Ghost 软件对数据区 D 盘进行备份，如果 D 盘的分区容量为 30GB，而实际只放了容量为 5GB 的数据，则备份之后的映像文件的大小也就只有 5GB（如果使用了压缩，侧还要小些，压缩是不会损失数据的）。备份的映像文件中不会包含任何的隐蔽数据，还原之后，也只能还原 5GB 的正常数据，隐蔽数据是不能被还原的（这种方法也用于对某分区进行磁盘碎片整理，如操作系统的还原）。

在数据恢复或电子取证等工作中，很多时候需要恢复的数据正是隐蔽数据，如可能是完整的文件或是文件的碎片等。所以，要求对磁盘的克隆必须是一种完整性克隆，即一种基于物理层面的、扇区级别的镜像操作，一种真正意义上的克隆。比如，一个 U 盘为 16GB，而无论上面保存有多少数据，由于需要恢复其上的文件就需要进行完整性克隆操作，这就必须要保证至少有 16GB 以上空间的磁盘来保存，而保存可以是 U 盘到 U 盘的克隆，也可以是保存为映像文件（对硬盘同理）。无论是哪种形式，里面所保存的内容与原 U 盘上的内容是完全一致的，而每个文件存储的位置及结构等都完全一样。所以，基于文件系统层的备份与还原软件是不能用于数据恢复或电子取证等工作的。

一般来讲，用于电子取证的完整性克隆工具软件或设备是指令性规定（即行政规定）的，如"WinHex"、"ENCASE X-WAYS FTK"和"效率源 DATA COMPASS"等；对于数据恢复用的完整性克隆工具软件或设备主要有"WinHex"、"HDClone"、"DiskGenius"、"效率源 DATA COMPASS"和"PC3000"等。

### 4.4.2　工具简介

"WinHex"可以用来检查和修复各种文件，能恢复被删除的文件、因硬盘损坏丢失的数据等。同时它还可以让用户看到其他程序隐藏起来的文件和数据。"WinHex"是一款以通用的以十六进制编辑器为核心，专门用来对付计算机取证、数据恢复、低级数据处理、以及 IT 安全性、各种日常紧急情况的高级工具，拥有强大的系统效用。它的功能包括：

支持 FAT、NTFS、Ext2/3、ReiserFS、Reiser4、UFS、CDFS 和 UDF 文件系统；

支持对磁盘阵列 RAID 系统和动态磁盘的重组、分析和数据恢复；

多种数据恢复技术；

可分析 RAW 格式原始数据镜像文件中的完整目录结构，支持分段保存镜像文件；

使用模板编辑数据结构(例如，修复分区表和引导扇区)；

分析和比较文件；

灵活的搜索和替换功能；

磁盘克隆(可在 DOS 环境下使用 X-WaysReplica)；

驱动器镜像和备份(可选压缩或分割成 650MB 的档案)

程序接口(API)和脚本；

数据擦除功能，可彻底清除存储介质中残留数据；

可导入剪贴板所有格式数据,包括 ASCII、十六进制数据；

可进行二进制、十六进制 ASCII、Intel16 进制和 MotorolaS 之间的转换；

立即窗口切换、打印、生成随机数字；

支持打开大于 4GB 的文件，非常快速，容易使用。

### 4.4.3　实验目的

理解基于 Ghost 应用软件和"易数一键还原"软件的意义、适用范围；理解完整性克隆的使用范围和作用；理解数据恢复和电子取证工作的差异和对磁盘克隆的要求。熟练利用 WinHex 软件对磁盘（包括 U 盘等移动存储设备）进行完整性克隆。

### 4.4.4　实验指导

为了能让数据恢复或电子取证等工作顺利展开和进行，就必须要做好前期工作，即首先对符合要求的原始磁盘（包括 U 盘等移动存储设备）进行完整性克隆操作，并对原始磁盘（包括 U 盘等移动存储设备）作妥善保管。

本实验将在本地操作系统中，利用下载的"WinHex V17.3"版本工具软件来对整个 U 盘进行一次完整性克隆操作。该实验将是磁盘存储结构分析实验以及数据恢复实验的基础。

（1）"WinHex"软件使用前的准备。请读者自己备好一个 U 盘，容量不要太大，最好在 8GB 以内（如果太大，所花时间就长），并在 U 盘中放入若干文件；本地硬盘必须要保证有至少 8GB 以上的空余空间，用于保存 U 盘的整个克隆映像文件；下载"WinHex V17.3"工具软件，并在本地硬盘的适当位置解压，以备用。

在解压的文件夹内，找到"whxsetup"或"setup"的安装程序，双击就可进行安装，如图 4-52 所示。

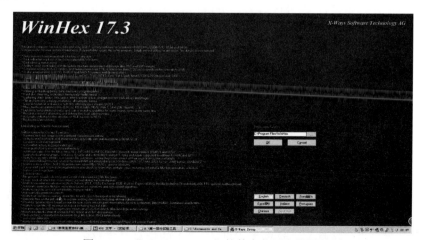

图 4-52　"WinHex V17.3"软件安装语言设置界面

请点击"Chinese"按钮，即安装汉化版的"WinHex"软件。再点击"OK"按钮，进行安装，如图 4-53 所示。

图 4-53　提示"WinHex"软件安装的路径

"WinHex"软件安装的路径不用修改。点击"是（Y）"按钮，如图 4-54 所示。

图 4-54　提示"WinHex"软件安装后是否在桌面上放相应的图标

点击"是（Y）"按钮，如图 4-55 所示。点击"否（N）"按钮，即不马上运行该软件，并退出"WinHex"软件的安装界面。

图 4-55　提示"WinHex"软件安装完成

请读者插入备好的 U 盘到计算机的 USB 接口中，并能正常看到 U 盘的盘符，检查 U 盘中所保存的文件容量、U 盘分区容量、分区格式（或文件系统）等信息，还可以检查 U 盘中是否有隐藏的分区等信息，方法是：右击"我的电脑"，点击"管理"，再点击"磁盘管理"。

比如，以下是作者的 U 盘的情况，如图 4-56 所示。

作者的 U 盘是 8GB 的，其中有个隐藏的分区（显示为 133MB），可用分区为 7.32GB，采用 FAT 32 的文件系统，并在 U 盘上保存有 1GB 左右的文件。

在本地操作系统中，找到"WinHex"软件安装的图标，并双击运行，如图 4-57 所示。

点击"确定（O）"按钮，主界面如图 4-58 所示。

点击"文件"菜单下的"创建磁盘镜像（C）"命令，如图 4-59 所示。

本实验的要求是对整个 U 盘进行完整性克隆操作，并生成镜像文件。这样便可以做多个拷贝，并分发给多人进行分析并恢复数据。所以，必须在"物理驱动器"中进行选择（即是对整个磁盘进行选择），这就能保证 U 盘上的信息是完整的，否则就会漏掉 U 盘中隐藏的分区信息。

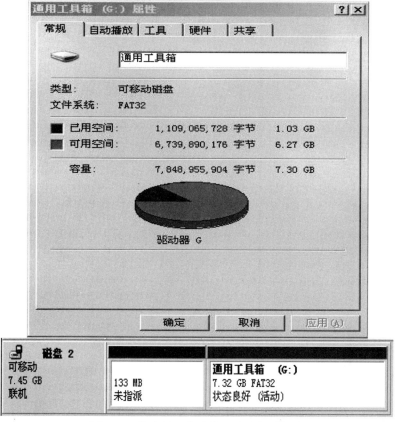

图 4-56　作者用于实验的 U 盘的相关信息

图 4-57　提示"WinHex"软件的版权信息和系统信息

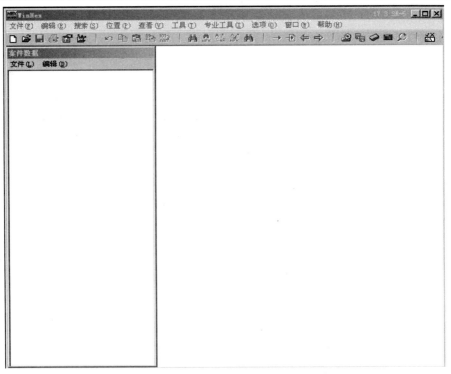

图 4-58 "WinHex"软件的运行主界面

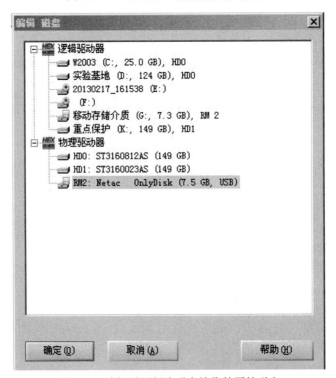

图 4-59 选择需要创建磁盘镜像的原始磁盘

在图 4-59 中，"RM2"表示作者的 U 盘。选中该项，再点击"确定（O）"按钮，如图 4-60 所示。

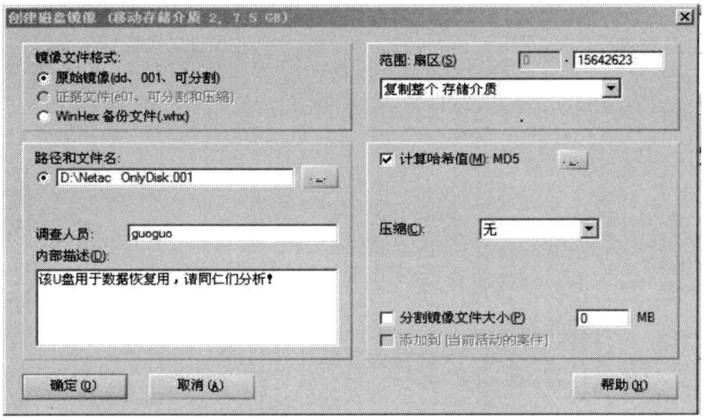

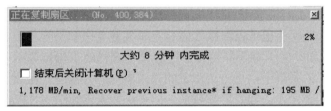

图 4-60　U 盘创建镜像的设置界面

其中，"镜像文件格式"可以任选其一，一般默认即可。

"路径和文件名"要求把镜像文件保存到本地磁盘空间大的地方，并保证能保存 U 盘的镜像文件，文件名可任意设置。

"调查人员"和"内部描述"可以任意设置。

"范围：扇区（S）"表示该 U 盘总的扇区数，也表示 U 盘的容量，不能修改该值，默认即可。必须选中"复制整个存储介质"。

单选项"计算哈希值（M）：MD5"也需要选中，并可以点击后面的按钮，设置哈希值，一般默认即可。

"压缩（C）"可以选"无"（这样镜像文件的生成要快些）。

不用选中"分割镜像文件大小"单选项，其值设置为"0"即可，因所保存镜像文件的本地磁盘分区是 NTFS 文件系统的，没有文件容量的限制。

如果镜像文件的设置无误，点击"确定（O）"按钮，如图 4-61 所示。

图 4-61　正在为 U 盘创建镜像文件

如果 U 盘的容量越大，上述操作所费时间就越长。在完成镜像文件的创建工作后，关闭"WinHex"软件，并妥善保存好 U 盘的镜像文件，以后可进一步对其进行数据分析和数据恢复。到此，对整个 U 盘的完整性克隆操作结束。

下面，利用"WinHex"软件来对该 U 盘的镜像文件进行数据分析和数据恢复等操作。

运行"WinHex"软件到主界面，点击菜单上的"文件"下的"打开"命令，找到 U 盘的镜像文件并打开。再点击菜单上的"专业工具"下的"解释镜像文件为磁盘（A）"命令，如图 4-62 所示。

对于使用"WinHex"软件来分析的任何文件（包括磁盘镜像文件），最好使用"解释镜像文件为磁盘"命令，这样，文件将以扇区为基本单位来显示，便于分析；否则，WinHex 软件会把需要分析的文件显示为不通用的格式，这会进一步增加分析的难度。

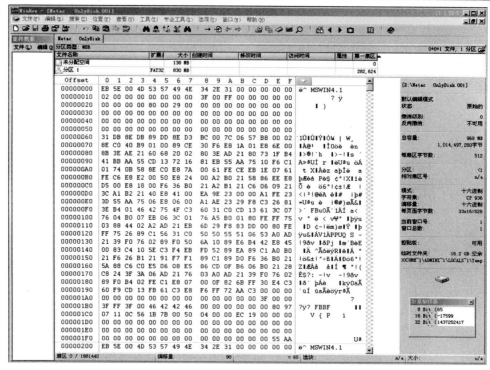

图 4-62　以磁盘扇区为单位显示的 U 盘镜像文件界面

图 4-62 所示界面是标准的磁盘分析格式界面，它显示了作者的 U 盘镜像文件的信息。到此，利用"WinHex"软件来对 U 盘的镜像文件进行分析的准备工作就完成了。以后根据对磁盘存储结构的认识，就可以对该 U 盘进行分析了。

"WinHex"软件是十分重要的分析工具，也是基础工具。该软件安装之后，可以把安装的文件夹整个复制出来（即成为绿色软件），放到用户自己的 ISO 光盘中，构成用户自己的分析工具光盘，在光盘中找到"WinHex"软件的图标，双击即可使用。

利用"WinHex"软件也可以将原始磁盘完整性地克隆到另外一个磁盘上，相应地就要求克隆的磁盘容量必须大于等于原始磁盘的容量，这样便于保留原始磁盘，其方法如下：在"WinHex"软件的菜单中，点击菜单上的"工具"，并点击"磁盘工具"下的"磁盘克隆"命令，如图 4-63 所示。设置好参数后，即可进行克隆操作。"WinHex"软件的"磁盘克隆"命令，也可以进行磁盘到镜像文件的完整性克隆！

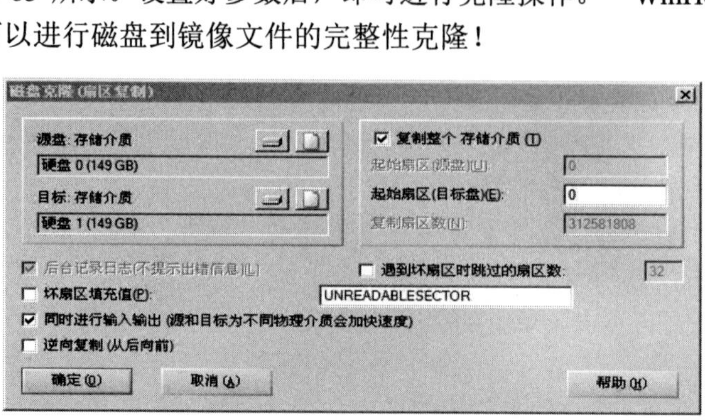

图 4-63　磁盘间的克隆设置界面

# 4.5　实　验　练　习

（1）熟练掌握 Windows 操作系统的完备安装过程。请下载任意一款标准安装版或 Ghost 版的 Windows（Server 2008、Windows XP 等）32 位操作系统安装盘（即 ISO 光盘），并在"Virtual PC 2007"创建的虚拟机中（如"李五虚拟机"）完备安装该操作系统。虚拟机的硬盘分区方案，如图 4-64 所示。

在操作系统安装完毕后，要求网卡能正常工作并能访问互联网，之后安装安全类软件、硬件驱动、多媒体"DirectX"驱动以及底层驱动程序；再安装常规工具软件、办公类软件等，最后对操作系统进行优化等操作。

（2）操作系统的初级保护（备份、还原、克隆等）。在（1）题的基础上，请利用下载的基于"Ghost"应用软件（如"一键 Ghost"、"一键还原精灵"、"傻瓜一键恢复"、"OneKey 一键还原"、"通用 PE 工具箱"等）之一来保护 Windows 操作系统（如"李五虚拟机"），并熟练利用 Ghost 软件进行克隆、备份与还原等操作；学会制作 ISO 工具光盘。

提示（ISO 工具光盘制作过程）：首先，利用"通用 PE 工具箱"软件来生成"TonPE_V3.3.ISO"光盘，再利用"UltraISO"软件来编辑该光盘；把基于"Ghost"应用软件放入"TonPE_V3.3.ISO"光盘中并保存；之后，启动虚拟机的 Windows 操作系统进入桌面，再插入制作好了的"TonPE_V3.3.ISO"光盘到虚拟机中，即可安装基于 Ghost 应用软件。

如图 4-64 所示，对"李五虚拟机"进行如下操作：把操作系统所在分区，备份为映像文件，保存到"3.3"分区序号的位置；将映像文件还原到"3.1"分区序号的位置；将第三硬盘克隆到第二硬盘；完成了以上操作后，验证第二台硬盘是否可以启动进入 Windows 操作系统？最后，请完整地在图 4-64 和图 4-65 中画出分区示意图，要求标示出活动标志、盘符、分区序号、分区容量、分区格式（或文件系统类型）和映像文件名称等信息。

注意，以上操作可以在 DOS 操作系统、WinPE 操作系统和 Windows 操作系统中进行。

| | 扩展分区 | |
|---|---|---|
| Windows Server 2003<br>操作系统<br>容量： | 逻辑分区<br>FAT 32<br>容量： | |

① 第一硬盘（即原硬盘）分区示意图

| 无分区 |
|---|
| |

② 第二硬盘（即 A 盘）分区示意图

| | 扩展分区 | |
|---|---|---|
| 主分区　活动<br>FAT 32<br>容量： | 逻辑分区<br>FAT 32<br>容量： | 逻辑分区<br>NTFS<br>容量： |

③ 第三硬盘（即 B 盘）分区示意图

图 4-64　虚拟机硬盘分区示意图（还原之前分区方案）

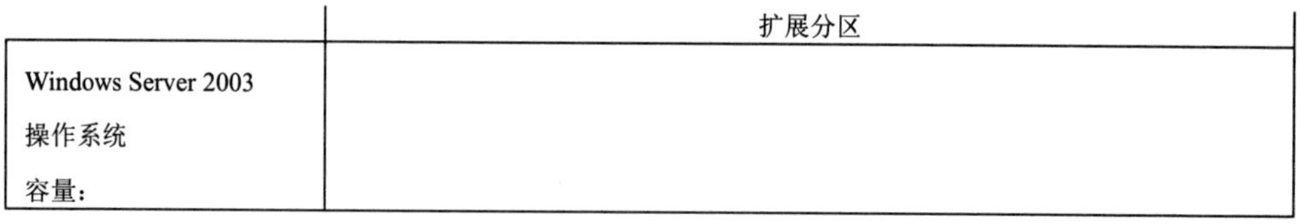

| | 扩展分区 |
|---|---|
| Windows Server 2003<br>操作系统<br>容量: | |

① 第一硬盘（即原硬盘）分区示意图

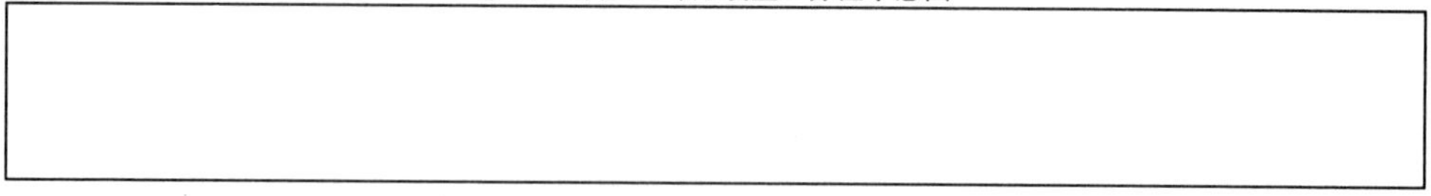

② 第二硬盘（即 A 盘）分区示意图

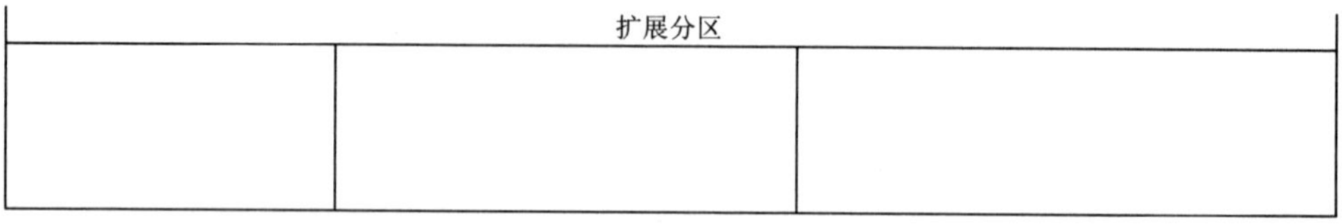

| | 扩展分区 | |
|---|---|---|
| | | |

③ 第三硬盘（即 B 盘）分区示意图

图 4-65　虚拟机硬盘分区示意图（克隆后分区方案）

（3）理解"Ghost"软件的破坏作用。在（2）题完成后的基础上，即"李五虚拟机"中，利用保存在"3.3"分区序号位置的映像文件，还原到第二台硬盘（即进行映像到硬盘的操作）。

请在图 4-66 中完整地画出分区示意图，要求标示出活动标志、盘符、分区序号、分区容量、分区格式（或文件系统类型）和映像文件名称等信息。

对比图 4-65 和图 4-66 中第二台硬盘分区的区别和上述操作的结果！

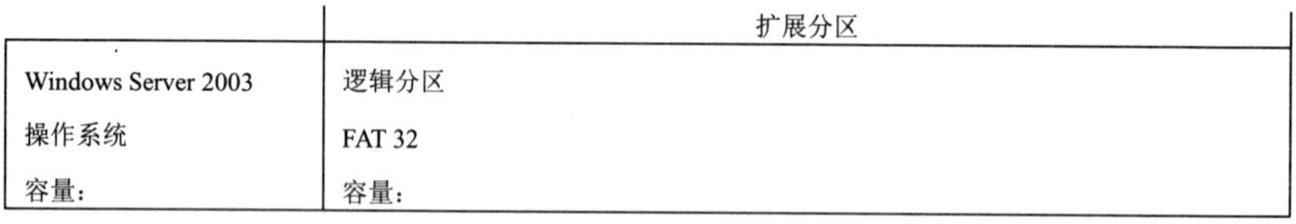

| | 扩展分区 | |
|---|---|---|
| Windows Server 2003<br>操作系统<br>容量: | 逻辑分区<br>FAT 32<br>容量: | |

① 第一硬盘（即原硬盘）分区示意图

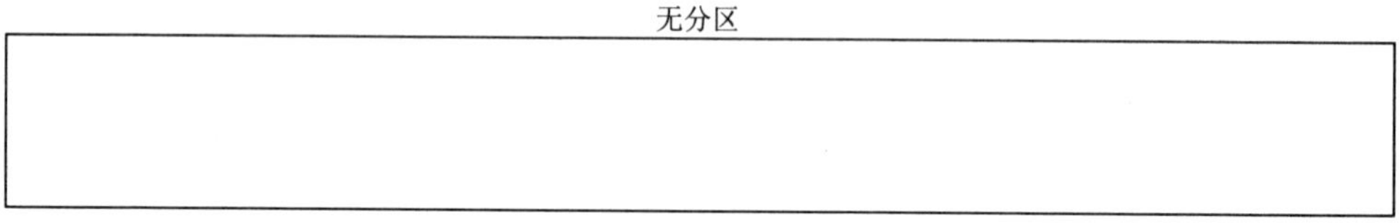

无分区

② 第二硬盘（即 A 盘）分区示意图

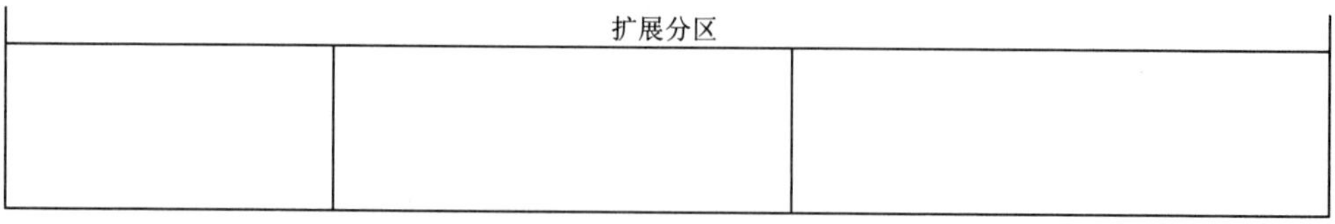

| | 扩展分区 | |
|---|---|---|
| | | |

③ 第三硬盘（即 B 盘）分区示意图

图 4-66　虚拟机硬盘分区示意图

另外，在（3）题完成后的基础上，即在"李五虚拟机"中，如果把第二台硬盘设置（或修改）为空白硬盘。之后，利用保存在"3.3"分区序号位置的映像文件，还原到第二台硬盘，即要求第二台硬盘不能提前分区，简要说明其过程。

（4）熟练用"WinHex"软件来对读者自己的 U 盘进行完整性克隆，并能以扇区方式显示信息，为进一步的分析做好准备工作。

# 实验项目 5　操作系统的保护

**实验工具软件**

（1）通用 PE 工具箱。

（2）UltraISO。

（3）Virtual PC 2007 SP1 V6.0.192.0（32/64 位）。

（4）雨过天晴一键还原版（免费版）。

（5）闪维还原（原易速还原）。

## 5.1　Windows 操作系统的保护

### 5.1.1　基本概念

（1）操作系统保护。用户可以利用基于"Ghost"应用软件以及"易数一键还原"等工具来对 Windows 操作系统所在分区进行保护。然而，这些工具软件最多只能保护文件数据和文件系统，一般无法保护分区信息。所以，利用"基于 Ghost 应用软件"以及"易数一键还原"等工具来对 Windows 操作系统所在分区进行保护，只是一种辅助性的手段，其保护能力相对较弱，且备份与还原所需时间较长。这种方式常应用于光盘还原系统及临时性的保护等情况。

要提高对操作系统（包括硬盘）的保护能力，不能单靠基于"Ghost"应用软件以及"易数一键还原"等工具，还必须配合更为强有力的保护工具。此类工具有两种类型：其一是硬件系统保护卡，如"方正计算机还原卡"、"清华同方计算机还原卡"等，都集成在计算机主板 BIOS 上；其二是系统保护软件，如"雨过天晴一键还原（免费版）"、"闪维还原（原易速还原）"、"Pro Magic Plus"等。此类工具使用简单、直观不仅能保护文件系统，还能保护分区信息，能在短时间内还原操作系统。

硬件系统保护卡和系统保护软件统称为系统保护工具，它们都是非常优秀的用于保护硬盘或操作系统的工具，而且大都采用虚拟保护机制（因还原和备份十分快速，而且不会浪费硬盘空间），所谓虚拟保护机制，就是指在被保护的操作系统（包括分区）中所做的任何操作都是不真实的，即都是假操作。操作系统一旦进行还原，假操作便不复存在，进行基点备份操作以后假操作就变成实际操作了。

对采用虚拟保护机制的硬件系统保护卡来讲，当在计算机启动设备之前就可启动保护程序（机制），从而能最大限度地保护硬盘以及操作系统免受攻击；而对采用虚拟保护机制的系统保护软件来讲，在计算机启动硬盘后且在启动操作系统之前，启动保护程序（机制）。所以，系统保护软件能保护操作系统及其相关区域，但又因其是安装在硬盘上的，无法保证整个硬盘的安全。

以上说明，硬件系统保护卡的保护性能优于系统保护软件。当然，有些系统保护软件也能达到或接近硬件系统保护卡的保护性能，如"Pro Magic Plus"软件，它可以设置阻挡所有可以启动的设备，从而能最大程度地保护操作系统以及区域免受攻击。

　　系统保护工具也能与弱保护工具（如基于"Ghost"应用软件以及"易数一键还原"等软件）配合使用。当计算机系统由于种种原因，不能使用系统保护工具时（不一定是坏了），弱保护工具的还原功能将担当重要角色。可见，这能让计算机操作系统得到双重保护的。

　　系统保护工具是保护硬盘以及操作系统的管理系统，其产品十分丰富，保护性能也有差异。这决定了系统保护工具的应用层面，目前大致有三个应用层面，如有的适用于教学机房计算机的应用层面，有的适用于网吧计算机的应用层面，有的适用于保存有重要数据的办公和家庭计算机（或个人机）的应用层面等。

　　（2）系统保护工具的管理水平。为了能区别系统保护工具的应用层面，就必须了解系统保护工具的管理水平和保护能力。系统保护工具的管理水平有高有低，除了它提供的管理员级别的功能外，最为主要的就是对硬盘或操作系统提供的密码管理层数，如一层、二层等，这决定了可以由谁来进行管理。如果密码层数为一层，就只能由管理员进行管理，而无法由用户进行控制（除非管理员和用户是同一个人）；如果密码层数是二层，既可以为管理员提供高级管理，也可以由用户进行相关操作，如能进行系统的还原或临时备份等操作。

　　比如，在大多数的教学机房应用中，计算机中所使用的系统保护工具，一般采用一层密码管理层数的硬件系统保护卡，而且所设置的管理方式，要么是开机自动还原，要么是开机不还原。对于前者，如果用户在使用计算机过程中发生了故障而不得不重新启动，则用户以前所做的工作将全部丢失，但对管理者而言却是一种很好的方式；对于后者，在用户多次使用之后，计算机操作系统中将不断产生新的垃圾，导致计算机出现异常或故障。所以，只有一层密码设置的系统保护工具都只能由管理员来决定并设置，没有考虑用户的实际需求。

　　可以看出，采用一层密码管理层数的硬件系统保护卡对于教学机房的计算机的管理来讲，不是太理想。不过，把硬件系统保护卡设置为自动还原的管理方式，对于网吧这样的应用层面是很合适的，因网吧对用户的信息安全要求高，利用自动还原就不会保留用户的个人信息内容，从而提高安全性。

　　为了能同时满足用户和管理者对计算机的使用需求，最好使用二层密码管理层数的系统保护工具。这样可以由用户自己来掌握还原或备份等操作，也能由管理员来管理核心功能，这就能很好地解决计算机的使用问题。这类系统保护工具，既可用于教学机房的计算机应用层面的管理（用硬件系统保护卡更好），也可用于办公和家庭计算机（或个人机）的应用层面的管理（用户和管理员是同一个人，用系统保护软件更好），还可以用于网吧计算机的应用层面的管理（适合用硬件或软件的系统保护工具）。

　　系统保护工具的核心管理功能（如硬盘分区管理、信息传送或更新、某些功能或参数的开启与关闭、原始信息的备份或还原、管理员密码设置或修改等等内容）是不能由用户来干预的，必须由管理员通过所设置的密码（即通常叫管理员密码）来管理。

　　要判断计算机上所使用的系统保护工具是一层密码还是二层密码，方法如下：如果计算机重新启动后没有自动还原，并且用户能通过指定的命令来自助进行还原或备份操作，该系统保护工具就一定是二层密码设置的，否则就一定是一层密码设置的。具有二层密码设置的系统保护工具，可以为用户设置密码，也可以不设置密码，以方便用户使用。

　　综上述，对于硬件系统保护卡来说，它们都可用于教学机房的计算机管理，也适合于网吧的计算机管理，但不适合用在办公和家庭计算机上，因其管理内容十分复杂，较适合于专业人员来操作。

典型的一层密码管理层数的系统保护软件，如"闪维还原（原易速还原）"、"雨过天晴开机还原版（免费版）"、"Comodo Time Machine"等；典型的二层密码管理层数的系统保护软件，如"雨过天晴一键还原（免费版）"、"Pro Magic Plus"等。其中，对于系统保护软件的管理水平来说，"雨过天晴一键还原（免费版）"和"Comodo Time Machine"等系统保护软件，它们的管理功能相对简单，使用十分方便且很容易上手，很适合用于办公和家庭计算机（或个人机）的管理；而"Pro Magic Plus"这样的系统保护软件，因其管理功能相对复杂（但要比硬件系统保护卡简单），不建议用于办公和家庭计算机（或个人机）的管理，适用于小规模网吧或小规模教学机房的计算机管理；对于"闪维还原（原易速还原）"、"雨过天晴开机还原版（免费版）"等这样的系统保护软件，它们只提供开机还原的功能，管理更为简单，故只适合于小规模网吧或小规模教学机房的计算机管理。

（3）系统保护工具的保护能力。硬件系统保护卡和系统保护软件对操作系统的保护能力主要从两个方面来评价，一是可以对何种操作系统进行保护，二是对操作系统保护的力度（即系统保护工具对磁盘进行 I/O 操作的限制程度）。

系统保护软件目前只能对 Windows 操作系统进行保护，这适合大多数的计算机用户。而硬件系统保护卡，有的可以保护 Windows 操作系统，有的还能保护 Linux 或 OS（苹果）操作系统，适合教学机房等情况。

对操作系统的保护力度，是系统保护工具更为重要的内容，它决定了系统保护工具的适用范围。所谓对操作系统的保护力度，是指保护硬盘分区信息或操作系统区域信息等免受攻击的能力，即是否能阻止或防止非法操作的能力，如病毒、人为误操作和对磁盘 I/O 操作的限制程度。

硬件系统保护卡不仅能对操作系统区域上的所有数据（包括文件、文件系统及分区信息等）进行保护，还能对整个硬盘的分区信息进行保护，是最强大的、几乎完美的系统保护工具。不过，对交给用户使用的空间上的非保护分区上的文件系统与文件就不受其保护。所以，硬件系统保护卡常常用于教学机房或网吧的计算机中。

有些系统保护软件，如"Pro Magic Plus"等，几乎能达到与硬件系统保护卡相同的保护力度，而且不易被破解。所以，这样的系统保护软件可用于小规模的网吧或小规模教学机房等场合，但不适合办公和家庭计算机（或个人机）使用，它也不能应用于笔记本计算机上，否则会立即加上硬盘逻辑锁，导致计算机无法使用。

"雨过天晴一键还原（免费版）"和"Comodo Time Machine"等系统保护软件，能保护操作系统区域所在的文件、文件系统和分区信息，也能保护硬盘的分区信息，但不能保护非保护区域上的文件和文件系统信息。这些工具的软件是安装到硬盘上的，因此，其保护力度较低，但这些工具软件因为不会危害操作系统，所以适用于办公和家庭计算机（或个人机）的操作系统的保护。即便因使用了这些工具而造成了不便，需要破解时，只需要利用第三方的启动介质来启动计算机，就可以对硬盘进行相关修改操作。也可以说，使用这类系统保护工具是很安全的，也是推荐使用的系统保护软件。

综上述，为计算机的某种应用层面选用系统保护工具，不仅要考虑所适合的操作系统还要考虑密码管理层数以及系统的保护力度等问题。所以，选择系统保护工具的一般方法是：首先考虑保护力度，其次考虑何种操作系统和密码管理层数等因素，最后综合来决定。

保护力度高的系统保护工具也有负面问题。如当遗忘密码、或系统保护工具本身出现了问题时，若无法将其破解，就会对硬盘数据造成严重损坏。所以，保护力度高的系统保护工具不适合用于保存有重要数据的办公和家庭计算机（或个人机）的管理。

综上述，对办公和家庭计算机（或个人机）而言，只用基于"Ghost"应用软件或"易数一键还原"等这样的弱工具来保护，是最简单适用的一种选择。为了适当的加强保护，可再配合一个不太强大的系统保护软件，如"雨过天晴一键还原（免费版）"或"Comodo Time Machine"等。这样就可以为计算机操作系统构成双保护模式。这是值得推荐的保护操作系统的方法。

系统保护工具只能安装一款，不能同时安装多款，否则会出现冲突，导致计算机不能正常使用。

当系统保护工具安装好之后，就为操作系统创建了一个原始还原点，也叫基本还原点（或初始还原点），该还原点只有在卸载了系统保护工具后才能被删除（但可以更新）。当操作系统出现问题时，就可以通过系统保护工具来把操作系统还原到最初的状态，如同刚安装好操作系统时一样。

大多数的系统保护工具，如"Pro Magic Plus"、"雨过天晴一键还原（免费版）"和"Comodo Time Machine"等，还能进行多点备份，也叫多时间点备份，相关概念可以参见"易数一键还原"软件。故此类软件也叫多点备份还原保护软件。在操作系统的使用过程中，用户可以利用这些系统保护工具来保存多个备份点，不同的备份点可能是不同的工作环境，通过安装具有上述功能的系统保护工具，就能十分方便地使用操作系统。

（4）多操作系统的安装。所谓安装多操作系统，是指计算机系统中同时安装有微软系统的多个产品，或是指混合安装有微软操作系统、苹果操作系统或 Liunx 操作系统等，一般采用标准安装版光盘进行安装。

在安装操作系统时，如果是多微软操作系统的情况，一般是先安装低版本，后安装高版本，如先安装 Windows XP，后安装 Windows 7 等。

如果混合安装操作系统的情况，一般是先安装微软操作系统，后安装苹果操作系统，或 Liunx 操作系统。

多操作系统的安装位置有以下五种方式

第一，共享方式，即在同一台硬盘的同一个主分区中安装多个系统，要求各个操作系统能识别和支持分区格式。

第二，分区方式，即在同一台硬盘的不同分区中安装多个系统，一般第一个操作系统所在分区要求为主分区，之后的可以是其他主分区域的逻辑分区中，且分区格式可以不相同。

第三，分盘方式，即在不同硬盘上安装系统，操作系统要求安装到各个硬盘的主分区上，且分区格式可以不同。

第四，嵌入方式，即虚拟机方式，可以创建任何的操作系统虚拟机，且安装、管理十分简单。

第五，VHD 方式，它是利用本地磁盘的剩余空间所创建的一个虚拟磁盘，可以在虚拟磁盘中安装另一个操作系统，但安装过程复杂，且必须符合相应条件。

在共享方式下，进入任意一个操作系统后，都能读写其内容，各个系统管理的内容都是透明的，这对数据有安全隐患。但是，管理各个操作系统的启动十分简单，利用启动菜单项即可。

在分区方式下，如果操作系统能互相访问各自的分区，就能互相读写内容，这对数据也具有安全隐患。各个操作系统及分区的管理与共享方式一样。为了各自操作系统以及分区的数据安全，可以利用第三方工具如"bootstar"等软件来管理，这就可以保证各个分区的安全，也可以利用支持多操作系统的系统保护工具，如"Comodo Time Machine"和"Pro Magic Plus"等软件，替代"bootstar"软件来进行管理。分盘方式与分区方式类同，能对各个分区加强安全保护，但管理方面有一定难度。

在嵌入方式下，由于在本地计算机中创建了独立计算机系统，所以对数据十分的安全，可以让虚拟机之间互不透明，而且使用和管理都很简单方便，也不会对本地计算机有任何的安全隐患。此种方式要求本地计算机系统中的内存和硬盘空余空间要足够大，而 VHD 方式在磁盘管理上同分区方式，但在安全上同嵌入方式。

### 5.1.2　工具简介

（1）"雨过天晴一键还原"（免费版）软件。"雨过天晴一键还原"版是一款国有化的软件，它在专业版基础上，重新修改了软件界面，可以快速做系统备份，具有多点还原、快速恢复、文件恢复、定时任务和权限管理、动态磁盘支持等强大实用的功能。该软件非常适合在办公和家庭计算机（或个人机）中使用，支持所有 Windows 操作系统。它有以下特点：

采用了数据地图专利技术，最多可以记录 1000 个不同系统状态，可以手动创建备份也可以自动创建备份；

备份和恢复系统的速度快，创建一个备份所需时间不到 5 秒；恢复系统也只需要不到 20 秒钟左右；

恢复系统时可以将选定的文件或文件夹同步传输到备份文件中，这样这些文件在恢复系统后不会丢失；

程序还具有权限管理、系统外观及高级设定、备份管理、保存为起始备份、恢复到起始备份等实用功能；

系统可以在不同备份间往返恢复，提供 Pre-OS 界面，系统瘫痪也可以恢复；

支持单文件恢复，可以创建备份的虚拟磁盘，恢复丢失或损坏的文件，也可以查看当前某个文件之前的版本；

可以定时创建备份，也可以定时恢复系统，并且提供了多种定时任务设定方案；

快速清除电脑各种故障、垃圾软件及广告程序和无法卸载的程序，有效防止电脑免受病毒攻击，保障电脑持续、安全运行。

（2）"闪维还原（原易速还原）"软件。"闪维还原（原易速还原）"是一款国有化的十分小巧的软件，专用于对网吧计算机操作系统进行保护，适合所有的 Windows 操作系统，但目前暂不支持对动态磁盘的保护。

该软件是功能强大的磁盘数据保护软件，不占用系统任何资源，也不会有任何的信息提示！并且能有效的防御"机器狗"，"鬼影"等病毒，只要重启计算机，即刻还原为开机之前的状态。

该软件能让用户放心地使用网吧里的计算机系统，不会为用户留下任何的个人信息，只需重新启动一次计算机，里面的个人信息将全部清除。

该软件还适用于保护小规模的教学用计算机，如大中专学校的多媒体教室计算机。但是，因该软件不具备管理功能，不推荐在办公和家庭计算机（或个人机）中使用。

"闪维还原"软件的使用方法如下。将该软件放入工具光盘中，如利用"通用 PE 工具箱_V3.3"所生成"TonPE _V3.3.ISO"虚拟光盘。进入 Windows 操作系统界面（最好是完备安装好的操作系统），插入工具光盘并运行该软件，如图 5-1 所示。

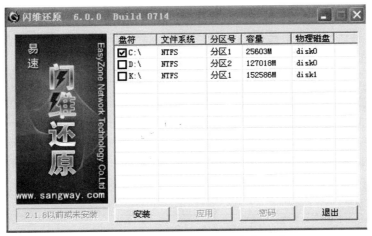

图 5-1    "闪维还原"软件的安装界面

"闪维还原"软件运行后，即是安装设置界面。用户只需要设置被保护的分区即可，如一般只保护 C 盘。确定之后，点击"安装"按钮，将出现输入密码的对话框，如图 5-2 所示。

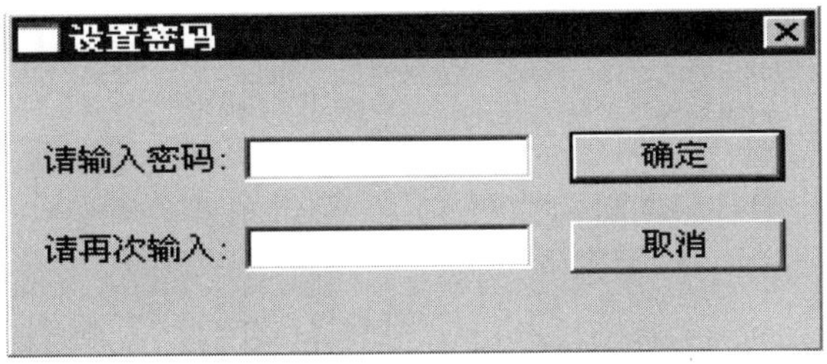

图 5-2    为"闪维还原"软件设置密码

该输入的密码为最高权限的密码，只用于该软件的卸载使用。密码输入后，点击"确定"按钮，即可完成安装，并提示需要重新启动计算机。

注意，当安装完该软件后，是不能再次修改被保护的分区的！要修改保护的分区位置，只能卸载掉该软件，再次安装即可；另外，如果要为操作系统添加其他软件，也必须要先卸载该软件，卸载方法是：再次运行该软件，提示输入密码，进入图 5-1 所示的界面，点击"卸载"按钮即可。

该软件安装之后，就可以正常使用该计算机了。计算机每次启动时都进行一次还原，该软件也不会影响计算机的性能。

### 5.1.3    实验目的

能根据计算机的应用层面选用合适的系统保护工具模式；学会使用一些典型的系统保护软件；理解 Windows 操作系统使用双保护模式的优点和必要性。

熟练使用"雨过天晴一键还原（免费版）"软件来保护 Windows 操作系统，并能掌握还原系统以及新增备份点等操作方法；熟练使用"闪维还原（原易速还原）"或"雨过天晴开机还原版（免费版）"软件为多媒体计算机进行保护，并能区别上述软件的差异和要求。

### 5.1.4 实验指导

在完备安装好 Windows 操作系统的基础上，可安装基于"Ghost"应用软件或"易数一键还原"等工具，并做备份操作，此时，就可以再安装一款系统保护工具，如"雨过天晴一键还原（免费版）"等软件，对 Windows 操作系统构成双保护环境。

（1）雨过天晴一键还原（免费版）使用前的准备。利用"通用 PE 工具箱_V3.3"软件生成"TonPE_V3.3.ISO"虚拟光盘，并将下载的"雨过天晴一键还原（免费版）"软件放入到"TonPE_V3.3.ISO"虚拟光盘中。准备好已经保存好的 Windows Server 2003 操作系统"张三 03 机"虚拟机。

用"TonPE_V3.3.ISO"虚拟光盘启动"张三 03 机"虚拟机，并对硬盘作以下分区设置：原操作系统分区要保留，不作任何修改。余下空间根据图 5-3 所示的进行设置。

| （原硬盘） | 扩展分区 | |
|---|---|---|
| Windows Server 2003 | 逻辑分区 | |
| 操作系统 | NTFS | |

图 5-3    "张三 03 机"虚拟机硬盘分区示意图

对"张三 03 机"虚拟机的硬盘分区设置完后，弹出"TonPE_V3.3.ISO"虚拟光盘。并重新启动该虚拟机进入 Windows Server 2003 操作系统界面。

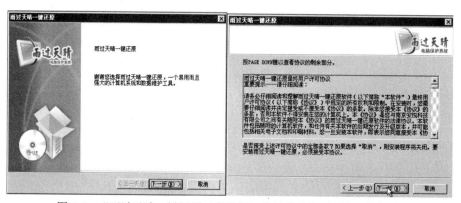

图 5-4    "雨过天晴一键还原（免费版）"软件欢迎界面和版权信息

（2）安装"雨过天晴一键还原（免费版）"软件。"张三 03 机"虚拟机启动进入 Windows Server 2003 操作系统界面后，插入"TonPE_V3.3.ISO"虚拟光盘，在光盘中找到"雨过天晴一键还原（免费版）"软件并运行，如图 5-4 所示，点击"下一步"按钮，如图 5-5 所示。

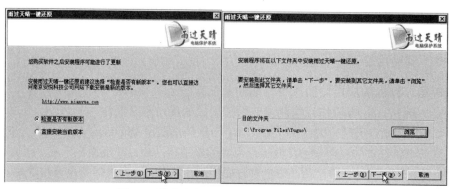

图 5-5    检查安装时是否有更新和安装路径

点击"下一步"按钮，如图 5-6 所示。

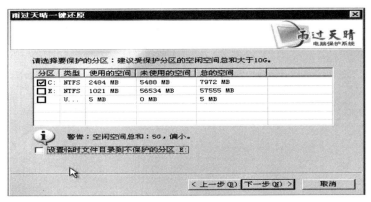

图 5-6 设置被保护的分区

Windows 操作系统所在区域，一般默认为 C 盘，该盘中存在一些动态数据，如"Internet 临时文件"、"系统分页文件"、"系统临时目录"等，这些动态数据表示在操作系统运行中，随时会写入一些信息到硬盘上。

因操作系统区域中存在一些动态数据，在任何情况下，请千万不要将这些动态数据转移到有重要数据的分区上，否则一旦重要数据丢失，将难以恢复。因此，在图 5-6 中，必须要取消"设置临时文件目录到不保护的分区 E："选项。

上述内容设置好之后，点击"下一步"按钮，如图 5-7 所示。

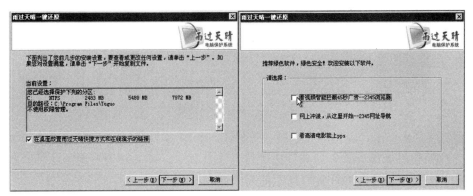

图 5-7 提示被保护分区相关信息以及广告设置界面

点击"下一步"按钮，如图 5-8 所示。

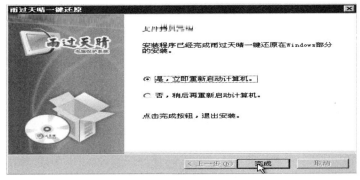

图 5-8 提示安装完毕重新启动计算机

　　点击"完成"按钮，并重新启动计算机。"雨过天晴一键还原（免费版）"软件安装结束。
　　（3）"雨过天晴一键还原（免费版）"软件的相关设置。当"张三 03 机"虚拟机重新
启动，并进入 Windows Server 2003 操作系统界面后，运行"雨过天晴一键还原（免费版）"
软件，如图 5-9 所示。

图 5-9　"雨过天晴一键还原（免费版）"软件运行的主界面

　　在主界面上，点击"高级管理"按钮，如图 5-10 所示。

图 5-10　高级管理界面

　　在高级管理界面上，点击"系统设定"按钮，如图 5-11 所示。该界面上有两个选项卡：
"程序外观"和"高级设置"。分别选中这两个选项卡，并去掉所有选中的项。最后，点
击"确定"按钮，返回到如图 5-10 所示的高级管理界面。

图 5-11　系统设定界面

　　下面设置"雨过天晴一键还原"软件的密码管理层数。如图 5-10 所示，在高级管理界
面上，点击"权限管理"按钮，如图 5-12 所示。

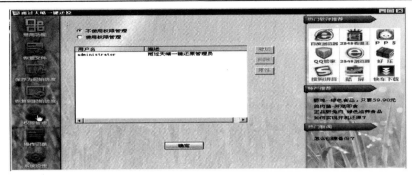

图 5-12　权限管理设置界面

该权限管理设置界面可以设置该软件的密码管理层数，并决定谁可以使用最高权限来管理该软件，也可以设置一般用户能使用的功能。其密码管理层数可以设置为：无任何权限限制的方式、一层密码管理的方式和二层密码管理的方式等。

无任何权限限制的方式表示任何人（即指一般用户和管理员）都可以使用该软件，并能获得最高权限进行管理设置。这种设置方式，一般适用于办公和家庭计算机（或个人机）的情况，由用户自己进行备份、还原、增加备份点、保存为基点等操作。

一层密码管理的方式表示只为管理者提供最高的管理权限，不对一般用户提供任何的权限设置和任何功能的使用权限。如果管理者与一般用户不是同一个人，就可以采用该设置方式。不过，绝对不能设置为无人管理的方式，即不进行任何形式的还原，这等于是让计算机一直使用直至"瘫痪"掉。所以，要设置一层密码管理方式，就必须对该软件设置为自动还原的方式（即开机还原的方式，主要针对网吧等情况）、或定时还原的方式（主要针对小规模的教学机房等情况）。

二层密码管理的方式表示既给管理者提供最高的管理权限和所有功能的使用权限，也给一般用户提供某些指定的功能。这种管理针对小规模的教学机房十分有用，也可用于网吧的计算机管理，它比一层密码管理的方式要优越得多。

在图 5-12 中，如果针对无任何权限限制的方式，该软件可以采用默认设置；如果采用一层密码管理的方式，就选中"使用权限管理"单选项，并选中显示框中的"administrator 雨过天晴一键还原管理员"账户，并点击"属性"按钮，如图 5-13 所示。

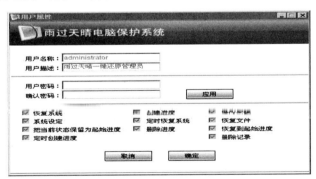

图 5-13　设置管理员密码界面

此界面可以设置管理员的最高权限密码（功能都是默认全选的），但还必须进一步设置自动还原或定时还原等参数。如果采用二层密码管理的方式，就选中"使用权限管理"单选项，并点击"增加"按钮，如图 5-14 所示。

图 5-14　设置用户密码和功能界面

　　该界面决定了为用户提供哪些功能。其中，"用户密码"参数可以不用设置，这样，用户只需要知道"用户名称"，就可以直接使用所提供的功能了。大多数情况下，提供给用户使用的功能，主要有：恢复系统（即指还原）、创建进度（即指增量备份）、删除进度、恢复到起始进度（即指原始备份点）等，其他功能的选择，可根据具体使用情况来确定。其他参数的意义，请查阅相关资料。

　　（4）自动还原以及定时还原功能的设置。如图 5-12 所示，这里不作任何的设置。并点击"常用功能"按钮，返回到如图 5-9 所示的"雨过天晴一键还原（免费版）"软件运行的主界面，点击"计划任务"按钮，如图 5-15 所示。

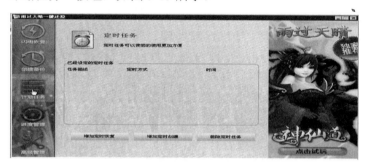

图 5-15　计划任务设置界面

　　如果要让"雨过天晴一键还原（免费版）"软件设置为开机自动还原，或定时还原等方式，该界面就十分重要。

　　设置为开机自动还原方法如下。在图 5-15 中，点击"增加定时计划"按钮，如图 5-16 所示。选中"定时还原系统"下的单选项"每次开始时自动系统"，同时选中"还原选择"下的单选项"还原系统到起始进度"，再选中"还原设置"下的"还原后保留其他进度"单选项。

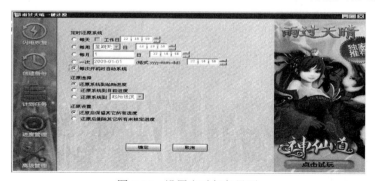

图 5-16　设置定时任务界面

　　设置为定时还原的方法如下。在图 5-15 中，点击"增加定时计划"按钮，如图 5-17 所示。选中"定时还原系统"下的单选项"每天　工作日 08：00：00"，同时选中"还原选择"下的单选项"还原系统到起始进度"，再选中"还原设置"下的"还原后保留其他进度"单选项。该设置方式表示计算机每次在上午 8 点正时，将自动还原到原始还原点。如果时间未到，则不会还原，直到重新启动计算机后即可还原；如果时间已经超过，只要开机也立即还原。

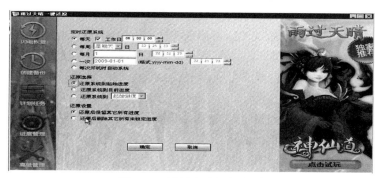

图 5-17　设置定时任务界面

　　另外，如果 Windows 操作系统已经无法正常进入桌面，可以在计算机启动时，按键盘上的"F11"键，就可以还原操作系统了。

　　到此，介绍了雨过天晴一键还原（免费版）软件的主要使用方法。其他未介绍的功能，请查阅相关资料。

## 5.2　实　验　练　习

　　（1）熟练掌握对 Windows 操作系统的双层保护。请下载任意一款标准安装版或 Ghost 版的 Windows（Server 2003/2008/XP/7 等）32 位操作系统安装盘（即 ISO 光盘），并在"Virtual PC 2007"创建的虚拟机中（如"李五虚拟机"）完备安装该操作系统参见本书实验项目 4 的实验练习（1）题；工具光盘的具体准备过程，参见本书实验项目 4 的实验练习（2）题。"李五虚拟机"的硬盘分区方案，如图 5-18 所示。

| （即原硬盘）： | 扩展分区 | |
|---|---|---|
| Windows Server 2003 | 逻辑分区 | |
| 操作系统 | NTFS | |
| 容量： | 容量： | |

图 5-18　"李五虚拟机"的硬盘分区示意图

　　第一，使用"易数一键还原"软件完成如下操作：为"李五虚拟机"安装"易数一键还原"软件，并设置 MBR 启动和 Windows 启动项；对操作系统进行第一次全备份（即原始备份点），并保存到逻辑分区中；备份之后，安装一些其他软件；对操作系统进行一次增量备份；对操作系统进行还原，并还原到原始备份点；删除第一次的全备份映像文件，并观察增量备份文件是否正常；对操作系统再次进行全备份，并保存到硬盘的尾部位置，并观察逻辑分区容量的变化。

　　第二，使用"雨过天晴一键还原（免费版）"软件完成如下操作：为"李五虚拟机"

安装"雨过天晴一键还原（免费版）"软件；在操作系统中安装其他软件；对操作系统进行第一次增量备份；再安装一些其他软件；再对操作系统进行一次增量备份；对操作系统进行一次还原，还原到原始还原点；删除第一次的增量备份文件，并观察第二次的增量文件是否正常；最后，设置"李五虚拟机"为开机自动还原；并比较与"易数一键还原"软件的区别。

（2）能熟练使用"闪维还原"、"雨过天晴开机还原版（免费版）"软件来保护 Windows 操作系统。

请下载任意一款标准安装版或 Ghost 版的 Windows（Server 2003/2008/XP/7 等）等 32 位操作系统安装盘（即 ISO 光盘），并在"Virtual PC 2007"创建的虚拟机中（如"李五虚拟机"）完备安装该操作系统，准备好工具光盘，整个准备过程与上题相同。"李五虚拟机"的硬盘分区方案，如图 5-18 所示。

具体要求如下：为"李五虚拟机"安装"闪维还原"软件，并设置为保护两个分区；比较与"雨过天晴一键还原（免费版）"的区别，即自动还原功能的设置与使用的区别；卸载"闪维还原"软件；为"李五虚拟机"安装"雨过天晴开机还原版（免费版）"软件，并设置为保护两个分区；并比较与"闪维还原"软件的区别，即自动还原功能的设置、管理与使用的区别。

# 实验项目 6　用户数据灾备与恢复

**实验工具软件**

（1）FileGee 个人（企业）文件同步备份系统。

（2）BizU 数据宝 CDP 实时备份系统。

## 6.1　FileGee 的实时增量数据灾备与恢复

### 6.1.1　基本概念

（1）数据的备份与灾备。如今，数据的重要性不言而喻。很多企业将大量的数据都存放在服务器上，个人的数据一般存放在自己的计算机上。若发生错误操作、供电故障、硬件故障以及自然灾害等情况，都有可能导致计算机信息系统瘫痪。所以，建立适当的备份和恢复机制就十分重要，当有了重要数据的备份，就不用担心意外情况。

数据备份是指为防止系统出现操作失误或系统故障导致数据丢失，而将全部或部分数据集合从应用主机的硬盘或阵列复制到其他的存储介质的过程，它是容灾的基础。由于突然断电、系统崩溃、病毒侵入、硬盘毁损或误删等因素导致文档、重要数据丢失的情况屡屡发生，随着技术的不断改进，越来越多的企业开始重视数据备份，通过专业的数据备份软件结合相应的硬件和存储设备来实现这一功能。

数据备份可以分为系统数据备份和用户数据备份。系统数据备份是指将操作系统事先贮存起来，用于故障后的后备支援的方法。当用户的操作系统因磁盘损伤、计算机病毒或人为误删除等原因造成了系统文件丢失从而使计算机操作系统不能正常引导时，使用系统数据备份，就可以让其很快正常工作。实验项目四和实验项目五的内容就是尝试使用不同的方法对操作系统实施备份，如用硬件系统保护卡或软件保护工具。系统数据备份的目的就是保证操作系统的正常运行。

用户数据备份是指将用户的数据（包括文件、数据库、应用程序等）贮存起来，用于数据恢复时使用，以防止数据丢失或破坏，其目的是希望将数据损失降到最低程度。用户数据的备份工作是重中之重，所以，本实验主要讨论的数据备份都是指用户数据。

要建立数据灾难备份和恢复机制，就必须了解以下事实。

（1）数据可能面临的不利情况。这主要是指：计算机或服务器被损坏、电路故障、发生自然灾害、战争和地震等。备份的数据主要指用户数据，包括文件、数据库和各类应用程序等。

（2）数据备份的方法和策略。其方法和策略主要有：在线连续数据备份（即 CDP）和传统备份。传统备份主要有以下类型。

第一，手动备份。它是指人工不定时的手动备份方式，如常采用的一键备份方式，针对操作系统的备份就是这类方式的典型例子。这种备份完全依赖于人，其可靠性很低。

第二，定时备份（或异步备份）。它是指利用一些脚本或者软件工具定制计划性的备份工作。这种备份可以由软件自动完成，但是，由于每间隔一段时间才备份一次，所以无法恢复两次备份间隔时间的新增数据。

　　第三，实时同步备份。它是最可靠的一种备份方式。只要数据源有所变化，便触发备份操作，这样就可以保证数据源和备份数据是完全一致的，不会因为人工失误或者备份时间间隔而得到不完全的备份数据。但是，这种方式一般只保留一份最新的备份文件。

　　第四，全备份（Full Backup）。它是指对数据进行一次完整的复制。这种备份方式的特点就是备份的数据全面。但是，这种备份方式的数据量非常大，占用备份存储空间较多，备份所需时间较长。如果每天进行这种全备份，则在备份数据中会有大量的冗余内容，这些重复的数据占用了大量的存储空间，这对用户来说就意味着增加成本。而且，如果每一天产生一份副本，还原点是以天为计算单位，若原始数据发生损坏，需要使用副本来还原时，用户必须以天为单位来选择还原点，这将损失以天为单位的数据量。

　　第五，增量备份（Incremental Backup）。它是指每次备份的数据只是相当于上一次备份后增加的和修改过的数据，是全备份的一种改进技术。这种备份的优点是没有重复的备份数据，既节省存储空间，又缩短了备份时间。但是，它的缺点也很明显，如果数据发生意外丢失，恢复数据就比较麻烦了。比如，如果星期四的早晨发生故障，那么，现在就需要恢复到星期三晚上的状态，此时做法如下：需要找出星期一的完全备份来进行恢复，之后找出星期二的增量备份的数据来恢复星期二的数据，最后找出星期三的增量备份数据来恢复星期三的数据，直至恢复完毕。可见其恢复过程繁琐。

　　第六，差异备份（Differential Backup）。它是指每次备份的数据是相对于上一次全备份之后新增加的或修改过的数据。注意，这里所讲的是相对上次全备份之后新增加或修改过的数据，而并不一定是相对于上一次的备份。此备份方式的操作过程如下：首先，在某天进行一次完全备份，以后就将当天所有与某天不同的数据（增加的或修改的）进行备份。这样，差异备份就无需每天都做全备份，因此，备份所需时间短，并节省存储空间。但是恢复工作与增量备份类似，存在操作过程繁琐的问题。

　　第七，快照备份（Snapshot）。它是记录了从某时刻起原始数据变化的指针，就此来跟踪之后变化的数据。如果只做快照，不做备份的话，数据就没有了。如果在备份的途中，当数据损毁了，这个备份就失败了，数据也就丢失了。就即便能备份成功，在大多数情况下，可能是每隔数小时产生一个副本，这个还原点也可达小时的等级，这意味着用户就只能以小时为单位来选择还原的时间点。

　　第八，映像备份（Image copies）。它是指备份不压缩、不打包、直接复制的独立文件（数据文件、归档日志、控制文件等），类似操作系统级的文件备份。而且，只能复制到磁盘，无法复制到磁带。这种方式可能是全备份，也可能是以上的某种方式。

　　第九，RAID（Redundant Array of Independent Disks，原名为 Redundant Arrays of Inexpensive Disks，即廉价磁盘冗余阵列）。它是指一种由多块独立磁盘所构成的冗余阵列，在操作系统下可作为一个独立的大型存储设备。RAID 可以充分发挥出多块硬盘组合在一起的优势，如可以提升硬盘的速度、可增大容量和提供容错功能等，它能够确保数据的安全性，易于管理。在任何一块硬盘出现问题的情况下，都可以继续工作，而不会受到影响。正因为 RAID 中的磁盘往往都是组合在一起的，所以，它不具备容灾的能力，而且也是无法解决逻辑故障等问题。

　　第十，热备份、冷备份。这类备份也叫在线备份、离线备份。常见于数据库的备份。冷备份要求数据库在已经正常关闭的情况下，会提供一个完整的数据库，再进行备份。热备份则是数据库正在运行的情况下，进行的数据库备份。无论是冷备份还是热备份，都无法解决逻辑故障等问题。

第十一，接管。备份的最终目的就是在发生数据被破坏的情况之后，保证以最快的速度将数据和应用进行恢复，最快的方式莫过于接管。接管就是在源服务器设备或设备数据遭到破坏后，备份设备能迅速地响应，承担源服务器设备的所有功能并对客户端提供应用支撑。但是，这种方式无法解决逻辑故障等问题。

第十二，在线连续数据备份（Continuous Data Protection，即 CDP 技术）。它是最新的关于备份的方法和策略。SNIA 数据保护论坛（DMF）的持续数据保护特别兴趣小组（CDP SIG）对 CDP 的定义是：持续数据保护是一套方法，它可以捕获或跟踪数据的变化，并将其独立存放在生产数据之外，以确保数据可以恢复到过去的任意时间点。持续数据保护系统可以基于块、文件或应用实现，可以为恢复对象提供足够细的恢复粒度，实现几乎无限多的恢复时间点。这种技术可以使数据恢复的更快、停机时间更短、业务中断更少，是目前最理想的方法。

（3）数据备份的方式。数据备份的方式主要有本地备份（如本机的存储设备，或局域网中的存储设备等）和异地备份（如广域网、城域网等，也叫"云"或网盘备份等）。这些方式一般备份到非本机的存储设备中，如局域网、异地网络、移动存储设备等。

（4）数据备份的存储介质。存储介质主要有：光存储介质（如光盘、光盘柜）、磁存储介质（如硬盘、阵列、磁带）以及半导体存储介质（如 U 盘、SSD、SD 卡）等。

（5）数据备份技术和工具。数据备份的技术及工具，主要分为传统的灾备工具软件，如经典的"FileGee 个人（企业）文件同步备份系统"（主要针对个人或中小型企业使用）、"Backup4all 5"和"Ghost"等；在线连续数据备份（即 CDP）灾备工具软件，如"BizU 数据宝 CDP 实时备份系统"（主要针对个人或中小型企业使用）、"UPM 备特佳容灾备份系统"（主要针对中大型企业使用）等；针对个人用户或企业用户的灾备硬件设备，如"如意云 RY-1"、"西部数据 My Book Live（个人云存储设备）"等；以及针对企业的灾备硬件设备，如 Veritas、CA、EMC/Legato、IBM 等厂家的备份软件加磁带设备等。这些工具都可以通过本地备份或异地备份的方式进行灾备，既可采用传统备份也可以采用 CDP 备份的方法和策略。

原则上讲，不同的系统和数据备份相关工具，有不同的主要适用对象和功能，可以根据自身的系统和数据环境、安全级别、数据恢复的层次要求，以及效率成本等因素来选择灾备工具。目前，有很多的系统和数据备份工具，它们为系统和数据的恢复建立了坚实的基础，专业和非专业的用户都可以利用这些功能强大的工具软件，来保护自己的个人信息和部门信息。当数据发生灾难后，利用这些工具即可进行系统和数据的恢复工作。

（6）针对用户数据的备份，传统备份方案与 CDP 灾备工具的区别。CDP（持续数据保护）技术是对传统数据备份技术的一次革命性的突破，它会不断监测关键数据的变化，并不断自动地实现数据的保护，从而致力于为中小企业和个人提供文档数据安全备份服务。让用户在充分享受快速、实时、自动数据备份的同时提升数据的安全性。可以说，CDP 技术可以在所有故障与灾难发生之时，包括数据丢失、系统中断、服务器和存储故障等提供最快速、最细致的恢复。

传统的数据保护解决方案专注于对数据的周期性备份，因此，一直伴随有备份窗口、数据一致性和对生产系统的影响等问题。实际上，传统数据保护技术中采用的是对"单一时间点（Single Point-In-Time）"的数据拷贝进行管理的模式，而 CDP 可以实现对"任意时间点（Any Point-In-Time）"的数据访问，因此可以大大提高数据恢复点目标（RPO）。传统备份技术实现的数据保护间隔一般为 24 小时，因此用户会面临数据丢失多达 24 小时的风险，而 CDP 能够实现的数据丢失量可以降低到秒级。

传统数据保护技术可以通过与生产数据的同步获得数据的最新状态，但其无法规避有人为的逻辑错误或病毒攻击所造成的数据丢失。当由于以上原因导致数据遭到破坏时（例如数据被误删除），一些传统数据保护技术会将遭到破坏的数据状态同步到容灾数据存储系统中，使容灾数据也受到破坏。而 CDP 系统可以使数据状态恢复到数据遭到破坏之前的任意一个时间点，不存在上述的风险。

传统备份可比拟成照相机，它记录的是数据在某个时间点下的状态。即使多做几次备份，也只是得到数据在一个个不同时间点下的状态，可以说，传统的备份方式就是维护一个完全的数据拷贝。CDP 则可比拟成摄影机中的录像，可记录数据在过去一段时间内的所有"变动历程"，当出现问题时，用户可将这样的"录像"进行"倒带"，将数据倒回到任意一个时间点上进行恢复，即有更小的粒度。

持续数据保护技术实现的关键是对数据变化的记录和保存，以便实现对任意时间点的快速恢复。它有多种实现模式，不同的厂商建立了不同的 CDP 模型，但主要应用的有如下两种：一种是 CDP 技术的应用容灾接管，这是典型的主机容灾模式，其代表是爱数的"爱数备份容灾家族 3.5V3"，它是基于实时复制，加上备机接管和演练，形成的一个高性价比的应用容灾解决方案；另一种是采用 CDP 技术的实时备份方案，包括基于文件系统的 CDP（也叫基于文件的 CDP）和基于数据块的 CDP（也叫基于硬件的或卷的 CDP），它有效地提升了备份的 RPO （Recovery Point Objective，是指企业能容忍的最大数据丢失量指标）但是，仍然无法解决 RTO（Recovery Time Objective，系统从发生故障到恢复的时间）较大的问题。

基于文件系统的 CDP，其功能作用在文件系统上，它可以捕捉文件系统数据或者元数据的变化事件（如创建、修改、删除等操作），并及时将文件的变动记录下来，以便将来实现任意时间点的文件恢复。这样的产品主要有："BizU 数据宝"、Storactive 公司的"LiveBackup for Desktop/Laptops"、TimeSpring 公司的"TimeData"和浪潮公司的"NearCDP"等产品。

基于块的 CDP 是直接运行在物理的存储设备或逻辑的卷管理器上，甚至也可以运行在数据传输层上。当数据块写入生产数据的存储设备时，CDP 系统可以捕获数据的拷贝并将其存放在另外一个存储设备中。基于块的 CDP 技术包括基于主机端卷管理软件或客户端代理软件 Agent 实现、基于传输层实现和基于存储层实现等方式。

CDP 与传统备份对数据保护在时间间隔上的比较，如图 6-1 所示。

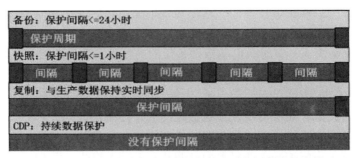

图 6-1　CDP 与传统备份对数据保护在时间间隔上的比较

　　无论是采用传统备份策略还是采用 CDP 的策略，对磁盘的写入（如创建、修改、删除等）操作越快，所创建的备份就越多，那么，恢复的粒度就越小，RPO 就越趋于零，恢复就越精确，损失就越小。这说明，对于任何个人或是企业来讲，必须要不断地写入，以保证充分多的备份。

　　对于某些工具软件，如 WPS Office 等文字编辑软件，它们也都提供了备份的功能或机制，这对恢复来讲的确是十分优秀的技术。它们与灾备是有区别的，因为这些文字编辑软件所备份的位置都默认在本机中，如果本机系统一旦发生数据灾难，可能就会给恢复带来麻烦。所以，为了防止数据灾难，务必将数据备份到非本机的存储设备中，针对个人用户，推荐采用移动存储设备，或"云"盘或网盘等；针对企业用户，推荐采用网络存储或"云"存储等。

### 6.1.2　工具简介

　　"FileGee 个人文件同步备份系统"是一款经典的传统备份工具。它集文件备份、同步、加密、分割于一身。协助个人用户实现硬盘之间（或叫"本地备份"）、硬盘与移动存储设备（包括网盘，或叫"异地备份"或"云"存储等）之间的备份与同步。强大的容错功能和详尽的日志，更保证了备份、同步的可靠性，具有高效稳定、占用资源少的特点，不需要额外的硬件资源，便能搭建起一个功能强大、高效稳定的全自动备份环境，充分满足了个人或部门用户的需求。

　　"FileGee"个人文件同步备份系统的其功能特点如下：

　　可以利用大空间邮箱通过邮件来进行文件备份，可以将文件分割保存在多封邮件中，提供独立的文件分割与合并工具，可以对分割保存到邮箱中的文件进行整合；

　　独立的多任务模式，可以同时对多个不同的文件夹进行不同的备份与同步操作；

　　支持单向同步、双向同步、增量备份和完全备份等各种策略类型的文件同步与备份方式；

　　具有多种任务自动触发模式，能实时、定时、间隔或手动地启动任务，具有任务执行预览功能，分析任务将要进行的文件操作，避免误操作；

　　强大的容错功能，任务执行时自动记录操作错误，并自动重试，保证不遗漏文件；

　　可以对 USB 移动存储设备进行实时监控，当移动存储设备插上时便自动执行备份或同步；

　　支持 Unicode，可以对各种语言字符集的文件名进行处理；

　　可以在备份或同步执行的同时，对文件进行加密，有力地保障了数据的安全；

　　智能的增量备份恢复功能，能够恢复出与每次执行时源目录完全一样的目录结构和文件，独立的增量备份恢复工具，可以在一台没安装该软件的电脑上进行文件恢复；

　　可以使用通用的 zip 格式对备份或同步出来的文件进行压缩，并可以设置密码保护；

　　提供多种文件过滤功能，可以对要操作的文件进行选择性过滤或文件名模糊匹配过滤，丰富的定时计划方案，支持按月、按周和按日等计划模式；

　　提供自动删除过多备份文件和日志的方法，既备份了有用的数据也不浪费存储空间；

　　任务可以关联执行，相关任务之间可以指定其执行的先后顺序，任务执行时中途可以随时中止，已经备份的文件将自动作记录，下次执行时不再重复备份；

　　详尽的执行日志，记录每次任务执行时，所有文件的操作及操作结果；

　　清晰的任务进度显示，可以时刻跟踪任务执行进度及可能出现的问题；

　　人性化的界面布局，功能明确、操作简单，向导化的设计简化了用户的操作；

高效地利用系统资源，可以备份或同步超大规模的文件夹；

能够长期持续自动工作，绝对稳定，不需要有人工的介入等。

### 6.1.3　实验目的

了解数据备份的各种方法和策略；理解对数据备份的重要意义；理解备份与灾备的区别；理解在操作计算机时随时进行保存的意义和重要性。

熟练用传统灾备工具"FileGee 个人文件同步备份系统"来保护自己的一个工作文件夹（主要用实时增量备份方式来保护文档数据），并能进行有效恢复；了解该软件提供的实时或间隔方式下的全备份或增量备份的区别，以及恢复过程的区别。

### 6.1.4　实验指导

用户在写或修改程序（文档或网页等）时，在相应文件夹中，随时在进行保存操作。本实验就是用"File Gee 个人文件同步备份系统"软件来保存数据。

现在假定，在本地操作系统的 D 盘上有个名为"WWW"的文件夹，它是用户正在写文档的文件夹，也叫工作文件夹。为了对其保护，用户希望用 U 盘来保护正在写作的文档。因此，插入一个 U 盘，并在 U 盘上创建一个相应的文件夹"WWW"，以备用。

注意：D 盘上的"WWW"文件夹叫源文件夹；U 盘上的"WWW"文件夹叫目标文件夹。

对用户来讲，文件夹"WWW"可能是利用 IIS 配置的 WEB 网站；或利用"超级小旋风 AspWebServer"、"小精灵 Asp 服务器"等工具软件所配置的网站；或个人文档的工作文件夹（如其内容可能是 DOC、PPT、照片等）。这些都是十分重要的用户数据，都需要进行保护。

（1）安装"FileGee 个人文件同步备份系统"软件。在本地操作系统中双击下载的"FileGee 个人文件同步备份系统"文件，安装该软件，如图 6-2 所示。

图 6-2　"FileGee 个人文件同步备份系统"的安装界面

选中"自定义安装"单选项，并点击"下一步"按钮，如图 6-3 所示。

图 6-3　软件的安装路径设置界面

采用默认安装路径，并点击"下一步"按钮，如图 6-4 所示。

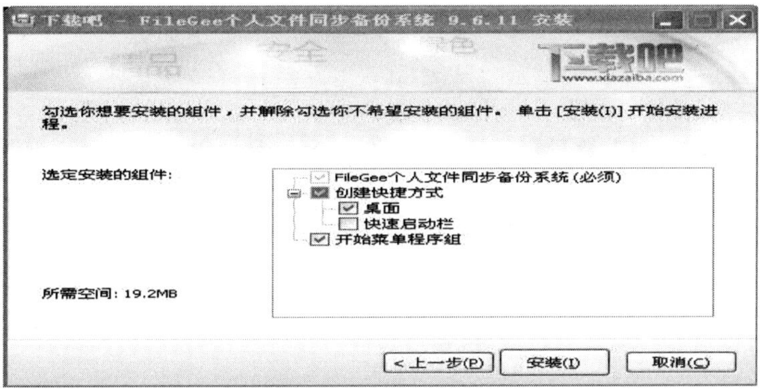

图 6-4　软件的安装组件

采用默认组件，并点击"安装"按钮，如图 6-5 所示。

图 6-5　安装完成界面

去掉"运行 FileGee 个人文件同步备份系统"之前的勾，并点击"完成"按钮，安装过程完毕。

（2）运行"FileGee"软件，并创建一个备份项目。找到"FileGee 个人文件同步备份系统"软件安装的图标，双击运行，图 6-6 所示是"FileGee 个人文件同步备份系统"软件运行的主界面。

图 6-6　软件运行主界面

在安装"FileGee 个人文件同步备份系统"软件时，同时还安装了"个人文件同步备份系统帮助文档"文档，以便用户随时查看。

点击主界面左上角的"新建任务"按钮，如图 6-7 所示。

图 6-7　备份方式设置界面

该界面用于设置需要备份的方式，需要斟酌设定。其中，"任务名称"输入框用于为任务输入名字，主要是为了便于以后区分不同的任务；"执行方式"选择框中提供有八种备份方式。这需要用户充分熟悉每一种备份方式的特点和作用，才能根据用户实际情况作相应的选择，请参看"个人文件同步备份系统帮助文档"中的相关内容！

该软件提供了八种不同的备份方式，它们有不同的应用场合，其中"增量备份"的备份方式比较适合用于本实验设定的写作保护。"增量备份"的特点是：当每次执行任务时如果任务发现源目录中有新建的或更新（即指内容有增或减）的文件，则在目标目录中将建立一个子目录来保存这些新文件。虽然，保存的文件只反映了执行时源目录的一部分（即改变的部分），但可以利用该软件中的"文件恢复工具"来恢复出与执行时源目录相同（完整）的目录结构和所有文件。增量备份任务第一次执行时，会自动对源目录做一次完全备份，以便以后能完全恢复。该方式与"完全备份"在恢复效果上相同，但后者会占用大量硬盘空间而造成浪费。

如图 6-7 所示，选中"增量备份"选项，并在"任务名称"中输入一个名字，如"我正在写文档"，并点击"下一步"按钮，如图 6-8 所示，此图表示确定源文件所在的位置，即源文件夹。

图 6-8　源文件的位置设置

选中"本机或共享路径（L）"，并在输入框中选中在 D 盘上已经创建好了的文件夹"WWW"（源文件所在的目录），并点击"下一步"按钮，如图 6-9 所示，此图表示确定备份的位置，即目标文件夹。

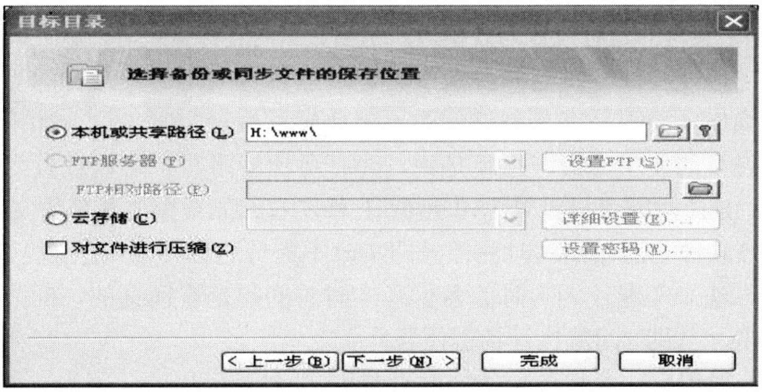

图 6-9　备份的目标位置设置

源文件夹因数据内容相同可以与目标文件夹同名，这样便于管理。选中"本机或共享路径（L）"，并在输入框中选中 U 盘上已经创建好了的文件夹"WWW"（目标文件夹），并点击"下一步"按钮，如图 6-10 所示。

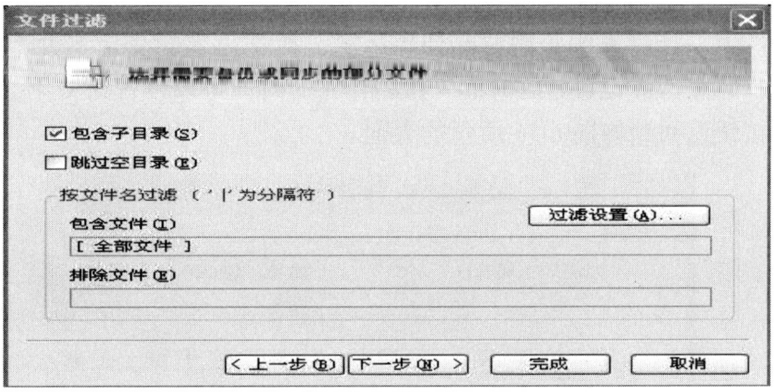

图 6-10　备份中需要包含的内容设置

一般地，文件夹内可能还包含有若干的子文件夹。该界面为是否要备份这些子文件夹进行设置，也可以设置排除其他的内容不予备份。

本实验选择默认即可。点击"下一步"按钮，如图6-11所示。

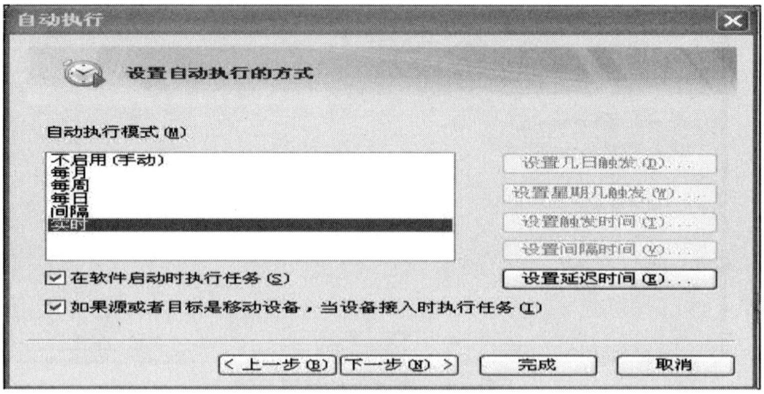

图6-11　设置自动备份方式

该"自动执行"设置界面中的选项十分重要，它决定了备份的粒度，即启用备份的时间间隔，当然恢复的粒度越小越好，这使得恢复越精确，损失越小。

无论是手动备份还是自动备份，当该软件检查到源目录没有任何变化时，软件将不做任何的备份动作。如果实时的延时设置为0秒，表示当数据内容有变化时，就立即执行备份任务。

当有很多文件需要被复制到源目录中时，可以设置一定的延迟时间等它们都复制完后一次执行备份操作，而不是在复制过程中不断地触发执行实时备份。如果设置的实时时间过短，会影响磁盘的使用寿命。也就是说，当任务比较多时，可以设置为几秒钟备份一次，而任务不多时，延时时间可以设置为0秒或1秒左右。如果需要备份的文件是FTP服务器上的文件，则该软件无法做到实时监控（即实时不支持这种FTP的监控）。不过，可以通过间隔执行的方法来实现较为实时的备份（实时与间隔是有区别的，间隔就是无论是否有数据内容的变化，一到时间就执行备份任务）。

如果针对一般用户，增量备份的实时设置为0秒是可以的。因为一般用户的数据量小，数据内容变化也就小，粒度就可以设置得很小，如"实时备份"中可以设置为0到几秒（即需要备份的文件夹中内容发生变化后，自动启动备份任务所需的等待时间）。而如果针对企业，增量备份的实时设置就不能为0秒，因数据量大，数据内容的变化也很大。所以，对企业来讲，增量备份的粒度十分巨大，会造成大的数据损失（这是企业不得不采用CDP的原因）。

在图6-11中，针对本实验的实际使用情况，数据内容的变化不大。所以，这里选中"实时"选项，并点击"设置延时时间"按钮，延时时间可以设置为0秒，如图6-12所示。点击"确定"按钮返回到如图6-11所示的界面。

图6-12　实时延时时间设置

在"自动执行"设置界面中，因本实验要求使用 U 盘作为备份设备，所以选中"在软件启动时执行任务"和"如果源或者目标是移动设备，当设备接入时执行任务"两个复选框。设置无误后，点击"下一步"按钮，如图 6-13 所示。

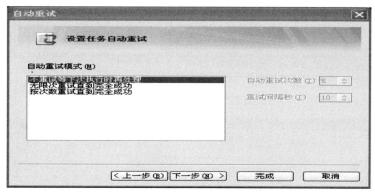

图 6-13　自动重试设置界面

如果执行时未能完全成功地进行所有文件操作，则可以设置自动重试。在该设置界面，可以指定重试的次数和时间间隔。时间间隔精确到分钟。例如，设置了间隔 0 分钟重试，则备份任务会在不到 1 分钟的时间内重试，具体多少秒不确定。

对于非实时的执行方式，可以设置为"无限次重试直到完全成功"的模式。当用 U 盘或移动硬盘来备份工作文件夹时，如果 U 盘或移动硬盘当前没有连接上计算机，那么，就无法进行自动备份操作，软件就一直处于等待的状态（注意，这里只是自动备份的等待，不会影响计算机系统的正常工作）。但是，一旦把 U 盘或移动硬盘连接到了计算机上并能正常工作后，软件就能在设置的时间间隔上自动备份了。这是一种十分灵活的自动备份策略和方法。

在"自动重试" 设置界面中，因本实验采用的是实时的执行方式，故不能选择重试，即只能选中第一项。点击"下一步"按钮，如图 6-14 所示。

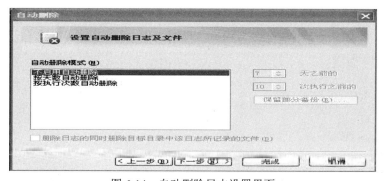

图 6-14　自动删除日志设置界面

如果没有特别是需要，可以不用删除任何内容。这里默认设置即可，即选中第一项。点击"下一步"按钮，如图 6-15 所示。

该设置界面中的选项，可以根据用户的需求来设置。根据本实验的实际情况，设置第三、第四和第六项即可。点击"下一步"按钮，如图 6-16 所示。

这两个设置界面默认为不能设置，两次点击"下一步"按钮，如图 6-17 所示。

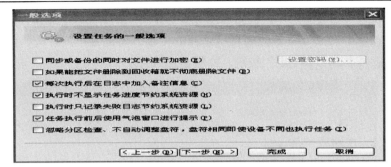

图 6-15　任务的一般选择设置界面

图 6-16　高级选项和执行命令行设置界面

图 6-17　发送结果界面

设置"我正在写文档"备份任务结束。最后，点击"完成"按钮，返回到软件运行主界面，如图 6-18 所示。

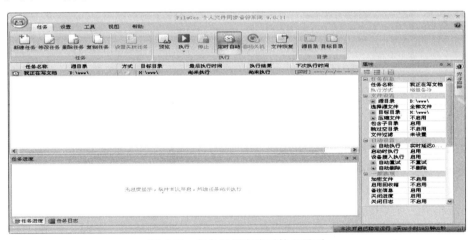

图 6-18　任务设置完成后的主界面

可以看到在主界面中，多出了一条任务栏目。但是，该任务还没有开始执行，也不会自动执行，必须要为该任务设置首次执行之后，软件将按照所设参数自动执行备份任务。首次执行的设置方法是：在任务框中右击"任务名称"下面的"我正在写文档"项目，在快捷菜单中点击"执行选中任务"命令。如图 6-19 所示。

图 6-19　首次执行的设置快捷菜单

当首次执行设置完成之后，显示器右下角将会有"气泡提示"弹出，表示任务已经开始执行了，软件将一直守候着，等待下一次数据内容发生变化。

使用"FileGee 个人文件同步备份系统"软件，如果设置的任务为实时增量备份方式，请一定要随时保存内容！比如，在写 Word 文档或 PPT 文档时，当写作停顿时，要注意按键盘的组合键"Ctrl+S"来进行保存。这样便于在出现问题时减小损失，恢复也能达到理想的效果。

（3）编辑一篇文档，并模拟编辑中发生的数据灾难，再观察备份的情况。为了能直观明显地观察到源文件夹中各个文件的备份过程（或情况），需要读者自行编辑一篇文档来进行观察。

请读者多准备一些图片文件，并在本地操作系统 D 盘的源文件夹"WWW"中，编辑一篇 Word 文档，如文档名为"实验文档编辑.DOC"，并在该文档中不断插入一些图片，并随时保存。同时打开源文件夹窗口和目标文件夹窗口，便于观察，如图 6-20 所示。源文件夹和目标文件夹中，都是空白的。

图 6-20　源文件夹与目标文件夹都是空白

创建一个新文档后，目标文件夹中出现如下变化：在源文件夹中刚创建的一个 Word 文档，目标文件夹中就出现了一个备份子文件夹，在该文件夹中，保存有新创建的文档副本。如图 6-21 所示。

将新文档命名为"实验文档编辑.DOC"后，目标文件夹中出现变化如下：目标文件夹中又出现了一个子文件夹，是新命名文档的副本。如图 6-22 所示。打开该文档后，发现在目标文件夹中再次进行了备份。如图 6-23 所示。

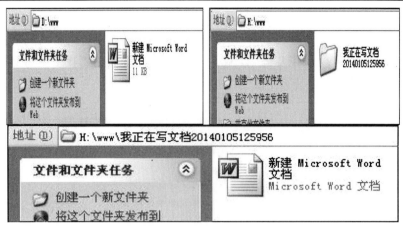

图 6-21　新创建的 DOC 文档

图 6-22　新命名文档后

图 6-23　打开文档后目标文件夹中的情况

在该文档中插入第一张图片后，不保存（即不按键盘的"Ctrl+S"键），目标文件夹中什么情况都没有发生（请读者思考原因）。

在该文档中插入 10 张图片（要求一张一张地插入），插完后再保存（并记住文档的页数），因是第一次保存，在目标文件夹中又多出一个含有首次全备份文件的子文件夹，如

图 6-24 所示。

图 6-24　加入多张图片保存后的情况

在该文档中再插入 10 张图片，不要保存！目标文件夹中什么情况也没发生。之后，不保存并退出文档编辑。虽然目标文件夹中多出了一个备份的子文件夹，但该子文件夹里是空白的。如图 6-25 所示。

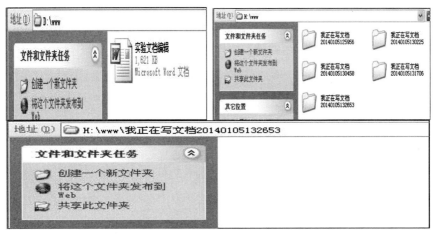

图 6-25　不保存退出后的情况

该情况可以理解为对计算机突然断电的模拟，请读者自行检验此类情况下，文档是否有损失，是否可恢复损失。最后，删除掉该文档，即可模拟误删除。

通过以上的实验过程，可以看出，在写文档的过程中，如果不保存，就没有变化的数据内容，磁盘就没有写的操作，"FileGee 个人文件同步备份系统"软件将无法检测到磁盘 I/O 的变化，则就不会有备份的过程。任何备份工具软件都有上述特点。这充分说明，一定要让磁盘有 I/O 动作，才能有备份的过程。

（4）观察数据灾难后的文档恢复情况。用"FileGee 个人文件同步备份系统"软件的增量备份实时方式来保护用户的文档数据，这与写盘的频率有很大的关系。如果出现突然断电或由于误操作删除了文档时，文档恢复情况如何？

在上述实验基础上，双击"FileGee 个人文件同步备份系统"软件图标，出现主界面，如图 6-26 所示。

图 6-26　"FileGee 个人文件同步备份系统"软件主界面

　　右击"我正在写文档"备份任务，在快捷菜单中选择"文件恢复"命令，如图 6-27 所示。该界面是"FileGee 个人文件同步备份系统"软件自动生成的日志，是十分重要的信息。该日志反映了磁盘操作之后任务执行的记录，即每次增量备份的记录信息。往往就是通过这个日志信息来决定要恢复的文档数据，或是说它可以决定恢复后的损失程度。一定要注意，选择时间点时要从最上面一条开始！

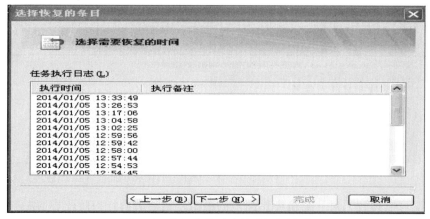

图 6-27　恢复文件时选择时间点界面

　　最上面的一条时间点就是文档删除之后的日志记录情况，选中该时间点，并点击"下一步"按钮，如图 6-28 所示。

　　由图可知该时间点上，没有可以选择的文档。所以，必须重新选择最近的时间点，即重新选择如图 6-27 所示的第二个时间点，如图 6-29 所示。

　　在第二个时间点的日志中记录了文档在删除之前的情况。但是，该情况是删除之前的哪一个步骤却不得而知。不过，这是日志中记录的最后一次备份任务的信息。

　　在图 6-28 中选中文档，并点击"下一步"按钮，如图 6-30 所示。选择恢复文档所要保存的位置，原则上最好不要选择源文件夹和目标文件夹所在位置或区域，以免出现覆盖等意外情况。

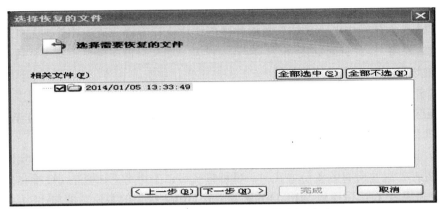

图 6-28 最后一个时间点上文档选择界面

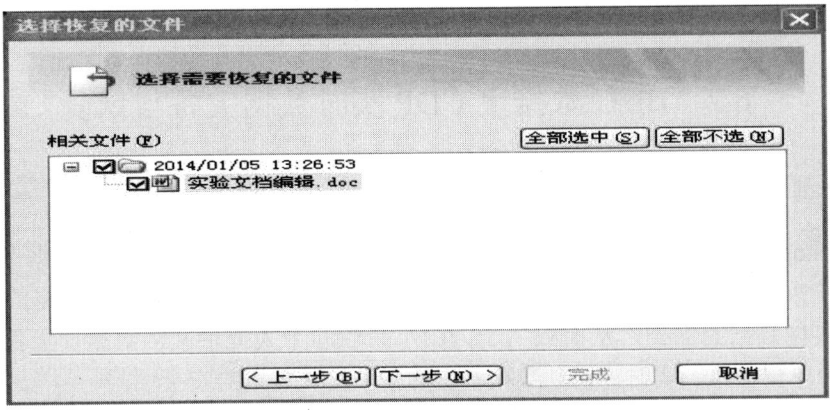

图 6-29 第二个时间点文档选择界面

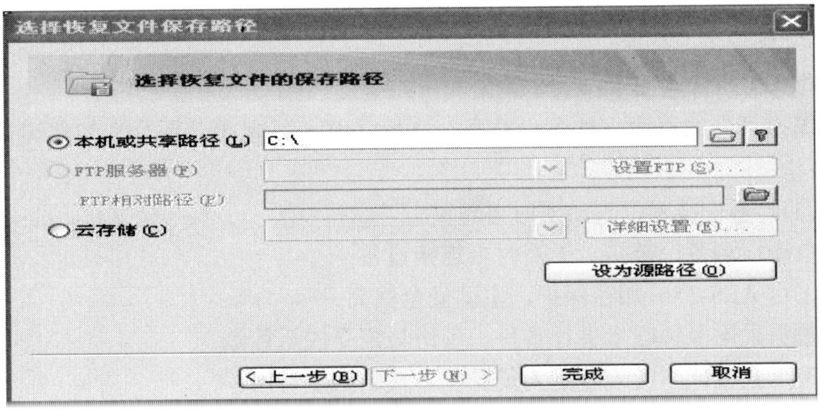

图 6-30 恢复文档所要保存的位置

这里选择 C 盘来临时保存被恢复的文档，并点击"完成"按钮。最后，到 C 盘上打开该文档，可以看出，恢复的文档中只保存了第一次插入的十张图片及之前的操作，而之后的操作内容都没有保存，这就是该文档的最小损失恢复结果。

一定要明白，目前没有那一种文档编辑软件会自动帮助用户进行写磁盘的操作（除非有病毒的帮助）。如果没有对磁盘进行 I/O 操作，那么，任何备份工具软件都是无法进行备份工作的。所以，对磁盘的 I/O 操作频率越高，备份就越多，恢复的效果就越好。写任何文档时，一定要时常进行保存操作，这样就能保证恢复的效果。

如果计算机系统重新启动后，或由于种种原因意外中断过，一定要重新再启动一次"FileGee 个人文件同步备份系统"软件并进行首次执行设置，让该软件进入自动执行过程。

<请读者思考 1>：针对如图 6-27 所示的日志，如某一日志信息没有设置或丢失了，还能进行有效恢复吗？会发生什么问题？

<请读者思考 2>：采用间隔增量备份的方式（比如间隔 10 秒），如果把"目标目录"设置为"云存储"的方式（要求计算机能上互联网），该如何设置？并模拟用 Word 来写文档时出现的故障情况（如不保存、或删除文档等），恢复并观察其备份效果。

另外，请比较间隔增量备份的方式与实时增量备份的方式的区别？再与实时全备份的方式进行比较？这些所有的备份方式中，哪种方式可以不用考虑磁盘的 I/O 操作？为什么？

<请读者思考 3>：试比较 WPS Office 或微软 Office 提供的备份功能与"FileGee 个人文件同步备份系统"软件提供的备份功能（如实时或间隔的增量备份等）的区别？WPS Office 或微软 Office 提供的备份功能是否可以不用考虑磁盘的 I/O 操作？为什么？

## 6.2　BizU 数据宝 CDP 实时数据灾备与恢复

### 6.2.1　工具简介

Bizbackup 即 BizU 数据宝（简称 BizU）它采用最先进的 CDP（持续数据保护）技术，它是对传统数据备份技术的一次革命性的重大突破，它会不断监测关键数据的变化，并不断地自动实现数据的保护，从而致力于为中小企业和个人提供文档数据安全备份服务。让用户在充分享受快速、实时、自动数据备份的同时提升数据的安全性。

该软件在工作期间，一直守候着整台（所有）硬盘的工作情况，并不针对某个文件夹只要硬盘上（无论是哪个分区）有 I/O 操作，就自动对相应的文件类型进行备份操作，并保存到指定的文件夹中。

BizU 数据宝的特点如下：

（1）国内领先的桌面文件备份产品，支持 Office、视频、图片和邮件等多达几十种类型文档的备份；

（2）CDP 备份技术，自动实时备份；

（3）自动检测备份链接，无需时刻连接设备；

（4）采用 AES-256 加密保护，主动安全性高；

（5）数据采用多种版本进行备份，备份与恢复快至秒级；

（6）傻瓜式设计，无须专业人员操作，安装简便易用；

（7）灵活支持多种外接设备，如 U 盘、SD 卡、移动硬盘、PC 机和 FTP 服务器等。

目前市面上同类型产品多采用一键备份、定时备份或实时同步备份等技术，与 BizU 所采用的 CDP 技术备份有天壤之别。比如一键备份软件，需要用户手工操作；定时备份软件无法恢复两次备份间隔之间的新增数据；实时同步备份软件，一般只保留一份最新的备份文件，无法恢复到以前的版本；而 CDP 技术备份软件，可提供 24x7 的实时备份，没有备份窗口，不消耗主机资源；可以实现秒级精准数据恢复，使数据丢失量降至最少；CDP 技术可任意时刻提取和验证数据，备份立即可用，无需耗时回存。

### 6.2.2　实验目的

理解传统备份中实时增量备份技术与 CDP 备份技术的区别；理解 CDP 的恢复效果；理解磁盘 I/O 操作对备份粒度的影响。

熟练使用 BizU 数据宝来保护磁盘上的重要文档，并能熟练地将损失文档恢复到能接受的合理损失范围之内。

### 6.2.3　实验指导

请读者准备好若干的图片文件（如 JPG、GIF 等）放在 D 盘上，以便用操作系统提供的画图工具进行编辑实验；再准备一个 U 盘，并插入到计算机的 USB 接口，且要求在 U 盘上创建一个文件夹，如"备份数据"，以备用。"BizU 数据宝"推荐使用移动硬盘作为保护文档的备份盘。

（1）安装"BizU 数据宝"软件并设置相关参数。双击下载的"BizU 数据宝 CDP 实时备份系统"文件，安装该软件到本地操作系统中，如图 6-31 所示。

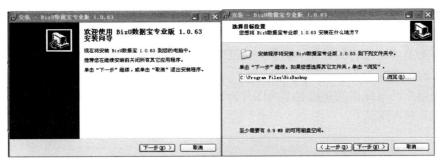

图 6-31　"BizU 数据宝 CDP 实时备份系统"软件欢迎及安装路径设置界面

安装路径采用默认设置，并点击"下一步"按钮，如图 6-32 所示。

图 6-32　安装及安装完成界面

在安装完成界面上，选中选项"运行 BizBackup Startup.exe"，并点击"完成"按钮，如图 6-33 所示。

图 6-33　"BizU 数据宝 CDP 实时备份系统"软件提示 30 天使用期限

"BizU 数据宝 CDP 实时备份系统"软件只提供 30 天的使用期限，过时若需再使用就必须注册。如图 6-34 所示，该界面用于首次设置用户时常要操作的文档类型。

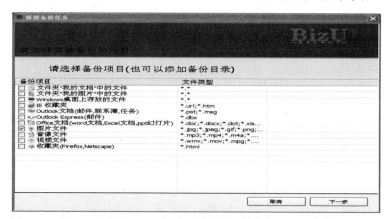

图 6-34    "BizU 数据宝 CDP 实时备份系统"软件第一次运行的设置界面

注意，该软件只关心要保护的文档类型，而不会关心文档在磁盘上的具体位置，这是与"FileGee 个人文件同步备份系统"软件的最大不同。"FileGee"是基于任务的保护，与文件类型无关（这是它的好处），而"BizU 数据宝"是基于对磁盘上相关文档类型的监控而作保护的一类软件。

如果用户时常操作的文档类型为图片，如 JPG、GIF 等，则必须选择图 6-34 所示的选项（其他类型不用选）。点击"下一步"按钮，如图 6-35 所示。

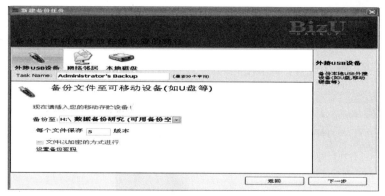

图 6-35    设置备份所在位置

该设置界面有三个选项卡，"外接 USB 设备"（如 U 盘或移动硬盘等）、"网络邻居"（如局域网内的服务器磁盘、或网内另外一台计算机上的硬盘、或本地计算机中的所有磁盘等）和"本地磁盘"（如 D 盘、E 盘等），它们可以为所保护的文档设置备份的位置。在"Task Name"输入框中可以任意输入文字信息。

"每个文件保存版本"这个参数可以由用户根据情况来重新设置，默认值是 3。该数字表示被保护的文档将最多生产多少个离数据灾难最近的副本。而且，在以后的自动备份中始终保持该参数所设置的副本个数，之前的副本则自动删除。该参数值对恢复有重要意义如果该值设置偏小，恢复文档时，粒度就大，恢复精度就不太高；而如果该值设置过大，所产生的备份文档就多，很浪费备份盘的空间，但对恢复十分有利。所以，该值应当选择一个比较合理的、又不太耗费备份盘空间的一个值，比如对个人用户来讲，设置为 4～8 是比较合理的（只是经验值）。

"文件以加密的方式进行"选项可根据用户的情况来设置。本实验不用加密。

如果选择"外接 USB 设备"选项卡，"备份至"选择框中只能选择 U 盘或移动硬盘的名称（如果 U 盘或移动硬盘已经插入计算机系统，就会有相应的名称，否则是没有任何名称的）。该方式只能备份到所选存储设备的根上，而无法保存到存储设备的文件夹中。

如果选择"网络邻居"选项卡，可以在"目标位置"选择框找到一切可用的存储设备，如局域网中的任何计算机存储设备，本地计算机系统中的硬盘、U 盘、移动硬盘和光驱等。并可以在这些存储设备上或这些存储设备的某个文件夹中，保存备份的文档。所以该选项更适用、更灵活。

如果选择"本地磁盘"选项卡，"目标位置"选择框中只能找到本地计算机系统中的可用硬盘分区，并用于保存备份的文档到指定文件夹中。

如图 6-35 所示，选择"网络邻居"选项卡，并在"目标位置"选择框中找到 U 盘上已经创建的文件夹，如"备份数据"文件夹；"每个文件保存版本"参数值设置为 5；不用加密。设置好之后，点击"下一步"按钮，如图 6-36 所示。

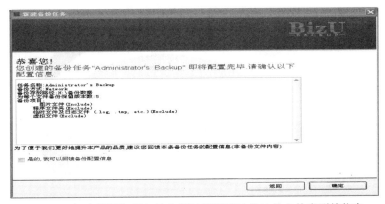

图 6-36　初步设置好了备份位置以及所要被保护的文件类型等信息

该界面总结了上面的所有参数。检查无误后，点击"确定"按钮，"BizU 数据宝 CDP 实时备份系统"软件将隐藏到显示器的右下角。如果所设置的参数有误，而又点击了确定按钮，也可以在以后进行修正。

（2）"BizU 数据宝"软件的参数修改。双击显示器右下角的"BizU 数据宝"软件图标，使其显示主界面，如图 6-37 所示。

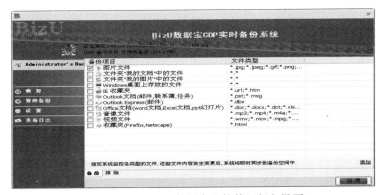

图 6-37　"BizU 数据宝"软件运行主界面

　　该界面刚打开时，可能"BizU 数据宝"软件正在扫描并验证整个计算机系统中的磁盘上的所有图片文件（这是之前设置的被保护的文档类型），并进行第一次的保存工作，即对所找到的所有文档类型进行第一次的全备份。以上工作处理完后，"BizU 数据宝"软件将进入守候过程中，即空闲状态，或叫进入时刻检查磁盘 I/O 操作的状态，当有所设文档类型的磁盘 I/O 操作时，就立即进行备份操作。

　　在计算机的操作系统中，图片文件是非常多的，扫描、验证和备份所花时间较长。

　　在该软件的主界面上，也可以再次设置相关参数，如可以再添加需要被保护的文档类型等；也可以点击"设置"选项，对备份位置进行修改，或对所备份的文档进行加密等设置。

　　如果应用了"BizU 数据宝"软件的计算机系统重新启动过，必须重新运行该软件，并必须点击如图 6-37 所示主界面右下角的"应用"按钮，使其正常运行。每次重新运行该软件时，软件都会进行验证工作，其主要作用是进行文档的对比，即比较目前计算机系统中，是否有新的文档被加入，如果有就进行备份。所以，验证工作也是很耗计算机系统资源的。

　　由此可以看出，"BizU 数据宝"软件的设置十分简单。如果不需要修改设置，就隐藏该软件到显示器右下角。

　　（3）编辑一张图片，并模拟数据灾难，再观察恢复情况。用操作系统提供的画图工具软件，打开一张图片文件，并对其进行修改（或涂改），每修改几次，就进行一次保存（如修改 3 处，就保存 1 次，共保存 10 次），并记住修改的内容。之后再进行一些修改，请记住修改的内容，但不用保存并退出画图工具。最后，删除该图片。

　　双击显示器右下角的"BizU 数据宝"软件图标，使其显示主界面，如图 6-38 所示。

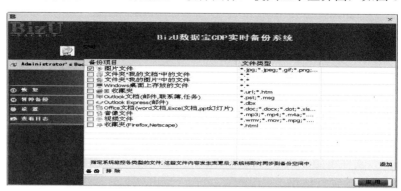

图 6-38　"BizU 数据宝"软件运行主界面

点击"恢复"选项，显示数据恢复向导界面，如图 6-39 所示。

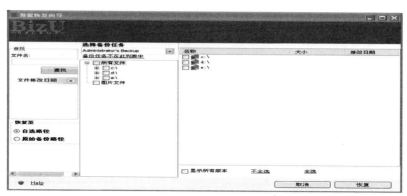

图 6-39　数据恢复向导界面

　　在该界面上，需要选择编辑图片时的位置，如作者编辑的图片在 D 盘上的某个文件夹中，并找到该位置。如图 6-40 所示。选中"显示所有版本"单选项，并点击"修改日期"或"版本"关键字，使文档重新排列以便观察和选择。

图 6-40　作者编辑的图片为"小行星撞地球.JPG"

　　在数据恢复向导界面中，所显示的文档都是备份的相关文档，而且都是按照原文件保存时的结构来保存的，这样便于找到对应的备份文档。

　　在图 6-40 中，文档列表框内，"小行星撞地球.JPG"图片共有 5 张，分为不同的版本。其中，最下面的一张，就是离模拟数据灾难（未保存和删除）时最近的备份，但并不知道该备份的文档是在哪个环节上保存的（比如是在删除时备份的，还是未保存时备份的）；最上面一张就是第四个版本，也就是指离模拟数据灾难时最远的备份文档。要恢复文档，当然是从最近的所保存的备份开始，来一个一个地恢复并判断。

　　如图 6-40 所示，选中最后一个"小行星撞地球.JPG"图片文档，并点击"恢复"按钮，如图 6-41 所示。如果"BizU 数据宝"软件正在进行验证工作，是不能进行恢复工作的，一定要等待软件验证工作结束后，即空闲时，再进行恢复工作。

图 6-41　选择恢复要保存的位置以及完成恢复界面

　　选择恢复后的文档所保存的位置，原则上不要选在编辑原文档所在的位置或分区。这里选择保存到 C 盘上，完成恢复后，即可到 C 盘进行查看。

　　打开恢复后"小行星撞地球.JPG"图片文档可以看出，该文档是离模拟数据灾难时最近的一次备份，从编辑的内容（即涂改）来看，可以判断这的确是最后一次在保存文档时进行的备份，而未保存和被删除之后的内容是没有备份的。该恢复的结果表明，这就是该文档的最小损失恢复结果。

无论是使用传统备份工具软件"FileGee 个人文件同步备份系统"还是使用 CDP 工具软件"BizU 数据宝"，其实备份方式和技术都是完全一样的，都是在进行了全备份的基础上再进行增量备份。最为关键的就是，必须要有对磁盘的 I/O 操作，软件才进行增量备份，而且对磁盘的 I/O 操作频率越高备份就越多，粒度就越细，对恢复就越有利。它特别适合写盘频率高的应用场合，如网站、数据库等。它们唯一的不同点，就是不同的文档管理方法，便于用户根据实际情况进行选择使用。前者用于对文件夹中的任何文档进行灾备与恢复，后者是对磁盘上的（即所有分区）指定文档进行灾备与恢复。

## 6.3　实　验　练　习

（1）请安装目前最新版本的 WPS Office，并就其"WPS 文字"、"WPS 演示"、"WPS 表格"等组件，回答以下问题：请写出该 WPS 的版本号或软件名称；写出他们有哪些备份方式？写出备份的设置过程和备份的位置路径；这些备份功能是否可以代替灾备软件？为什么？

（2）请安装微软 Office2007 或 Office 2010 等版本，并就其"Word"、"PPT"、"Excel"等组件，回答以下问题：请写出所用 Office 的版本号或软件名称；写出它们有哪些保存方式？写出保存的设置过程和保存的位置路径；软件是否提供有备份功能？其保存和备份功能是否可以代替灾备软件？为什么？

（3）在用户自己的计算机中，安装"FileGee 个人文件同步备份系统"软件，并利用"云存储"来备份所要保护的文件夹（要求用户的计算机能上互联网），要求如下：开通"云存储"中的任何一个网盘，如"金山快盘"、"Dropbox"、"百度网盘"或"新浪微盘"等之一；在 D 盘上任意创建一个工作用文件夹，并放入若干文件；网盘上也创建一个文件夹，用于保存备份；设置该软件的备份方式为间隔增量备份方式（如间隔设为 20～50 秒之间的值）；在工作文件夹内，编辑一篇 Word 文档或图片文档；对编辑的文档进行保存操作，观察备份的情况；最后对编辑的文档模拟一次数据灾难（如不保存、最后删除文档等），并恢复离灾难最近的一次文档，再观察恢复的效果。

（4）把上题的灾备软件换为"BizU 数据宝"软件，把备份保存到 U 盘（或 U 盘中的某文件夹中），要求如下：设置为只保护 Word 文档，保存版本数为 6；任意编辑一篇 Word 文档，并多次保存（如 5 次）；正常拔出 U 盘，稍后再插入 U 盘；最后对该文档模拟一次数据灾难（如不保存、最后删除文档等），并恢复离灾难最近的一次文档，再观察恢复的效果；最后，请思考"BizU 数据宝"软件的备份位置是否可以设置为"云存储"？

# 第二部分 分区结构与文件系统分析实验

实验项目 7 主要介绍了 DOS 分区结构及其 MBR 和虚拟 MBR 扇区的分析和定位方法。重点介绍了磁盘编辑工具软件的使用方法，最终的目的是定位文件或子目录等数据。例如，如何找到 MBR 扇区、虚拟 MBR 扇区以及 DBR 扇区等位置。本书介绍的磁盘分析方法适用于任何存储介质，也可根据读者对磁盘编辑工具软件掌握的熟练程度，自由拓展和延伸。

实验项目 8 主要介绍了 FAT 文件系统结构，重点介绍了 FAT 文件系统中的 DBR 扇区、FAT 表以及 FDT 表、文件及子目录的定位和分析方法，它们是数据恢复的理论根据。对 FAT 文件系统的认识越深，也就越能意识到 NTFS 文件系统的重要性。同时 NTFS 以 FAT 为基础，故要理解 NTFS 就必须先理解 FAT。

实验项目 9 主要介绍了常见 RAID 的作用、原理和一般应用，并能根据相关的应用来构造不同组合的软件 RAID。

实验项目 10 主要介绍了 GPT 分区结构及其 ESP、MSR 和主分区的分析和定位方法，并介绍了 GPT 磁盘的应用场合，同时分析了"BIOS+MBR"和"UEFI+GPT"架构下操作系统的安装方法和磁盘分析方法，以及 GPT 磁盘的保护方法。

实验项目 11 主要介绍了 NTFS 文件系统结构以及特点，重点介绍了 NTFS 文件系统中的 DBR 扇区，以及用于定位文件位置的 MFT 项，能认识到 NTFS 文件系统的优越性和安全性。

实验项目 12 主要介绍了利用常规工具软件来快速分析磁盘结构以及文件系统的方法，该方法要求必须充分了解磁盘结构以及文件系统原理，该方法也是一种针对未知磁盘进行快速有效的分析方法。

另外，还介绍了"BIOS 和 UEFI"双启动 U 盘的制作方法。

# 实验项目 7  DOS 分区结构分析

**实验工具软件**

（1）通用 PE 工具箱。

（2）UltraISO。

（3）Virtual PC 2007 SP1 V6.0.192.0（32/64 位）。

（4）三茗硬盘医生（三茗硬盘医生 2.2，DOS 版）。

（5）Sector Editor（WIN 版）。

## 7.1  磁盘编辑工具

### 7.1.1  基本概念

（1）数据的存储格式。在不同的计算机体系结构中（指广义的计算机），存储机制有所不同。例如，十六进制数值"12 34 56 78H"，在一种计算机架构下可存储为"12 34 56 78H"，但在另外某种计算机架构下也可被存储为"78 56 34 12H"，这就是按照不同的字节序进行存储的结果。所谓的字节序，就是多字节（指 2 个或以上字节）的数据的存储形式。一般地，字节是存储信息的不可分割的最小单位。

数据的存储格式，也就是数字的存储顺序。在表示数值的大小时，一字节（一字节等于 8 位二进制）最大只能表示到 255，这远不能满足实际需要，因此通常会使用 2、4 或 8 字节来表示数值的大小。

目前的存储器，多以字节为访问的最小单元。当一个逻辑上的单元必须分割为物理上的若干单元时（即对应使用多字节表示数值的情况），就存在了先后顺序的问题，于是，Endian 问题应运而生。对于不同的存储方法，有 Big-endian 和 Little-endian 两种描述（这两个术语来自于 Jonathan Swift 的《格列佛游记》）。

Big-endian 格式也叫大头位序。字节由最高位向最低位依次存放，高位在前，低位在后。Little-endian 格式也叫小头位序。字节由最低位向最高位依次存放，低位在前，高位在后。

在不同的文件系统中，数的存储格式也会有所不同，对一个文件系统进行分析时，必须清楚它所使用的数值存储格式，否则无法得到正确的数值。

微软的操作系统以及 PC 计算机系统就是采用小头位序来存放数值的。另外，字节序与 CPU 架构也有直接关系。

（2）硬盘逻辑结构。目前，在 PC 计算机系统中，大多数情况下仍然使用由机、电、磁构成的硬盘，这种硬盘也叫温彻斯特（Winchester）硬盘，简称温盘。人们可通过一些参数来选择硬盘，如厂家、容量、接口类型（ATA 已淘汰/SATA/SCSI 淘汰/SAS 等）、转速、访问速度（包括外部数据传输速率和内部数据传输速率）、尺寸大小、盘片多少、高级缓存大小和保护技术等。

一台硬盘要能正常地读写数据，操作系统就必须要知道硬盘底层上数据的存储位置，即扇区的位置。扇区是存储数据的基本单位，所以，无论你使用何种硬盘（包括固态硬盘、

U 盘等），一旦进入计算机的二进制系统，就都转换为国际标准的逻辑结构，也叫硬盘的理论结构（与物理结构无关），该结构由柱面 C、磁头 H、扇区 S 三维地址组成。可以通过 CHS 参数以及标准工具软件，来确定硬盘中某扇区的位置，从而读写数据。一个扇区的容量一般为 512 字节，这是国际上通常采用的标准，也是一个扇区的标准单位（注：一个扇区也有其他单位，如 1024 字节等）。

（3）扇区的寻址方式。如果对硬盘上的数据进行访问，可以采用以下两种寻址方式：一是 CHS 寻址方式；二是 LBA 寻址方式。

在过去，硬盘的容量还很小的时候（小于 8GB），人们生产了与软盘结构类似的硬盘，即硬盘盘片的每一条磁道都具有相同的扇区数，由此产生了所谓的 3D 参数（Disk Geometry），既磁头数（Heads）、柱面数（Cylinders）和扇区数（Sectors），以及相应的寻址方式，也就是 CHS 方式。

其中，磁头数表示硬盘总共有几个磁头，也就是有几面，最大为 255（用 8 个二进制位存储）；柱面数表示硬盘中盘片的每一面上有几条磁道，最大为 1023（用 10 个二进制位存储）；扇区数表示每一条磁道上有几个扇区，最大为 63（用 6 个二进制位存储）。

每个扇区一般是 512 字节，所以由 CHS 所表达的一个磁盘的最大容量为 8.024GB（225×1023×63×512÷1 048 576，1M 为 1 045 576Bytes），或硬盘厂商常用的单位为 8.414GB（255×1023×63×512÷1 000 000，1M 为 1 000 000Bytes）。

在 CHS 寻址方式中，磁头、柱面和扇区的取值范围分别为 0～H-1，0～C-1，1-S（注意从 1 开始），这就是通常的 8GB 硬盘的 CHS 限制。

LBA（Logic Block Address，逻辑块地址）线性寻址模式，也叫硬盘的绝对扇区地址。系统把所有的物理扇区都按照某种方式或规则看做是一线性编号的扇区，即从 0 到某个最大值进行排列，并连成一条线，把 LBA 作为一个整体来对待，而不再是具体的 CHS 值，也就是说硬盘不再有柱面、磁头和扇区的三维定义，只用一个序数就确定了一个唯一的物理扇区，线性地址是物理扇区的逻辑地址。

硬盘容量大于 8GB 时，CHS 将无法表示寻址。但是由于基本 Int13H 的制约，如 DOS（FAT 16）等操作系统还只能访问 8GB 以内的硬盘空间，为了打破这一限制，Microsoft 等几家公司制定了扩展 Int13H 标准（Extended Int13H），采用线性寻址方式存取硬盘，以突破 8G 的的容量限制。

显然，LBA 是相对硬盘扇区三维物理地址而言的。扇区的三维物理地址与硬盘上的物理扇区一一对应（小于 8GB），即三维物理地址可完全确定硬盘上的物理扇区。

目前，LBA 地址被定义为 48 位，所以能够管理的扇区总数为 $2^{48}-1$ 即 281 474 976 710 655 个扇区，可以管理容量为 144 115 188 075 855 872 字节，即 144PB（1PB=1000 000GB）的硬盘。

（4）CHS 值转换为 LBA 值。如果硬盘容量小于 8GB，就可以把 CHS 值转换为 LBA。转换公式如下：

$$LBA = (C - Cs) \times PH \times PS + (H - Hs) \times PS + (S - Ss) \qquad (7\text{-}1)$$

其中，C 表示当前柱面号，H 表示当前磁头号，S 表示当前扇区号，Cs 表示起始柱面号，Hs 表示起始磁头号，Ss 表示起始扇区号，PS 表示每磁道有多少个扇区，PH 表示每柱面有多少个磁道。

一般情况下，Cs = 0，Hs = 0，Ss = 1，PS = 63，PH = 255。例如，若 C、H、S 分别为 0

1、1，代入上述公式可得 $LBA$ 为 63。

（5）$LBA$ 值转换为 $CHS$。对任意容量的硬盘，都可以将 $LBA$ 转换为 $CHS$，其转换公式分别如下。

第一套公式：

$$C = LBA \ \text{DIV} \ (PH \times PS) + Cs, \tag{7-2}$$

$$H = (LBA \ \text{DIV} \ PS) \ \text{MOD} \ PH + Hs, \tag{7-3}$$

$$S = LBA \ \text{MOD} \ PS + Ss, \tag{7-4}$$

第二套公式：

$$C = LBA \ \text{DIV} \ (PH \times PS) + Cs, \tag{7-5}$$

$$H = LBA \ \text{DIV} \ PS - (C - Cs) \times Ps + Ss, \tag{7-6}$$

$$S = LBA - (C - Cs) \times PH \times PS - (H - Hs) \times PS + Ss, \tag{7-7}$$

注意，上述两套公式中的 DIV 和 MOD 分别表示做整除运算和余运算。以上公式常用于程序开发。例如，若 $LBA$ 为 63，代入上述两套公式将得出相同结果，即 $C$ 为 0，$H$ 为 1，$S$ 为 1。

（6）分区粒度原理。数据的读写是按柱面进行的，即磁头在读写数据时首先在同一柱面内从 0 磁头开始进行操作，依次向下在同一柱面的不同盘面上进行操作，在同一柱面所有的磁头全部读写完毕后才移动磁头转移到下一柱面。

也就是说，一个磁道写满数据时，就转向同一柱面的下一个盘面，一个柱面写满后，才移到下一个柱面，而不是在同一盘面的下一磁道来写，一个盘面写满后再从下一个盘面的 0 磁道开始写。读数据也是按照这种方式进行的。由于选取磁头通过电子切换即可，而选取柱面必须通过机械切换，前者快于后者，所以上述方式提高了硬盘的读写效率。

分区粒度原理，即是指分区的最小单位为不可分割的柱面。当利用分区软件来对硬盘分区时，将把一个离某柱面最近的值分配到该柱面上，也就是说用分区软件来分区时分配的实际容量不一定等于用户指定的分区容量。

### 7.1.2　工具简介

（1）"三茗硬盘医生 2.2"软件。"三茗硬盘医生"是一款在 DOS 操作系统下全免费的中文国产硬盘分析修复工具，只有十余 KB 大小，支持非标准硬盘参数的硬盘分析。它能分析和修复主引导记录 MBR、系统引导记录 DBR 和 FAT 分区表等文件系统数据，此外还具有文件系统扇区数据的备份、查看和硬盘分析等功能。该软件不具备扇区的编辑功能，故使用十分安全。

（2）"Sector Editor"（Windows 版）软件。"Sector Editor"是一个在 Windows 系统下能对磁盘扇区进行查看与编辑的免费专业分析工具，是功能十分强大的绿色软件，支持 32 位及 64 位操作系统，提供对任意扇区编辑、复制、填充、导入与导出扇区数据等操作。它能够通过大多数数据恢复类软件以及 NT6 系统对磁盘扇区的保护来查看和修改扇区最真实、最原始的数据，可应用于数据恢复，甚至可以用来破解某些数据恢复类软件对系统或磁盘数据的保护。因该软件能直接对磁盘扇区进行读写操作，故请谨慎使用。

### 7.1.3　实验目的

了解数据在存储介质上的存放方式；了解磁盘的逻辑结构；理解硬盘中扇区的两种寻址

方式，即 *CHS* 和 *LBA*。熟练用"三茗硬盘医生"和"Sector Editor"等专业工具来编辑磁盘扇区，主要包括查看、复制和修改扇区信息等操作；能熟练利用偏移地址来表示字节在扇区或某些字节的位置。

### 7.1.4　实验指导

（1）制作一张分析磁盘的 ISO 光盘工具。利用"通用 PE 工具箱_V3.3"软件生成"TonPE_V3.3.ISO"光盘，再通过"UltraISO"软件编辑该光盘，并把"三茗硬盘医生"和"Sector Editor"两软件放入"TonPE_V3.3.ISO"光盘中，保存为"TonPE_V3.3 分析盘.ISO"，以备用。

再利用"Virtual PC 2007"软件创建一台虚拟机，如"张三虚拟机"，硬件设备要求如下：内存 512MB，硬盘 20000MB，其他设置默认即可。

用"TonPE_V3.3 分析盘.ISO"光盘启动"张三虚拟机"，可以进入 DOS 操作系统也可以进入 WinPE 操作系统。如果进入 DOS 操作系统，需要运行"CDM"来加载光驱程序，方可读取光盘中的软件。

另外，"三茗硬盘医生"软件不支持鼠标操作，只能用"上"、"下"、"左"、"右"、"Esc"、"回车"等键来选择功能按钮。

在光盘中找到"三茗硬盘医生"软件并运行，如图 7-1 所示。

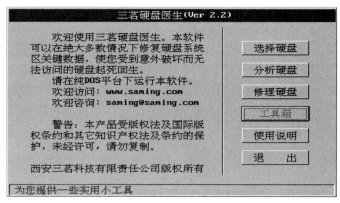

图 7-1　"三茗硬盘医生"运行主界面

在"三茗硬盘医生"软件的主界面上，选中"选择硬盘"功能按钮，并回车，如图 7-2 所示。

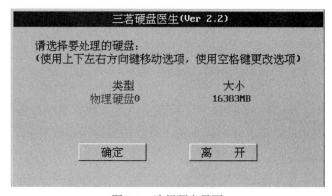

图 7-2　选择硬盘界面

在"选择硬盘"对话框中，选中需要查看的硬盘后，回车即可。注意：如果是多硬盘的情况，一般可根据硬盘的接口顺序以及容量来判断要分析的硬盘。

返回到"三茗硬盘医生"软件的主界面上，选中"工具箱"功能按钮并回车，如图 7-3 所示。在该"工具箱"列表中，选中"显示任意扇区内容"命令按钮并回车，如图 7-4 所示。

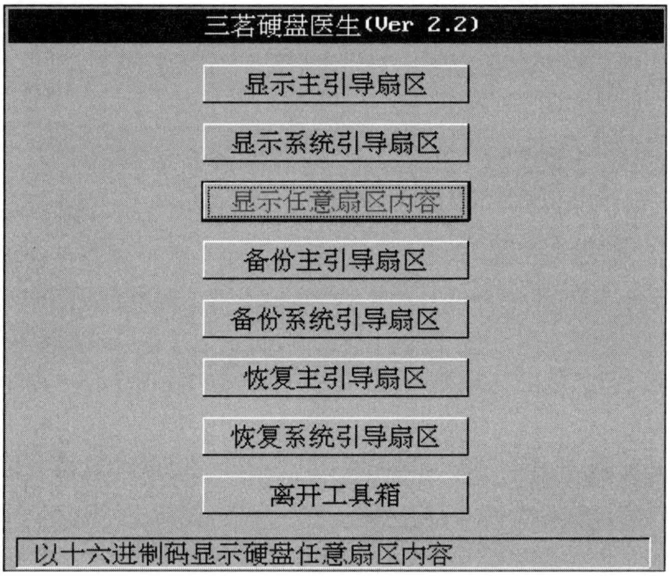

图 7-3　工具箱功能界面

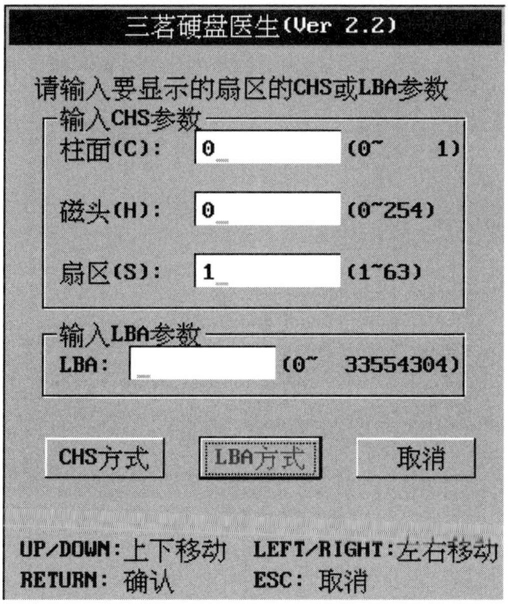

图 7-4　显示输入 *CHS* 或 *LBA* 值界面

在该对话框中，可以利用光标键分别移到"柱面（*C*）"、"磁头（*H*）"、"扇区（*S*）"等输入框中输入 *CHS* 数值，也可以将光标键单独移到"输入 *LBA* 参数"输入框中，输入 *LBA* 值，如输入"0"数值字符，即 *LBA* 为 0D。该软件必须选择 *CHS* 或 *LBA* 来输入数值，而且只能输入十进制数值。十进制符号为"D"、十六进制符号为"H"。将光标移到"*LBA* 方式"按钮处，回车，如图 7-5 所示。

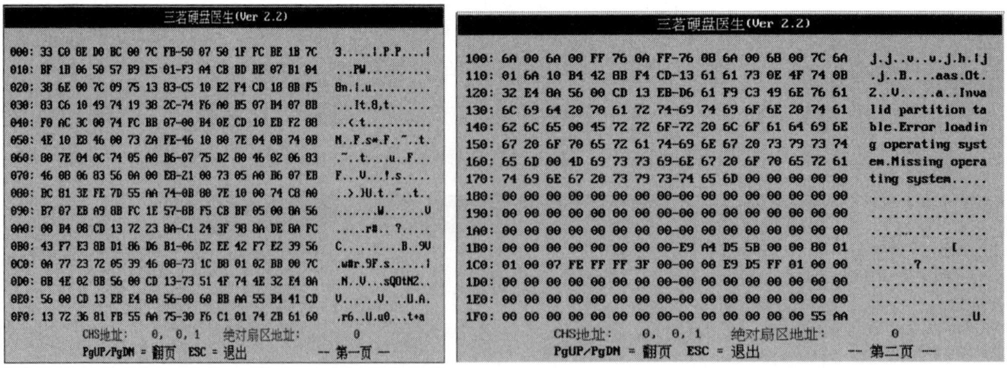

图 7-5　显示某扇区完整信息画面（左图是上半部分信息，右图是下半部分信息）

该图表示在 DOS 操作系统中，用"三茗硬盘医生"软件来查看到的硬盘上某扇区的完整信息。

用键盘的"上"、"下"（或"PgUp"和"PgDn"）键可以翻看扇区的上半部分以及下半部分信息内容；用"Esc"键返回到如图 7-4 所示的输入界面。该软件只能查看扇区信息，而不能对其修改。

如果进入 WinPE 操作系统，在光盘中找到"Sector Editor"软件并运行，如图 7-6 所示。

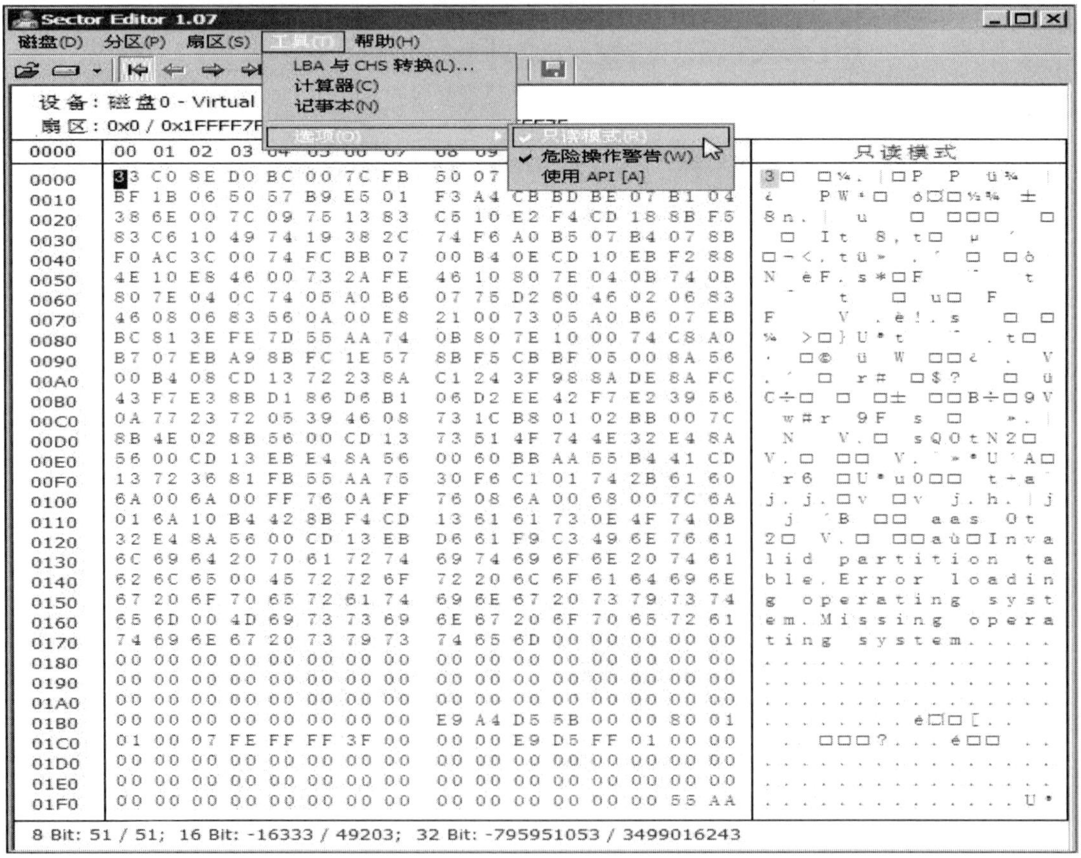

图 7-6　"Sector Editor"软件运行主界面

为了能正确地分析某个硬盘，必须进行硬盘的选择操作。点击菜单上的"磁盘"项，并正确选中列出要分析的硬盘，如图 7-7 所示。

图 7-7　选中某个分析的硬盘

在正确选择了要分析的硬盘后，返回到"Sector Editor"软件的主界面上，点击菜单上的"工具"项，点击其子菜单"选项"下的命令"只读模式"，在"只读模式"前面打上勾，如图 7-8 所示。

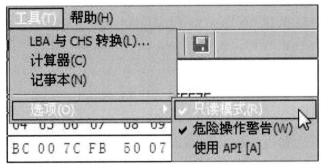

图 7-8　设置软件为只读模式

该软件默认的运行方式如读写方式，为了防止误操作，有必要设置软件为只读模式，即安全的模式，这样就可以防止误修改扇区数据。

在正确设置了硬盘的只读模式后，返回到"Sector Editor"软件的主界面，点击菜单上的"扇区"项，点击其下的命令"指定扇区"，如图 7-9 所示。

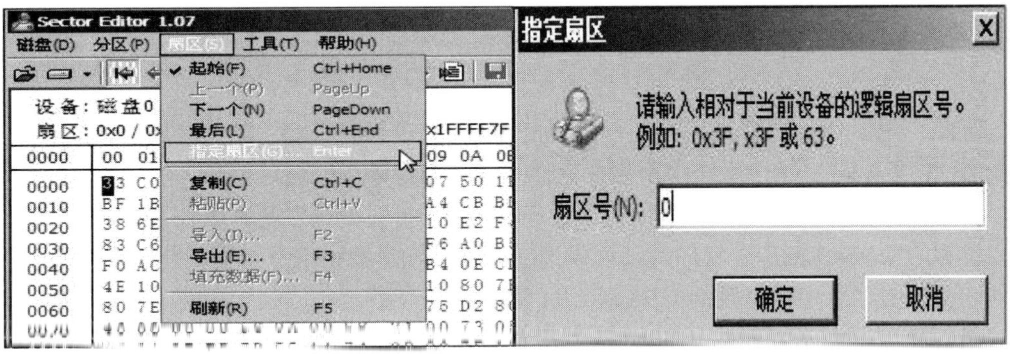

图 7-9　指定扇区必须输入 *LBA* 值

要用该软件来查看某扇区，必须输入硬盘的 *LBA* 值来定位扇区位置，而且可以用十进制或十六进制来表达。

这里输入"×3F"数值（或"63"数值），即 *LBA* 为 3FH（或 *LBA* 为 63D）。点击"确定"按钮，如图 7-10 所示。用键盘上的"PgUp"和"PgDn"按键，可查看前后扇区中的信息。

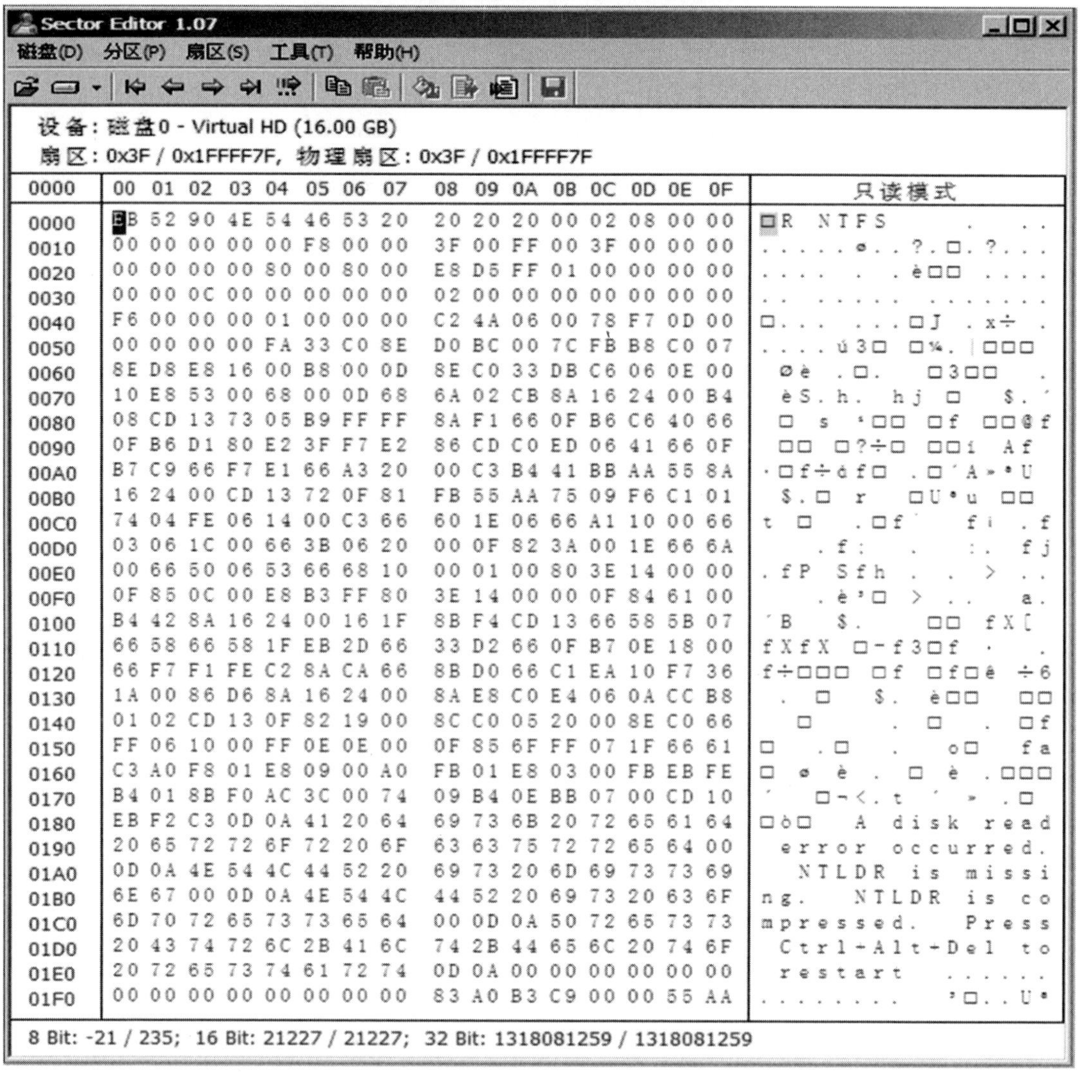

Sector Editor 1.07

磁盘(D)　分区(P)　扇区(S)　工具(T)　帮助(H)

设备：磁盘 0 - Virtual HD (16.00 GB)
扇区：0x3F / 0x1FFFF7F，物理扇区：0x3F / 0x1FFFF7F

| 0000 | 00 01 02 03 04 05 06 07 | 08 09 0A 0B 0C 0D 0E 0F | 只读模式 |
|---|---|---|---|
| 0000 | EB 52 90 4E 54 46 53 20 | 20 20 20 00 02 08 00 00 | □R NTFS . . . |
| 0010 | 00 00 00 00 00 F8 00 00 | 3F 00 FF 00 3F 00 00 00 | . . . . ø . . ?. □. ?. . |
| 0020 | 00 00 00 00 80 00 80 00 | E8 D5 FF 01 00 00 00 00 | . . . . . . . . è□□□ |
| 0030 | 00 00 0C 00 00 00 00 00 | 02 00 00 00 00 00 00 00 | . . . . . . . . |
| 0040 | F6 00 00 00 01 00 00 00 | C2 4A 06 00 78 F7 0D 00 | □. . . . . . . □J . x÷ . |
| 0050 | 00 00 00 00 FA 33 C0 8E | D0 BC 00 7C FB B8 C0 07 | . . . . ú3□ □¼. |□□□ |
| 0060 | 8E D8 E8 16 00 00 0D | 8E C0 33 DB C6 06 00 00 | Øè . . . . □3□□ . |
| 0070 | 10 E8 53 00 68 00 0D 68 | 6A 02 CB 8A 16 24 00 B4 | èS. h. hj □ $. |
| 0080 | 08 CD 13 73 05 B9 FF FF | 8A F1 66 0F B6 C6 40 66 | □ s '□□ □f □□@f |
| 0090 | 0F B6 D1 80 E2 3F F7 E2 | 86 CD C0 ED 06 41 66 0F | □□ □?÷□ □□i Af |
| 00A0 | B7 C9 66 F7 E1 66 A3 20 | 00 C3 B4 41 BB AA 55 8A | ·□f÷óf□ .□'A»ªU |
| 00B0 | 16 24 00 CD 13 72 0F 81 | FB 55 AA 75 09 F6 C1 01 | $.□ r □Uªu □□ |
| 00C0 | 74 04 FE 06 14 00 C3 66 | 60 1E 06 66 A1 10 00 66 | t □ .□f `□ . f¡ . f |
| 00D0 | 03 06 1C 00 66 3B 06 20 | 00 0F 82 3A 00 1E 66 6A | . f; . :. fj |
| 00E0 | 00 66 50 06 53 66 68 10 | 00 01 00 80 3E 14 00 00 | . fP Sfh . . > . . |
| 00F0 | 0F 85 0C 00 E8 B3 FF 80 | 3E 14 00 00 0F 84 61 00 | . è³□' > . . a . |
| 0100 | B4 42 8A 16 24 00 16 1F | 8B F4 CD 13 66 58 5B 07 | 'B $. □□ fX[ |
| 0110 | 66 58 66 58 1F EB 2D 66 | 33 D2 66 0F B7 0E 18 00 | fXfX □-f 3□f □·□ . |
| 0120 | 66 F7 F1 FE C2 8A CA 66 | 8B D0 66 C1 EA 10 F7 36 | f÷□□□ □f □f□ê ÷6 |
| 0130 | 1A 00 86 D6 8A 16 24 00 | 8A E8 C0 E4 06 0A CC B8 | □ $. è□□ □ |
| 0140 | 01 02 CD 13 0F 82 19 00 | 8C C0 05 20 00 8E C0 66 | □ . □ . f |
| 0150 | FF 06 10 00 FF 0E 0E 00 | 0F 85 6F FF 07 1F 66 61 | □ .□ . o□ fa |
| 0160 | C3 A0 F8 01 E8 09 00 A0 | FB 01 E8 03 00 FB EB FE | □ ø è . □ è .□□□ |
| 0170 | B4 01 8B F0 AC 3C 00 74 | 09 B4 0E BB 07 00 CD 10 | □-<.t ' » .□ |
| 0180 | EB F2 C3 0D 0A 41 20 64 | 69 73 6B 20 72 65 61 64 | □ò□ A disk read |
| 0190 | 20 65 72 72 6F 72 20 6F | 63 63 75 72 72 65 64 00 | error occurred. |
| 01A0 | 0D 0A 4E 54 4C 44 52 20 | 69 73 20 6D 69 73 73 69 | NTLDR is missi |
| 01B0 | 6E 67 00 0D 0A 4E 54 4C | 44 52 20 69 73 20 63 6F | ng. NTLDR is co |
| 01C0 | 6D 70 72 65 73 73 65 64 | 00 0D 0A 50 72 65 73 73 | mpressed. Press |
| 01D0 | 20 43 74 72 6C 2B 41 6C | 74 2B 44 65 6C 20 74 6F | Ctrl-Alt-Del to |
| 01E0 | 20 72 65 73 74 61 72 74 | 0D 0A 00 00 00 00 00 00 | restart . . . . |
| 01F0 | 00 00 00 00 00 00 00 00 | 83 A0 B3 C9 00 00 55 AA | . . . . . . . '□. . U* |

8 Bit: -21 / 235;　16 Bit: 21227 / 21227;　32 Bit: 1318081259 / 1318081259

图 7-10　查看到的某扇区的完整信息画面

至此，用于分析硬盘的工具光盘"TonPE_V3.3 分析盘.ISO"制作完成，并能用该光盘进入 DOS 或 WinPE 操作系统中用相关软件来分析查看硬盘的扇区信息。

如果只是查看扇区，"三茗硬盘医生"和"Sector Editor"两款软件都可以使用，但必须要设置"Sector Editor"软件为只读模式；如果要修改扇区信息，就必须用"Sector Editor"软件。另外要注意定位扇区的 *CHS* 或 *LBA* 值的输入方法。

读者也可以用更专业的"WinHex"工具软件来分析磁盘扇区（请参见相关资料）。在本书以后的硬盘分析实验项目中，不再限定进入何种操作系统，也不限定用何种分析工具软件，请读者自定。

（2）扇区信息的显示结构。无论是在 DOS 还是 WinPE 操作系统中，也无论用什么分析工具软件来查看扇区信息，扇区信息的显示画面都较类似，属标准方式的界面。

利用分析软件显示的扇区信息，必须要确定该扇区是否是所要分析的扇区。一般的，在扇区信息界面上，都会显示扇区所在的 *CHS* 或 *LBA* 位置值。

在 DOS 操作系统中的"三茗硬盘医生"软件，所显示的扇区位置信息在其下部（需要选中"LBA 方式"），如图 7-11 所示。"三茗硬盘医生"软件将同时用 *CHS* 值和 *LBA* 值来显示扇区的位置。

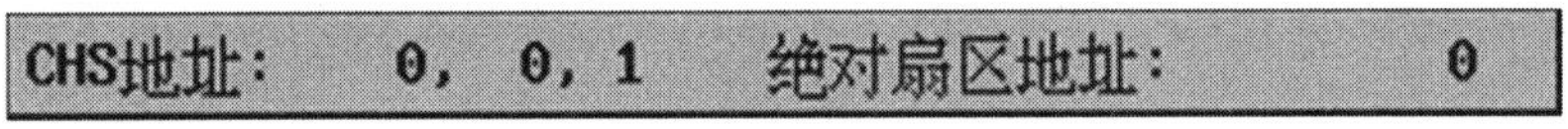

图 7-11　"三茗硬盘医生"显示扇区的位置

在 WinPE 操作系统中的"Sector Editor"软件，所显示的扇区位置信息在其上部位置，如图 7-12 所示，该软件只用 *LBA* 值来显示扇区的位置。

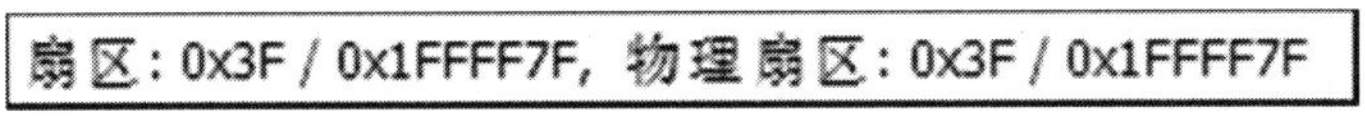

图 7-12　"Sector Editor"显示扇区的位置

无论在何种操作系统中或使用何种分析工具软件，都要能看懂扇区信息的表示方式，并能通过偏移地址来表达字节或某些字节的位置，读懂扇区的显示信息是硬盘分析的基础。

如图 7-10 所示，在扇区信息界面上，扇区信息分为左、中、右模块来显示。如图 7-13 所示。

图 7-13　扇区信息的三模块显示方式

其中，中间部分为扇区的主要信息内容，而且显示的每一行为 16 字节（注意：两个字符为一字节，字节不可拆分）；中间部分的最上面一行是列偏移地址，从 00H～0FH，可表示 16 字节（注意，有些分析软件中省略了列偏移地址，并采用默认方式，如"三茗硬盘医生"软件等）。

左边部分为行偏移地址，行偏移地址加列偏移地址为扇区字节的偏移地址位置。

右边部分为扇区信息的 ASCII 码内容，其中，某些内容显示为能读懂的字符信息，但大多数的内容是无法读懂的符号。

例如，在图 7-13 所示的扇区中，为了能正确地表达某字节的位置，如 52H 字节的准确位置，就必须用偏移地址来表示，其方法是：行偏移地址（00 00H）加列偏移地址（01H），即扇区中的偏移地址位置（00 01H）。该字节（52H）在 00 01H 处是 52H 字节。

在图 7-13 中还可以利用偏移地址来表达一些字节的位置和内容，如在偏移地址 00 03H～00 06H 处的字节是"4E 54 46 53H"，其 ASCII 码为"NTFS"字符串。

## 7.2　MBR 分区表分析

### 7.2.1　基本概念

（1）DOS 分区体系。硬盘在出厂前就进行了低级格式化而成为完全空白的磁盘，在多数情况下由"0"填充了所有扇区。要使其正常地存储数据，就必须进行区域的划分，使之有若干的逻辑区域，并对这些区域进行高级格式化以建立相应的文件系统。

操作系统通过记录在磁盘上的分区表（或磁盘标签）中的分区信息来对各个区域进行识别和管理，如果一旦这些信息被破坏，就会使硬盘上的区域不可用或不可见，从而造成数据的丢失。

要使硬盘能正常使用，在不同的软、硬件平台上具有不同的分区体系，即存在不同的区域划分方式与管理方式。目前常见的分区体系主要有：DOS 分区体系、Apple 分区体系、BSD 分区体系和 GPT 分区体系等。

DOS 分区体系是使用最多、最为复杂的一种分区体系，主要适用于 Intel IA32 硬件平台（即 x86 等），微软称之为"主引导记录（Master Boot Recorder，MBR）磁盘"。这种分区体系适用于多种操作系统，如微软的 DOS 以及 Windows、Liunx、FreeBSD 和 OpenBSD 等操作系统，但是分区的数量最多为 4 个独立分区（即主分区和扩展分区），每个分区的容量或一台硬盘的容量最大只能达到 2TB（这是 DOS 分区体系的限制）。

在 DOS 分区体系中，微软把硬盘分为"基本磁盘（Basic Disk）"和"动态磁盘（Dynamic Disk）"两种方式来使用，而对硬盘的区域划分就有"分区"和"卷"两种方式。其中，"卷"是广义的一种区域划分方式，指操作系统或应用程序用来存储数据的、可寻址的扇区的集合，它一般特指在动态磁盘上的区域划分方式。例如，将"动态磁盘"的多个存储区域合并为一个存储区域，即叫某某卷（存在若干种不同的卷，如跨区卷、带区卷、镜像卷等）。

"分区"是狭义的一种区域划分方式，是"卷"划分区域的一种特殊情况，它必须是在基本磁盘上进行的区域划分，而且必须使区域与区域之间的扇区是连续的，不能有跨越或交叉等情况。分区是最为常见的硬盘划分区域的方式，要求必须指定分区类型和分区格式（或叫分区标志 ID。注意分区与文件系统类型的区别）。

本书实验项目中讨论的主要是微软操作系统所使用的硬盘（与所使用的硬盘接口无关），故分区体系也都是 DOS 分区体系，而且在大多数情况下都使用基本磁盘，故区域的划分方式主要为分区（个别实验项目会使用动态磁盘的方式）。讨论 DOS 分区体系意义十分重大，因为这是绝大多数计算机硬盘的使用情况，且 MBR 和虚拟 MBR 是数据恢复十分关键的环节，理解其原理，就是学习数据恢复技术的基础。

（2）MBR 分区表。硬盘在 DOS 分区体系下，分区工具软件对硬盘进行了分区操作后将在硬盘的第一个扇区中写上 MBR 信息，该扇区也叫主引导记录扇区，或叫 0 号扇区（即 *LBA* 为 0 或 *C*、*H*、*S* 分别为 0、0、1 的扇区）。

当计算机启动后，将由 CPU 指向主板上的 BIOS 中的自检程序（Power-On Self Test）来完成硬件设备的检查任务，之后运行一个 BIOS 中的中断程序"INT 19H"（硬件级最后的程序）来查找启动介质（这里假定指硬盘）上 *LBA* 为 0 的扇区，即 MBR 扇区（如果没有，将停机），并检查该 0 扇区上是否有结束标志"55 AA"（如果没有或是其他信息，将停机）。接下来，运行 MBR 的程序部分（即引导记录）来检查以下信息：如所有分区中是否有活动分区（如果没有或是其他信息，将停机）、活动分区中是否有 DBR 扇区（DBR 扇区是分区中微软提供的文件系统的第一个扇区，如果没有或有错误，将停机）等。最后运行 DBR 相关信息，并运行操作系统。

由此可见，MBR 扇区具有承上启下的作用，是计算机系统启动过程中的一个重要环节如果 MBR 扇区上的信息有任何损坏，将使计算机停机，无法正常工作。

如果将一台硬盘分为两个主分区（可以不高级格式化），则硬盘的分区结构如图 7-14 所示。

| MBR 区域（63 个扇区）<br>*LBA*=0 到 *LBA*=62 | 某分区（活动）<br>某种分区格式<br>（无文件系统） | 某分区<br>某种分区格式<br>（无文件系统） |
| --- | --- | --- |

图 7-14　分区结构示意图

上图中可以看出，在具有 63 个扇区的 MBR 区域中，MBR 扇区只占用第一个扇区位置，其余扇区都是用 0 填充的空扇区（该部分的空白扇区，是十分重要的空间，可以被其他软件所利用，如硬盘保护工具等。注意：硬盘保护工具的破解，这是重要内容之一）。MBR 扇区位置的 *LBA* 为 0H 或 *CHS* 值为 001。

MBR 扇区的结构如图 7-15 所示。在该图中，一个扇区也是 512 字节。其中，MBR 扇区被分为如下三个部分。

| 446 字节<br>MBR 引导程序 |
| --- |
| 64 字节<br>DPT(即分区表) |
| 2 字节（55 AA）<br>结束标志 |

图 7-15　MBR 扇区的结构示意图

第一部分是 MBR 引导程序部分。该部分在使用不同的工具进行分区后，其内容可能不完全相同，但却是通用的，它用于通知计算机如何访问分区表并定位操作系统的位置，其目的就是查找硬盘上是否只有一个活动分区（即标志为"80"的分区，非活动分区的标志为"00"，其他标志为非法）以及活动分区内的第一个扇区 DBR。该部分也可以用于分区加密、多系统引导信息等场合，也用于操作系统保护工具软件或硬件（"Onekey Recovery PreOS"、"Pro Magic Plus"等）的关键信息写入。

如果 MBR 程序部分有损坏，可以利用相关工具软件提供的修复功能，重新修复即可，其原理就是利用通用 MBR 代码进行全部替换。MBR 扇区被破坏的典型案例就是"鬼影"病毒破坏 Windows XP 操作系统，这也是淘汰 Windows XP 操作系统的一个重要原因。

第二部分是 DPT，即分区表部分，如果 DPT 的内容有损坏，其修复过程是比较复杂的，但也可通过工具软件进行扫描来修复。

第三部分是 MBR 扇区的结束标志信息，其值为"55 AAH"。如果该标志信息不是"55 AAH"，而是其他字符信息，INT 19H 中断程序将让计算机停机。

MBR 扇区中的任何一个部分被损坏，都将导致停机。DPT 部分是最为重要的内容。按照微软的规定，该部分共 64 字节，且将其分为 4 等份，每份 16 字节，每个等份用于描述一个独立分区的完整而详细的情况，如图 7-16 所示。

| 16 字节<br>分区表项 1 |
| --- |
| 16 字节<br>分区表项 2 |
| 16 字节<br>分区表项 3 |
| 16 字节<br>分区表项 4 |

图 7-16　DPT 结构示意图

可以看出，这是微软在定制 DOS 分区体系时，就已经确定的一种分区方式，即规定最多只能分出 4 个独立分区，如可以是 4 个主分区，或 3 个主分区加一个扩展分区等分区方案。所以，分区表项只能用于表述独立分区的情况，而无法表述逻辑分区的情况。扩展分区内可以有若干的逻辑分区，而且硬盘上的总分区数量只受字母（C～Z）的限制。

操作系统在启动时，会检索分区表，并完整地对 4 个分区表项进行全面检索，之后根据每个分区表项描述的物理位置来定位各个分区，从而可以使用所有的分区。

图 7-17 所示是一台分为三个独立分区（主分区）的硬盘结构示意图。系统在启动时，先检查 MBR 扇区中 DPT 的表项 1 所对应的 1 区（主分区），确定其是否为活动的分区；再检查表项 2 对应的 2 区是否为活动的分区；以此类推，直至检查完所有分区。

<table>
<tr><td>表项 1 对应 1 区</td><td rowspan="4">1 区<br>主分区</td><td rowspan="4">2 区<br>主分区</td><td rowspan="4">3 区<br>主分区</td></tr>
<tr><td>表项 2 对应 2 区</td></tr>
<tr><td>表项 3 对应 3 区</td></tr>
<tr><td>无对应项，空项</td></tr>
</table>

图 7-17　划分为 4 个独立分区的硬盘

一个分区表项的 16 字节的定义，如表 7-1 所示。

**表 7-1　DPT 中一个表项各字节的定义**

| 字节位移 | 字段长度 | 字段名和定义 |
|---|---|---|
| 01 BE | Byte | 引导指示符（Boot Indicator），指明该分区是否是活动分区，其值只能是 80 或 00 |
| 01 BF | Byte | 开始磁头（Starting Head），最大值为 255 |
| 01 C0 | 6 位 | 开始扇区（Starting Sector）规定用低 6 位（即 0～5 位）来表示，其中高两位（第 6 位和第 7 位）被开始柱面字段所使用，最大值为 63 |
| 01 C1 | 10 位 | 开始柱面（Starting Cylinder）规定使用开始扇区字段的高两位作为该字节的高位，共同组成开始柱面的一个 10 位数值，最大值为 1023 |
| 01 C2 | Byte | 系统 ID（System ID）定义了分区格式，详细定义请参阅表 7-2 |
| 01 C3 | Byte | 结束磁头（Ending Head），最大值为 255 |
| 01 C4 | 6 位 | 结束扇区（Ending Sector）规定用低 6 位（即 0～5 位）来表示，其中高两位（第 6 位和第 7 位）被结束柱面字段所使用，最大值为 63 |
| 01 C5 | 10 位 | 结束柱面（Ending Cylinder）规定使用结束扇区字段的高两位作为该字节的高位，共同组成结束柱面的一个 10 位数值. 最大值为 1023 |
| 01 C6 | Dword | 相对扇区数（Relative Sectors）从该磁盘的开始到该独立分区开始的位移量，以扇区来计算。也是该独立分区的 *LBA* 值，使用 Little-endian 格式 |
| 01 CA | Dword | 总扇区数（Total Sectors） 该分区内的扇区总数，使用 Little-endian 格式 |

在 MBR 的分区表项中，其“相对扇区数”字段所显示的是从该硬盘的第一个扇区到该独立分区的开始扇区（即开始头数、开始扇区数、开始柱面数）的位置值，即 *LBA* 值；而“总扇区数”字段中的值是组成该独立分区的扇区数目，其值等于在 MBR 的 DPT 中定义的该独立分区的开始扇区到该独立分区末尾的扇区总数。

为了要得到开始或结束扇区的实际意义值 *CHS*，就必须要把其显示的值进行转换。显示值不能用于计算或定位。

分区格式即系统 ID，由操作系统来管理和组织，字节定义见表 7-2。

表 7-2   系统 ID 字节定义

| 字节 | 定义 | 字节 | 定义 |
|---|---|---|---|
| 00 | 空，mocrosoft 不允许使用。 | 56 | Golden Bow |
| 01 | FAT12 | 5C | Priam Edisk |
| 02 | XENIX   root | 63 | GNU HURD or Sys |
| 03 | XENIX usr | 64 | Novell Netware |
| 04 | FAT 16 <32MB | 65 | Novell Netware |
| 05 | Extended≤8GB | 70 | Disk Secure Mult |
| 06 | FAT 16 | 75 | PC/IX |
| 07 | HPFS/NTFS | 80 | Old Minix |
| 08 | AIX | 81 | Mimix/Old Linux |
| 09 | AIX bootable | 82 | Linux swap |
| 0A | OS/2 Boot Manage | 83 | Linux |
| 0B | Win 95 FAT 32 | 84 | OS/2 hidden C: |
| 0C | Win 95 FAT 32 | 85 | Linux extended |
| 0E | Win 95 FAT 16 | 86 | NTFS volume set |
| 0F | Win 95 Extended(>8GB) | 87 | NTFS volume set |
| 10 | OPUS | 93 | Amoeba |
| 11 | Hidden FAT 12 | 94 | Amoeba BBT |
| 12 | Compaq diagnost | A0 | IBM Thinkpad hidden |
| 16 | Hidden FAT 16 | A5 | BSD/386 |
| 14 | Hidden FAT 16<32GB | A6 | Open BSD |
| 17 | Hidden HPFS/NTFS<32MB | A7 | Next STEP |
| 18 | AST Windows swap | B7 | BSDI fs |
| 1B | Hidden FAT 32 | B8 | BSDI swap |
| 1C | Hidden FAT 32 partition (using LBA-mode INT 13 extensions) | BE | Solaris boot Partition |
| 1E | Hidden LBA VFAT partition | C0 | DR-DOS/Novell DOS Secured partition |
| 24 | NEC DOS | C1 | DRDOS/sec |
| 3C | Partition Magic | C4 | DRDOS/sec |
| 40 | Venix 80286 | C6 | DRDOS/sec |
| 41 | PPC PreP Boot | C7 | Syrinx |
| 42 | SFS | DB | CP/M/CTOS |
| 4D | QNX 4.x | E1 | DOS access |
| 4E | QNX 4.x 2nd part | E3 | DOS R/0 |
| 4F | QNX 4.x 3rd part | E4 | SpeedStor |
| 50 | Ontrack DM | EB | BeOS fs |
| 51 | Ontrack DM6 Aux | F1 | SpeedStor |
| 52 | CP/M | F2 | DOS 3.3+ secondary partition |
| 53 | Ontrack DM6 Aux | F4 | SpeedStor |
| 54 | Ontrack DM6 | FE | LAN step |
| 55 | EZ-Drive | FF | BBT |

在 DOS 分区体系中，以下序号的 ID 是最常用的：05、06、07、0B、0C、0F、16、17、1B 和 1C 等。系统的字节定义虽然是从 00H～FFH，但是并未用完，其中有些字节是保留字节，目前并未作明确定义。

### 7.2.2 实验目的

了解 DOS 分区体系；理解 MBR 扇区的重要性；熟悉 MBR 扇区结构；熟悉 DPT 各字节的意义；熟练分析 DPT 分区表项，并能通过 CHS 值或 LBA 值定位独立分区开始的扇区位置，即主分区的 DBR 扇区位置。

### 7.2.3 实验指导

（1）准备工作。制作好包含有"三茗硬盘医生"和"Sector Editor"的"TonPE_V3.3 分析盘.ISO"的光盘。再通过"Virtual PC 2007"软件创建一台虚拟机，如"张三虚拟机"，硬件设备要求如下：内存 512MB，硬盘 20000MB，其他设置默认即可。用"TonPE_V3.3 分析盘.ISO"光盘启动"张三虚拟机"，并把硬盘分为 4 个主分区（不考虑扩展分区），各个分区不用高级格式化，并让分区生效。分区方案如图 7-18 所示。

| 表项 1 | | | | |
|---|---|---|---|---|
| 表项 2 | FAT 32(活动) | NTFS | FAT 32 | NTFS |
| 表项 3 | 5GB | 3GB | 7GB | 4.5GB |
| 表项 4 | | | | |

图 7-18 硬盘分为 4 个主分区示意图

（2）分析 MBR 扇区。进入 DOS 或 WinPE 操作系统中，用相关软件显示该硬盘的 MBR 扇区信息。根据 MBR 扇区在硬盘上的位置，输入 LBA 值为 0（CHS 值为 001）以定位 MBR 扇区位置，如图 7-19 所示。

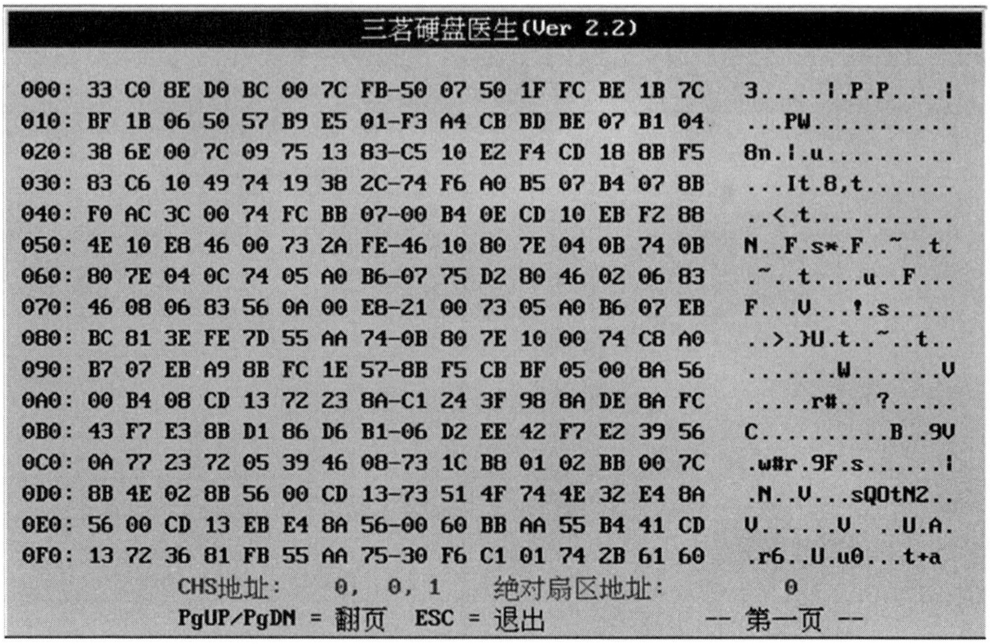

(a)

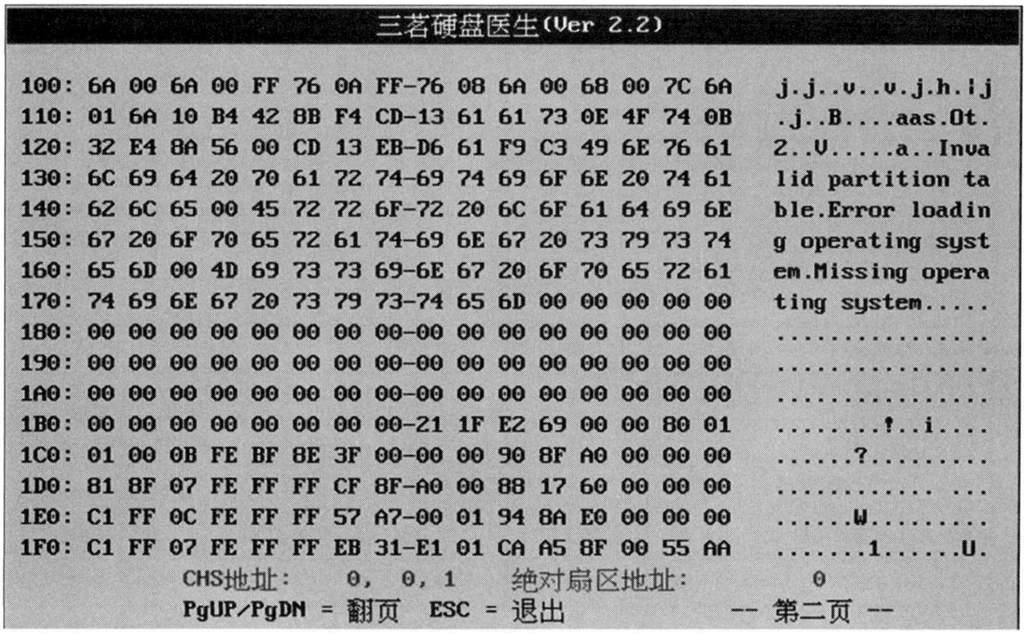

```
                     三茗硬盘医生(Ver 2.2)

100: 6A 00 6A 00 FF 76 0A FF-76 08 6A 00 68 00 7C 6A    j.j..v..v.j.h.|j
110: 01 6A 10 B4 42 8B F4 CD-13 61 61 73 0E 4F 74 0B    .j..B....aas.Ot.
120: 32 E4 8A 56 00 CD 13 EB-D6 61 F9 C3 49 6E 76 61    2..V.....a..Inva
130: 6C 69 64 20 70 61 72 74-69 74 69 6F 6E 20 74 61    lid partition ta
140: 62 6C 65 00 45 72 72 6F-72 20 6C 6F 61 64 69 6E    ble.Error loadin
150: 67 20 6F 70 65 72 61 74-69 6E 67 20 73 79 73 74    g operating syst
160: 65 6D 00 4D 69 73 73 69-6E 67 20 6F 70 65 72 61    em.Missing opera
170: 74 69 6E 67 20 73 79 73-74 65 6D 00 00 00 00 00    ting system.....
180: 00 00 00 00 00 00 00 00-00 00 00 00 00 00 00 00    ................
190: 00 00 00 00 00 00 00 00-00 00 00 00 00 00 00 00    ................
1A0: 00 00 00 00 00 00 00 00-00 00 00 00 00 00 00 00    ................
1B0: 00 00 00 00 00 00 00 00-21 1F E2 69 00 00 80 01    ........!..i....
1C0: 01 00 0B FE BF 8E 3F 00-00 00 90 8F A0 00 00 00    ......?.........
1D0: 81 8F 07 FE FF FF CF 8F-A0 00 88 17 60 00 00 00    ............`...
1E0: C1 FF 0C FE FF FF 57 A7-00 01 94 8A E0 00 00 00    ......W.........
1F0: C1 FF 07 FE FF FF EB 31-E1 01 CA A5 8F 00 55 AA    .......1......U.
     CHS地址:     0, 0, 1     绝对扇区地址:          0
     PgUP/PgDN = 翻页  ESC = 退出          —— 第二页 ——
```

(b)

图 7-19　MBR 扇区完整信息

由图 7-19 可以看出，在 MBR 扇区中，偏移地址从 00 00H～01 BDH 是 MBR 扇区中的 446 字节引导程序部分；偏移地址从 01 BEH～01 FDH 是 DPT 部分；最后两字节"55 AA"是 MBR 扇区的结束标志。

其中，DPT 部分被分为 4 个等份，即表项 1 从偏移地址 01 BEH～01 CDH，描述第一个主分区的情况；表项 2 从偏移地址 01 CEH～01 DDH，表述第二个主分区的情况；表项 3 从偏移地址 01 DEH～01 EDH，表述第三个主分区的情况；表项 4 从偏移地址 01 EEH～01 FEH，表述第四个主分区的情况。

图 7-19 所示的各个分区表项的字节的值，见表 7-3 和表 7-4，表中的值都为十六进制。

表 7-3　DPT 各表项字节显示值与意义值（第一、二主分区）

| MBR | 第一主分区 DPT | | MBR | 第二主分区 DPT | |
|---|---|---|---|---|---|
| 偏移地址 | 显示值 | 意义值 | 偏移地址 | 显示值 | 意义值 |
| 01 BEH | 80 | 80 激活 | 01 CEH | 00 | 00 |
| 01 BFH | 01 | 01 | 01 CFH | 00 | 00 |
| 01 C0H | 01 | 01 | 01 D0H | 81 | 01 |
| 01 C1H | 00 | 00 | 01 D1H | 8F | 02 8F |
| 01 C2H | 0B | 0B（FAT 32） | 01 D2H | 07 | 07(NTFS) |
| 01 C3H | FE | FE | 01 D3H | FE | FE |
| 01 C4H | BF | 3F | 01 D4H | FF | 3F |
| 01 C5H | 8E | 02 8E | 01 D5H | FF | 03 FF |
| 01 C6H | 3F 00 00 00 | 00 00 00 3F | 01 D6H | CF 8F A0 00 | 00 A0 8F CF |
| 01 CAH | 90 8F A0 00 | 00 A0 8F 90 | 01 DAH | 88 17 60 00 | 00 60 17 88 |

表7-4　DPT 各表项字节显示值为意义值（第三、四主分名）

| MBR | 第三主分区 DPT | | MBR | 第四主分区 DPT | |
|---|---|---|---|---|---|
| 偏移地址 | 显示值 | 意义值 | 偏移地址 | 显示值 | 意义值 |
| 01 DEH | 00 | 00 | 01 EEH | 00 | 00 |
| 01 DFH | 00 | 00 | 01 EFH | 00 | 00 |
| 01 E0H | C1 | 01 | 01 F0H | C1 | 01 |
| 01 E1H | FF | 03 FF | 01 F1H | FF | 03 FF |
| 01 E2H | 0C | 0C(FAT 32) | 01 F2H | 07 | 07(NTFS) |
| 01 E3H | FE | FE | 01 F3H | FE | FE |
| 01 E4H | FF | 3F | 01 F4H | FF | 3F |
| 01 E5H | FF | 03 FF | 01 F5H | FF | 03 FF |
| 01 E6H | 57 A7 00 01 | 01 00 A7 57 | 01 F6H | EB 31 E1 01 | 01 E1 31 EB |
| 01 EAH | 94 8A E0 00 | 00 E0 8A 94 | 01 FAH | CA A5 8F 00 | 00 8F A5CA |

　　根据分区表项各字节的定义，磁头值是用一字节来表示的，故不用转换；而扇区值和柱面值分别是用低 6 位二进制和 10 位二进制来表示，故必须转换为意义值，即能运算的值。

　　转换方法如下：如偏移地址为 01 C4H 的扇区显示值是"BFH"，将其展开为二进制写为"10 11 11 11"，取其低 6 位，即"11 11 11"，前面加"00"就为"00 11 11 11"，再转换为十六进制值，即扇区的意义值为"3FH"；

　　而"10 11 11 11"中的高 2 位"10"二进制值，转换为十六进制值后，就直接放在柱面值的前面，即构成 10 位二进制的意义值"02 8EH"。

　　根据表 7-3 和表 7-4，可写出各个分区的开始和结束 CHS 值，以及分区开始位置的 LBA 值（分区开始的扇区即是 DBR 扇区），见表 7-5。

表7-5　各分区开始与结束的 CHS 值和 LBA 值

| 分区 ＼ 数值 | 开始 CHS | 结束 CHS | LBA |
|---|---|---|---|
| 第一主分区 | 00/01/01 | 28E/FE/3F | 003FH |
| 第二主分区 | 28F/00/01 | 3FF/FE/3F | 00A08FCFH |
| 第三主分区 | 3FF/00/01 | 3FF/FE/3F | 0100A757H |
| 第四主分区 | 3FF/00/01 | 3FF/FE/3F | 01E131EBH |

　　从表 7-5 可以看出如下规律，即第一个独立分区（即主分区）的开始位置（即 DBR 扇区）永远都是 CHS 为 00/01/01 或 LBA 为 00 3FH（十进制的 63）；而其他独立分区的开始位置（即主分区的 DBR 扇区）永远都在 CHS 为 X/0/1 或结束位置 CHS 为 3FF/FE/3F 上，这说明分区开始位置不是在同一个柱面上，但有相同的磁头和扇区，即表示分区开始的位置始终在理论结构硬盘中的 0 面 1 扇区位置，这恰好印证了分区粒度原理的正确性。

　　如果是在 DOS、Windows 2003/XP/PE 等操作系统中，任意大小的硬盘开始位置值 CHS 为 X/0/1；如果在 Windows 7/2008/8/PE 等操作系统中，对于大于 8GB 的硬盘其开始位置值 CHS 为 3FF/FE/3F，小于 8GB 则 CHS 为 X/0/1。

　　硬盘容量小于 8GB 的情况下，无论在何种操作系统中，分区开始位置都在 CHS 为 X/0/1 的位置；如果硬盘大于 8GB 时，*CHS* 位已无意义了，只能通过 *LBA* 来确定分区的位置。

"总扇区数"是最精确的用于计算分区总容量的值。独立分区如果是主分区，其开始位置就是将来的 DBR 扇区位置（当一个分区中有了文件系统后，DBR 扇区才是有效的）。

另外，如果硬盘或分区的容量大于等于 8GB 时，不可用 *CHS* 来表达分区的开始或结束位置，必须使用 *LBA* 值来确定相关扇区的位置。同时必须使用更为自然和通用的"相对扇区数"字段。

如果其中一个表项的开始或结束的"柱面"、"磁头"和"扇区"参数值，对应显示的是"FF"、"FE"、"FF"字符，则"柱面"、"磁头"和"扇区"参数表示的是极大值，也就说明该分区或硬盘大于或等于 8GB。

# 7.3　虚拟 MBR 分区表分析

## 7.3.1　基本概念

（1）虚拟 MBR 分区表。硬盘在 DOS 分区体系中，根据 MBR 分区表中的 DPT 表项，最多只能表示 4 个分区表项，也就是说最多只能分出 4 个独立分区（这里指主分区）。

为了把一台硬盘分出更多的分区，微软创建了扩展分区的概念，并在扩展分区内可以分出若干的分区来，即逻辑分区。这样就大大地提升了分区的数量。同时，一台硬盘规定只能最多有一个扩展分区。

扩展分区利用了虚拟 MBR 的技术，其技术要点是：让 MBR 在定义分区的时候，将多余的容量定义为扩展分区，并指定该扩展分区的起始与结束位置，再根据起始位置指向这个扩展分区内的第一个扇区，该扇区就是以后的虚拟 MBR 扇区。同理，根据分区粒度原理，该扇区的位置永远都在某（*X*）柱面的 0 磁头 1 扇区上。在扩展分区内部，还可以再定义若干的扩展分区，即是逻辑分区。其内的每个扩展分区都有一个虚拟 MBR 扇区，同理，根据分区粒度原理，虚拟 MBR 扇区的位置永远都在某（*X*）柱面的 0 磁头 1 扇区上。

每一个虚拟 MBR 扇区中的各分区表项中的第一个表项，用于定义这个扩展分区（即本逻辑分区）的情况，第二个表项，用于定义下一个虚拟 MBR 扇区的位置。这些用以描述分区位置的分区表项形成了一个"分区链"，而且是开链结构，通过这个分区链，就可以描述所有的分区（是指扩展分区内的逻辑分区）。

事实上，虚拟 MBR 扇区的结构与 MBR 扇区的结构十分相似，虚拟 MBR 扇区只是没有引导程序部分，且该部分都是用 0 填充的，故叫 VMBR 或 EMBR（即扩展 MBR，Extended MBR）。计算机系统在启动时，按照分区链的顺序来查找各个分区，直至找出所有的分区。图 7-20 所示是一台硬盘分区为 1 个主分区和 2 个逻辑分区的结构示意图。

| | | 扩展分区 | | | |
|---|---|---|---|---|---|
| 表项 1 对应 1 区 | 1 区<br>主分区 | *X* | *X* 分区 | *Y* | *Y* 分区 |
| 表项 2 对应 *R* | | *S* | | 空 | |
| 无对应项，空项 | | 空 | | 空 | |
| 无对应项，空项 | | 空 | | 空 | |
| | | 逻辑分区 *X* | | 逻辑分区 *Y* | |
| | *R* 扇区 | | *S* 扇区 | | |

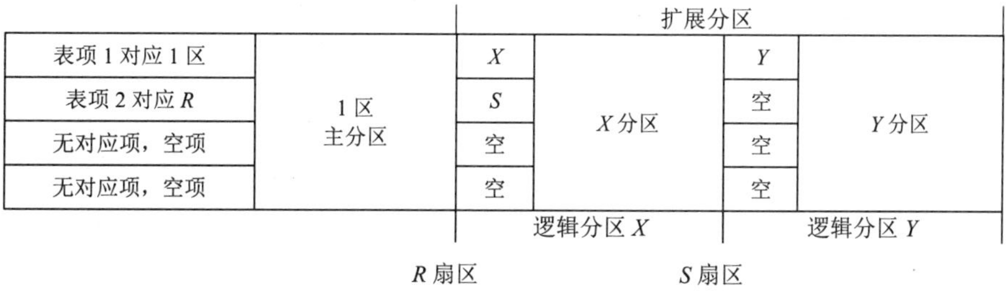

图 7-20　硬盘分区为 1 个主分区和 2 个逻辑分区的结构示意图

在该示意图中，根据虚拟 MBR 扇区原理，系统在启动时，查找过程如下：首先找 MBR 扇区的表项 1 所对应的 1 区（主分区）；其次，找表项 2 对应的扩展分区的开始的扇区，即 $R$ 扇区（即虚拟 MBR 扇区），再根据 $R$ 扇区的第一表项 $X$ 来确定 $X$ 分区（即逻辑分区 $X$ 分区）；之后，找 $R$ 扇区的第二表项 $S$，$S$ 对应下一个扩展分区的 $S$ 扇区；最后定位到 $S$ 扇区上，找第一表项确定对应的 $Y$ 分区（即逻辑分区 $Y$ 分区）；至此，硬盘上的所有分区查找完毕。

由此可以看出，MBR 的 DPT 只管理独立分区（即主分区或扩展分区），无法管理扩展分区内部的分区，即逻辑分区。要定位并分析扩展分区内部的各个逻辑分区，就必须要定位到扩展分区，即从扩展分区内部的第一个逻辑分区的虚拟 MBR 扇区开始，之后再逐个查找并定位其他的逻辑分区，即是沿着虚拟 MBR 分区表项所描述的分区链来查找并分析各个逻辑分区。

扩展分区内部的任何一个逻辑分区，都包含了虚拟 MBR 区域部分，可以视为只分了一个主分区的硬盘，只是这个虚拟 MBR 中没有引导程序部分，而且表项中的第三项和第四项永远都不会用到，在最后一个逻辑分区位置的第二表项也不会用到。

硬盘的分区在采用了虚拟 MBR 技术后，系统在查找分区时是开链的，这就意味着可能这些分区会发生闭环的情况（一般是病毒造成的），即"逻辑锁"。硬盘如果发生了闭环，系统在查找分区时，就会永远循环下去，是无法进入操作系统的，就像是计算机死机的情况，而且用其他任何的启动介质都无济于事。当然，闭环是可以破解的，想办法在启动时绕过所有分区的检查，再进行相关的技术处理即可（有关"逻辑锁"的详细原理和破解方法请查阅相关资料）。

确定虚拟 MBR 扇区即 VMBR 位置有两个方法，分别介绍如下。

第一，用 $CHS$ 来表示（适用于小于 8GB 的硬盘），如图 7-21 所示。确定 VMBR 扇区位置，需要在 MBR 的 DPT 相应的表项中查找"开始柱面"、"开始磁头"、"开始扇区"等字段，并转换为 $CHS$ 值；之后，为了能分析扩展分区内的各个逻辑分区中的关键扇区位置，必须定位到扩展分区的 VMBR 扇区位置处，即第一个逻辑分区的 VMBR 扇区位置处，通过对该扇区进行分析，就可以依次确定下一个 VMBR 扇区的位置，直到分析完所有的 VMBR 扇区。综上述：在各个 VMBR 的 DPT 的第二表项中找到"开始柱面"、"开始磁头"、"开始扇区"等字段，并转换为 $CHS$，就可确定下一个逻辑分区的 VMBR 扇区位置。

图 7-21 用 $CHS$ 定位 VMBR 扇区示意图

第二，用 $LBA$ 来表示（适用于任何容量的硬盘），如图 7-22 所示。

首先，确定扩展分区开始的扇区位置值"$Y$"，即在 MBR 的 DPT 相应表项中查找"相对扇区数"即可；之后，在扩展分区的开始扇区位置处，即第一个逻辑分区的 VMBR 扇区位置处，确定下一个 VMBR 扇区的位置，即通过该 VMBR DPT 的第二表项中的"相对扇区数"来确定 $P_i$。即确定下一个 VMBR 扇区的定位公式如下：$LBA$（VMBR 扇区位置）$=Y+P_i$（即该 VMBR DPT 的第二表项中的"相对扇区数"）

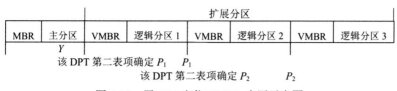

图 7-22　用 *LBA* 定位 VMBR 扇区示意图

其中，$P_i$ 中 $i$ 的范围是 $1\sim n\text{-}1$ 的正整数；$P_i$ 表示某逻辑分区的 VMBR 扇区到扩展分区开始扇区（即第一个逻辑分区的 VMBR 扇区位置）的距离值，即上一个逻辑分区的 VMBR 的 DPT 第二表项 "相对扇区数" 字段所显示的值。

逻辑分区的 VMBR 的 DPT 的第一表项的 "相对扇区数" 字段所显示的值，是指从该 VMBR 扇区开始到该逻辑分区开始扇区的位置值，该值用于确定该逻辑分区的第一个扇区，其值一般都固定为 00 3FH（即该逻辑分区的 DBR 扇区位置）。

下面列举了图 7-22 所示的一些关键扇区的位置计算方法：

主分区开始的位置（即主分区的 DBR 扇区位置）为 00 3FH；

扩展分区开始的扇区位置（即第一个逻辑分区的 VMBR 扇区位置）为 $Y$；

第一个逻辑分区开始的扇区位置（即第一个逻辑分区的 DBR 扇区位置）为 00 3FH+$Y$；

第二个逻辑分区的 VMBR 扇区位置为 $Y+P_1$；

第二个逻辑分区开始扇区位置（第二个逻辑分区的 DBR 扇区位置）为 00 3FH+$Y$+ $P_1$；

第三个逻辑分区的 VMBR 扇区位置为 $Y+P_2$；

第三个逻辑分区开始扇区位置（第三个逻辑分区的 DBR 扇区位置）为 00 3FH+$Y$+ $P_2$。

如果硬盘上还有其他的逻辑分区存在，则分析其相关扇区位置的方法类同。

如果 MBR 扇区的 DPT 内容被损坏，则主分区和扩展分区也就无法使用了；如果 VMBR 扇区的 DPT 内容被损坏，则逻辑分区也无法使用。为了能简便地恢复被破坏的主分区和扩展分区，可通过工具软件来扫描进行修复或恢复，如 "DiskGenins" 工具软件就具有这样的功能。

<请读者思考>　如果一台硬盘上有一个主分区和 5 个逻辑分区，请画出与图 7-22 类似的用 *LBA* 定位 VMBR 扇区的示意图；并列出各个关键扇区的位置值。

### 7.3.2　实验目的

理解 VMBR 扇区的重要性；熟悉 VMBR 扇区结构以及扩展分区、逻辑分区的概念；熟练分析 VMBR 分区表的 DPT；熟练掌握通过 *CHS* 值和 *LBA* 值定位关键扇区位置的方法，即各个 VMBR 扇区的位置和各个逻辑分区中的 DBR 扇区位置。

### 7.3.3　实验指导

（1）准备工作。制作好包含有 "三茗硬盘医生" 和 "Sector Editor" 两软件的 "TonPE_V3.3 分析盘.ISO" 光盘；再通过 "Virtual PC 2007" 软件创建一台虚拟机。如 "张三虚拟机"，硬件设备要求如下：内存 512MB，硬盘 20000MB，其他设置默认即可。

用 "TonPE_V3.3 分析盘.ISO" 光盘启动 "张三虚拟机"，并将硬盘分为 2 个主分区和 3 个逻辑分区，各个分区不用高级格式化，让分区生效。分区方案示意图如图 7-23 所示。

| 扩展分区 | | | | |
|---|---|---|---|---|
| FAT 32 | FAT 32 | NTFS | FAT 32 | NTFS（活动） |
| 3GB | 5G | 3GB | 7GB | 2GB |

图 7-23　硬盘分区为 2 个主分区和 3 个逻辑分区的示意图

（2）分析虚拟 MBR 扇区。进入 DOS 或 WinPE 操作系统中，用相关软件显示该硬盘的 MBR 扇区信息。为了分析硬盘的所有分区，必须从 MBR 扇区开始。

根据图 7-23 所示的硬盘分区示意图和 MBR 扇区在硬盘上的位置，输入 *CHS* 为 001 或 *LBA* 为 0 来定位 MBR 扇区位置，如图 7-24 所示。该扇区中的 DPT 各个分区表项字节信息见表 7-6、表 7-7，表中数值为十六进制。

图 7-24　"张三虚拟机"硬盘的 MBR 扇区

表 7-6　DPT 各表项字节显示值与意义值（第一主分区及扩展分区）

| MBR 偏移地址 | 第一主分区 DPT 显示值 | 意义值 | MBR 偏移地址 | 扩展分区 DPT 显示值 | 意义值 |
|---|---|---|---|---|---|
| 01 BEH | 00 | 00 | 01 CEH | 00 | 00 |
| 01 BFH | 01 | 01 | 01 CFH | 00 | 00 |
| 01 C0H | 01 | 01 | 01 D0H | 41 | 01 |
| 01 C1H | 00 | 00 | 01 D1H | 89 | 01 89 |
| 01 C2H | 0B | 0B（FAT 32） | 01 D2H | 0F | 0F(扩展分区) |
| 01 C3H | FE | FE | 01 D3H | FE | FE |
| 01 C4H | 7F | 2F | 01 D4H | FF | 3F |
| 01 C5H | 88 | 01 88 | 01 D5H | FF | 03 FF |
| 01 C6H | 3F 00 00 00 | 00 00 00 3F | 01 D6H | 49 56 60 00 | 00 60 56 49 |
| 01 CAH | 0A 56 60 00 | 00 60 56 0A | 01 DAH | E7 36 E0 01 | 01 E0 36 E7 |

表 7-7 DPT 各表项字节显示值与意义值（第二主分区）

| MBR | 第二主分区 DPT | | MBR | 无分区 | |
|---|---|---|---|---|---|
| 偏移地址 | 显示值 | 意义值 | 偏移地址 | 显示值 | 意义值 |
| 01 DEH | 80 | 00 | 01 EEH | — | — |
| 01 DFH | 00 | 00 | 01 EFH | — | — |
| 01 E0H | C1 | 01 | 01 F0H | — | — |
| 01 E1H | FF | 03 FF | 01 F1H | — | — |
| 01 E2H | 07 | 07(NTFS) | 01 F2H | — | — |
| 01 E3H | FE | FE | 01 F3H | — | — |
| 01 E4H | FF | 3F | 01 F4H | — | — |
| 01 E5H | FF | 03 FF | 01 F5H | — | — |
| 01 E6H | 30 8D 40 02 | 02 40 8D 30 | 01 F6H | — | — |
| 01 EAH | 85 4A 30 00 | 00 30 4A 85 | 01 FAH | — | — |

由此可以看出，第一个主分区未被激活；第二个主分区是激活的，第二个表项是扩展分区。

由于存在扩展分区，就有必要进一步来分析其内部结构，即追踪查找并定位后面各个逻辑分区。首先要定位到扩展分区的开始扇区上。根据相关字节，可以知道扩展分区的开始扇区位置如下：*CHS* 为 189/00/01 或 *LBA* 为 00 60 56 49H（6 313 545D，即 *Y* 值），如果所用分析工具只能输入十进制数值，就必须要进行转换）。定位到扩展分区开始扇区上，也是第一个逻辑分区的虚拟 MBR 扇区位置，输入 *LBA* 值，如图 7-25 所示。

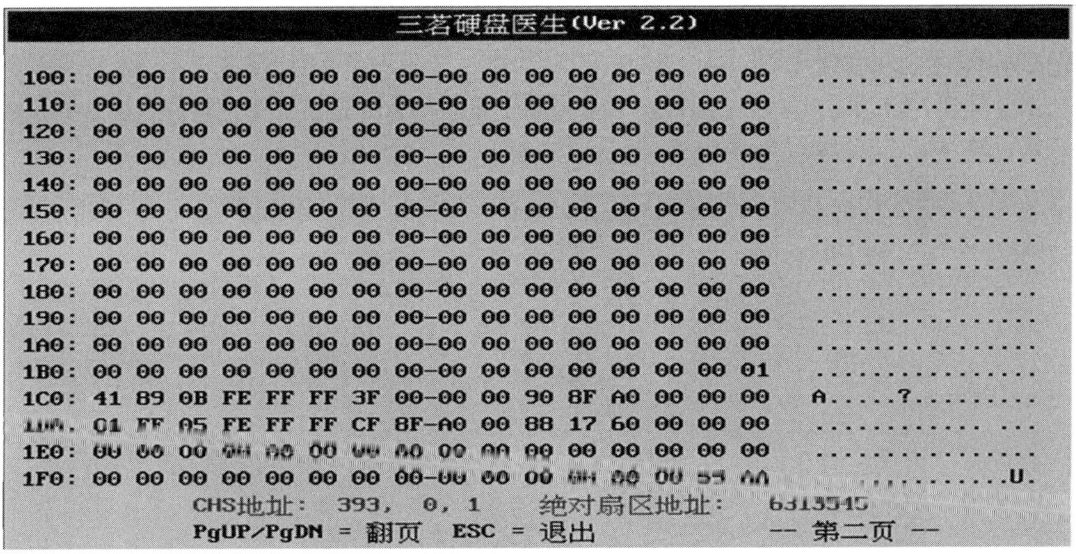

图 7-25 扩展分区开始扇区位置（也是第一个逻辑分区的虚拟 MBR 扇区）

由此可以确定，该扇区就是扩展分区的开始扇区，也是第一个逻辑分区的虚拟 MBR 扇区。因该扇区上的前 446 字节的引导程序部分全为"0"，而且也有结束标志信息"55 AAH"，同时还有两个完整的 DPT 表项。

图 7-25 所示扇区中的各个 DPT 表项的字节的值，见表 7-8。

**表 7-8 第一逻辑分区的虚拟 MBR 扇区中各个 DPT 表项的字节值**

| 虚拟 MBR | 第一表项 DPT | | 虚拟 MBR | 第二表项 DPT | |
|---|---|---|---|---|---|
| 偏移地址 | 显示值 | 意义值 | 偏移地址 | 显示值 | 意义值 |
| 01 BE | 00 | 00 | 01 CE | 00 | 00 |
| 01 BF | 01 | 01 | 01 CF | 00 | 00 |
| 01 C0 | 41 | 01 | 01 D0 | C1 | 01 |
| 01 C1 | 89 | 01 89 | 01 D1 | FF | 03 FF |
| 01 C2 | 0B | 0B(FAT 32) | 01 D2 | 05 | 05(扩展分区) |
| 01 C3 | FE | FE | 01 D3 | FE | FE |
| 01 C4 | FF | 3F | 01 D4 | FF | 3F |
| 01 C5 | FF | 03 FF | 01 D5 | FF | 03 FF |
| 01 C6 | 3F 00 00 00 | 00 00 00 3F | 01 D6 | CF 8F A0 00 | 00 A0 8F CF |
| 01 CA | 90 8F A0 00 | 00 A0 8F 90 | 01 DA | 88 17 60 00 | 00 60 17 88 |

由表 7-8 可以看出，有第二表项存在，就表示还有下一个扩展分区（因偏移地址 01 D2H 为 05H），即存在第二个逻辑分区，为此，有必要定位到下一个逻辑分区的虚拟 MBR 扇区位置上作进一步分析。

第二个逻辑分区的虚拟 MBR 扇区位置为 $P_1$，根据虚拟 MBR 扇区定位公式可知，$LBA=P_1+Y=$00 A0 8F CFH（10 522 575D）+00 60 56 49H（6 313 545D）=01 00 E6 18H（16 836 120D）。

定位到 $LBA$ 为 01 00 E6 18H（16 836 120D）的位置，即是第二个逻辑分区的虚拟 MBR 扇区位置，输入 $LBA$ 值，如图 7-26 所示。

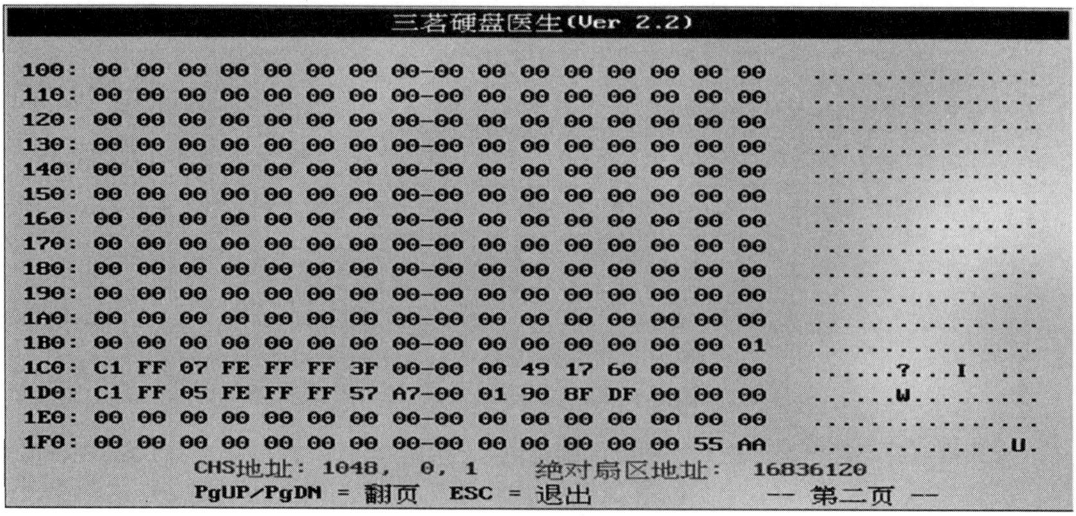

图 7-26 第二个逻辑分区的虚拟 MBR 扇区

确定第二个逻辑分区的虚拟 MBR 扇区位置时，因第一个逻辑分区的结束 $CHS$ 已经显示为极大值"FF FE FF"，故其 *CHS* 值已经不能使用了，故定位后面的扇区位置，只能使用 *LBA* 值。

由图 7-26 可知，该扇区也是虚拟 MBR 扇区，其 DPT 各字节见表 7-9。

表 7-9　第二逻辑分区的虚拟 MBR DPT

| 虚拟 MBR | 第一表项 DPT | | 虚拟 MBR | 第二表项 DPT | |
|---|---|---|---|---|---|
| 偏移地址 | 显示值 | 意义值 | 偏移地址 | 显示值 | 意义值 |
| 01 BE | 00 | 00 | 01 CE | 00 | 00 |
| 01 BF | 01 | 01 | 01 CF | 00 | 00 |
| 01 C0 | C1 | 01 | 01 D0 | C1 | 01 |
| 01 C1 | FF | 03 FF | 01 D1 | FF | 03 FF |
| 01 C2 | 07 | 07(NTFS) | 01 D2 | 05 | 05(扩展分区) |
| 01 C3 | FE | FE | 01 D3 | FE | FE |
| 01 C4 | FF | 3F | 01 D4 | FF | 3F |
| 01 C5 | FF | 03 FF | 01 D5 | FF | 03 FF |
| 01 C6 | 3F 00 00 00 | 00 00 00 3F | 01 D6 | 57 A7 00 01 | 01 00 A7 57 |
| 01 CA | 49 17 60 00 | 00 60 17 49 | 01 DA | 90 8F DF 00 | 00 DF 8F 90 |

根据表 7-9 可以看出，有第二表项存在，就表示还有下一个扩展分区（因偏移地址 01 D2H 为 05H），即存在第三个逻辑分区，为此，有必要定位到下一个逻辑分区的虚拟 MBR 扇区作进一步分析。

第三个逻辑分区的虚拟 MBR 扇区位置为 $P_2$，根据虚拟 MBR 扇区定位公式，可得 $LBA=P_2+Y=$01 00 A7 57（16 820 055D）+00 60 56 49H（6 313 545D）=01 60 FD A0H(23 133 600D)。

定位到 *LBA* 值为 01 60 FD A0H（23 133 600D）的位置，即是第三个逻辑分区的虚拟 MBR 扇区位置，输入 *LBA* 值，如图 7-27 所示。该扇区也是虚拟 MBR 扇区。其 DPT 各字节，见表 7-10。

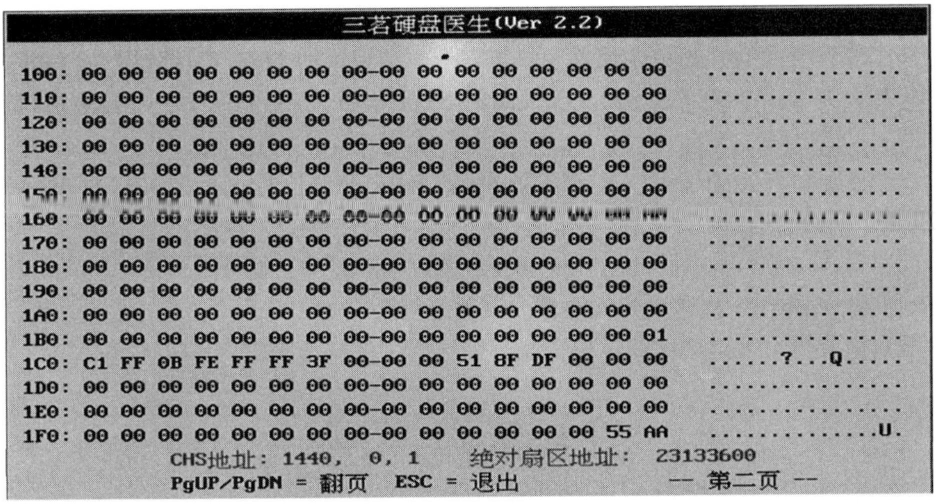

图 7-27　第三个逻辑分区的虚拟 MBR 扇区

表 7-10　第三逻辑分区的虚拟 MBR DPT

| 虚拟 MBR | 第一表项 DPT | | 虚拟 MBR | - | |
|---|---|---|---|---|---|
| 偏移地址 | 显示值 | 意义值 | 偏移地址 | 显示值 | 意义值 |
| 01 BE | 00 | 00 | 01 CE | — | — |
| 01 BF | 01 | 01 | 01 CF | — | — |
| 01 C0 | C1 | 01 | 01 D0 | — | — |
| 01 C1 | FF | 03 FF | 01 D1 | — | — |
| 01 C2 | 0B | 0B(FAT 32) | 01 D2 | — | — |
| 01 C3 | FE | FE | 01 D3 | — | — |
| 01 C4 | FF | 3F | 01 D4 | — | — |
| 01 C5 | FF | 03 FF | 01 D5 | — | — |
| 01 C6 | 3F 00 00 00 | 00 00 00 3F | 01 D6 | — | — |
| 01 CA | 51 8F DF 00 | 00 DF 8F 51 | 01 DA | — | — |

根据表 7-10 可以看出第三个逻辑分区的开始和结束位置，以及分区格式等信息；表右侧（即第二个表项）为全零，就表示没有下一个逻辑分区了。

最后，将本实验各个关键扇区的位置值（LBA 值）的算式归纳如下：

第一个主分区开始的扇区位置（即主分区的 DBR 扇区位置）为 003FH；

扩展分区开始的扇区位置（即第一个逻辑分区的 VMBR 扇区位置）为 00 60 56 49H（6 313 545D 即 $Y$ 值）；

第一个逻辑分区开始的扇区位置（即第一个逻辑分区的 DBR 扇区位置）为 00 3FH+$Y$ 即 60 56 88H（6 313 608D）；

第二个逻辑分区的 VMBR 扇区位置=$Y$+$P_1$=00 60 56 49H（6 313 545D）+00 A0 8F CFH（10 522 575D），即 01 00 E6 18H（16 836 120D）；

第二个逻辑分区的开始扇区位置（即第二个逻辑分区的 DBR 扇区位置）为 00 3FH+$Y$+$P_1$ 即 00 3FH+00 60 56 49H（6 313 545D）+00 A0 8F CFH（10 522 575D）=01 00 E6 57H（16 836 183D）；

第三个逻辑分区的 VMBR 扇区位置为 $Y$+$P_2$=01 00 A7 57（16 820 055D）+00 60 56 49H（6 313 545D），即 01 60 FD A0H(23 133 600D)；

第三个逻辑分区的开始扇区位置（即第三个逻辑分区的 DBR 扇区位置）为 00 3FH+$Y$+$P_2$ 即 00 3FH+01 00 A7 57（16 820 055D）+00 60 56 49H（6 313 545D）=01 60 FD DFH（23 133 663D）；

第二个主分区开始的扇区位置（即主分区的 DBR 扇区位置）为 02 40 8D 30H（37 784 880D）。

至此，对图 7-23 所示硬盘的分析全部结束，本实验项目对硬盘分区结构的分析，主要指 MBR 和各个 VMBR 扇区的定位分析，同时包括各个 DBR 扇区位置的定位分析，其目的是掌握规律，并学习关键扇区的定位方法，为数据恢复打下基础。

# 7.4　实验练习

（1）利用包含有"三茗硬盘医生"和"Sector Editor"两软件的"TonPE_V3.3 分析盘.ISC

光盘来分析一台虚拟机硬盘的 MBR 扇区信息。虚拟机要求：内存容量 512MB，硬盘总容量 8200MB，并分为四个主分区（各分区的容量以及分区格式自定，分区格式不要相同）。填写表 7-11、表 7-12 和图 7-28，并确定各分区开始和结束的 *CHS* 值及开始位置的 *LBA* 值。

第一主分区：开始：CHS＝　　　　　结束：CHS＝　　　　　LBA＝
第二主分区：开始：CHS＝　　　　　结束：CHS＝　　　　　LBA＝
第三主分区：开始：CHS＝　　　　　结束：CHS＝　　　　　LBA＝
第四主分区：开始：CHS＝　　　　　结束：CHS＝　　　　　LBA＝

**表 7-11　DBR 扇区 DPT 字节（第一、第二主分区）**

| MBR | 第一主分区 DPT | | MBR | 第二主分区 DPT | |
|---|---|---|---|---|---|
| 偏移地址 | 显示值 | 意义值 | 偏移地址 | 显示值 | 意义值 |
|  |  |  |  |  |  |
|  |  |  |  |  |  |
|  |  |  |  |  |  |
|  |  |  |  |  |  |
|  |  |  |  |  |  |
|  |  |  |  |  |  |
|  |  |  |  |  |  |
|  |  |  |  |  |  |
|  |  |  |  |  |  |

**表 7-12　进 DBR 扇节 DPT 字节（第三、第四主分区）**

| MBR | 第三主分区 DPT | | MBR | 第四主分区 DPT | |
|---|---|---|---|---|---|
| 偏移地址 | 显示值 | 意义值 | 偏移地址 | 显示值 | 意义值 |
|  |  |  |  |  |  |
|  |  |  |  |  |  |
|  |  |  |  |  |  |
|  |  |  |  |  |  |
|  |  |  |  |  |  |
|  |  |  |  |  |  |
|  |  |  |  |  |  |
|  |  |  |  |  |  |
|  |  |  |  |  |  |

| 表项 1 偏移地址：_____ ～ _____ | | | |
|---|---|---|---|
| 表项 2 偏移地址：_____ ～ _____ | 活动标志：_____ | 活动标志：_____ | 活动标志：_____ |
| 表项 3 偏移地址：_____ ～ _____ | 容量：_____ | 容量：_____ | 容量：_____ |
| 表项 4 偏移地址：_____ ～ _____ | 分区格式：_____ | 分区格式：_____ | 分区格式：_____ |

图 7-28　硬盘分区结构信息

（2）利用包含有"三茗硬盘医生"和"Sector Editor"两软件的"TonPE_V3.3 分析盘.ISO"光盘来分析一台虚拟机硬盘的 MBR 以及虚拟 MBR 扇区信息。虚拟机要求如下：内存容量 512MB，硬盘总容量 30000MB，并分为 1 个主分区和 2 个逻辑分区（各分区容量以及分区格式自定，分区格式不要相同）。请填写图 7-29、表 7-13、表 7-14 和表 7-15。最后，请归纳总结各个关键扇区的开始和结束的 CHS 值，以及各个关键扇区的 LBA 值。如果某扇区的 LBA 值是由若干值之和构成的，请写出其算式和值（LBA 的值同时用十六进制和十进制值来表示）。

主分区开始的扇区位置（即主分区的 DBR 扇区位置）：

开始：CHS＝　　　　　　结束：CHS＝　　　　　　LBA＝

扩展分区开始的扇区位置（即第一个逻辑分区的 VMBR 扇区位置）：

开始：CHS＝　　　　　　结束：CHS＝　　　　　　LBA＝

第一个逻辑分区开始的扇区位置（即第一个逻辑分区的 DBR 扇区位置）：

开始：CHS＝　　　　　　结束：CHS＝　　　　　　LBA＝

第二个逻辑分区的 VMBR 扇区位置：

开始：CHS＝　　　　　　结束：CHS＝　　　　　　LBA＝

第二个逻辑分区的开始扇区位置（即第二个逻辑分区的 DBR 扇区位置）：

开始：CHS＝　　　　　　结束：CHS＝　　　　　　LBA＝

表 7-13　MBR 扇区 DPT 字节（主分区）

| MBR | 主分区 DPT | |
|---|---|---|
| 偏移地址 | 显示值 | 意义值 |
|  |  |  |
|  |  |  |
|  |  |  |
|  |  |  |
|  |  |  |

表 7-14　第一逻辑分区的虚拟 MBR 扇区 DPT 字节

| 虚拟 MBR | 第___表项 DPT | | 虚拟 MBR | 第___表项 DPT | |
|---|---|---|---|---|---|
| 偏移地址 | 显示值 | 意义值 | 偏移地址 | 显示值 | 意义值 |
|  |  |  |  |  |  |
|  |  |  |  |  |  |
|  |  |  |  |  |  |
|  |  |  |  |  |  |
|  |  |  |  |  |  |
|  |  |  |  |  |  |
|  |  |  |  |  |  |

表 7-15　第二逻辑分区的虚拟 MBR 扇区 DPT 字节

| 虚拟 MBR | 第___表项 DPT | | 虚拟 MBR | 第___表项 DPT | |
|---|---|---|---|---|---|
| 偏移地址 | 显示值 | 意义值 | 偏移地址 | 显示值 | 意义值 |
| | | | | | |
| | | | | | |
| | | | | | |
| | | | | | |
| | | | | | |
| | | | | | |
| | | | | | |
| | | | | | |
| | | | | | |

| 主分区 | | 扩散分区 |
|---|---|---|
| 活动标志：_____ | | |
| 容量：_____ | 容量：_____ | 容量：_____ |
| 分区格式：_____ | 分区格式：_____ | 分区格式：_____ |

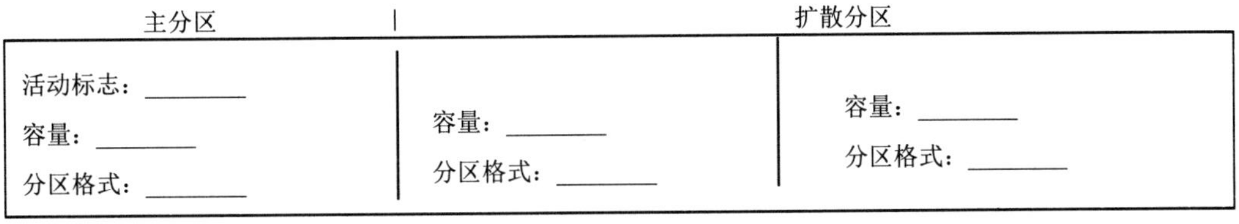

图 7-29　硬盘分区结构示意图

（3）请读者创建一台虚拟机，硬盘大小任意，并对该硬盘做一次分区，分区方案自定（但需要画出并记录下关键扇区位置）；之后，删除掉以上分区，再创建与以上分区不同的分区；请利用"TonPE_V3.3.ISO"光盘中的"DiskGenius"软件的相关功能来恢复，请问是否能恢复到第一次的分区方案？如果不能恢复，请说明原因？如果能恢复，请说明所采用的方法和步骤。

说明：该题目是对误删除分区进行恢复的研究性题目，该题目中，还要考虑是否高级格式化的问题，这对恢复分区有很大的影响。另外可对该题目进行拓展研究，如果硬盘做了多次的分区后，是否还能恢复到第一次（或第二次）的分区方案？整个操作过程中存在什么问题？

# 实验项目 8　FAT 文件系统分析

**实验工具软件**

（1）通用 PE 工具箱。

（2）UltraISO。

（3）Virtual PC 2007 SP1 V6.0.192.0（32/64 位）。

（4）三茗硬盘医生（三茗硬盘医生 2.2，DOS 版）。

（5）Sector Editor（Windows 版）。

## 8.1　DBR 扇区分析

### 8.1.1　基本概念

1. FAT 文件系统

硬盘在经过了低级格式化和分区操作后还不能供用户正常使用，因硬盘分区中还没有能用于对数据进行存储的管理机构，即文件系统。文件系统就是指操作系统中管理文件的软件，及其所涉及的数据结构等信息的集合，或者说文件系统由系统结构和按一定规则存放的用户数据组成。目前，有少数文件系统是从操作系统中分离出来的，但是，绝大多数的操作系统都包含有文件管理系统部分。

操作系统的设计要涉及很多方面，如 CPU 管理、内存管理以及设备管理等，其中一项十分重要的内容就是如何管理存储于磁盘上的软件信息，即文件管理的功能，它的目的就是安全地保存文件，让用户能在不了解文件的各种属性、文件存储介质的特性以及文件在存储介质上的具体位置等情况下，方便快捷地使用磁盘来操作文件。

微软在深入分析存储介质后，设计出了像"书"一样的可以进行读、写、修改等任意操作的磁盘管理系统，即 FAT 文件系统（File allocation Table，文件分配表）。有了 FAT 文件系统，用户就可以十分方便地操作计算机了，如能为文件命名、能分类和查找文件、能保证文件数据的安全、利用文件的属性等。

除上述内容外，对于数据恢复工作，还必须要弄清楚如下概念：文件是如何存储在磁盘上、如何管理磁盘的文件区域和空闲区域等问题，请读者自行补充相关内容。

FAT 文件系统是微软首创的一种文件系统，从 MS-DOS 1.0 开始至 MS-DOS 7.1（由 Windows 98 操作系统提供）操作系统为止，都提供有 FAT 文件系统，如 FAT 12、FAT 16、FAT 32 等。其中，MS-DOS 6.22 是最后一个 16 位的操作系统版本，只能支持 FAT 12 或 FAT 16 文件系统。而之后出现的 MS-DOS 操作系统既支持 FAT 12 或 FAT 16，也支持 FAT 16 和 FAT 32，而且 FAT 16 和 FAT 32 支持多达 255 个字符的长文件名。随着操作系统的发展，DOS 及 FAT 渐渐退出了应用平台，但在数据恢复和计算机维护等方面仍发挥着巨大作用，如"通用 PE 工具箱"中的基础操作系统就是 MS-DOS7.1。

文件是指一种具有符号名的相关联元素的有序集合，是一种基本逻辑单元。文件是一种泛称，如文档、程序等，还有一些字符设备也是文件，即设备文件，如 NUL、LPT 等。无论使用何种文件系统，文件的文件名都是十分重要的概念，它是文件系统与用户之间的联系纽带，用户利用文件名就可以访问文件并作相关操作，否则用户无法简便地使用计算机。

文件（包括子目录或文件夹，以后统称子目录）的文件名通常由一串 ASCII 码或汉字构成，其命名方式及相关规则因操作系统的不同而不同。如在 16 位的 MS-DOS 操作系统（如 MS-DOS 6.22）中，文件名只能按"8.3"的规则（或格式）来命名，即文件名（前缀）不能超过 8 个字符，而扩展名（后缀）不能超过 3 个字符，前缀与后缀之间用"."来分割开。在支持 32 位的 MS-DOS（如 MS-DOS 7.1）或 Windows 系统中，就可以支持长达 255 个字符的文件名，且文件的后缀也可以不限于 3 个字符。

文件有各种各样的类型，按文件的物理组织结构来分，有连续文件、非连续文件、0 链接文件和索引文件等类型。按文件的保护级别来分，有只读文件、执行文件、读/写文件和不保护文件等类型。按文件的性质和用途来分，有系统文件、用户文件、库文件等类型。按文件中的数据形式来分，有源文件、目标文件、可执行文件等类型。按文件结构化组织来分，有无结构的流文件系统以及结构化文件系统等。

日常工作中，会按照文件的后缀或扩展名来分类，即对常见文件分为不同的应用类型，如 DOC（代表 WORD 文档类型）、JPG（代表照片文档类型）、BMP（代表原始图片类型）、TXT（代表文本文件类型）、MP3（代表一种音乐文件类型）和 AVI（代表一种视频文件类型）等等。一个操作系统一般都能管理多种类型的文件，不同操作系统管理的文件类型可以不相同。

FAT 文件系统的主要特点是使用文件分配表方式来管理文件。文件分配表描述了文件系统内存储单元的分配状态以及文件内容的前后链接关系。

FAT 文件系统从发展到现在，共有 FAT 12、FAT 16 和 FAT 32 三种相似的系统。其中，FAT 12 文件系统已经完全被淘汰，它主要用于软盘，其主要特点是文件分配表中的每一个 FAT 项占用 12 位（即 12 位二进制）；FAT 16 文件系统主要用于小于 2GB 的移动存储卡，不再硬盘中使用，其主要特点是每个 FAT 项占用 16 位；FAT 32 文件系统也主要用于移动存储卡，在硬盘上的使用也越来越少，因它不支持读写容量在 4GB 以上的文件，分区的容量也限制在 32GB 内，其主要特点是每个 FAT 项占用 32 位。

要让硬盘的分区（软盘不在讨论中）能存储文件，就必须采用高级格式化的方法，在分区中创建出某种文件系统。微软规定，如果是小于等于 2GB 的存储区域，就可以创建 FAT 16 文件系统；如果是小于等于 32GB 的存储区域，就可以创建 FAT 32 文件系统；如果是任意容量的存储区域，就可以创建 NTFS 文件系统。也就是说，一个分区在利用了微软操作系统进行了高级格式化之后，就在其上创建了由微软规定的文件系统。

| DBR（1 扇）保留区 引导区 | FAT 1 FAT 表 | FAT 2 FAT 表 | FDT（32 扇）根目录表 | DATA 数据区 |
| --- | --- | --- | --- | --- |

图 8-1  FAT 16 文件系统结构示意图

| DBR（32 扇）保留区 引导区 | FAT 1 FAT 表 | FAT 2 FAT 表 | DATA 数据区（包含了 FDT 根目录表） |
| --- | --- | --- | --- |

图 8-2 FAT 32 文件系统结构示意图

| DBR（16 扇）保留区引导区 | 数据区 | MFT | 数据区 | MFTMirr 备份 | 数据区 | DBR 备份（1 扇） |
|---|---|---|---|---|---|---|

图 8-3　Windows XP 操作系统下 NTFS 文件系统结构示意图

图 8-1、图 8-2 和图 8-3 分别是将一个分区高级格式化为 FAT 16、FAT 32 及 NTFS 文件系统的结构示意图。

在不同的 Windows 操作系统环境下，分区高级格式化为 NTFS 文件系统后，可能其结构有所区别。

在以上各个文件系统的结构示意图中，数据区是分区中的主要空间，用于记录用户的数据内容。在操作系统中，分区空间被分成一个个的簇，用于存放文件内容，或存放下一级子目录。如果用分析工具软件看该区域中的扇区内容，几乎都是乱码。不过，这正是电子取证工作的关注点，也是数据恢复技术研究的重点内容。

2. DBR 扇区

如果硬盘上一个分区被高级格式化为 FAT 文件系统后，将在该分区的第一个扇区上创建 DBR 扇区（DOS Boot Record，操作系统引导记录），也叫"分区引导记录"或"Boot 区"，它是操作系统能访问到的第一个扇区，其相对位置为 0 扇区。DBR 扇区在硬盘上的绝对位置由 MBR 或虚拟 MBR 中的分区表项 DPT 的"柱、头、扇"或"相对扇区数"来确定（注意要区分主分区和逻辑分区中各个分区开始位置的计算方法，参见本书实验项目 7 的相关内容）。

DBR 的作用如下：当计算机开电后，进入自检过程，自检完毕后通过 INT 19H 找到硬盘的 MBR 扇区，之后运行其 MBR 程序，该程序寻找被激活的分区上的 DBR 扇区（其他分区上的 DBR 扇区就绕过），如果发现硬盘上没有活动分区或有不止一个活动分区，或 DBR 扇区没有结束标志"55 AAH"，则计算机将停机。

如果检查的 DBR 扇区信息正常，MBR 程序将 DBR 扇区中的引导程序放入内存并运行，控制权将交给 DBR 引导程序。DBR 程序的主要作用是将查找该分区上是否有操作系统（如果该分区安装的是 DOS 操作系统，就去找 IO.SYS、MSDOS.SYS 及 COMMAND.COM 三个文件并判断是否正确，若不正确将停机），如果一切正常就把控制权交给操作系统，之后将进入操作系统界面。

所谓 DOS 操作系统不正常，即不能启动，主要是指 IO.SYS、MSDOS.SYS 及 COMMAND.COM 这三个文件不正常，即可能是其中有部分文件丢失、被破坏、版本错乱等情况。

由此可以看出，DBR 扇区十分重要，具有承上启下的作用，是计算机系统启动过程中的一个必不可少的环节。

DBR 扇区更重要的作用是利用相关参数，来告知操作系统该分区中的各个关键扇区（即 FAT、FDT 和 DATA 等）和文件的具体位置，便于用户操作和使用。DBR 扇区中包含有为操作系统管理分区结构使用的若干参数。如果 DBR 扇区被损坏，操作系统是无法使用该分区的，用户也就无法使用分区上的文件。

如果 DBR 扇区被破坏（如病毒、误高级格式化等情况），其关键参数可能已被破坏，要完整地修复 DBR 扇区是比较难的（因此要计算其中某些重要参数）。事实上，DBR 扇区一旦被破坏，则无法看到和使用该分区中的文件，为了能恢复其上的文件，可以采用工具软件扫描的方法而不需要直接恢复 DBR 扇区本身。一个典型的 DBR 扇区被损坏的例子是当在 Windows 系统中，双击一个盘符时，会出现"是否高级格式化该分区"的提示，这主要是病毒和人为误操作所造成的。

FAT 文件系统有三种不同的类型，即 FAT 12、FAT 16 和 FAT 32，它们有相似的存储方式，但结构却不相同，其 DBR 扇区结构也不相同（FAT 12 不在讨论范围内）。

（1）FAT 16 的 DBR 扇区结构和参数定义。如图 8-1 所示，在 FAT 16 文件系统结构示意图中可以看出，FAT 16 文件系统中的 DBR 扇区，在分区中只占用一个扇区，即在分区的第一个扇区位置，该扇区在高级格式化分区之后就已经按规定填入了相关参数和程序等内容。表 8-1 是 FAT 16 文件系统的 DBR 扇区结构定义。

表 8-1　FAT 16 文件系统的 DBR 扇区结构

| 偏移地址 | 字段长度(字节) | 字段名称 |
|---|---|---|
| 0000 | 3 | 汇编指令，跳转指令(Jump Instruction) |
| 0003 | 8 | OEM ID（ASCII 码） |
| 000B | 25 | BPB |
| 0024 | 26 | 扩展 BPB |
| 003E | 448 | 引导程序代码(Bootstrap Code) |
| 01FE | 2 | 扇区结束标识符(55 AA) |

其中，"跳转指令"即是 X86 的跳转指令"JMP"，它将直接指向"引导程序代码"的位置并运行，其指令中的地址位置要加 2；"OEM ID"内容由创建文件系统的 OEM 厂商确定，即由操作系统的版本来确定，利用 ASCII 码字符来显示，如在 Windows 95 下将显示"MSWIN4.0"、在 Windows 98 下将显示"MSWIN4.1"、在 Windows 2000 以上的版本将显示"MSDOS5.0"等；"BPB"和"扩展 BPB"是 DBR 扇区中十分关键的内容，为操作系统提供了定位其他关键扇区以及文件的参数；"引导程序代码"的主要作用是找到操作系统引导文件，如 DOS 操作系统中的 IO.SYS、MSDOS.SYS 以及 COMMAND.COM 等文件。

注意，DBR 扇区共占用 512 字节。该部分的内容中除了结束标志固定不变外，其余部分的参数由操作系统的版本以及硬盘的逻辑盘的参数等确定，将在高级格式化之后最终确定。

表 8-2 是 FAT 16 文件系统的 BPB 参数定义。

表 8-2　FAT 16 文件系统的 BPB 参数定义

| 偏移地址 | 字段长度(字节) | 名称和定义 |
|---|---|---|
| 000B | 2 | 扇区字节数(Bytes Per Sector)，即硬盘一个扇区的容量，本字段合法的十进制值有 512、1024、2048 和 4096，对大多数磁盘来说，本字段的值为 512 |
| 000D | 1 | 每簇扇区数(Sectors Per Cluster)，即一个簇中的扇区数。由于 FAT 16 文件系统只能跟踪有限个簇(最多为 65536 个)，因此通过增加每簇的扇区数可以支持最大分区数，簇的大小取决于该分区的大小，本字段合法的十进制值有 1、2、4、8、16、32 和 64 |
| 000e | 2 | 保留扇区数(Reserved Sector)，第一个 FAT 开始之前的扇区数，包括引导扇区，本字段的十进制值可能是 1 或其他数 |
| 0010 | 1 | FAT 数(Number of FAT)，该分区上 FAT 的副本数，本字段的值一般为 2 |
| 0011 | 2 | 根目录项数(Root Entries)，指能够保存在该分区的根目录文件夹中的 32 字节长的文件和文件夹名称项的总数。在一个典型的硬盘上，本字段的值为 512。其中一个项常常被用作卷标号(Volume Label)，长名称的文件和文件夹使用多个项。文件和文件夹项的最大数一般为 511，但是如果使用长文件名，一般小于 511。根目录区固定占用 32 个扇区 |
| 0013 | 2 | 小扇区数(Small Sector)，即该分区上的扇区总数，是扇区数大于 65536 的分区，本字段的值为 0 |
| 0015 | 1 | 媒体描述符( Media Descriptor)，提供有关媒体被使用的信息。其值为 00F8 表示硬盘，00F0 表示高密度的 3.5 寸软盘。媒体描述符用于 MS-DOS FAT16 磁盘中，在 Windows 2000 中未被使用 |
| 0016 | 2 | 每 FAT 扇区数(Sectors Per FAT)，即该分区上每个 FAT 所占用的扇区数。计算机利用这个数和 FAT 数以及隐藏扇区数来决定根目录的开始位置，计算机还可以根据根目录中的项数(512)决定该分区的用户数据区的开始位置 |

(续表)

| 偏移地址 | 字段长度<br>(字节) | 名称和定义 |
|---|---|---|
| 0018 | 2 | 每道扇区数(Sectors Per Trark) |
| 001A | 2 | 磁头数(Number of head) |
| 001C | 4 | 隐藏扇区数(Hidden Sector)，即该分区上引导扇区之前的扇区数。计算从引导扇区到根目录的数据区的绝对位移就必须使用该值 |
| 0020 | 4 | 大扇区数(Large Sector)，如果小扇区数字段的值为 0，本字段就包含该 FAT 16 分区中的总扇区数。如果小扇区数字段的值不为 0，那么本字段的值为 0 |

在微软的文件系统中，簇是数据区上存储文件的最小单位，一个簇由一组连续的扇区组成，簇所含的扇区数必须是 2 的整数次幂。簇在 Windows 中也叫分配单元大小。簇只能在数据区中用于计算文件的存储位置，在数据区之前都用扇区来计算。要区别簇与硬盘存储数据的最小单位"扇区"的概念。

如表 8-3 是 FAT 16 文件系统的扩展 BPB 参数定义。

**表 8-3　FAT 16 文件系统的扩展 BPB 参数定义**

| 偏移地址 | 字段长度<br>(字节) | 字段名称和定义 |
|---|---|---|
| 0024 | 1 | 物理驱动器号(Physical Drive Number)，与 BIOS 物理驱动器号有关。软盘驱动器被标识为 00，物理硬盘被标识为 80，一般地，在发出一个 INT13h BIOS 调用之前设置该值，用以指定所访问的设备。只有当该设备是一个引导设备时，这个值才有意义 |
| 0025 | 1 | 保留(Reserved)，FAT16 分区一般将本字段的值设置为 0 |
| 0026 | 1 | 扩展引导标签(Extended Boot Signature)，本字段必须有能被 Windows 2000 所识别的值 28 或 29 |
| 0027 | 4 | 卷序号(Volume Serial Number)，在格式化磁盘时所产生的一个随机序号，它有助于区分磁盘 |
| 002B | 11 | 卷标(Volume Label)，本字段只能使用一次，它被用来保存卷标号。卷标被作为一个特殊文件保存在根目录中 |
| 0036 | 8 | 文件系统类型(File System Type)，显示为 ASCII 码字符。根据该磁盘格式，该字段的值可以为 FAT、FAT 12 或 FAT 16 |

在表 8-2 和表 8-3 中，一些参数十分重要，如扇区字节数、每簇扇区数、保留扇区数、FAT 数、根目录项数、每 FAT 扇区数、大扇区数和文件系统类型等，它们将决定分区中关键扇区以及文件的位置。通过 FAT 数与每 FAT 扇区数的乘积即可得到所有 FAT 表占用的扇区数、通过保留扇区数与所有 FAT 占用的扇区数的和即可得到根目录的开始扇区位置、通过保留扇区数、所有 FAT 占用的扇区数和根目录占用扇区数的和即可得到数据区的开始位置。

一个分区一旦高级格式化为 FAT 16 文件系统后，文件系统类型参数将最终决定分区格式，即分区格式与文件系统相等。另外，FAT 16 文件系统的 DBR 只有一个扇区，这很容易遭到破坏，因此有必要把这个扇区进行备份。很明显，因本分区已经无空闲空间了，不能备份到本分区中，而本分区的相对扇区数区域很安全，如 MBR 或虚拟 MBR 区域中的中部位置。

（2）FAT 32 的 DBR 扇区结构和参数定义。如图 8-2 所示，在 FAT 32 文件系统结构示意图中可以看出，FAT 32 文件系统中的 DBR，在分区中要占用 32 个扇区，其中第一个扇区和第六个扇区是有效扇区，第六扇区是备份，其余扇区用 0 填充。不过，这些空闲扇区也可以作为备份 DBR 扇区的空间。DBR 扇区在高级格式化分区之后就已经按规定填入了相关参数和程序等内容。

虽然 FAT 32 文件系统中的 DBR 扇区有两个有效扇区，但是，为了安全也有必要对其进行备份的，如可以备份到本分区的相对扇区数区域。

FAT 32 与 FAT 16 文件系统的区别如下：FAT 32 的 DBR 扇区内不再有根目录项数这个参数，微软规定 FAT 32 的根目录已经不再是固定的区域了，而是将其纳入到数据区中，以簇来统一进行管理。这就是说，根目录的大小在文件系统的文件存储期间很容易自由扩大，只要为其分配后续的簇即可。不过，为了能兼容 FAT 16 文件系统，在大多数情况下微软把根目录放在了数据区的最前面，并由根目录簇号参数来确定其位置，该位置也是数据区的开始位置，其定位方法是："保留扇区数 + 所有 FAT 占用的扇区数"。

FAT 32 的 DBR 扇区中的其余参数的意义与 FAT 16 中的基本一致，如跳转指令、OEM ID、引导程序代码、BPB 和扩展 BPB 等。

DBR 扇区共占用 512 字节。该扇区中除了结束标志固定不变外，其余部分的参数由操作系统的版本以及硬盘的逻辑盘的参数等来确定，但最终在高级格式化之后完全确定。

表 8-4 是 FAT 32 文件系统的 DBR 扇区结构定义。表 8-5 是 FAT 32 文件系统的 BPB 参数定义。

**表 8-4　FAT 32 文件系统的 DBR 扇区结构**

| 偏移地址 | 字段长度(字节) | 字段名 |
|---|---|---|
| 0000 | 3 | 跳转指令 |
| 0003 | 8 | OEM ID（ASCII 码） |
| 000B | 53 | BPB |
| 0040 | 26 | 扩展 BPB |
| 005A | 420 | 引导程序代码(Bootstrap Code) |
| 01FE | 2 | 扇区结束标识符(55 AA) |

**表 8-5　FAT 32 文件系统的 BPB 参数定义**

| 偏移地址 | 字段长度(字节) | 名称和定义 |
|---|---|---|
| 000B | 2 | 扇区字节数(Bytes Per Sector)，即硬盘一个扇区的容量。本字段合法的十进制值有 512、1024、2048 和 4096。对大多数磁盘来说，本字段的值为 512 |
| 000D | 1 | 每簇扇区数(Sectors Per Cluster)，即一簇中的扇区数。由于 FAT 32 文件系统在理论上只能跟踪有限个簇(最多为 4 294 967 296 个，即小于 2TB)，因此，通过增加每簇扇区数，可以使 FAT 32 文件系统支持最大分区数。簇的大小取决于该分区的大小。本字段的合法十进制值有 1、2、4、8、16、32、64 和 128。Windows 2000 以后的操作系统被规定 FAT 32 只能创建最大为 32GB 的分区 |
| 000e | 2 | 保留扇区数(Reserved Sector)，第一个 FAT 开始之前的扇区数，包括引导扇区。本字段的十进制值一般为 32 |
| 0010 | 1 | FAT 数(Number of FAT)，即该分区上 FAT 的副本数，本字段的值一般为 2 |
| 0011 | 2 | 根目录项数(Root Entries)，只有 FAT 12 和 FAT 16 使用此字段，对 FAT 32 分区而言,本字段必须设置为 0 |
| 0013 | 2 | 小扇区数(Small Sector)，只有 FAT 12 和 FAT 16 使用此字段，对 FAT 32 分区而言，本字段必须为 0 |
| 0015 | 1 | 媒体描述符( Media Descriptor)，提供有关媒体被使用的信息，其值为 00F8 表示硬盘，00F0 表示高密度的 3.5 寸软盘。媒体描述符用于 MS-DOS FAT16 磁盘，在 Windows 2000 中未被使用 |
| 0016 | 2 | 每 FAT 扇区数(Sectors Per FAT)，只用于 FAT 12 和 FAT 16 中，对 FAT 32 分区而言，本字段必须设置为 0 |
| 0018 | 2 | 每道扇区数(Sectors Per Track)，包含使用 INT13h 的磁盘的每道扇区数几何结构值。该分区被多个磁头的柱面分成了多个磁道 |
| 001A | 2 | 磁头数(Number of Head)，本字段包含使用 INT 13h 的磁盘的磁头数几何结构值。在一张 1.44MB 3.5 英寸的软盘上，本字段的值为 2 |
| 001C | 4 | 隐藏扇区数(Hidden Sector)，即该分区上引导扇区之前的扇区数。计算从引导扇区到根目录的数据区的绝对位移就使用了该值。本字段一般只对在中断 13h 上可见的媒体有意义，在没有分区的媒体上它必须总为 0 |
| 0020 | 4 | 总扇区数(Large Sector)。本字段包含 FAT 32 分区中的总扇区数 |
| 0024 | 4 | 每 FAT 扇区数(Sectors Per FAT)，只用于 FAT 32 使用即该分区每个 FAT 所占的扇区数。计算机利用这个数和 FAT 数以及隐藏扇区数(本表中所描述的)来决定根目录的开始位置。计算机还可以从目录中的项数决定该分区的用户数据区的开始位置 |

（续表）

| 偏移地址 | 字段长度(字节) | 名称和定义 |
|---|---|---|
| 0028 | 2 | 扩展标志(Extended Flag)，只用于 FAT 32 使用，该参数两字节中各位的值及意义如下。位 0~3：活动 FAT 数(从 0 开始计数，而不是 1)，只有在不使用镜像时才有效。位 4~6：保留。位 7：若为 0 值，意味着在运行时 FAT 被映射到所有的 FAT，为 1 值表示只有一个 FAT 是活动的。位 8-15：保留 |
| 002A | 2 | 文件系统版本(File ystem Version)，只供 FAT 32 使用，高字节是主要的修订号，而低字节是次要的修订号。本字段支持对该 FAT 32 媒体类型进行扩展 |
| 002C | 4 | 根目录起始簇号(Root Cluster Number)(只供 FAT 32 使用)，根目录第一簇的簇号，本字段的值一般为 2 |
| 0030 | 2 | 文件系统信息扇区号(File System Information SectorNumber)(只供 FAT 32 使用)，即 FAT 32 分区的保留区中的文件系统信息(File System Information，FSINFO)结构的扇区号。其值一般为 1。在备份引导扇区(Backup Boot Sector)中保留了该 FSINFO 结构的一个副本，但是这个副本不保持更新 |
| 0032 | 2 | 备份引导扇区(只供 FAT 32 使用)，为一个非零值，这个非零值表示该分区保存引导扇区的副本在保留区中的扇区号，本字段的值一般为 6 |
| 0034 | 12 | 保留(只供 FAT 32 使用)，供以后扩充使用的保留空间，本字段的值总为 0 |

表 8-6 是 FAT 32 文件系统的扩展 BPB 参数定义。

**表 8-6　FAT 32 文件系统的扩展 BPB 参数定义**

| 偏移地址 | 字段长度(字节) | 字段名称和定义 |
|---|---|---|
| 0040 | 1 | 物理驱动器号( Physical Drive Number)，与 BIOS 物理驱动器号有关，而与物理磁盘驱动器号无关。软盘驱动器被标识为 0000，物理硬盘被标识为 0080。一般地，在发出一个 INT13h BIOS 调用之前设置该值，以具体指定所访问的设备。只有当该设备是一个引导设备时，这个值才有意义 |
| 0041 | 1 | 保留(Reserved) ，FAT 32 分区总是将本字段的值设置为 0 |
| 0042 | 1 | 扩展引导标签(Extended Boot Signature)，本字段必须要有能被 Windows 2000 所识别的值 0x28 或 0x29 |
| 0043 | 4 | 分区序号(Volume Serial Number)，在格式化磁盘时所产生的一个随机序号，它有助于区分磁盘 |
| 0047 | 11 | 卷标(Volume Label)，本字段只能使用一次，它被用来保存卷标号，卷标被作为一个特殊文件保存在根目录中 |
| 0052 | 8 | 文件系统类型(File System Type)，显示为 ASCII 码字符，FAT 32 文件系统中一般取为"FAT 32" |

### 8.1.2　实验目的

了解文件系统的发展过程；熟悉文件系统结构（主要是 FAT 16、FAT 32 和 NTFS 等）；熟悉相应文件系统的 DBR 扇区结构以及 BPB 各字节定义；理解 BPB 参数对文件定位的重要性。

理解不同文件系统对存储空间的限制以及应用范围；理解文件名的重要性；熟练定位并分析 FAT 文件系统的 DBR 扇区；能区别 FAT 16 和 FAT 32 的 DBR 扇区；熟练备份 MBR、各个 VMBR 和各个 DBR 扇区到磁盘中的安全扇区位置。

### 8.1.3　实验指导

（1）准备工作。制作好包含有"三茗硬盘医生"和"Sector Editor"两软件的"TonPE_V3.3 分析盘.ISO"光盘。

再通过"Virtual PC 2007"软件创建一台虚拟机，如"张三虚拟机"，硬件设备要求如下：内存 512MB，硬盘 20000MB，其他设置默认即可。用"TonPE_V3.3 分析盘.ISO"光盘启动"张三虚拟机"，并对硬盘分区，分为 1 个主分区和 1 个逻辑分区，各个分区必须高级格式化，最后让分区生效。分区方案如图 8-4 所示。

| | 扩展分区 | | |
|---|---|---|---|
| FAT 16<br>500MB～2100MB | FAT 32（剩余容量） | | |

图 8-4　硬盘分区方案示意图

（2）分析 DBR 扇区。为了分析图 8-4 所示的硬盘上的所有分区的 DBR 扇区，必须从 MBR 扇区的分析开始。

进入 DOS 或 WinPE 操作系统，用相关软件显示该硬盘的 MBR 扇区信息。根据 MBR 扇区在硬盘上的位置，输入 *CHS* 为 001 或 *LBA* 为 0 值来定位，如图 8-5 所示。

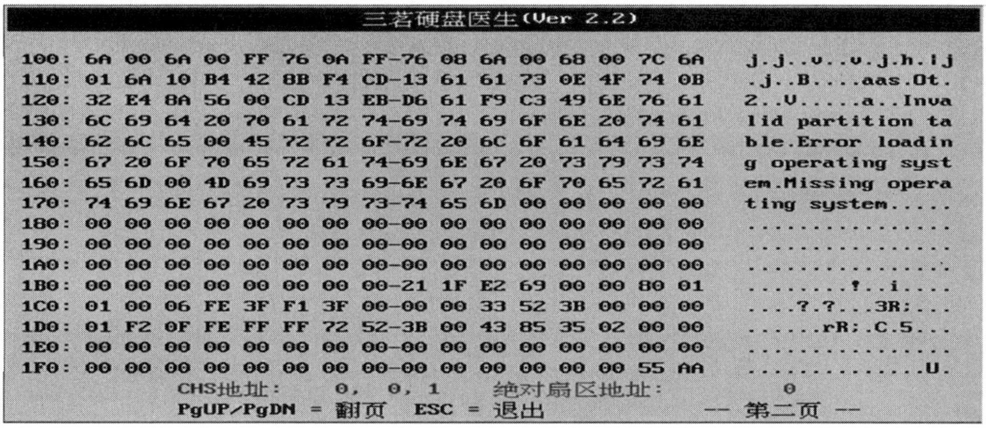

```
三茗硬盘医生(Uer 2.2)
100: 6A 00 6A 00 FF 76 0A FF-76 08 6A 00 68 00 7C 6A    j.j..u..u.j.h.|j
110: 01 6A 10 B4 42 8B F4 CD-13 61 61 73 0E 4F 74 0B    .j.B....aas.Ot.
120: 32 E4 8A 56 00 CD 13 EB-D6 61 F9 C3 49 6E 76 61    2..U.....a..Inva
130: 6C 69 64 20 70 61 72 74-69 74 69 6F 6E 20 74 61    lid partition ta
140: 62 6C 65 00 45 72 72 6F-72 20 6C 6F 61 64 69 6E    ble.Error loadin
150: 67 20 6F 70 65 72 61 74-69 6E 20 73 79 73 74    g operating syst
160: 65 6D 00 4D 69 73 73 69-6E 67 20 6F 70 65 72 61    em.Missing opera
170: 74 69 6E 67 20 73 79 73-74 65 6D 00 00 00 00 00    ting system.....
180: 00 00 00 00 00 00 00 00-00 00 00 00 00 00 00 00    ................
190: 00 00 00 00 00 00 00 00-00 00 00 00 00 00 00 00    ................
1A0: 00 00 00 00 00 00 00 00-00 00 00 00 00 00 00 00    ................
1B0: 00 00 00 00 00 00 00 00-00 21 1F E2 69 00 80 01    .........!..i...
1C0: 01 00 06 FE 3F F1 3F 00-00 33 52 3B 00 00 00 00    ....?.?...3R;...
1D0: 01 F2 0F FE FF FF 72 52-3B 00 43 85 35 02 00 00    ......rR;.C.5...
1E0: 00 00 00 00 00 00 00 00-00 00 00 00 00 00 00 00    ................
1F0: 00 00 00 00 00 00 00 00-00 00 00 00 00 00 55 AA    ..............U.
        CHS地址:     0, 0, 1     绝对扇区地址:          0
        PgUP/PgDN = 翻页   ESC = 退出        — 第二页 —
```

图 8-5　硬盘 MBR 扇区的 DPT 分区表项

由硬盘的 MBR 扇区的 DPT 信息可知，第一个分区表项是激活的主分区，而主分区开始的扇区位置，也是主分区的 DBR 扇区位置，其 *CHS* 值为 011 或 *LBA* 值为 03FH（63D）。

第二个分区表项是扩展分区，为了要查看其内的逻辑分区情况，必须要定位到扩展分区的开始扇区位置处，也是第一个逻辑分区的虚拟 MBR 扇区位置，其位置值 *CHS* 为 0F2/0/1 或 *LBA* 值为 00 3B 52 72H，即 3887730（D）。定位到第一个逻辑分区的虚拟 MBR 扇区位置，如图 8-6 所示。

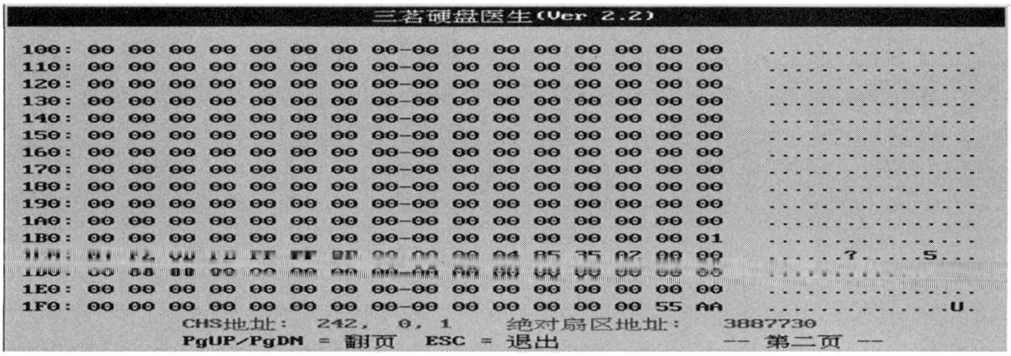

```
三茗硬盘医生(Uer 2.2)
100: 00 00 00 00 00 00 00 00-00 00 00 00 00 00 00 00    ................
110: 00 00 00 00 00 00 00 00-00 00 00 00 00 00 00 00    ................
120: 00 00 00 00 00 00 00 00-00 00 00 00 00 00 00 00    ................
130: 00 00 00 00 00 00 00 00-00 00 00 00 00 00 00 00    ................
140: 00 00 00 00 00 00 00 00-00 00 00 00 00 00 00 00    ................
150: 00 00 00 00 00 00 00 00-00 00 00 00 00 00 00 00    ................
160: 00 00 00 00 00 00 00 00-00 00 00 00 00 00 00 00    ................
170: 00 00 00 00 00 00 00 00-00 00 00 00 00 00 00 00    ................
180: 00 00 00 00 00 00 00 00-00 00 00 00 00 00 00 00    ................
190: 00 00 00 00 00 00 00 00-00 00 00 00 00 00 00 00    ................
1A0: 00 00 00 00 00 00 00 00-00 00 00 00 00 00 00 00    ................
1B0: 00 00 00 00 00 00 00 00-00 00 00 00 00 00 00 01    ................
1C0: 01 F2 0F FE FF FF 72 52-3B 00 43 85 35 02 00 00    ......?....5...
1D0: 00 00 00 00 00 00 00 00-00 00 00 00 00 00 00 00    ................
1E0: 00 00 00 00 00 00 00 00-00 00 00 00 00 00 00 00    ................
1F0: 00 00 00 00 00 00 00 00-00 00 00 00 00 00 55 AA    ..............U.
        CHS地址:   242, 0, 1    绝对扇区地址:      3887730
        PgUP/PgDN = 翻页   ESC = 退出        — 第二页 —
```

图 8-6　虚拟 MBR 扇区信息

可以看出，该虚拟 MBR 扇区中，只有一个表项，即只有一个逻辑分区。该逻辑分区的开始扇区位置，即 DBR 扇区位置的 *CHS* 值为 0F2/1/1 或 *LBA* 值为扩展分区开始位置加该分区的相对扇区数，即 3887730（D）加上 63（D）。

首先分析主分区的 DBR 扇区信息，定位到 *CHS* 为 011 或 *LBA* 值为 63（D）的扇区位置，如图 8-7 所示。

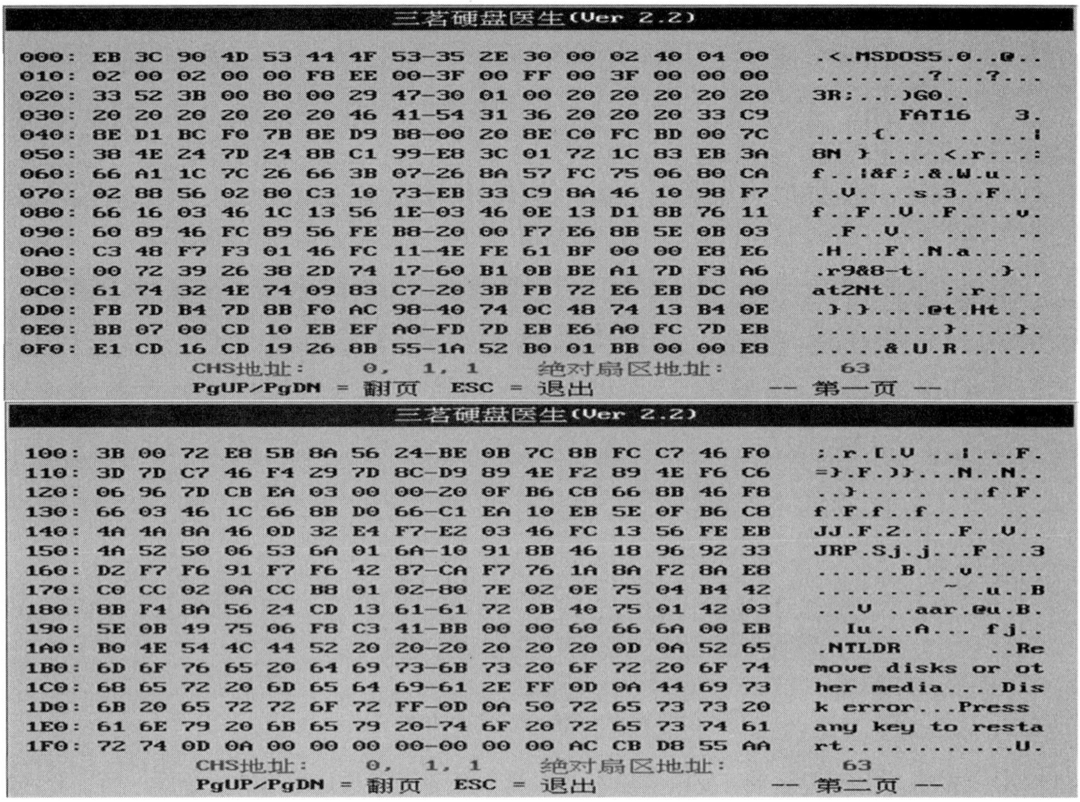

图 8-7　主分区的 DBR 扇区信息

通过 BPB 中的相关字节，可以知道，该分区的文件系统是 FAT 16（根据偏移地址为 00 36H～00 3AH 的 ASCII 码内容可知）。既然是 FAT 16 的文件系统，就应该查看 FAT 16 文件系统中的 DBR 扇区各字节的定义，见表 8-7。

表 8-7　主分区的 BPB 表

| DBR | 主分区的 BPB（FAT16） | | |
| --- | --- | --- | --- |
| 偏移地址 | 显示值 | 意义值 | 名称 |
| 000B | 00 02H | 02 00H | 扇区字节数 |
| 000D | 40H | 40H | 每簇扇区数 |
| 000e | 04 00H | 00 04H | 保留扇区数 |
| 0010 | 02H | 02H | FAT 数 |
| 0011 | 00 02H | 02 00H | 根目录项数 |
| 0013 | 00 00H | 00 00H | 小扇区数 |
| 0015 | F8H | F8H | 媒体描述符 |
| 0016 | EE 00H | 00 EEH | 每 FAT 扇区数 |
| 0018 | 3F 00H | 00 3FH | 每道扇区数 |
| 001A | FF 00H | 00 FFH | 磁头数 |
| 001C | 3F 00 00 00H | 00 00 00 3FH | 隐藏扇区数 |
| 0020 | 33 52 3B 00H | 00 3B 52 33H | 大扇区数 |

根据 DBR 扇区的结构可知，偏移地址为 00 00H～00 02H 的三字节是 EB 3C 90H，即跳转指令，表示当 MBR 程序运行到该指令后，将运行的位置指向到偏移地址为 00 3CH+2，即 00 3EH 的位置，即 DBR 程序部分的开始位置；偏移地址为 00 03H～00 0AH 的内容为 OEM ID 信息，其值为 MSDOS5.0，表示该分区是由 Windows 2000 之后的操作系统完成的高级格式化。

BPB 中的相关字节将在以后的实验项目中用于定位分区中的其他关键扇区（如 FAT 表、FDT 表等）以及文件。到此，主分区的 FAT 16 文件系统的 DBR 扇区信息分析完毕。

最后，分析逻辑分区的 DBR 扇区信息，定位到 *LBA* 值为扩展分区开始位置加该分区的相对扇区数即 3887793（D）的位置，如图 8-8 所示。

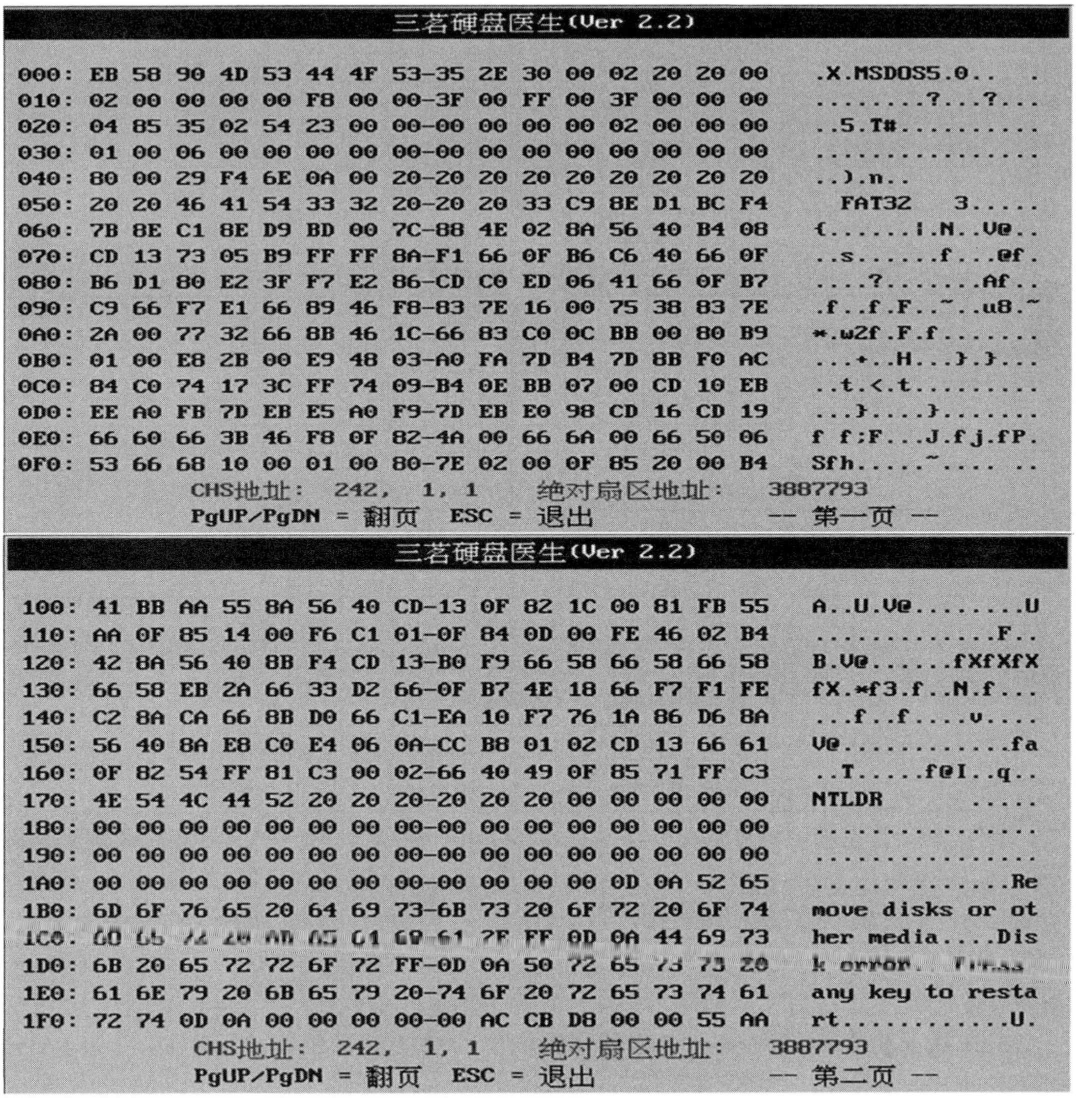

图 8-8　第一个逻辑分区的 DBR 扇区信息

通过 BPB 中的相关字节可以知道，该分区的文件系统是 FAT 32（根据偏移地址为 00 52H～00 56H 的 ASCII 码内容可知）。既是 FAT 32 的文件系统，就应该查看 FAT 32 文件系统中的 DBR 扇区各字节的定义，见表 8-8。

表 8-8 第一个逻辑分区的 BPB 表

| DBR | 逻辑分区的 BPB（FAT 32） | | |
|---|---|---|---|
| 偏移地址 | 显示值 | 意义值 | 名称 |
| 000B | 00 02H | 02 00H | 扇区字节数 |
| 000D | 20H | 20H | 每簇扇区数 |
| 000e | 20 00H | 00 20H | 保留扇区数 |
| 0010 | 02H | 02H | FAT 数 |
| 0011 | 00 00H | 00 00H | 根目录项数 |
| 0013 | 00 00H | 00 00H | 小扇区数 |
| 0015 | F8H | F8H | 媒体描述符 |
| 0016 | 00 00H | 00 00H | 每 FAT 扇区数 |
| 0018 | 3F 00H | 00 3FH | 每道扇区数 |
| 001A | FF 00H | 00 FFH | 磁头数 |
| 001C | 3F 00 00 00H | 00 00 00 3FH | 隐藏扇区数 |
| 0020 | 04 85 35 02H | 02 35 85 04H | 总扇区数 |
| 00 24 | 54 23 00 00H | 00 00 23 54H | 每 FAT 扇区数 |
| 00 28 | 00 00H | 00 00H | 扩展标志 |
| 00 2A | 00 00H | 00 00H | 文件系统版本 |
| 00 2C | 02 00 00 00H | 00 00 00 02H | 根目录簇号 |
| 00 30 | 01 00H | 00 01H | 文件系统信息扇区号 |
| 00 32 | 06 00H | 00 06H | 备份引导扇区 |
| 00 34 | 00 ... 00H | 00 ... 00H | 保留 |
| 00 40 | 80H | 80H | 物理驱动器号 |
| 00 41 | 00H | 00H | 保留 |
| 00 42 | 29H | 29H | 扩展引导标签 |
| 00 43 | F4 6E 0A 00H | 00 0A 6E F4H | 分区序号 |
| 00 47 | 20 ... 20H | 20 ... 20H | 卷标 |
| 00 52 | 46 41 54 33H | 33 54 41 46H | 文件系统类型 |

根据 DBR 扇区的结构可知，偏移地址为 00 00H～00 02H 的三字节是 EB 58 90H，即跳转指令，这表示当 MBR 程序运行到该指令后，将运行的位置指向到偏移地址为 00 58H 加 2 即 00 5AH 的位置，即 DBR 程序部分的开始位置；偏移地址为 00 03H～00 0AH 的内容为 OEM ID 信息，其值为 MSDOS5.0，这表示该分区是由 Windows 2000 之后的操作系统完成的高级格式化。

BPB 中的相关字节将在以后的实验项目中用于定位分区中的其他关键扇区（如 FAT 表 FDT 表等）以及文件。

到此，逻辑分区的 FAT 32 文件系统的 DBR 扇区信息分析完毕。

<请读者思考> 如果硬盘分区为 FAT 16（或 FAT 32）的分区格式，如果不对其进行高级格式化，请问 DBR 扇区是否存在？该 DBR 扇区将显示什么信息？

# 8.2　FAT 表分析

## 8.2.1　基本概念

### 1.　FAT 表

硬盘上的分区，如果被高级格式化为 FAT 文件系统，那么该分区中就存在了一个由表格（也叫表项）构成的一个很长的表（数据结构），即 FAT 表（文件分配表，File Allocation Table），在不同类型的 FAT 文件系统中，FAT 表的表项长度不同，对数据区的管理方式也不完全相同。

分区中有一个存储文件的最大的区域，叫数据区。高级格式化时，由操作系统把数据区分为若干相等的小区域，这个小区域就是簇（Cluster），簇的编号就叫簇号。簇是操作系统中存储文件的最小单位。簇号与 FAT 表中的表项一一对应且个数相等，FAT 表中的每一个表项都有一个簇号值。

FAT 表中可以连续也可以不连续的一些表项叫簇链，簇链可以记录文件在数据区中的占用情况，也叫文件占用簇的情况。操作系统可以根据 FAT 表中的簇链来对文件进行读写等操作。因操作系统通过分区中的 DBR、FAT 以及 FDT 中的相关参数来管理数据区中的文件，如果 FAT 表出现了损坏或丢失等情况，操作系统将失去查找文件的向导，这就意味着因不能定位文件而导致了文件丢失。

一个文件由操作系统按照最小单位簇来分配空间（注意不是字节，也不是扇区为单位），进而写入到磁盘的数据区上。按规定，一个文件至少要占用一个整簇，也可以占用若干个簇，即便一个文件的容量只有一字节，也必须占用一个整簇。

一个文件如果占用了若干个簇，这些簇可以连续也可以不连续，当然，最理想的情况是占用连续的簇，这对数据的读写和恢复都十分有利。如果是不连续的情况，也叫文件碎片或磁盘碎片。

根据统计，无论一个文件占用多少个簇，其最后一个所占用的簇，总存在尾簇空间，即在大多数情况下并没有使用完最后一个整簇，平均下来，每个文件的尾簇空间基本接近半个簇的空间大小。当文件很多时，就会造成巨大浪费。

数据区中的一个簇的大小，即一个簇占用多少个扇区，也不是固定的值。它由操作系统在进行高级格式化时，根据分区大小、文件系统类型等来确定。微软提供了不同分区下簇的参考值，如对于 1GB～2GB 的磁盘空间，如果高级格式化为 FAT 16 文件系统，这时簇的值就是 32KB，即占用 64 个扇区；而如果高级格式化为 FAT 32 文件系统，簇的参考值就规定 4KB，就只占用 8 个扇区。

一般情况下，在高级格式化之后，一个分区的全部空间是不会被簇完全分配的，总是有余下的空余空间，即尾部空间，也叫分区剩余空间。尾部空间是一种浪费，在正常情况下无法使用。不过，有一些工具软件，可以很好地利用硬盘的尾部空间，如"密盘大师"软件等。尾部空间的大小由簇的大小来确定，如果簇越大，则尾部空间就越大，反之就小。所以，为在分区中尽量少产生尾簇空间和尾部空间，在应用中一般遵守如下原则：大分区用大簇存储大文件，小分区用小簇存储小文件。

微软为了文件系统的安全，在 FAT 文件系统中提供有两份 FAT 表，即 FAT 1 和 FAT 2，其内容和长度是完全相同的，FAT 2 是 FAT 1 的实时备份。当操作系统对文件进行了一些操作，FAT 1 表有了变动时，则 FAT 2 表也会同时变动，这一点不利于数据恢复。

注意，FAT 1 表被操作系统直接使用。如果 FAT 1 表由于种种原因被破坏，在计算机启动后，FAT 2 表则自动覆盖并修复 FAT 1 表，使文件系统能正常工作（这就是 FAT 2 表的作用）；如果 FAT 1 和 FAT 2 表都被破坏了（如病毒、高级格式化等情况），则该分区中的文件将无法访问，也就是说，文件将处于丢失的状态。为了恢复其上的文件，一般采用工具软件扫描进行恢复，而不直接修复 FAT 表（因修复 FAT 表十分艰巨）。

微软规定，簇是从数字 2 开始进行编号的。就是说，数据区中没有 0 簇和 1 簇。对应的 FAT 表中的表项，是由 0 项开始编号的，直到表示完整个分区空间。FAT 表项中的 0 项和 1 项不对应任何数据区中的簇，只是一种标识。FAT 表中的第 2 项对应数据区中的第 2 簇，以此类推。如果是 12 位二进制表示一个 FAT 表中的表项值，该文件系统就是 FAT 12 文件系统，其余两种文件系统类似。FAT 表中的表项值根据磁盘数据区中的情况来确定。

（2）FAT 16 的 FAT 表。如图 8-1 所示，在 FAT 16 文件系统结构示意图中可以看出，FAT 表的主要作用和特点如下。

第一，FAT 表的位置。根据 FAT 16 文件系统的结构可知，有两份完全相同的 FAT 表，FAT1 表开始扇区在硬盘上的位置，由以下公式确定：

$$LBA（FAT1）=DBR 扇区的 LBA+保留扇区数 \qquad (8-1)$$

FAT2 表的开始扇区在硬盘上的位置，由以下公式确定：

$$LBA（FAT2）=DBR 扇区的 LBA+保留扇区数+每 FAT 扇区数 \qquad (8-2)$$

其中，"保留扇区数"、"每 FAT 扇区数"由 DBR 扇区的 BPB 查得；"DBR 扇区的 LBA 表示该分区中的 DBR 扇区在硬盘上的绝对位置 LBA，可参见 DBR 扇区的定位方法。分区在高级格式化为 FAT 16 文件系统之后，FAT 表的所有扇区内容都全部被清零。

第二，FAT 表中的表项。在 FAT 表的表项中，0 项表示所在分区的介质类型，如硬盘的介质类型为 F8；1 项表示某种标志，如分区的文件系统被非法卸载或磁盘表面存在错误等信息。0 项和 1 项都不对应数据区中的任何簇，2 项对应数据区中的第一簇，即 2 簇，数据区没有 0 簇和 1 簇，3 项对应数据区的 3 簇，以此类推。对于一个能启动进入基本 DOS 操作系统的启动盘，其上有 IO.SYS、MSDOS.YSY 和 COMMAND.COM 等文件，其中第一个文件必须要放在以 2 号簇开始的簇上，所以，上述 DOS 操作系统盘中的三个文件不是单纯复制上去的，而是由相关命令安装上去的。

在操作系统中，用户的文件以簇为单位存储在数据区中，一个文件至少要占用一个簇当一个文件占用多簇时，这些簇可以不是连续的，不过，这些簇在存储该文件时就已经由操作系统以及文件系统规定了存放位置的顺序，也就是说每个被保存的文件都被安排好了簇链。在数据区上的每一个可用簇在 FAT 表中有且只有一个映射的 FAT 表项，通过在对应簇的 FAT 表项内填入的簇号来表明数据区中的簇的三种状态：已经占用、空闲或是坏簇。这三种状态的表项值的取值范围，见表 8-9.

表 8-9　各 FAT 系统的记录项的取值含义

| FAT 12 记录项的取值 | FAT 16 记录项的取值 | FAT 32 记录项的取值 | 对应簇的表现情况 |
|---|---|---|---|
| 000 | 00 00 | 00 00 00 00 | 未分配的簇 |
| 002～FFF | 00 02～FF EF | 00 00 00 02～FF FF FF EF | 已分配的簇 |
| FF0～FF6 | FF F0～FF F6 | FF FF FF F0～FF FF FF F6 | 系统保留 |
| FF7 | FF F7 | FF FF FF F7 | 坏簇 |
| FF8～FFF | FF F8～FF FF | FF FF FF F8～FF FF FF FF | 文件结束簇 |

坏簇表示在高级格式化时，数据区中有不能使用的簇（哪怕该簇内某扇区中的一字节位不能使用，该簇都不能使用），它将被记录在相应的 FAT 表项中，其表项值就规定写入"FF7"、"FF F7"或"FF FF FF F7"等内容（视文件系统不同而不同），以后这些坏簇不会被使用。

坏簇也可另作他用。例如，要限制对某文件的操作，即对文件进行加密,因操作系统无法对标识为坏的簇进行操作，就可使用坏簇实现上述目的。有些病毒就是利用了这种方法，导致文件无法使用。

未分配的簇表示分区被高级格式化后，在没有坏簇的情况下，FAT 表中的所有表项值都被填上 0 值，当文件数据被删除后，其相应的表项值也被填上 0 值，这叫清 0。凡是有 0 值的表项，就是未被占用的，都可以再安排放入新的文件。但是，如果数据区上的这些簇原先已经有某文件存储在上面，则将被覆盖。文件被覆盖后将不可恢复。

为实现文件的链式存储，硬盘除了必须准确地记录已经被文件占用的簇，还必须为每个已经占用的簇指明存储后续内容的下一个簇的簇号，对文件的最后一个簇，则要指明本簇无后续簇，这些都可以由 FAT 表来实现并保存。

FAT 16 文件系统的 FAT 表项值由 16 位二进制表示，即每一个 FAT 表项值是 2 字节。FAT 16 文件系统能管理的分区大小（即空间大小），最多能达到 65 535 个簇（即 $2^{16}$），如果每簇取最大的扇区数，即 64 个扇区（即 32KB）时，FAT 16 文件系统管理的分区大小就是 32KB×65 535，即 2GB。对于超过 2GB 容量的硬盘，必须将其划分为多个不大于 2GB 的分区，直到硬盘分配完毕，因此，2GB 的存储空间是可以被 FAT 16 文件系统正常利用的最大空间。有些操作系统或工具软件把 FAT 16 文件系统的空间进行了扩大，达到了 4GB，但这样会产生兼容性差的问题，如在大于 2GB 的 FAT 16 分区中安装 DOS 操作系统，则该系统不能正常启动。

值得注意的是，根据 FAT 16 文件系统的结构可知，只有数据区是以簇为单位来表示文件存储的位置，它也是操作系统定位文件的单位。不过，要分析数据区中文件的位置时，因为分析磁盘扇区是在底层进行的，最终还是要把簇转换为扇区来定位。

把一个分区高级格式化为 FAT 16 文件系统时，操作系统会根据分区的大小来确定簇的大小，之后根据保留扇区的数目、根目录的扇区数目、数据区可分的簇数与 FAT 表本身所占用空间来确定 FAT 表所需要的扇区数目，最后把计算结果写入 DBR 扇区中的相应字节位置。表 8-10 是 FAT 16 文件系统的分区大小与簇大小的对应关系，即分区的默认簇值。

**表 8-10　FAT16 分区大小与对应簇大小关系**

| 分区空间大小 | 每簇扇区数 | 每簇空间大小（容量） |
|---|---|---|
| 16MB～32MB | 1 | 512 字节 |
| 33MB～64MB | 2 | 1KB |
| 65MB～128MB | 4 | 2KB |
| 129MB～225MB | 8 | 4KB |
| 256MB～511MB | 16 | 8KB |
| 512MB～1023MB | 32 | 16KB |
| 1024MB～2047MB | 64 | 32KB |
| 2048MB～4095MB（不用） | 128 | 64KB |

FAT 16 文件系统有新旧版本之分，旧版本是指使用 DOS 6.22 及其之前的系统对分区所

做的 FAT 16 文件系统类型,该类型不支持长文件名(已经被淘汰,不再使用了);新版本是指 DOS 7.0 及其之后的操作系统对分区所做的 FAT 16 文件系统类型,该类型支持长文件名,且与 FAT 32 中的长文件名有相同的定义。

(3)FAT 32 的 FAT 表。如图 8-2 所示,在 FAT 32 文件系统结构示意图中可以看出,FAT 表的主要作用和特点如下。

第一,FAT 表的位置。根据 FAT 32 文件系统的结构可知,有两份完全相同的 FAT 表。FAT1 表的开始扇区在硬盘上的位置,由以下公式确定:

$$LBA(FAT1)=DBR 扇区的 LBA+保留扇区数 \tag{8-3}$$

FAT2 表的开始扇区在分区中的位置,由以下公式确定:

$$LBA(FAT2)=DBR 扇区的 LBA+保留扇区数+每 FAT 扇区数 \tag{8-4}$$

其中,"保留扇区数"、"每 FAT 扇区数"由 DBR 扇区的 BPB 查得;"DBR 扇区的 $LBA$"表示该分区中的 DBR 扇区在硬盘上的绝对位置 $LBA$,参见 DBR 扇区的定位方法。分区在高级格式化为 FAT 32 文件系统之后,FAT 表的所有扇区内容都全部被清零。

第二,FAT 表中的表项。FAT 32 文件系统的 FAT 表的原理大部分与 FAT 16 的 FAT 表相同,但也存在一些区别。

在 Windows 95(OSR2)版本的操作系统中就开始使用 FAT 32 文件系统,它能够支持的分区容量可达到 32GB(这里指实际使用的容量而非理论容量,即合理容量)。虽然有些第三方工具软件可以将容量大于 32GB 的空间高级格式化为 FAT 32 的文件系统,但是,微软并不提倡此种做法,而且在微软的 Windows 操作系统中已无此选项。

如果将大于 32GB 的分区高级格式化为 FAT 32 文件系统,将会带来如兼容性差、磁盘空间的利用率降低、使用效率降低以及文件碎片等问题,此时最好使用更优秀的 NTFS 文件系统。

FAT 32 文件系统的 FAT 表中的 FAT 表项值的长度由 32 位二进制表示,即 4 字节。但是,微软的操作系统规定只使用 26 位,这样,FAT 表的表项最大长度就只能达到 67 108 863 个簇了。如果使用最长的簇值,即一簇 64 个扇区的话(即 32KB),FAT 32 文件系统能够管理的最大分区容量空间就是 32KB×67 108 863 簇,即 2TB(理论值)。

在 Windows 操作系统中是用 26 位的寄存器来寄存文件系统中簇的个数,同时也用 26 位的寄存器来寄存分区能访问的扇区数,这样,分区能够管理的扇区总数就是 32GB($2^{26}$)。所以在 Windows 操作系统中,不可把大于 32GB 的分区进行高级格式化为 FAT 32 文件系统。

<请读者思考> 如果 1 个簇设置为 1 个扇区,那么,FAT 32 文件系统能管理的分区容量是多大?这样使用分区会有什么样的问题?

由 FAT 32 文件系统来管理硬盘,对于相同容量的分区,其簇值比使用 FAT 16 文件系统时小得多,这样可以大大节约磁盘空间。不过,微软建议 FAT 32 文件系统的分区最好不要小于 32MB,因为 FAT 32 文件系统的磁盘空间利用率低于 FAT 16 文件系统,而且 FAT 32 的 FAT 表还要长于 FAT 16 的 FAT 表。

FAT 32 文件系统的分区大小与簇大小的对应关系,也叫分区的默认簇值,见表 8-11。

表 8-11 FAT 32 分区大小与对应簇大小关系

| 分区空间大小 | 每簇扇区数 | 每簇空间大小(容量) |
| --- | --- | --- |
| >504MB<8GB | 8 | 4KB |
| ≥8GB 且<16GB | 16 | 8KB |
| ≥16GB 且<32GB | 32 | 16KB |
| ≥32GB(不用) | 64 | 32KB |

如表 8-10 所示，分区容量大于 32GB 时，微软的操作系统不直接支持 FAT 32，此时应使用 NTFS 文件系统。

在大多数情况下，用户在分区时不会留意簇大小，而是直接采用了默认值。不过，如果用户对分区的使用有特殊要求，可以在高级格式化时对簇的大小进行修改（调整）。比如，一个容量为 20GB 的分区，微软默认的每簇扇区数是 32 个扇区。但是，该分区主要是为了放小文件，为了能节约空间，则可以将簇的大小调低，比如可以设置为 8 个扇区，这样就大大节约了该分区的空间。

综上述，有如下结论：分区大小任意（小于 32GB），小簇存放小文件，大簇存放大文件，微软的默认值是折中方案。

由此可以看出，效率和空间利用率是相互的，必须权衡二者的关系。该结论也适用于 NTFS 文件系统的分区要求。

<请读者验证>　请对 FAT 16 和 FAT 32 文件系统进行簇值大小的调整，并验证是否能正常调整？调整后有什么现象？

### 8.2.2　实验目的

理解分区表的意义和特点；理解分区容量的簇大小确定原则及其应用；理解 FAT 表中表项与数据区的簇对应关系；理解不同 FAT 文件系统（即 FAT 12、FAT 16 和 FAT 32）对分区容量的限制。

熟练定位 FAT 表在磁盘中的位置；在高级格式化一个分区时，能熟练地确定簇大小值（权衡效率和空间之间矛盾）；熟练分析 FAT 表的表项以及表项值、并能通过 FAT 表中的簇链来确定其数据（即文件、子目录或其他内容等）。

### 8.2.3　实验指导

（1）准备工作。制作好包含有"三茗硬盘医生"和"Sector Editor"两软件的"TonPE_V3.3 分析盘.ISO"光盘。通过"Virtual PC 2007"软件创建一台虚拟机，如"张三虚拟机"，硬件设备要求：内存 512MB，硬盘 20000MB，其他设置默认即可。

用"TonPE_V3.3 分析盘.ISO"光盘启动"张三虚拟机"，并对硬盘分区，分为 1 个主分区和 1 个逻辑分区，各个分区必须高级格式化，最后让分区生效。分区方案如图 8-9 所示。

| FAT 16 500MB～2100MB | 扩展分区 |
| --- | --- |
|  | FAT 32（剩余容量） |

图 8-9　硬盘分区方案示意图

完成以上准备工作后，进入 DOS 操作系统（不建议在 WinPE 操作系统中来完成以下工作，因如果进入 WinPE 系统，可能会产生一些多余的数据），为每个分区任意创建 2～4 个子目录（用英文名称），并复制软盘 A 盘中的一些文件到各个分区的根上（建议每个分区中的文件与子目录的总个数为 5～8 个，不要超过 10 个，否则会增加分析难度）。

（2）分析 FAT 表。为了分析如图 8-9 所示硬盘中两个分区的 FAT 16 和 FAT 32 文件系统的 FAT 表，必须先分析 MBR 以及各自的 DBR 扇区中相关信息，之后再来定位并分析 FAT 表。

如图 8-10 所示，由"张三虚拟机"硬盘的 MBR 扇区可知，主分区的 DBR 扇区的位置，即 *LBA* 为 3FH，即 63D；扩展分区的开始扇区位置，即第一个逻辑分区的虚拟 MBR 扇区的位置

*LBA* 为 00 3B 52 72H，即 3 887 730D，定位到该逻辑分区的虚拟 MBR 扇区上，如图 8-11 所示。

```
                         三茗硬盘医生(Ver 2.2)
100: 6A 00 6A 00 FF 76 0A FF-76 08 6A 00 68 00 7C 6A   j.j..v..v.j.h.|j
110: 01 6A 10 B4 42 8B F4 CD-13 61 61 73 0E 4F 74 0B   .j..B....aas.Ot.
120: 32 E4 8A 56 00 CD 13 EB-D6 61 F9 C3 49 6E 76 61   2..V.....a..Inva
130: 6C 69 64 20 70 61 72 74-69 74 69 6F 6E 20 74 61   lid partition ta
140: 62 6C 65 00 45 72 72 6F-72 20 6C 6F 61 64 69 6E   ble.Error loadin
150: 67 20 6F 70 65 72 61 74-69 6E 67 20 73 79 73 74   g operating syst
160: 65 6D 00 4D 69 73 73 69-6E 67 20 6F 70 65 72 61   em.Missing opera
170: 74 69 6E 67 20 73 79 73-74 65 6D 00 00 00 00 00   ting system.....
180: 00 00 00 00 00 00 00 00-00 00 00 00 00 00 00 00   ................
190: 00 00 00 00 00 00 00 00-00 00 00 00 00 00 00 00   ................
1A0: 00 00 00 00 00 00 00 00-00 00 00 00 00 00 00 00   ................
1B0: 00 00 00 00 00 00 00 00-68 F4 9D DC 00 00 80 01   ........h.......
1C0: 01 00 06 FE 3F F1 3F 00-00 00 33 52 3B 00 00 00   ....?.?...3R;...
1D0: 01 F2 0F FE FF FF 72 52-3B 00 7E 10 6E 03 00 00   ......rR;.~.n...
1E0: 00 00 00 00 00 00 00 00-00 00 00 00 00 00 00 00   ................
1F0: 00 00 00 00 00 00 00 00-00 00 00 00 00 00 55 AA   ..............U.
          CHS地址:      0,   0, 1      绝对扇区地址:        0
          PgUP/PgDN = 翻页   ESC = 退出              -- 第二页 --
```

图 8-10 “张三虚拟机”硬盘的 MBR 扇区

```
                         三茗硬盘医生(Ver 2.2)
100: 00 00 00 00 00 00 00 00-00 00 00 00 00 00 00 00   ................
110: 00 00 00 00 00 00 00 00-00 00 00 00 00 00 00 00   ................
120: 00 00 00 00 00 00 00 00-00 00 00 00 00 00 00 00   ................
130: 00 00 00 00 00 00 00 00-00 00 00 00 00 00 00 00   ................
140: 00 00 00 00 00 00 00 00-00 00 00 00 00 00 00 00   ................
150: 00 00 00 00 00 00 00 00-00 00 00 00 00 00 00 00   ................
160: 00 00 00 00 00 00 00 00-00 00 00 00 00 00 00 00   ................
170: 00 00 00 00 00 00 00 00-00 00 00 00 00 00 00 00   ................
180: 00 00 00 00 00 00 00 00-00 00 00 00 00 00 00 00   ................
190: 00 00 00 00 00 00 00 00-00 00 00 00 00 00 00 00   ................
1A0: 00 00 00 00 00 00 00 00-00 00 00 00 00 00 00 00   ................
1B0: 00 00 00 00 00 00 00 00-00 00 00 00 00 00 00 01   ................
1C0: 01 F2 0B FE FF FF 3F 00-00 00 3F 10 6E 03 00 00   ......?...?.n...
1D0: 00 00 00 00 00 00 00 00-00 00 00 00 00 00 00 00   ................
1E0: 00 00 00 00 00 00 00 00-00 00 00 00 00 00 00 00   ................
1F0: 00 00 00 00 00 00 00 00-00 00 00 00 00 00 55 AA   ..............U.
          CHS地址:   242,   0, 1      绝对扇区地址:    3887730
          PgUP/PgDN = 翻页   ESC = 退出              -- 第二页 --
```

图 8-11 第一个逻辑分区的虚拟 MBR 扇区

该扩展分区内只有一个逻辑分区，该逻辑分区的 DBR 扇区位置 *LBA* 为 00 3B 52 72H 加 3FH，即 3 887 730D 加 63D，最终结果为 3 887 793D。

定位到主分区的 DBR 扇区上，如图 8-12 所示。

```
                         三茗硬盘医生(Ver 2.2)
000: EB 3C 90 4D 53 44 4F 53-35 2E 30 00 02 40 04 00   .<.MSDOS5.0..@..
010: 02 00 02 00 00 F8 EE 00-3F 00 FF 00 3F 00 00 00   ........?...?...
020: 33 52 3B 00 80 00 29 87-98 00 00 20 20 20 20 20   3R;...)....
030: 20 20 20 20 20 20 46 41-54 31 36 20 20 20 33 C9         FAT16   3.
040: 8E D1 BC F0 7B 8E D9 B8-00 20 8E C0 FC BD 00 7C   ....{.... .....|
050: 38 4E 24 7D 24 8B C1 99-E8 3C 01 72 1C 83 EB 3A   8N } ....<.r...:
060: 66 A1 1C 7C 26 66 3B 07-26 8A 57 FC 75 06 80 CA   f..|&f;.&.W.u...
070: 02 88 56 02 80 C3 10 73-EB 33 C9 8A 46 10 98 F7   ..V....s.3..F...
080: 66 16 03 46 1C 13 56 1E-03 46 0E 13 D1 8B 76 11   f..F..V..F....v.
090: 60 89 46 FC 89 56 FE B8-20 00 F7 E6 8B 5E 0B 03    .F..V.. .... ..
0A0: C3 48 F7 F3 01 46 FC 11-4E FE 61 BF 00 00 E8 E6   .H...F..N.a.....
0B0: 00 72 39 26 38 2D 74 17-60 B1 0B BE A1 7D F3 A6   .r9&8-t. ....}..
0C0: 61 74 32 4E 74 09 83 C7-20 3B FB 72 E6 EB DC A0   at2Nt... ;.r....
0D0: FB 7D B4 7D 8B F0 AC 98-40 74 0C 48 74 13 B4 0E   .}.}....@t.Ht...
0E0: BB 07 00 CD 10 EB EF A0-FD 7D EB E6 A0 FC 7D EB   .........}....}.
0F0: E1 CD 16 CD 19 26 8B 55-1A 52 B0 01 BB 00 00 E8   .....&.U.R......
          CHS地址:      0,   1, 1      绝对扇区地址:       63
          PgUP/PgDN = 翻页   ESC = 退出              -- 第一页 --
```

图 8-12 主分区的 DBR 扇区

定位到第一个逻辑分区的 DBR 扇区上，如图 8-13 所示。

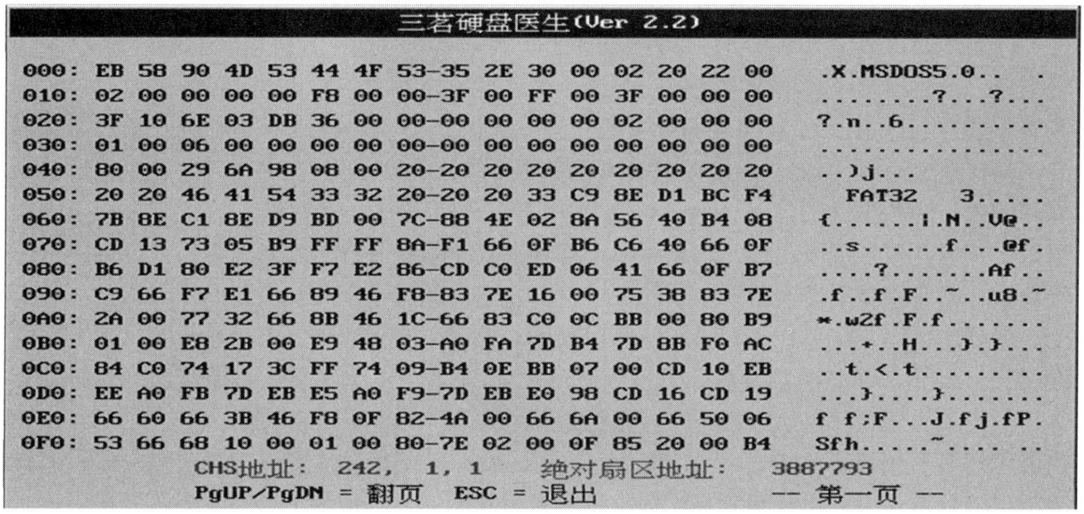

```
三茗硬盘医生(Ver 2.2)
000: EB 58 90 4D 53 44 4F 53-35 2E 30 00 02 20 22 00   .X.MSDOS5.0.. .
010: 02 00 00 00 00 F8 00 00-3F 00 FF 00 3F 00 00 00   ........?...?...
020: 3F 10 6E 03 DB 36 00 00-00 00 00 00 02 00 00 00   ?.n..6..........
030: 01 00 06 00 00 00 00 00-00 00 00 00 00 00 00 00   ................
040: 80 00 29 6A 98 08 00 20-20 20 20 20 20 20 20 20   ..)j...
050: 20 20 46 41 54 33 32 20-20 20 33 C9 8E D1 BC F4     FAT32   3.....
060: 7B 8E C1 8E D9 BD 00 7C-88 4E 02 8A 56 40 B4 08   {......|.N..V@..
070: CD 13 73 05 B9 FF FF 8A-F1 66 0F B6 C6 40 66 0F   ..s......f...@f.
080: B6 D1 80 E2 3F F7 E2 86-CD C0 ED 06 41 66 0F B7   ....?.......Af..
090: C9 66 F7 E1 66 89 46 F8-83 7E 16 00 75 38 83 7E   .f..f.F..~..u8.~
0A0: 2A 00 77 32 66 8B 46 1C-66 83 C0 0C BB 00 80 B9   *.w2f.F.f.......
0B0: 01 00 E8 2B 00 E9 48 03-A0 FA 7D B4 7D 8B F0 AC   ...+..H...}.}...
0C0: 84 C0 74 17 3C FF 74 09-B4 0E BB 07 00 CD 10 EB   ..t.<.t.........
0D0: EE A0 FB 7D EB E5 A0 F9-7D EB E0 98 CD 16 CD 19   ...}....}.......
0E0: 66 60 66 3B 46 F8 0F 82-4A 00 66 6A 00 66 50 06   f f;F...J.fj.fP.
0F0: 53 66 68 10 00 01 00 80-7E 02 00 0F 85 20 00 B4   Sfh.....~.......
        CHS地址:   242,   1, 1      绝对扇区地址:    3887793
        PgUP/PgDN = 翻页   ESC = 退出            -- 第一页 --
```

图 8-13　第一个逻辑分区的 DBR 扇区

从主分区的 DBR 扇区可以看出，需要查 FAT 16 文件系统的 DBR 扇区中的 BPB 信息。为了定位该主分区中的 FAT 表的开始扇区位置，根据前面的定位 FAT 表的相关公式，得出以下参数值：保留扇区数为 00 04H（4D）；DBR 扇区的 *LBA* 为 3FH（63D）；每 FAT 扇区数为 00 EEH（238D）；该主分区的 FAT1 表的开始扇区位置 *LBA* 为 63D＋4D，即 67D；该主分区的 FAT2 表的开始扇区位置 *LBA* 为 63D+4D+238D，即 305D。

在图 8-13 中，从第一个逻辑分区的 DBR 扇区可以看出，需要查 FAT 32 文件系统的 DBR 扇区中的 BPB 信息。为了要定位该逻辑分区中的 FAT 表的开始扇区位置，先确定如下参数信息：保留扇区数为 00 22H（34D）；DBR 扇区的 *LBA* 为 3 887 793D；每 FAT 扇区数为 00 00 36 DBH（14 043D）；该逻辑分区的 FAT1 表的开始扇区位置 *LBA* 为 3 887 793D+34D，即 3 887 827D；该逻辑分区的 FAT2 表的开始扇区位置 *LBA* 为 3 887 793D+34D+14 043D，即 3 901 870D。

最后分析各个分区的 FAT 表，先分析主分区的 FAT1 表，定位到 FAT1 表的开始扇区位置，如图 8-14 所示。

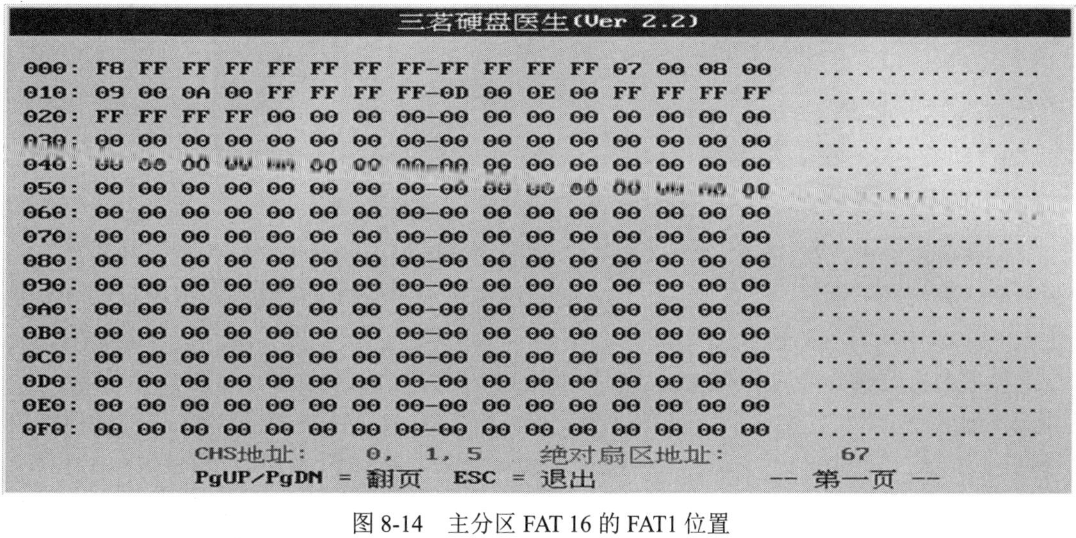

```
三茗硬盘医生(Ver 2.2)
000: F8 FF FF FF FF FF FF FF-FF FF FF FF 07 00 08 00   ................
010: 09 00 0A 00 FF FF FF FF-0D 00 0E 00 FF FF FF FF   ................
020: FF FF FF FF 00 00 00 00-00 00 00 00 00 00 00 00   ................
030: 00 00 00 00 00 00 00 00-00 00 00 00 00 00 00 00   ................
040: 00 00 00 00 00 00 00 00-00 00 00 00 00 00 00 00   ................
050: 00 00 00 00 00 00 00 00-00 00 00 00 00 00 00 00   ................
060: 00 00 00 00 00 00 00 00-00 00 00 00 00 00 00 00   ................
070: 00 00 00 00 00 00 00 00-00 00 00 00 00 00 00 00   ................
080: 00 00 00 00 00 00 00 00-00 00 00 00 00 00 00 00   ................
090: 00 00 00 00 00 00 00 00-00 00 00 00 00 00 00 00   ................
0A0: 00 00 00 00 00 00 00 00-00 00 00 00 00 00 00 00   ................
0B0: 00 00 00 00 00 00 00 00-00 00 00 00 00 00 00 00   ................
0C0: 00 00 00 00 00 00 00 00-00 00 00 00 00 00 00 00   ................
0D0: 00 00 00 00 00 00 00 00-00 00 00 00 00 00 00 00   ................
0E0: 00 00 00 00 00 00 00 00-00 00 00 00 00 00 00 00   ................
0F0: 00 00 00 00 00 00 00 00-00 00 00 00 00 00 00 00   ................
        CHS地址:      0,   1, 5      绝对扇区地址:        67
        PgUP/PgDN = 翻页   ESC = 退出            -- 第一页 --
```

图 8-14　主分区 FAT 16 的 FAT1 位置

该扇区是 FAT 16 文件系统的 FAT 表，根据定义，一个表项由 2 字节表示，即 16 位二进制表示一个表项值，或者说每 2 字节对应一个数据区上的簇。

例如，偏移地址为 00 00H～00 01H 的表项表示第 0 号簇，其表项值为 FF F8H（表示介质类型），它不对应数据区上任何一个簇。偏移地址为 00 02H～00 03H 的表项表示 1 号簇，其表项值为 FF FFH，不对应数据区上的任何一个簇。

偏移地址为 00 04H～00 05H 的表项表示 2 号簇，其表项值为 FF FFH，它对应数据区上的开始簇，即数据区的第一个簇，也是 2 号簇，表明该簇上有数据，但是还无法确定该数据是文件还是子目录或其他，容量是多少等问题（这将由 FDT 表来确定）。可以确定的是该数据存储的容量不会大于一个簇的大小，但是它会整整占用一簇的空间。

偏移地址为 00 0CH～00 0DH 的表项表示 6 号簇，对应数据区上的 6 号簇，其表项值为 00 07H，该值表示还有后续簇，且后续簇放在第 7 簇上；为了要观察后续簇，就必须要看下一个表项和表项值，后续簇为 7 号簇的偏移地址为 00 0EH～00 0FH，其表项值为 00 08H，也表示还有后续簇，且放在第 8 簇上；如此这般，就还要观察下一个表项和表项值；直到分析出该数据占用的所有簇为止，即直到看见后续簇的表项值为 FF FFH 为止，该值表示簇链结束，也表示该数据在数据区上存储位置到此结束。

很显然，偏移地址为 00 0CH～00 15H 的表项，表示有数据在数据区上从 6 号簇一直占到 10 号簇（00 07H、00 08H、00 09H、00 0AH～FF FFH），这就是数据簇链，即簇链表，通过这个簇链表就可以分析出数据所在数据区中存储的对应簇和占用情况。

如图 8-14 所示，还可以通过主分区的 FAT 扇区确定数据区上存储有 10 个数据。

下面验证，在 DOS 操作系统中看到的主分区根上数据的个数与上面的结论是否一致。

进入 DOS 操作系统后，用 DOS 命令进入该硬盘的主分区来查看，如 DIR /A（这表示可以看隐藏的文件，也就可以看到所有的文件和子目录），如图 8-15 所示。

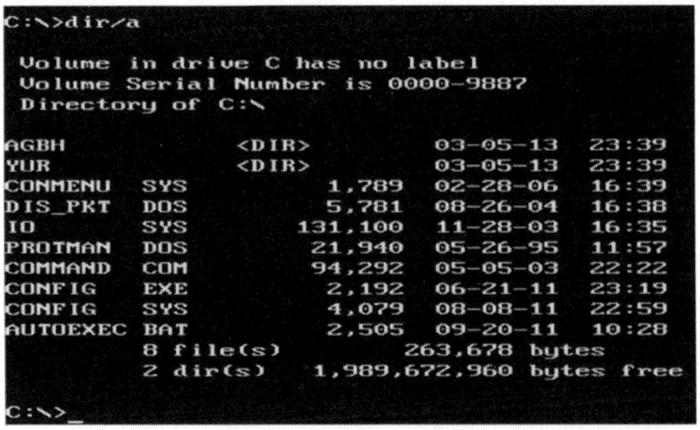

图 8-15　主分区的根上有 10 个数据（8 个文件，2 个子目录）

由此可以看出，在 DOS 操作系统中看到的主分区根上的数据（文件和子目录等）的个数与前述分析是一致的。一般来讲，在 DOS 操作系统中从根上看到的数据的数量可能要少于在 FAT 表中所看到的数量。

最后分析逻辑分区的 FAT1 表，定位到 FAT1 表的开始扇区位置，如图 8-16 所示。

该扇区是 FAT 32 文件系统的 FAT 表，与分析 FAT 16 文件系统的 FAT 表的过程类同。不同的是 FAT 32 的 FAT 表是由 4 字节来表示表项的。从如图 8-16 所示的扇区中，可以确定数据区上存储有 11 个数据。

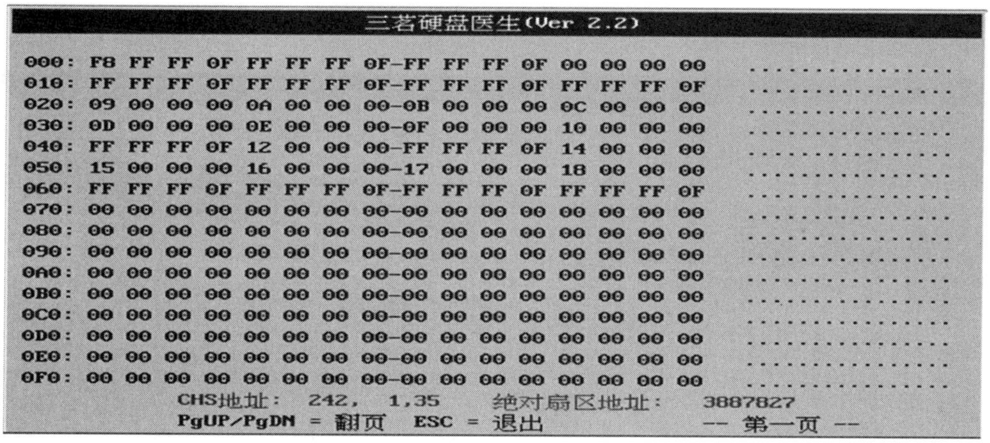

图 8-16　逻辑分区 FAT 32 的 FAT1 位置

下面来验证，在 DOS 操作系统中看到的逻辑分区的根上数据的个数与上面分析结论是否一致。

进入 DOS 操作系统，再进入该硬盘的逻辑分区，如图 8-17 所示。

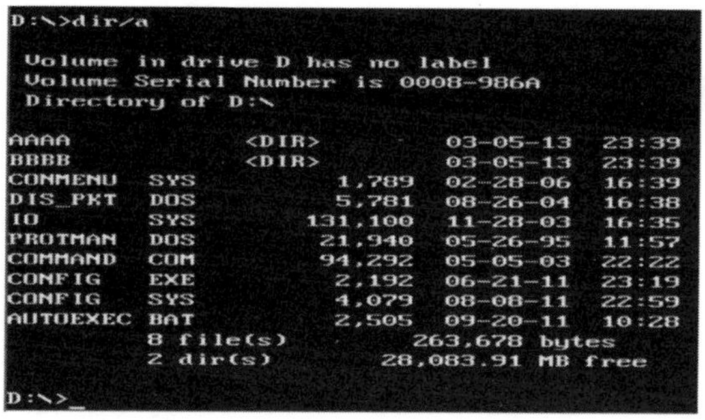

图 8-17　逻辑分区的根上有 10 个数据（8 个文件，2 个子目录）

在 DOS 操作系统中的逻辑分区上看到的数据的个数为 10，与在 FAT 表上所看到的数量不一致，原因可在学习了如何分析 FDT 表后得出。

最后，请读者查看并分析各个分区的 FAT2 表。

（3）删除一些文件后的 FAT 表分析。根据如图 8-9 所示"张三虚拟机"的设置情况，在进入 DOS 操作系统后（不建议在 WinPE 操作系统中来完成该工作，因如果进入 WinPE 系统，可能会产生一些多余的数据），分别删除掉各个分区中的一些文件（删除 2～4 个文件即可），如图 8-18 所示。

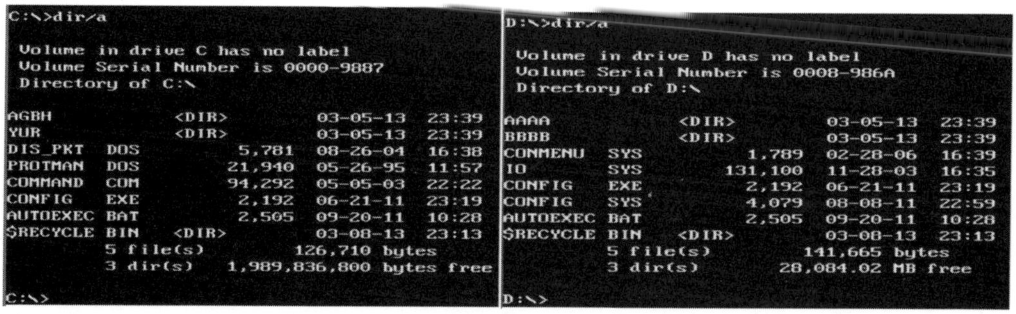

图 8-18　各个分区删除一些文件后的情况

在删除一些文件之后的主分区 FAT 表，如图 8-19 所示。

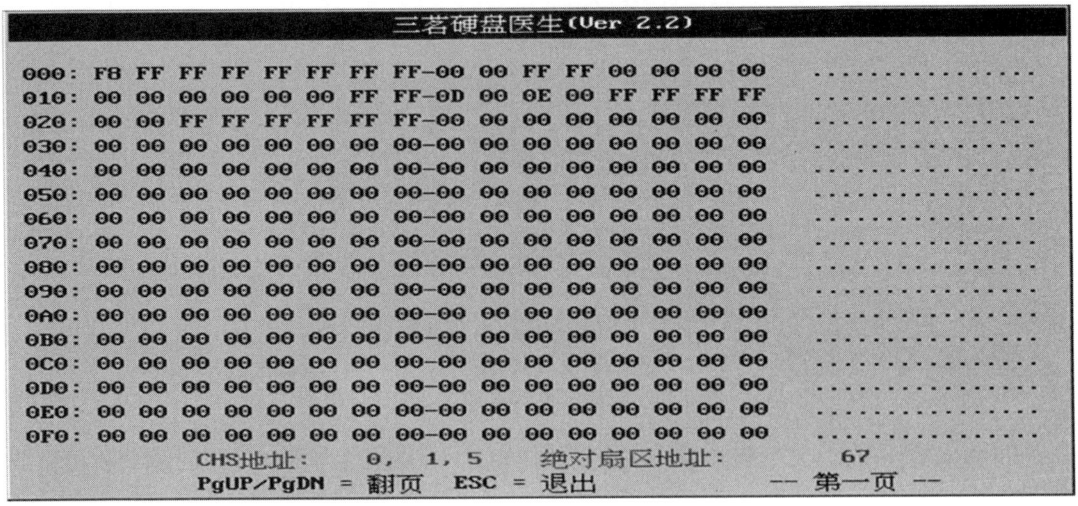

图 8-19　主分区的 FAT1 表

在删除一些文件之后的逻辑分区 FAT 表，如图 8-20 所示。

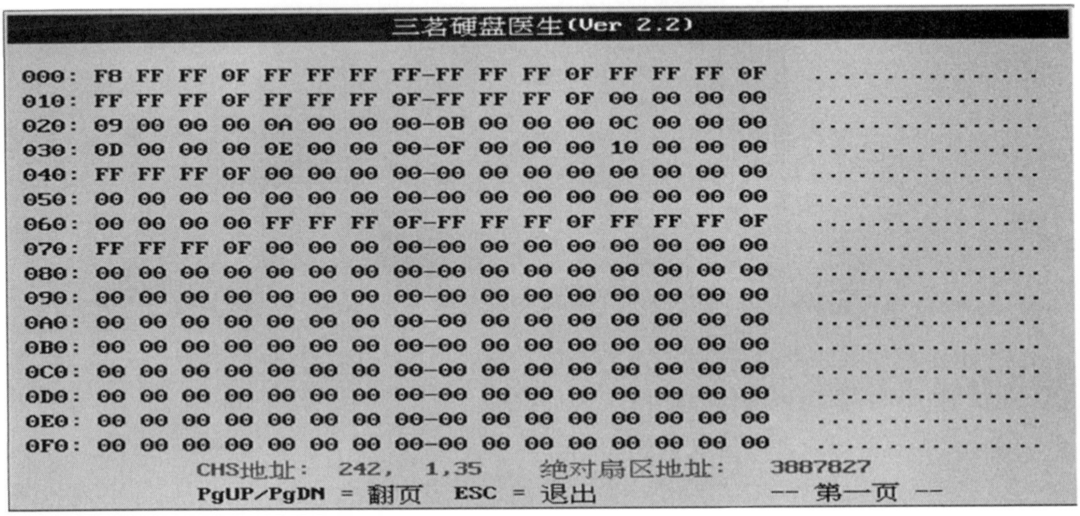

图 8-20　逻辑分区的 FAT1 表

从图 8-19 和图 8-20，可以看出，在分区中删除了一些文件后，FAT 表中的一些表项值已经变成 00H 值，即某些数据的簇链被清零了。这说明，清零的表项与未占用的表项具有同等性质，这些 00H 值的表项将被下次复制进来的数据（文件或文件夹等）所使用，并且重新安排簇链，也就是说，在数据区中之后复制进入的文件或子目录的新簇链，将覆盖对应数据区上的簇位置，这直接导致了原先数据区的簇上被删除的文件不能被恢复。

文件被删除掉后，FAT 表中的相应簇链被清零了，而数据区上对应的簇内容是没有被删除（或修改）的。只要不被覆盖即可恢复数据（这就是数据删除后能被恢复的理论依据）

在 FAT 表中，除了 0 号表项和 1 号表项外，其他的表项如果是非零值，这说明有如下三种可能的情况：

一是该表项对应在数据区上的簇是不可使用的坏簇，则该表项的值写上 FF F7H 或 FF

FF FF F7H 等标志；

　　二是该表项对应在数据区上的簇是某数据（或文件、或子目录、或其他等）的最后一个簇，则该表项的值写上 FF FFH 或 FF FF FF FFH 等标志；

　　三是该表项对应在数据区上的簇被某数据（或文件、或子目录、或其他等）占用，但不是最后一个簇，则该表项的值将写上续簇的表项值，即下一个簇的簇号，如 00 07H 或 00 00 00 05H 等。

　　表项的值如果是 00 00H 或 00 00 00 00H，则表示该表项对应在数据区上的簇没有被占用，但不等于对应数据区上的这些簇没有数据存在，且可以分配给以后复制进入的文件或子目录使用。

　　最后，请读者查看并分析各个分区的 FAT2 表。

　　<请读者思考>　如果对分区上的文件或子目录进行多次的复制、删除等操作之后，FAT 表会有什么现象？数据区会有什么结果？是否可以看出 FAT 表中的某个数据的簇链不一定是连续的，即文件碎片。

　　FAT 文件系统极易产生大量文件碎片（NTFS 文件系统也会产生少量文件碎片），这会阻碍数据恢复。所以，FAT 文件系统必须要时常整理磁盘碎片（NTFS 文件系统也需要整理磁盘碎片，特别是针对服务器），以保证文件存储的连续性，这样可以提高文件的安全性，同时也能提高运行速度和效率。

　　注意：对分区进行磁盘碎片整理时，一定要一次性地整理完成，决不能中途退出，或分多次整理。否则，分区中的文件将受到损坏而不可正常使用。

# 8.3　FDT 表分析

## 8.3.1　基本概念

　　（1）FDT 表。如果将硬盘上的分区高级格式化为 FAT 文件系统，那么，该分区中就存在一个十分重要的数据结构，即 FDT 表（文件目录表，File Directory Table）。FDT 表是 FAT 文件系统中的信息资源，是操作系统进行文件（包括子目录）操作的重要依据，可以说是找到文件存放位置的向导。DBR 信息、FDT 表与 FAT 表相互配合，共同为操作系统提供文件的一切信息，供操作系统使用。

　　FAT 文件系统的 FDT 表是在高级格式化之后创建的，一般也叫根目录表，它在不同的文件系统中是有区别的。例如，在 FAT 16 文件系统中，它是单独存在的；在 FAT 32 文件系统中，它被放在数据区中，且一般放在数据区的最前面位置。

　　用户通过操作系统，可以在根目录中创建文件或子目录，以及在子目录下再创建文件或子目录。每个子目录都有自己的 FDT 表，其位置都在数据区中，而非在根目录中，这让文件更安全。

　　根目录表的作用是分配（定位）根目录下所有文件以及子目录的存储空间，操作系统通过根目录表就可以找到数据区（或分区）中的所有文件，包括下一级子目录中的文件。在 DOS 操作系统中，盘符用于简单表示根目录，如"C：\"；而在 Windows 操作系统中，双击盘符后所在区域就是根目录。

　　根目录是分区中文件的入口，读取根目录下的文件时，可直接从根目录找到其目录项，从目录项中得到首簇号，之后再根据 FAT 表中的相应簇链就可以得到文件在数据区中的整个数据内容。但是，要读取子目录下的文件，就需要从根目录开始层层追踪，直至其所在的下级子目录，即找到子 FDT 表，从为这个子目录分配的簇中找到该文件的目录项，即可提取其数据内容。可见，如果根目录表（或 FDT 表）一旦有损坏，操作系统将无法进行正常的文件操作，也就无法找到相应的文件。

　　FAT 文件系统的根目录表（或 FDT 表）只有一份，它极易被破坏（如病毒、高级格式化等）。修复 FDT 表十分困难，甚至某些情况不可修复。此时，为了能恢复存在的文件，可以利用一些工具软件并采用扫描的方式。子目录下文件的恢复概率要高于根目录上的文件，而且也能恢复子目录的完整结构。

　　子目录下的子目录是"父子关系"，分别称为"父目录"和"子目录"，在数据区中，它们都有各自的 FDT 表。根目录是最原始的位置，根目录下的 FDT 表与该根目录中的各个子目录的 FDT 表形成一个树状的链表关系，能保证每一级的目录都可以链接到其下的所有子目录，而且也能返回到上一级的父目录中。

　　（2）FAT 16 的 FDT 表。如图 8-1 所示，在 FAT 16 文件系统结构示意图中可以看出，FDT 表的主要作用和特点如下。

　　第一，FDT 表的位置。根据 FAT 16 文件系统的结构可知，FDT 表是独立存在的根目录表，且在 FAT2 之后，固定占用 32 个扇区。FAT 16 的根目录表在硬盘上的开始扇区位置，由以下公式确定：

$$LBA（FDT）=DBR\ 扇区的\ LBA+保留扇区数+每\ FAT\ 扇区数×2 \qquad (8\text{-}5)$$

其中，"保留扇区数"、"每 FAT 扇区数"由 DBR 扇区的 BPB 查得；"DBR 扇区的 $LBA$"表示该分区中的 DBR 扇区在硬盘上的绝对位置 $LBA$，参见 DBR 扇区的定位方法。

　　根据微软对 FAT 16 文件系统的规定，其根目录表是独立存在的且有固定长度。分区在高级格式化为 FAT 16 文件系统之后，原根目录表的所有扇区内容都全部被清零，但是，数据区中的子目录的 FDT 表不受影响（这是子目录下文件很安全的理论根据，请读者验证）。在 32 个扇区中，FDT 表之后的就是数据区的开始位置，即数据区的第二簇位置。

　　第二，FDT 表的短文件名目录项。微软把 FDT 表中的目录项定义为短文件名目录项，它所记录的文件名延续了 DOS 时代的 8.3 格式，即 8 个字符的名字和 3 个字符的扩展名。

　　短文件名的存储及目录项的使用遵循以下原则（包括子目录）：名字或扩展名字符不分大小写；如果文件名的字符部分不足 8 个字符或扩展名的字符不足 3 个字符，就用 00 02H 来填充；超过 8 个字符就被截短，名字的写法为前 6 个字符加上"～n"（n=1～9，表示有相同的文件名），且扩展名不变并相同。

　　如果利用相关工具软件和 ASCII 码对照表中的符号，在 FDT 表中把文件的文件名或扩展字符修改为小写字符，哪怕只修改了其中的一个字符，该文件将不可使用或操作，但可以看见其名称，无法删除也无法被覆盖，因此这是对文件加密的一种方法（对子目录也适用）。

　　在操作系统中，用户一般通过命令"DIR"或资源管理器等方式来查看文件，所看到的就是文件的目录项，而且能通过相关途径看到文件的各种属性，如文件名、扩展名（文件名后缀）、隐藏、只读、文件大小以及时间属性等。

　　微软规定，一个文件的基本属性在 FDT 表中用 32 字节来表示，即是 32 字节的目录项根目录有 32 个扇区，每个目录项有 32 字节，所以根目录下能保存的最大文件（包括子目录）数就是 512（因卷标信息也要占用一个目录项，实际是 511），超过这个数就无法再创建文件或子目录了。

表 8-12 是 FAT 16 文件系统的 FDT 表中短文件名目录项的数据结构，即参数定义。

**表 8-12　FAT16 短文件名目录项 32 字节的定义**

| 偏移地址(十六进制) | 字节数 | 定义 | |
| --- | --- | --- | --- |
| 0000H~0007H | 8 | 文件名 | |
| 0008H~000AH | 3 | 扩展名 | |
| 000BH① | 1 | 属性字节 | 0000 0000（读写） |
| | | | 0000 0001（只读） |
| | | | 0000 0010（隐藏） |
| | | | 0000 0100（系统） |
| | | | 0000 1000（卷标） |
| | | | 0001 0000（子目录） |
| | | | 0010 0000（归档） |
| | | | 0000 1111（长文件名） |
| 000CH | 1 | 系统保留（在 FAT 32 中用） | |
| 000DH | 1 | 创建时间（0.1S） | |
| 000E~000FH | 2 | 创建时间（时、分、秒） | |
| 0010H~0011H | 2 | 创建日期 | |
| 0012H~0013H | 2 | 最后访问时间 | |
| 0014H~0015H | 2 | 系统保留（在 FAT 32 中用） | |
| 0016H~0017H | 2 | 文件的最近修改时间（时、分、秒） | |
| 0018H~0019H② | 2 | 文件的最近修改日期 | |
| 001AH~001BH | 2 | 表示文件的首簇号 | |
| 001CH~001FH③ | 4 | 表示文件的长度（文件夹为 0） | |

①属性字节的各位可以组合，如 07（0000 0111）表示系统、隐含、只读属性；28（0010 1000）表示归档卷标，即是用户输入的卷标。此参数在短文件目录项中不可取值为 0FH，如果取值为 0FH，目录项就为长文件名目录项。

②其中的高 7 位为相对于 1980 年的年份值。

③文件的长度最大只能表示为 4GB（$2^{32}$ 即 4 294 967 296 字节）。

短文件名目录项是数据恢复的重要依据，而长文件名目录项在没有特别要求的情况下则可以忽略。

如表 8-12 所示，在 FDT 表中，目录项中的偏移地址为 00 1AH~00 1BH 的两字节（一般指目录项中的第 26 和第 27 字节），表示文件（或子目录或其他）的起始簇号或首簇号，系统把这两字节的值乘以 2（因 FAT 16 文件系统的 FAT 表项是两字节），就可以得到在 FAT 表中的簇的偏移地址值，再通过其簇链即可找到文件的全部存储内容。所以，目录项中的首簇号十分重要，是定位文件位置的关键参数之一。

　　如果修改了某文件（或子目录）的目录项中的首簇号值，该文件（或子目录）将无法使用或进行操作，但是可以看见其名称，无法删除也无法被覆盖，这是对文件（或子目录）加密的又一种方法。

　　卷标表示在高级格式化时给定的卷标字符（可以是用户给定的，也可以是系统自动产生的），它会占用 FDT 表中的一个目录项，但不会在 FAT 表中占用表项。卷标没有簇号和大小，也没有创建的时间，但有修改的时间。

　　长文件名表示有长文件名的目录项（参见 8.4 节）。一个目录项中的文件名部分由 0~8 个字符构成，其中 0 号字符（即文件名的第一个字符）十分重要，它有四种可能值，分别如下。

　　一是文件或子目录的第一个字符（任意合法字符之一）值，表示一个正常和有效的文件或子目录。

　　二是 E5H 值，表示该文件或子目录已经被删除掉了（如使用 DOS 操作系统中的命令"Del"，或 Windows 系统中的键盘命令"Shift+Del"，也叫直接删除，或键盘命令"Del"再清空回收站等删除方式），且对应在 FAT 表中的簇链也被清零了，只是对应在数据区中的簇还在（这是数据恢复的理论根据）。有"E5H"值的目录项可以被下一个复制进来的文件所使用并覆盖，在 FAT 表中有空余的簇号上重新生成簇链，而且可能覆盖原先对应数据区上的簇（如果原先数据区上的簇被覆盖，将无法恢复）。

　　三是 2EH 或 2EH 2EH 值，表示是在下一级子目录里能看到的特殊文件，如在 DOS 操作系统下能看到的某个子目录里的"."或".."特殊文件，前者表示在当前目录，其起始簇号就是子目录本身的起始簇，后者表示有上级目录（或父目录），其起始簇号是上级目录的起始簇号，如果上级是根目录，则簇号是 00 00H。

　　注意：子目录以及"."或".."特殊文件，其长度在目录项中表示为 0 值，但是它仍然在 FAT 表中要占用一个表项（或簇，这就是 FAT 表中的数据个数多于 DOS 操作系统中的原因），而且在数据区中也有相应的簇被占用，并构成一个目录表。可见，系统就是利用这样一种结构来实现目录间的双向联系，从而使整个文件系统成为了一个统一的整体。

　　四是 00H 值，表示该目录项还未被使用过，是一个没有分配给具体文件的空表项，它可以被下一个复制进来的文件所使用并覆盖。操作系统在遍历一个目录表时，当发现了该目录项第一个字符为 00H 后将停止继续向下检索。这意味着，该目录项之后的所有目录项全部被忽略，无论这些目录项对应的是文件还是子目录，在操作系统中将全部不可见，也无法操作。不过，它们对应在 FAT 表中的簇链仍然存在，所以，其对应在数据区中的簇也不会被覆盖或丢失（有一些病毒就是利用了这一点，使一个分区看上去文件数量并不多，但是却消耗了大量的空间，而且也无法通过正常的方法来回收这些空间）。

　　如果把某个目录项的第一个字符的值修改为 00H，就可以把该目录项之后的目录项全部隐藏起来，这也是一种对文件或子目录加密的方法（不过，把某个目录项的第一个字符修改为"00H"之后，该目录项可能会被覆盖）。

　　操作系统以簇为单位对文件向数据区中分配空间。一个文件可能需要若干个簇，而且理论上要求是连续的簇。实际上，在分配过程中，只要遇到的第一个簇是空的，就可以进行空间分配，如果不为空簇，就绕过转至下一个簇。这是为了能充分利用数据区上的空间不至于有浪费。对已经删除掉的文件的空间，都可以再分配，相应的 FAT 表和数据区上的簇将被覆盖。

　　FAT 表与 FDT 表是相互配合的关系，操作系统利用 DBR 信息和它们的配合关系就能统一管理整个分区中的文件。它们告诉操作系统在分区中的坏簇或已经被使用的簇等信息，操作系统就可以根据上述信息来安排文件在数据区中的存放位置。所以，FAT 表和 FDT 表是文件的总调度师。

　　操作系统要写（存放）某个文件时，首先在 FDT 表中检查是否有相同的文件名，如果有相同的文件名，就显示提示信息，如果没有，则使用一个文件目录项（如可能新增加一个目录项，或利用已经删除后的目录项等）。之后，在 FAT 表中依次检测每个表项对应的可用簇号，同时将该簇号写入到目录项的第 26 和第 27 字节位置处，如果文件的长度不止一簇，则继续在 FAT 表中向后寻找可用簇，并写入簇号，直到文件安放结束，在最后一个簇号填上 FF FFH 值。如此就构成了该文件的一个单向链表。在操作系统中用户修改一个文件，如变大或变小，其存放的方法与此类似。

　　操作系统要删除一个文件，就在 FDT 表的相应目录项中，把文件的第一个字符修改为 E5H 值，其余参数不变；而在 FAT 表中，找到该文件的簇链并清零，对应在数据区中的簇内容不会改变，这就是数据可恢复的根据。不过，删除文件后，如果又复制进了新文件，则可能会被覆盖，恢复的概率会很低。这说明，在误删除文件后，请立即停止一切操作，保护好数据现场待恢复。

　　如果在操作系统所在区域中误删除了文件，其恢复的概率是非常小的，因为在操作系统所在环境中，有临时文件、分页文件等许多内容一直在不断地写入，即动态环境中（即操作系统的活动期），所以为了文件的安全，请不要在操作系统所在区域上放重要文件。另外，也不要把操作系统的临时文件、软件或分页文件等内容修改或安装到有重要数据的分区中。如果在操作系统中所在区域误删除了重要文件，不要犹豫（时间越长，恢复的概率越低），立即断掉计算机的供电（即直接拔掉计算机的电源线），之后，把硬盘取下连接到其他计算机上进行恢复。千万不能让该计算机正常关机和开机，更不能为其安装软件。综上述，数据区域最好保持为静态环境，这有利于数据安全。

　　第三，FDT 表的长文件名目录项定义。在 Windows 95 之后，文件（包括子目录）的文件名格式就打破了原先的"8.3"格式，即文件名的长度可以超过 8 个字符，而且后缀也可以多于 3 个字符，这种文件名的格式就是长文件名格式，在 Windows 95 以及以后的操作系统所创建的 FAT 16 文件系统分区中才能使用（注意：长文件名在 DOS 操作系统中无法创建）。

　　在 Windows 95 及以后的操作系统中创建的长文件名，若要求兼容 DOS 操作系统，就必须要使用至少两个目录项来保存。超过"8.3"格式的文件或子目录在实际存储时，有两个名字，一个是短文件名，一个是长文件名，相应的就有短文件名目录项和长文件名目录项，而长文件名目录项至少要有一项，也可以有多个项。

　　短文件名目录项是数据恢复的根本，长文件名目录项只在需要恢复完整的文件名以及相关属性时才会用到。

　　当在 Windows 95 及以后的操作系统中创建了一个长文件名时，其对应的短文件名的存储就有以下三种处理原则：

　　一是系统取长文件名的前 6 个字符加上"～1"形成短文件名，其扩展名不变；

　　二是如果已经存在相同名字的文件，则符号"～"后的数字自动增加（如"～n"，n 是 2～9 的正整数）；

　　三是如果存在 DOS 操作系统和 Windows 3.X 操作系统所使用的非法字符，则以下画线

"_"代替。

每个长文件名目录项占用 32 字节，一个目录项作为长文件名目录项使用时，其属性字节值为 0FH。一个长文件名目录项只能够存储文件名中的 13 个字符，如果文件名很长（不大于 255 个字符），则就需要多个目录项，这些目录项按倒序排列在其短文件名目录项之前。

表 8-13 是 FAT 16 文件系统的 FDT 表中长文件名目录项的数据结构，即参数定义。偏移地址为 00 00H 的值，如果该目录项正在使用中，则就显示序列号；如果是未分配的项，就显示 00H 值；如果该项被删除，就显示 E5H 值。

表 8-13　FAT 16 长文件名目录项 32 字节的定义

| 偏移地址(十六进制) | 字节数 | 定义 |
|---|---|---|
| 00 00H | 1 | 序列号 |
| 00 01H | 10 | 文件名的第 1～5 个 Unicode 码字符，未使用部分用 00H 填充，之后用 FFH 填充 |
| 00 0BH | 1 | 长文件名目录项的属性标志，固定为 0FH |
| 00 0CH | 1 | 保留未用 |
| 00 0DH | 1 | 短文件名校验和 |
| 00 0EH | 12 | 文件名的第 6～11 个 Unicode 码字符。未使用部分用 00H 填充，之后用 FFH 填充 |
| 00 1AH | 2 | 为 0 |
| 00 1CH | 2 | 文件名的第 12～13 个 Unicode 码字符，未使用部分用 00H 填充，之后用 FFH 填充 |

（3）FAT 32 的 FDT 表。如图 8-2 所示，在 FAT 32 文件系统结构示意图中可以看出，FDT 表的主要作用和特点如下。

第一，FDT 表的位置。根据 FAT 32 文件系统的结构可知，FDT 表（或叫根目录表）在 FAT2 之后，即在数据区中。FAT 32 的根目录表在硬盘上的开始扇区位置，由以下公式确定：

$$LBA（FDT）=DBR 扇区的 LBA+保留扇区数+每 FAT 扇区数×2$$
$$+（根目录起始簇数-2）×每簇扇区数 \quad (8-6)$$

其中，"保留扇区数"、"每 FAT 扇区数"、"根目录起始簇数"和"每簇扇区数"等参数由 DBR 扇区的 BPB 查得；"DBR 扇区的 LBA"表示该分区中的 DBR 扇区在硬盘上的绝对位置 LBA，可参见 DBR 扇区的定位方法。以上公式也是 FAT 32 文件系统的数据区的开始扇区位置，不过，"（根目录起始簇数-2）×每簇扇区数"的值在大多数情况下为 0。

按照微软对 FAT 32 文件系统的规定，FDT 表放在数据区中且不再固定长度，但为了兼容，大多数情况下将其放在数据区的最前面位置，即数据区第二簇上，但是，考虑到其他的可能情况，故在上式中必须有"+（根目录起始簇数-2）×每簇扇区数"部分。分区在高级格式化为 FAT 32 文件系统之后，原根目录表的所有扇区内容都全部被清零，但是，数据区的子目录的 FDT 表不受影响（这是子目录下文件很安全的理论根据，请读者验证）。

第二，FDT 表的短文件名目录项定义。在 Windows 95 以及之后的操作系统（包括 DOS 7.0 以及之后的系统）中，可以把分区高级格式化为 FAT 32 文件系统。FAT 32 文件系统是 FAT 16 文件系统的改进版和增强版。

　　FAT 32 文件系统没有为根目录设置一个固定的区域，而是将其与其他所有用户文件一样归入进数据区来进行管理，并且根目录也归入进数据区，其最大的好处是 FAT 32 不再像 FAT 16 一样受限于根目录能够容纳的最大目录项数，因为数据区的任何数据对象，在需要增加空间时，都可以通过为其分配后续的簇来实现。

　　在把一个分区创建为 FAT 32 文件系统时，为根目录分配的空间内还没有任何内容。如果用户没有输入卷标字符，在高级格式化之后，系统分配给根目录的簇空间内是没有任何内容的，即连卷标的目录项也没有（无论是否输入了卷标字符，FAT 16 的 FDT 表都有卷标目录项）；如果输入了卷标字符，就在根目录的第一个项上填入卷标目录项。

　　FAT 32 的 FDT 表通常起始于数据区的开始簇位置，即数据区中的第 2 簇。因为，文件系统在创建之初，没有任何的文件数据内容，它就是 FAT 32 文件系统的根目录，该根目录是数据区中唯一的数据，一般情况下会占用一个簇的空间。同时，将结束标记写入该簇对应的 FAT 表项中，表示该簇已经被分配使用了，在 DBR 的 BPB 中有相关参数记录（这就是在 FAT 表中看到的数据个数可能要多于在 DOS 操作系统中看到的数据个数的原因）。

　　如果根目录下的文件或子目录数目过多，根目录区的首簇存放不下时，FAT 表就会为根目录分配新的簇，即在数据区中会追加一个未使用的簇来存放增加的目录项，只是位置不固定，会在数据区中的任何位置，这更安全。

　　FAT 32 的 FDT 表通常起始于数据区的第 2 簇位置，但这不完全绝对。微软在理论上规定，根目录可以位于数据区中的任何位置。所以，也有少数所创建的 FAT 32 文件系统的根目录起始扇区的位置在数据区中的其他簇上，这就需要在 DBR 扇区中查找相关的参数，并利用 FDT 表的位置公式来确定。

　　在使用操作系统的过程中，总是最先在根目录下新建文件或子目录，这其实就是在为根目录分配的簇中创建目录项，同时，将在未分配的数据区中分配空间来存储相应的数据。

　　在整个数据区中，无论是根目录中的目录项还是子目录中的目录项，都有以下的基本特性：为文件或子目录分配的第一个簇的簇号记录在它的目录项中，其他的后续簇则由 FAT 表中的 FAT 表链进行跟踪；目录项中除记录子目录或文件的起始簇号外，还记录它的名字、大小（子目录没有大小）、时间值等信息。

　　对于同一个子目录或文件，它的长文件名目录项放在短文件名目录项之前，如果长文件名目录项占用了多个 32 字节的目录项，则按倒序存放于短文件名目录项之前。注意：长文件目录项与短文件目录项的结构不相同。

　　在 FAT 32 文件系统中，目录项有四种结构：卷标目录项、"."和".."目录项、短文件名目录项以及长文件名目录项。其中短文件名目录项是最为重要的数据结构，它存放子目录或文件的短文件名、属性、起始簇号、时间值以及容量等信息。

　　FAT 32 文件系统的短文件名仍然延续了 DOS 时代的"8.3"格式的特点，这是为了向下能兼容而且其"8.3"格式特征与 FAT 16 文件系统相同。FAT 32 文件系统的短文件名目录项、"."和".."目录项的特征，可参见 FAT 16 的 FDT 表的短文件名目录项的相关内容。

　　从 Windows 95 操作系统开始，在创建的 FAT 32 文件系统中，不管文件名的长度是否超过 8 个字符，都会同时为其创建短文件名目录项和长文件名目录项；短文件名目录项固定占用 32 字节，长文件名目录项则根据需要占用 1 个或若干个 32 字节的目录项。短文件名在创建时不区分字母的大小写格式，长文件名则相反。这就是在 Windows 操作系统中保存文件或子目录时，无论文件名是长是短，都会产生浪费的原因（而在 DOS 操作系统中不会有这样的现象，包括在 FAT16 文件系统的情况下）。

表 8-14 中是 FAT 32 文件系统的 FDT 表中短文件名目录项的数据结构，即参数定义。

表 8-14　FAT 32 短文件名目录项 32 字节的定义

| 字节偏移(十六进制) | 字节数 | 定义 | |
| --- | --- | --- | --- |
| 00 00H～00 07H | 8 | 文件名 | |
| 00 08H～00 0AH | 3 | 扩展名 | |
| 00 0BH① | 1 | 属性 | 0000 0000(读写) |
| | | | 0000 0001(只读) |
| | | | 0000 0010(隐藏) |
| | | | 0000 0100(系统) |
| | | | 0000 1000（卷标） |
| | | | 0001 0000(子目录) |
| | | | 0010 0000(归档) |
| | | | 0000 1111（长文件名） |
| 00 0CH | 1 | 系统保留 | |
| 00 0DH | 1 | 创建时间的 10 毫秒位 | |
| 00 0EH～00 0FH | 2 | 文件创建时间 | |
| 00 10H～00 11H | 2 | 文件创建日期 | |
| 00 12H～00 13H | 2 | 文件最后访问日期 | |
| 00 14H～00 15H | 2 | 文件起始簇号的高 16 位 | |
| 00 16H～00 17H | 2 | 文件的最近修改时间 | |
| 00 18H～00 19H | 2 | 文件的最近修改日期 | |
| 00 1AH～00 1BH | 2 | 文件起始簇号的低 16 位 | |
| 00 1CH～00 1FH | 4 | 表示文件的长度 | |

①此参数在短文件目录项中不可取 0FH，如果取值为 0FH，目录项就为长文件名目录项。

在表 8-14 中，文件名、扩展名、时间、日期的算法和 FAT 16 的 FDT 定义相同，文件长度依然用 4 字节表示，这说明 FAT 32 依然只支持小于 4GB（$2^{32}$ 字节）的文件，超过 4GB 的文件，系统会截断。由于 FAT 32 可寻址的簇号由 32 位二进制数表示，所以系统在记录文件（或子目录）的开始簇地址时也需要 32 位来记录，FAT 32 启用目录项偏移 00 14H～00 15H 来表示起始簇号的高 16 位，而原偏移 00 1AH～00 1BH 则表示起始簇号的低 16 位。原来在 DOS 下目录项中保留未用的 10 字节都有了新的定义，参见 00 0CH～00 15H 字节偏移。

FAT 32 文件系统的 FDT 表项，保留了 FAT 16 的结构，但是对其进行了扩展，其他内容没有实质性的变化。其最大的不同点是，在 FAT 16 的 FDT 表项中，偏移地址为 00 0AH~00 0BH 处记录文件或子目录起始簇号的 2 字节，即用 2 字节来描述起始簇地址。在 FAT 32 中，使用了 4 字节来描述起始簇地址，其偏移地址是 00 14H～00 15H 和 00 1AH～00 1BH，前者为起始簇的高位地址，后者为低地址。

　　FAT 32 文件系统的 FDT 表项中的起始簇地址值（即首簇值）是被分割开了的，这正是数据恢复的难点。如果一个文件用键盘命令"Shift+Del"（表示直接删除而不把文件删除到回收站中）来删除，其 FDT 表项中的起始簇的高位将清零（其他删除方式则不会），这将直接导致 FDT 表失去向导作用，在进行数据恢复时，提取的是低位地址的其他簇上的数据，而不是需要的数据，其恢复的结果自然毫无意义。要恢复被键盘命令"Shift+Del"删除的文件，目前只能用推测法或估算法。不过，如果一个文件的 FDT 表项中的起始簇的高位本身就是 00 00H，则不会出现不可正常恢复的情况，因为高位为"00 00H"，说明该文件存放在分区靠前位置。子目录的情况与文件相同，不过，其下的文件不受上述因素影响。

　　在 FAT 32 文件系统中，根目录是在创建文件系统时就建立的，并在数据区中分配了空间，在根目录中可以创建子目录，以及在子目录中还可以创建子目录，故可以说除了根目录外，其他的所有子目录都是在使用过程中根据需要创建的。当新创建一个子目录时，将在其父目录中为其建立目录项，并在空闲空间中为其分配一个簇并对该簇进行清零操作，同时将这个簇号记录在它的目录项中，也要在 FAT 表中作相应的记录。

　　创建子目录时，将在其父目录分配的簇中建立目录项，目录项中描述了这个子目录的起始簇号。在为子目录建立目录项的同时，也在为子目录分配的簇中，使用"."和".."目录项描述它与父目录的关系，以使父子目录间建立起联系。可以看出，在子目录中创建下一级子目录或文件时，为其建立的目录项将从第三个目录项开始写入。

　　从目录项的定义可以看出，子目录的目录项不描述子目录的大小。为了要得到子目录所占用空间的大小值，必须先从它的目录项中获得他的起始簇号，并跟踪他的 FAT 表链直到遇到结束标记为止，方可计算出空间大小。

　　第三，FDT 表的长文件名目录项定义。在 FAT 32 文件系统中，系统为文件分配短文件名目录项的同时，会为其分配长文件名目录项。长文件名目录项的意义和特点与 FAT 16 文件系统相同。

　　表 8-15 是 FAT 32 文件系统的 FDT 表中长文件名目录项的数据结构，即参数定义。

**表 8-15　FAT 32 长文件名目录项 32 字节的定义**

| 字节偏移(十六进制) | 字节数 | 定义 | |
|---|---|---|---|
| 00 00H | 1 | 属性字节位意义 | 如果目录项使用中则为序列号；如果未分配则为 00H；如果曾经使用过但又删除了，则为 E5H。 |
| 00 01H~00 0AH | 10 | 长文件名 Unicode 码 | |
| 00 0BH | 1 | 长文件名目录项标志，取值 0FH | |
| 00 0CH | 1 | 系统保留 | |
| 00 0DH | 1 | 校验值(根据短文件名计算得出) | |
| 00 0EH~00 19H | 12 | 长文件名 Unicode 码 | |
| 00 1AH~00 1BH | 2 | 系统保留 | |
| 00 1CH~00 1FH | 4 | 长文件名 Unicode 码 | |

　　如表 8-15 所示，长文件名的实现有赖于目录项偏移为"00 0BH"的属性字节，当此字节的属性只读、隐藏、系统、卷标，即其值为"0FH"时，DOS 和 WIN 3.X 会认为其不合法而忽略其存在（这正是长文件名存在的依据）。将目录项的"00 0BH"置为"0FH"，其他可由系统自定。Windows 95 以及以后的操作系统支持不超过 255 个字符的长文件名。

　　长文件名中的字符采用"Unicode"（统一码、万国码、单一码）形式编码，每个字符占据 2 字节的空间。系统将长文件名以 13 个字符为一组进行分割，每组占据一个目录项，文件名越长越浪费磁盘空间。

　　系统在存储长文件名时，总是按倒序填充长文件名目录项，紧跟其对应的短文件名。从表 8-15 可以看出，长文件名中并不存储对应文件的起始簇号、文件大小、各种时间和日期属性，文件的这些属性存放在短文件名目录项中。一个长文件名总是和其短文件名一一对应，一个文件或文件夹没有了长文件名还可以进行读操作，但有长文件名而没有对应的短文件名，系统会将其忽略。

　　长文件名和短文件名之间的联系不光由它们之间的位置关系维系。其实，长文件名的"00 0DH"字节的校验和具有重要的作用，此校验和是用短文件名的前 11 个字符通过某种运算方式得到的，系统可根据相应的算法来确定相应的长文件名和短文件名是否匹配。如果通过短文件名计算出来的校验和与长文件名中的"00 0DH"偏移处数据不相等，系统则不会将它们配对，这时，长文件名部分将丢失，只能使用短文件名来操作。

### 8.3.2　实验目的

　　理解 FAT 16 和 FAT 32 文件系统的 FDT 短文件名目录项中各字节的定义；理解创建子目录的意义和过程；理解目录项中起始簇号是文件定位最重要数据；了解长文件名目录项的各字节的定义；了解一些通过 FDT 参数（包括 FAT 表的某些表项）对文件进行加密的思想。

　　熟练定位并分析 FAT 16 和 FAT 32 文件系统中的 FDT 短文件名目录项；逐步熟练分析 FAT 16 和 FAT 32 文件系统中的 FDT 长文件名目录项。

### 8.3.3　实验指导

　　（1）准备工作。把制作好的包含有"三茗硬盘医生"和"Sector Editor"两软件的"TonPE_V3.3 分析盘.ISO"的光盘准备好。在制作该工具光盘的同时，请放入一些（2～4个）长文件名的文件。再通过"Virtual PC 2007"软件创建一台虚拟机，如"张三虚拟机"，硬件设备要求：内存 512MB，硬盘 20000MB，其他设置默认即可。

　　用"TonPE_V3.3 分析盘.ISO"光盘启动"张三虚拟机"，并对硬盘分区，分为 1 个主分区和 1 个逻辑分区，各个分区必须高级格式化，最后让分区生效。分区方案如图 8-21 所示。

图 8-21　硬盘分区方案示意图

　　在完成以上准备工作后，进入 DOS 操作系统（不建议在 WinPE 操作系统中来完成以下工作），为每个分区任意创建 2～4 个子目录（用英文名称），并把软盘 A 盘中的一些文件复制到这些子目录中，再复制一些文件到各个分区的根上；之后，在每个分区的根上删除掉 3～5 个文件（删除前请记录下文件名！）。最后，进入 WinPE 操作系统中，复制几个（2～4 个）长文件名文件到各个分区的根上。建议每个分区根上的文件与子目录的总个数最好在 5～10 个，超过 10 个则会增加分析难度。

（2）分析 FDT 根目录项。为了分析"张三虚拟机"中硬盘各个分区的 FAT 16 和 FAT 32 文件系统的 FDT 根目录项，必须先分析了 MBR 以及各个分区的 DBR 扇区的相关信息之后，才能定位并分析 FDT 根目录项。

首先定位到 MBR 扇区位置，如图 8-22 所示。

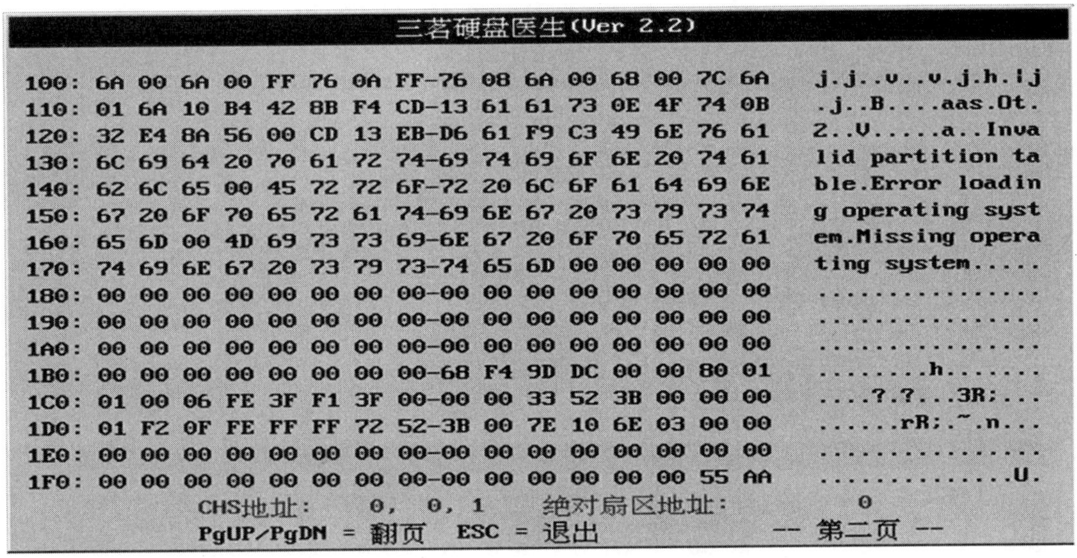

图 8-22　"张三虚拟机"硬盘的 MBR 扇区

主分区的 DBR 扇区的 *LBA* 值等于 3FH，即 63D；扩展分区的开始扇区位置，即逻辑分区的虚拟 MBR 扇区的位置为 *LBA* 值等于 00 3B 52 72H，即 3 887 730D。定位到该逻辑分区的虚拟 MBR 扇区上，如图 8-23 所示。

该硬盘的扩展分区内只有一个逻辑分区，则该逻辑分区的 DBR 扇区位置如下：

$$LBA = 00\ 3B\ 52\ 72H + 3FH = 3\ 887\ 730D + 63D = 3\ 887\ 793D \tag{8-7}$$

再定位并分析各个分区的 DBR 扇区。定位到主分区的 DBR 扇区上，如图 8-24 所示。

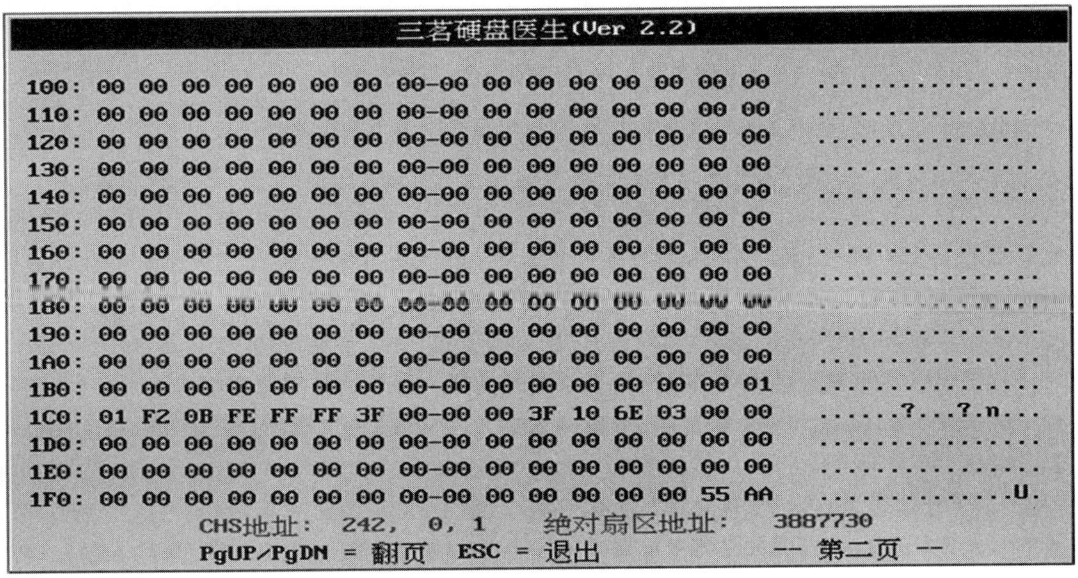

图 8-23　逻辑分区的虚拟 MBR 扇区

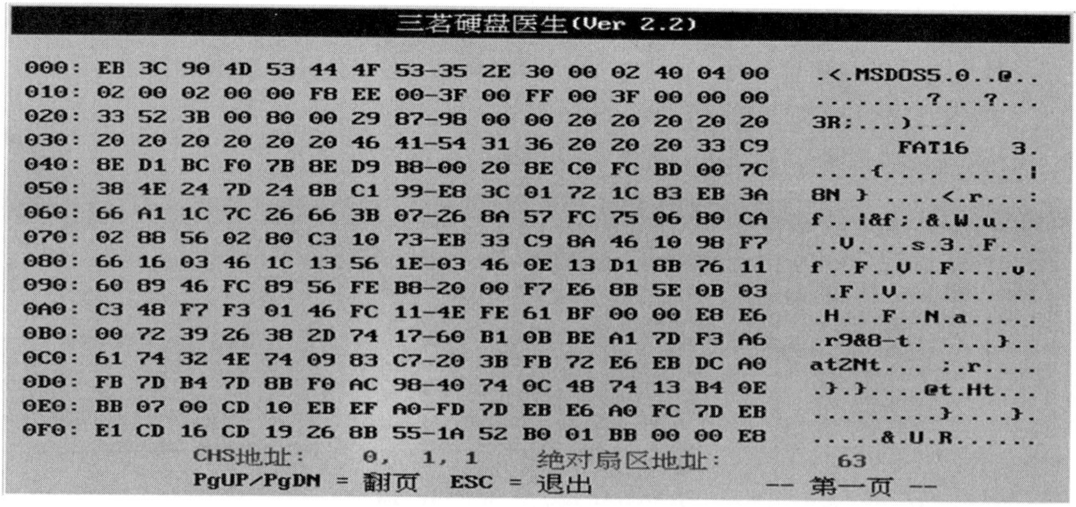

图 8-24　主分区的 DBR 扇区

定位到第一个逻辑分区的 DBR 扇区上，如图 8-25 所示。

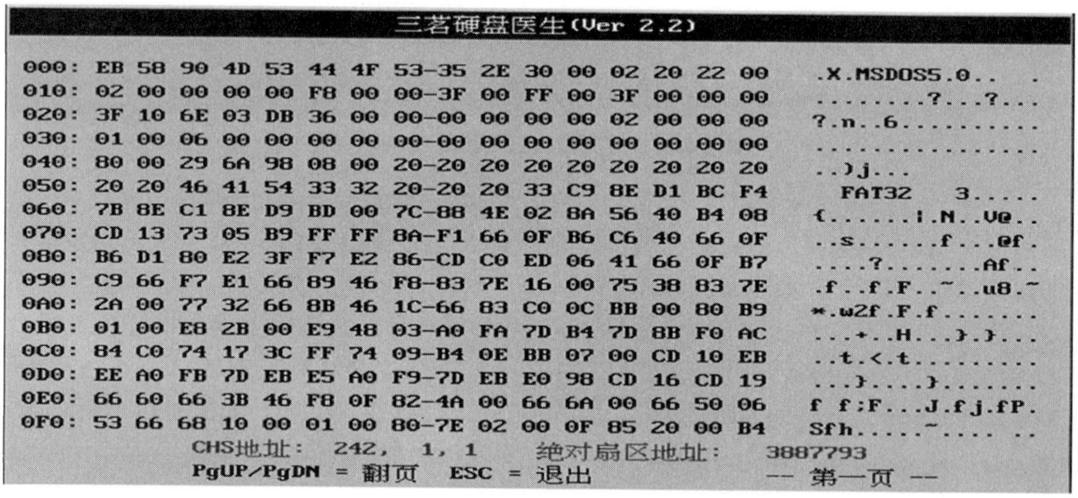

图 8-25　第一个逻辑分区的 DBR 扇区

从该主分区的 DBR 扇区可以看出，需要查 FAT 16 文件系统的 DBR 扇区中的 BPB 信息。为了定位该主分区中的 FDT 根目录的开始扇区位置，根据前面的定位 FDT 根目录的相关公式，计算出参数值如下。保留扇区数：00 04H，即 4D。DBR 扇区的 $LBA$：3FH，即 63D。每 FAT 扇区数：00 EEH，即 238D。该主分区的 FAT1 表的开始扇区 $LBA$ 等于 63D+4D，即 67D。该主分区的 FDT 根目录的开始扇区 $LBA$ 等于 63D+4D+238D×2，即 543D。

从该逻辑分区的 DBR 扇区可以看出，需要查 FAT 32 文件系统的 DBR 扇区中的 BPB 信息。为了定位该逻辑分区中的 FDT 根目录的开始扇区位置，计算出参数值如下。保留扇区数：00 22H，即 34D。DBR 扇区的 $LBA$：3 887 793D。每 FAT 扇区数：00 00 36 DBH，即 14 043D。根目录起始簇数：02H，即 2D。每簇扇区数：20H，即 32D。则该逻辑分区的 FAT1 表的开始扇区 $LBA$ 等于 3 887 793D+34D，即 3 887 827D。则该逻辑分区的 FDT 根目录的开始扇区 $LBA$ 等于 3 887 793D+34D+14 043D×2+（2-2）×32D，即 3 915 913D。

最后，分析各个分区的 FDT 根目录项。先分析主分区的 FDT 根目录项，定位到 FDT

根目录项的开始扇区位置，如图 8-26 所示。

```
                        三茗硬盘医生(Ver 2.2)

000: 41 47 42 48 20 20 20 20-20 20 20 10 00 00 00 00   AGBH       .....
010: 00 00 65 42 00 00 E4 BC-65 42 02 00 00 00 00 00   ..eB....eB......
020: 59 55 52 20 20 20 20 20-20 20 20 10 00 00 00 00   YUR        .....
030: 00 00 65 42 00 00 E7 BC-65 42 03 00 00 00 00 00   ..eB....eB......
040: E5 4F 4E 4D 45 4E 55 20-53 59 53 20 00 00 00 00   .ONMENU SYS ....
050: 00 00 65 42 00 00 E3 84-5C 34 04 00 FD 06 00 00   ..eB....\4......
060: 44 49 53 5F 50 4B 54 20-44 4F 53 20 00 00 00 00   DIS_PKT DOS ....
070: 00 00 65 42 00 00 D7 84-1A 31 05 00 95 16 00 00   ..eB.....1......
080: E5 4F 20 20 20 20 20 20-53 59 53 20 00 00 00 00   .O      SYS ....
090: 00 00 65 42 00 00 78 84-7C 2F 06 00 1C 00 02 00   ..eB..x.!/......
0A0: 50 52 4F 54 4D 41 4E 20-44 4F 53 20 00 00 00 00   PROTMAN DOS ....
0B0: 00 00 65 42 00 00 21 5F-BA 1E 0B 00 B4 55 00 00   ..eB..!_.....U..
0C0: 43 4F 4D 4D 41 4E 44 20-43 4F 4D 20 00 00 00 00   COMMAND COM ....
0D0: 00 00 65 42 00 00 C0 B2-A5 2E 0C 00 54 70 01 00   ..eB........Tp..
0E0: 43 4F 4E 46 49 47 20 20-45 58 45 20 00 00 00 00   CONFIG  EXE ....
0F0: 00 00 6D 42 00 00 73 BA-D5 3E 0F 00 90 08 00 00   ..mB..s..>......
             CHS地址:    0,  8,40     绝对扇区地址:     543
             PgUP/PgDN = 翻页  ESC = 退出          -- 第一页 --
```

```
                        三茗硬盘医生(Ver 2.2)

100: E5 4F 4E 46 49 47 20 20-53 59 53 20 00 00 00 00   .ONFIG  SYS ....
110: 00 00 65 42 00 00 6B B7-08 3F 10 00 EF 0F 00 00   ..eB..k..?......
120: 41 55 54 4F 45 58 45 43-42 41 54 20 00 00 00 00   AUTOEXECBAT ....
130: 00 00 65 42 00 00 87 53-34 3F 11 00 C9 09 00 00   ..eB...S4?......
140: 24 52 45 43 59 43 4C 45-42 49 4E 16 00 63 9D B9    RECYCLEBIN..c..
150: 68 42 68 42 00 00 A0 B9-68 42 12 00 00 00 00 00   hBhB....hB......
160: 43 2E 00 39 00 2E 00 34-00 20 00 0F 00 77 E8 6C   C..9...4. ...w.l
170: 8C 51 48 72 2E 00 64 00-6F 00 00 00 63 00 00 00   .QHr..d.o...c...
180: 02 73 00 73 00 69 00 6F-00 6E 00 0F 00 77 61 00   .s.s.i.o.n...wa.
190: 6C 00 13 4E 1A 4E 48 72-20 00 00 00 76 00 33 00   l..N.NHr ...v.3.
1A0: 01 48 00 44 00 43 00 6C-00 6F 00 0F 00 77 6E 00   .H.D.C.l.o...wn.
1B0: 65 00 20 00 50 00 72 00-6F 00 00 00 66 00 65 00   e. .P.r.o...f.e.
1C0: 48 44 43 4C 4F 4E 7E 31-44 4F 43 20 00 41 81 B9   HDCLON~1DOC .A..
1D0: 6D 42 6D 42 00 00 22 7C-3D 42 04 00 00 2E 00 00   mBmB.. !=B......
1E0: 43 A3 90 00 4E 3B 52 77-8D 2E 00 0F 00 B6 74 00   C...N;Rw......t.
1F0: 78 00 74 00 00 00 FF FF-FF FF 00 00 FF FF FF FF   x.t.............
             CHS地址:    0,  8,40     绝对扇区地址:     543
             PgUP/PgDN = 翻页  ESC = 退出          -- 第二页 --
```

```
                        三茗硬盘医生(Ver 2.2)

000: 02 46 55 1A 4E EE 76 84-76 2C 00 0F 00 B6 76 5E   .FU.N.v.v,....v
010: 14 4E 28 57 A8 60 0B 4E-7D 8F 00 00 8C 5B 10 62   .N(W. .N}....[.b
020: 01 F7 8B FF 52 28 57 2C-67 D9 7A 0F 00 B6 0B 4E   ....R(W,g.z....N
030: 7D 8F FB 4E 55 4F 85 51-B9 5B 00 00 28 75 8E 4E   }..NUO.Q.[..(u.N
040: C7 EB CE F0 D4 DA 7E 31-54 58 54 20 00 7A AD B9   ......~1TXT .z..
050: 6D 42 6D 42 00 00 23 43-0B 3D 06 00 07 06 00 00   mBmB..#C.=......
060: 00 00 00 00 00 00 00 00-00 00 00 00 00 00 00 00   ................
070: 00 00 00 00 00 00 00 00-00 00 00 00 00 00 00 00   ................
080: 00 00 00 00 00 00 00 00-00 00 00 00 00 00 00 00   ................
090: 00 00 00 00 00 00 00 00-00 00 00 00 00 00 00 00   ................
0A0: 00 00 00 00 00 00 00 00-00 00 00 00 00 00 00 00   ................
0B0: 00 00 00 00 00 00 00 00-00 00 00 00 00 00 00 00   ................
0C0: 00 00 00 00 00 00 00 00-00 00 00 00 00 00 00 00   ................
0D0: 00 00 00 00 00 00 00 00-00 00 00 00 00 00 00 00   ................
0E0: 00 00 00 00 00 00 00 00-00 00 00 00 00 00 00 00   ................
0F0: 00 00 00 00 00 00 00 00-00 00 00 00 00 00 00 00   ................
             CHS地址:    0,  8,41     绝对扇区地址:     544
             PgUP/PgDN = 翻页  ESC = 退出          -- 第一页 --
```

图 8-26 主分区上的 FDT 根目录项

至此，我们从最前面的 MBR 开始一直跟踪到了 FDT 根目录表。之后，只需要与 FAT 表一起合并分析，就能完全找到一个文件并将其读入内存。

事实上，操作系统在显示并提取文件目录时，与此过程类似，即从 DBR 扇区上读取相关参数来确定 FDT 根目录的位置，并将显示其有效的文件目录的相关信息。当要读取该文件时，就必须要利用 FAT 表的相关簇链把其读入到内存。

为了能直观而清晰地分析主分区的 FDT 根目录项，需要在 DOS 操作系统中，用 DOS 命令"DIR /A"（这表示可以看隐藏的文件，也可以看到所有的文件和子目录），来查看其根下的文件和子目录的情况，并与 WinPE 操作系统中的情况进行对比，如图 8-27 所示。

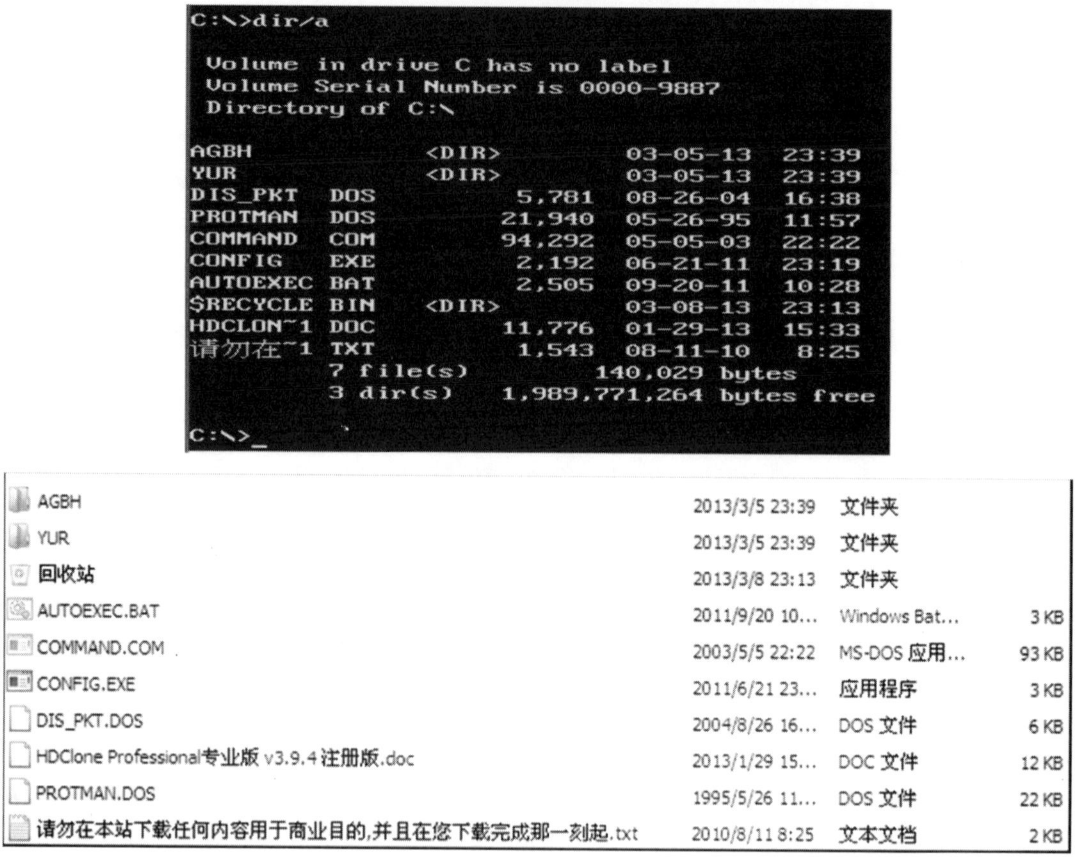

图 8-27　DOS 和 WinPE 操作系统下根上的文件与子目录情况对比

如图 8-26 所示，从主分区的 FDT 信息可以看出，这个 FDT 根目录上有若干的目录项根据目录项的定义且一个目录项由 32 字节组成，就知主分区中的 FDT 表中的目录项的个数为 19。

对比图 8-26 与图 8-27，所看到的情况并不相同。而且，文件和子目录的数目之和为 10 个。这些目录项仅仅代表文件和子目录吗？这需要逐一分析每个目录项。

如图 8-26 所示，偏移地址为 00 00H～00 1FH 的 32 字节（即两行信息），为 FDT 根目录表中的第一个目录项。根据目录项的定义可知，偏移地址为 00 00H～00 07H 以及 00 08H～00 0AH 的值为其名称和后缀，从 ASCII 区域中的信息可以看出，其名称为"AGBH 且无后缀；偏移地址为 00 0BH 的字节为其属性，其值为 10H，二进制为 0001 0000，表示为子目录。至此，DOS 操作系统中的目录完全证实（确定）了：该目录项表示的是一个正常的子目录，其名称为"AGBH"，长度为 0；开始簇号为"00 02H"，表示在 FAT 表中占用了 2 号表项位置，也可知在相应数据区上，该子目录存放在 2 号簇上。该子目录的其他信息，如时间、日期等分析，由读者自行完成。

　　根据目录项中的首簇号值可以简便计算出该目录项所对应在 FAT 表中的表项位置，即偏移地址，其方法如下：如果是 FAT 16 文件系统，"首簇号×2"就是 FAT 表中的偏移地址（十六进制值）；如果是 FAT 32 文件系统，"首簇号×4"就是 FAT 表中的偏移地址（十六进制值）。以后，通过 FAT 表中的这个簇号以及后续的簇号，就可找到全部文件。

　　从根目录 FDT 中可知，第二个目录项也是正常的子目录，名称为"YUR"，放在 FAT 表中的 3 号簇上；第四个、第六个、第七个、第八个和第十个目录项表示的是正常的文件，并可以在 DOS 操作系统中证实。第十一个目录项表示子目录，其属性为"隐藏"和"系统"，该子目录是因为进入过 Windows 或 WinPE 操作系统而自动产生的；第三个、第五个和第九个目录项表示它们是被删除掉的文件，其文件名的第一字节是 E5H 字符。

　　一定要注意文件的长度值，它能确定该文件在簇中所占用的实际空间大小；子目录是没有长度的，但是在 FAT 表和数据区中仍会占用位置，用于确定其下的文件的位置。

　　偏移地址为 01 C0H～01 DFH 的目录项，表示该目录项表示的是一个文件；从该文件目录项的首簇值可以看出，它被放在第 4 簇上，是把第三个目录项对应的文件删除之后再复制上去的。可见，该文件的目录项已经把第三个目录项覆盖了，对应在 FAT 表中的表项也被覆盖了，以前的文件在数据区上占用的簇已经被 FAT 表中的相应表项所占用，这使文件无法恢复。在该根目录中，操作系统仍然保留了被删除的文件的目录项（即第三个目录项），并没有被覆盖，这是因为该分区中还有充分多的空间可用，而且复制进入的文件的目录项会放在根目录的后面位置。

　　在操作系统中，如果删除过一个文件或子目录，则相应在 FDT 中的目录项可能还保留着，也可能被覆盖掉，这要视磁盘空间是否充足而定。

　　偏移地址为"01 C0H～01 DFH"的目录项对应的是上述过程之后复制进入的一个文件。从目录项可知，其文件名为"HDCLON～1.DOC"，是短文件名，从图 8-27 中可以确定它原是长文件名，而且，还是在 Windows 或 WinPE 操作系统中复制进入的一个长文件名文件。在 DOS 操作系统中不能把一个长文件名的文件复制进入系统，它会被截断后变成短文件名目录项来保存，而长文件名目录项部分将自动丢掉。该文件既然是长文件名，就一定有长文件名目录项存在。

　　从微软对长文件名在 FDT 中的规定可知，从偏移地址为"01 C0H～01 DFH"的目录项开始，倒着向上数，根据长文件名目录项的字节定义可以看出，在该目录项的偏移地址为"00 0BH"的位置是长文件名目录项的定义字节，其值为"0FH"，可以确定这的确是长文件名目录项，而且，该目录项与短文件名目录项是紧挨着的，这样，就能确定该目录项的确是短文件名的长文件名目录项了。

　　该长文件名目录项的偏移地址为"00 0DH"的值，即长文件名目录项的校验值，是由短文件名目录项中的相关参数进行的校验和而产生，该值为"77H"，从该值就可以确定，与该短文件名目录项"HDCLON～1.DOC"相匹配的长文件名目录项共有 3 个，而且文件名越长目录项就占用得越多，就越浪费空间。

　　如果要在 Windows 操作系统中对 FAT 16 的存储介质（或分区）存放文件，最好不要使用长文件名，因为 FAT 16 文件系统中的根目录就只有 512 个目录项，所以使用长文件名会占用太多长文件名目录项，这会使 FAT 16 分区无法保存更多文件。比如由数码相机拍的照片所保存的文件名就是典型代表。

　　到此，对如图 8-26 所示的主分区的 FAT 16 文件系统的 FDT 目录项的分析结束。

最后分析逻辑分区的 FDT 根目录项，即 FAT 32 文件系统的数据区的开始位置，定位到 FDT 根目录项的开始扇区位置，如图 8-28 所示。

```
三茗硬盘医生(Ver 2.2)

000: 41 41 41 41 20 20 20 20-20 20 20 10 00 00 00 00   AAAA       ....
010: 00 00 65 42 00 00 F3 BC-65 42 04 00 00 00 00 00   ..eB....eB......
020: 42 42 42 42 20 20 20 20-20 20 20 10 00 00 00 00   BBBB       ....
030: 00 00 65 42 00 00 F5 BC-65 42 05 00 00 00 00 00   ..eB....eB......
040: 43 4F 4E 4D 45 4E 55 20-53 59 53 20 00 00 00 00   CONMENU SYS ....
050: 00 00 65 42 00 00 E3 84-5C 34 06 00 FD 06 00 00   ..eB....\4......
060: E5 49 53 5F 50 4B 54 20-44 4F 53 20 00 00 00 00   .IS_PKT DOS ....
070: 00 00 65 42 00 00 D7 84-1A 31 07 00 95 16 00 00   ..eB.....1......
080: 49 4F 20 20 20 20 20 20-53 59 53 20 00 00 00 00   IO      SYS ....
090: 00 00 65 42 00 00 78 84-7C 2F 08 00 1C 00 02 00   ..eB..x.|/......
0A0: E5 52 4F 54 4D 41 4E 20-44 4F 53 20 00 00 00 00   .ROTMAN DOS ....
0B0: 00 00 65 42 00 00 21 5F-BA 1E 11 00 B4 55 00 00   ..eB..!_.....U..
0C0: E5 4F 4D 4D 41 4E 44 20-43 4F 4D 20 00 00 00 00   .OMMAND COM ....
0D0: 00 00 65 42 00 00 C0 B2-A5 2E 13 00 54 70 01 00   ..eB........Tp..
0E0: 43 4F 4E 46 49 47 20 20-45 58 45 20 00 00 00 00   CONFIG  EXE ....
0F0: 00 00 82 42 00 00 73 BA-D5 3E 19 00 90 08 00 00   ...B..s..>......
         CHS地址:  243,192,23      绝对扇区地址:    3915913
         PgUP/PgDN = 翻页   ESC = 退出             -- 第一页 --
```

```
三茗硬盘医生(Ver 2.2)

100: 43 4F 4E 46 49 47 20 20-53 59 53 20 00 00 00 00   CONFIG  SYS ....
110: 00 00 65 42 00 00 6B B7-08 3F 1A 00 EF 0F 00 00   ..eB..k..?......
120: 41 55 54 4F 45 58 45 43-42 41 54 20 00 00 00 00   AUTOEXECBAT ....
130: 00 00 65 42 00 00 87 53-34 3F 1B 00 C9 09 00 00   ..eB...S4?......
140: 24 52 45 43 59 43 4C 45-42 49 4E 16 00 65 9D B9   $RECYCLEBIN..e..
150: 68 42 68 42 00 00 A0 B9-68 42 03 00 00 00 00 00   hBhB....hB......
160: 43 2E 00 39 00 2E 00 34-00 20 00 0F 00 77 E8 6C   C..9...4. ...w.l
170: 8C 51 48 72 2E 00 64 00-6F 00 00 00 63 00 00 00   .QHr..d.o...c...
180: 02 73 00 73 00 69 00 6F-00 6E 00 0F 00 77 61 00   .s.s.i.o.n...wa.
190: 6C 00 13 4E 1A 4E 48 72-20 00 00 00 76 00 33 00   l..N.NHr ...v.3.
1A0: 01 48 00 44 00 43 00 6C-00 6F 00 0F 00 77 6E 00   .H.D.C.l.o...wn.
1B0: 65 00 20 00 50 00 72 00-6F 00 00 00 66 00 65 00   e. .P.r.o...f.e.
1C0: 48 44 43 4C 4F 4E 7E 31-44 4F 43 20 00 43 84 B9   HDCLON~1DOC .C..
1D0: 6D 42 6D 42 00 00 22 7C-3D 42 07 00 00 2E 00 00   mBmB.."|=B......
1E0: 43 A3 90 00 4E 3B 52 77-8D 2E 00 0F 00 B6 74 00   C...N;Rw......t.
1F0: 78 00 74 00 00 00 FF FF-FF FF 00 00 FF FF FF FF   x.t.............
         CHS地址:  243,192,23      绝对扇区地址:    3915913
         PgUP/PgDN = 翻页   ESC = 退出             -- 第二页 --
```

```
三茗硬盘医生(Ver 2.2)

000: 02 46 55 1A 4E EE 76 84-76 2C 00 0F 00 B6 76 5E   .FU.N.v.v,....v^
010: 14 4E 28 57 A8 60 0B 4E-7D 8F 00 00 8C 5B 10 62   .N(W.`.N}....[.b
020: 01 F7 8B FF 52 28 57 2C-67 D9 7A 0F 00 B6 0B 4E   ....R(W,g.z....N
030: 7D 8F FB 4E 55 4F 85 51-B9 5B 00 00 28 75 8E 4E   }..NUO.Q.[..(u.N
040: C7 EB CE F0 D4 DA 7E 31-54 58 54 20 00 0A B0 B9   ......~1TXT ....
050: 6D 42 6D 42 00 00 23 43-0B 3D 11 00 07 06 00 00   mBmB..#C.=......
060: 42 73 00 00 00 FF FF FF-FF FF FF 0F 00 B3 FF FF   Bs..............
070: FF FF FF FF FF FF FF FF-FF FF 00 00 FF FF FF FF   ................
080: 01 48 00 44 00 43 00 6C-00 6F 00 0F 00 B3 6E 00   .H.D.C.l.o....n.
090: 65 00 20 00 49 00 6D 00-61 00 00 00 67 00 65 00   e. .I.m.a...g.e.
0A0: 48 44 43 4C 4F 4E 7E 31-20 20 20 10 00 00 F3 A9   HDCLON~1   .....
0B0: 7C 42 7C 42 00 00 F3 A9-7C 42 12 00 00 00 00 00   |B|B....|B......
0C0: 00 00 00 00 00 00 00 00-00 00 00 00 00 00 00 00   ................
0D0: 00 00 00 00 00 00 00 00-00 00 00 00 00 00 00 00   ................
0E0: 00 00 00 00 00 00 00 00-00 00 00 00 00 00 00 00   ................
0F0: 00 00 00 00 00 00 00 00-00 00 00 00 00 00 00 00   ................
         CHS地址:  243,192,24      绝对扇区地址:    3915914
         PgUP/PgDN = 翻页   ESC = 退出             -- 第一页 --
```

图 8-28　逻辑分区上的 FDT 根目录项（数据区的开始位置）

对该信息的分析与分析主分区的 FDT 信息类似。为了方便分析该分区的 FDT 信息，也需要在 DOS 以及 WinPE 操作系统下显示出该分区根上的文件和子目录情况，以便对比，经过上述操作步骤，可得如图 8-29 所示的结果。

从图 8-28 和图 8-29 可以看出，该 FDT 表中共有 22 个目录项，其中正常的短文件有 5 个，短子目录有 3 个，长子目录有 1 个，长文件有 2 个，被删掉的文件有 3 个，其中还显示了各个长文件或长子目录所对应的长文件名目录项的数量。

根据目录项中的首簇号值可以计算出目录项所对应在 FAT 表中的表项位置，即偏移地址，其方法同上。另外，在分析 FAT 32 文件系统的 FDT 表时，其目录项中的首簇值被分为了两个部分，即高位首簇值和低位首簇值。对文件或子目录进行了删除操作后，其高位首簇值可能有变化，这对数据恢复至关重要。FAT 32 的 FDT 中其余信息请读者自行分析。

到此，对如图 8-28 所示的逻辑分区的 FAT 32 文件系统的 FDT 目录项的分析结束。

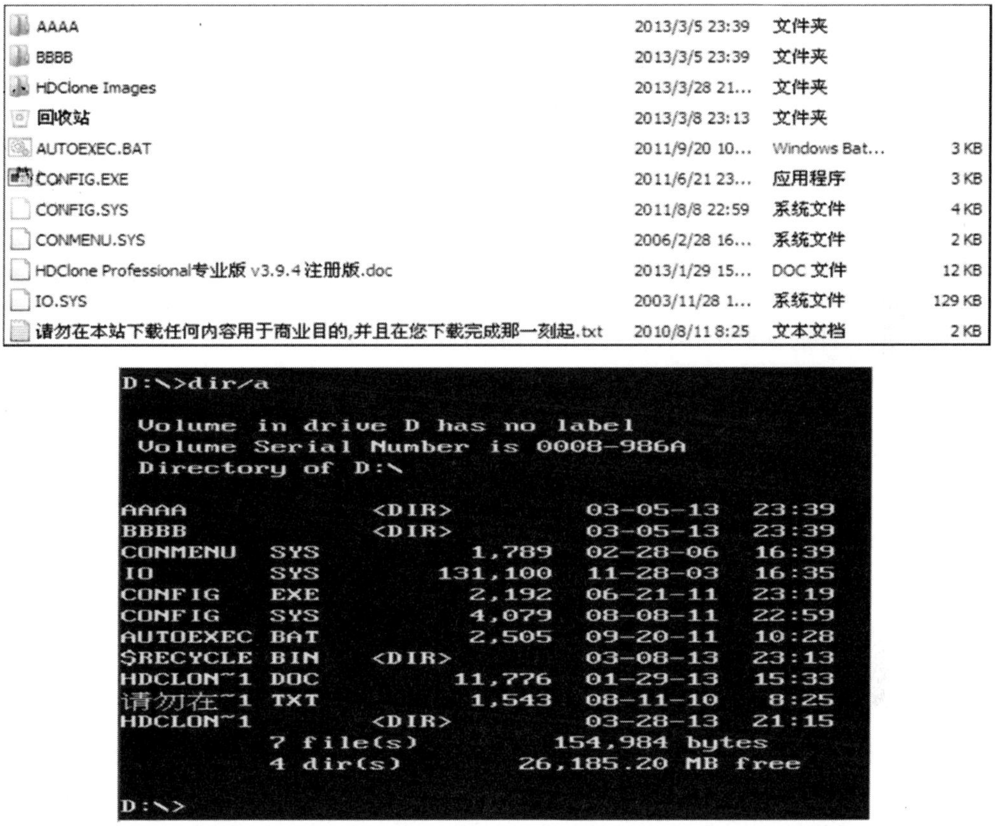

图 8-29    Dos 与 WinPE 操作系统下根上的文件与子目录的对比情况

<读者思考>    无论是对 FAT 16 文件系统还是 FAT 32 文件系统中的 FDT 目录表进行分析，如果某个文件被删除掉了，即该文件的短文件名目录项的第一个字符是"E5H"字符。是否只是把这个字符修改为一个正常的字符（指合法的任意字符）就能恢复这个文件？子目录也可以这样做吗？是否还要考虑其他的因素？

# 8.4    文件定位方法

## 8.4.1    基本概念

（1）文件的存放位置（包括子目录以及子目录下文件的存放位置）。当通过键盘命令

"Shift+Del"组合键直接删除文件、FAT 表或根目录表（FDT 表）存在不严重的损坏情况（严重情况另外讨论），但定位文件的向导还存在或进行数据取证工作等情况时，都需要确切地知道文件（包括子目录以及子目录下文件）在数据区中存储的位置，以及在 FAT 表中的簇链，这便于对其分析和采用有效的方式进行恢复。

在 FAT 文件系统中，操作系统利用 DBR 信息和 FAT 表与 FDT 相互配合的关系就能统一管理整个分区中的文件。所以，FAT 表和 FDT 表是文件的总调度师。

操作系统要向数据区写（存放）某个文件时，首先在 FDT 表中检查是否有相同的文件名，如果有相同的文件名，即显示提示信息；如果没有，则使用一个文件目录项（如新增加一个目录项，或利用已经删除后的目录项等）。之后，在 FAT 表中依次检测每个表项对应的可用簇号，同时将该簇号写入到目录项的首簇值位置处。如果文件的长度不止一簇，则继续在 FAT 表中向后寻找可用簇，找到后写入簇号并占用，循环此过程直到文件安放结束，在最后一个簇号填上"FF FFH"值，如此就构成了该文件的一个单向链表。用户修改一个文件，其存放的方法类似。

操作系统在删除文件时，在 FDT 表的相应目录项中，把文件的第一个字符修改为"E5H"值，其余参数不变；在 FAT 表中，找到该文件的簇链并清零，对应在数据区中的簇内容不会变，文件在数据区中仍然存在。这就是数据可恢复的根据。

从以上原理可以看出，只要能找到定位文件的向导，即文件的首簇值，即可进行适当的恢复工作或文件的读取工作。文件的首簇值可以在 FDT 中获得，也可以在 FAT 表中找到，从而通过首簇值就能定位数据区中相应文件数据的扇区位置。要知道，操作系统在对某文件向数据区中分配空间时，是以每次一个簇的方式来分配，一个文件可能需要若干个簇，而且理论上要求是连续的簇。实际上，被分配的这些簇在数据区上允许不连续。原则上，如果遇到已经分配的簇就绕过，而且只要遇到的第一个簇是空的，就可能分配给它。这是为了能充分地利用数据区上的空间，可以对已经删除掉的文件的空间进行再分配，相应的 FAT 表和数据区上的簇将被覆盖。

如果存放文件的簇不是连续的（即文件的存放存在磁盘碎片或文件碎片时），若 FAT 表已经损坏，即便还存在该文件的首簇值，也无法完全定位整个文件，即不考虑对碎片文件的恢复（除非是电子取证工作的需要）。

（2）通过 FAT 表确定文件（包括子目录）在数据区中的位置。这种方法也叫反向法，或遍历法。通过遍历 FAT 表中的某个可能的连续的簇链表，从而得到其首簇值（首簇值不一定等于首表项值），再通过该首簇值即可定位到数据区的某个扇区上，进而可以判断是否是所需的文件数据，若是则采用适当的方式进行数据恢复。

在不同的文件系统（主要指 FAT 16 或 FAT 32 文件系统）中，只需要找到并遍历 FAT 表，利用其某个完整而连续的簇链中的首簇值，就可以在数据区中定位到某个扇区上。注意，这个完整的连续的簇链可能是文件（包括文件夹）、也可能是文件夹下的文件（包括文件夹），这种方式无法区分是根文件还是子目录下的文件，即通过 FAT 表的表项是无法看出文件的树存储结构的。

在 FAT 表中判断子目录的方法如下：子目录在 FAT 表中只占用一个表项（簇），只占用一个簇的并不一定是子目录，也可能是文件或其他数据，这就需要根据以下定位公式定位到相应的数据区的扇区上，可根据该扇区信息来判断。通过首簇值确定硬盘某分区上的文件（包括子目录）在数据区扇区的位置。

FAT 16 文件系统下，通过首簇值确定文件扇区位置的公式如下。

$$LBA(文件或子目录)=DBR 扇区的 LBA+保留扇区数+2×每 FAT 扇区数$$
$$+FDT 扇区数+（首簇值-2）×每簇扇区数 \tag{8-8}$$

FAT 32 文件系统下通过首簇值确定文件扇区位置的公式如下。

$$LBA(文件或子目录)=DBR 扇区的 LBA+保留扇区数+2×每 FAT 扇区数$$
$$+（根目录起始簇数-2）×每簇扇区数$$
$$+（首簇值-2）×每簇扇区数 \tag{8-9}$$

采用 FAT 表中的首簇值来确定文件（包括子目录）在数据区中的位置，并不是常用方法，原因如下：在 FAT 表中是无法确定某个簇链所存储的是所需文件还是别的数据，为此还必须定位到数据区中的相应扇区上进行判断。就即便判断是所需文件，还需要判断该文件的类型，这就要求读者必须知道各种类型的文件存储在数据区上的格式；如果在 FAT 表中遍历的是子目录的簇链，还要进一步定位到该子目录在数据中的扇区位置，进而分析其FDT 表，看其是否有文件的目录项，若有，则根据目录项中的首簇值在数据区中进行定位，进而采用适当的方法来恢复数据；如果 FAT 表中有大片的"00H"值，这表示有文件（包括子目录）被删除了，如无法确定这些"00H"值是一个文件（包括子目录）还是若个文件（包括子目录）的簇链，定位便无从下手；如果有 FAT 表存在，那么 FDT 表也会同时存在的，所以，多数情况下没有必要采用遍历法来定位数据区上的文件数据。

（3）通过 FDT 表确定文件（包括子目录）在数据区中的位置。该方法是分析磁盘数据最为主要的方法，也叫 FDT 首簇值法。它利用 FDT 目录项中的首簇值来定位文件（包括子目录）在数据区中的扇区位置。同时借助 FAT 表中的相应簇链，即可完整找到文件在数据区中的扇区数据，但此方法要求 FDT 表和 FAT 表是完整的，并假定文件都是连续存放的，即 FAT 键表是连续的。

如果 FDT 表已经被破坏，需要定位的文件的首簇值也已不存在。当遇到这样的情况时，就必须利用相关工具软件对数据区进行遍历（即扫描）来恢复，其原理是：每找到一个扇区，立即进行判断扇区上文件的类型（根据文件存储的头格式等相关信息来进行比对确认），确定文件类型后，继续跟踪后面的扇区直至最后一个扇区，但必须保证该文件的存储是连续的，最后进行恢复。这种方法也叫无树形文件存储结构恢复方法，即恢复出来的文件不是树形的存储结构。典型的数据恢复工具软件"BadCopy Pro"以及"EasyRecovery Pro"中的"高级"和"Raw 恢复"功能等都基于上述方法进行的。不过，如果要恢复的文件包含在子目录中，则利用某些数据恢复工具软件，如"DiskGenius"、"Easy Recovery Pro"中的"格式化恢复"或"删除恢复"功能，在恢复后能保证该子目录的树形存储结构。这也说明，在子目录下存储文件是安全的，数据恢复不是靠单一的工具软件就能完成。另外，如果文件的存储不是占用连续的簇，则恢复结果并不理想。比如恢复被删除的照片时，结果可能就会出现半边照片的情况，这是因为在该删除的照片的簇链之后是别的类型的文件。

FDT 首簇值法遵循操作系统对文件（包括子目录）操作的原则。在 FDT 表项中可以直接找到首簇值，而且也能明确地知道是文件还是子目录，通过该首簇值还能在 FAT 表中找到对应的簇链表（某些情况要求必须是连续的簇，如误删除；某些情况则无要求，如误高级格式化），从而就能完全找到文件（包括子目录）在数据区中的所有扇区，即全部数据，最后再通过某种方式来进行恢复即可。

利用 FDT 首簇值法，首先必须确定根目录（FDT 表）的开始扇区位置，再遍历并找到满足要求的目录项，即可确定是所需文件还是其他数据，这也是操作系统定位文件的过程。利用该目录项中的首簇值以及相关参数，便可找到文件（包括子目录）在数据区中的开始扇区位置。另外还需要利用该首簇值在 FAT 表中找到相应的簇链表，从而在数据区中找到文件的所有扇区，最后进行恢复。如果子目录下有文件，还必须在数据区中找到该子目录的 FDT 表，通过遍历该 FDT 表来确定文件的目录项，再定位以及恢复。

通过根目录表中的首簇值在 FAT 表中定位簇链表的位置的公式分为两部分，第一部分定位簇链在 FAT 表中的扇区位置；第二部分定位簇链的首表项在该扇区上的相对偏移地址。

第一部分公式如下：

$$A=首簇号×4＋（保留扇区数×每扇区字节数）\qquad(8\text{-}10)$$

$$B=A÷每扇区字节数\qquad(8\text{-}11)$$

$$X=簇链表的 LBA=DBR 扇区的 LBA＋B\qquad(8\text{-}12)$$

其中，"首簇号×4"是指在 FAT 32 文件系统中的 FAT 表项；如果是在 FAT 16 文件系统中，则一个 FAT 表项为 2 字节，公式应改为"首簇号×2"；"X"表示簇链在硬盘上扇区的绝对位置（即是在相应分区中的 FAT 表的扇区位置）。

第二部分公式如下：

$$C=A－B×每扇区字节数\qquad(8\text{-}13)$$

其中，C 表示簇链的首表项在 X 扇区上的相对偏移地址。

以上各公式中的参数必须采用十六进制值，为便于使用，X 的结果值可以转换为十进制数。

另外，可以通过目录项中的文件长度值计算文件占用的扇区数或簇数，公式如下：

$$文件占用的扇区数=文件长度值（D）÷512（D）\qquad(8\text{-}14)$$

$$文件占用的簇数=文件长度值（D）÷每簇扇区数（D）×512（D）\qquad(8\text{-}15)$$

注意，公式（8-14）和（8-15）中的值为十进制值。如果上两式中有余数（即小数），则计算出的文件占用的扇区数或簇数还要加 1（这表示多出的部分还要占用一个扇区或一个簇）。

计算出文件所占用的扇区数或簇数，其意义在于可以推测文件被覆盖的程度，如果不是完全被覆盖，则以前的文件还有碎片存在，这对电子取证具有积极意义。

### 8.4.2　实验目的

了解操作系统对文件（包括子目录）操作的过程；了解通过 FAT 表的表项值定位数据区中文件扇区的方法来确定首簇值的方法和意义。

熟练掌握用 FDT 首簇值法在硬盘的某分区（要求是 FAT 16 或 FAT 32 文件系统的分区）定位文件（包括子目录）在数据区中的扇区位置以及在 FAT 表中的簇链位置，充分理解 FAT 表中簇链对数据恢复的限制；熟练计算出文件占用的扇区数和簇数。

### 8.4.3　实验指导

（1）准备工作。制作好包含有"三茗硬盘医生"和"Sector Editor"两软件的"TonPE_V3.3 分析盘.ISO"光盘。再制作一张无启动功能的"软件文档.ISO"光盘，在该光盘中放入若干的文件（主要包括各种软件、文档以及子目录，其总容量为 3～6GB 即可）

再通过"Virtual PC 2007"软件创建一台虚拟机，如"张三虚拟机"，硬件设备要求如下：内存 512MB，硬盘 20000MB，其他设置默认即可。

用"TonPE_V3.3 分析盘.ISO"光盘启动"张三虚拟机"，并对硬盘分区，分为 1 个主分区和 1 个逻辑分区，各个分区必须高级格式化，最后让分区生效。分区方案，如图 8-30 所示。

| FAT 16<br>500MB-2100MB | 扩展分区 |
| | FAT 32（剩余容量） |

图 8-30　硬盘分区方案示意图

在准备好了以上工作后，进入 WinPE 操作系统，复制 "软件文档.ISO" 光盘中的所有文件（包括子目录）到 FAT 32 文件系统的分区上。最后，利用键盘命令 "Del"（要求再清空回收站）和 "Shift+Del" 删除掉根上的一些文件和子目录（总个数为 10～20 个），请记录下这些被删除掉的文件名称。

（2）FAT 32 文件系统中文件在数据区和 FAT 表中的定位以及分析。根据如图 8-30 所示的硬盘分区结构，主要针对 FAT 32 文件系统的分区并对其文件在数据区以及在 FAT 表中进行定位和分析（在 FAT 16 文件系统下的情况，请读者自行研究）。

为了分析 "张三虚拟机" 中 FAT 32 文件系统分区上的文件数据，必须先分析 MBR 以及相应分区上的 DBR 扇区的相关信息，再来定位并分析数据区和 FAT 表中文件的扇区和簇链。

首先，定位并分析 MBR 扇。如图 8-31 所示。是 "张三虚拟机" 硬盘的 MBR 扇区。根据分区结构可知，逻辑分区是 FAT 32 文件系统，所以，为了能定位到逻辑分区的 DBR 扇区上，还要定位逻辑分区的虚拟 MBR 扇区。根据相关参数，其位置为 $LBA$ 等于 00 3B 52 72H，即 3 887 730D，如图 8-32 所示。根据该逻辑分区的虚拟 MBR 扇区可知，该硬盘只有一个逻辑分区，故该逻辑分区的 DBR 扇区位置为 $LBA$ 等于 00 3B 52 72H+3FH，即 00 3B 52 B1H，或 3 887 793D。

定位到逻辑分区的 DBR 扇区上，如图 8-33 所示。从该扇区可以看出，需要查 FAT 32 文件系统的 DBR 扇区中的 BPB 信息。为了定位该逻辑分区中的 FDT 根目录的开始扇区位置，以及 FAT 表的开始扇区位置，查出相关参数如下：保留扇区数为 00 22H；DBR 扇区的 $LBA$ 为 00 3B 52 B1H；每 FAT 扇区数为 00 00 36 DBH，根目录起始簇数为 02H；每簇扇区数为 20H；每扇区字节数为 02 00H。

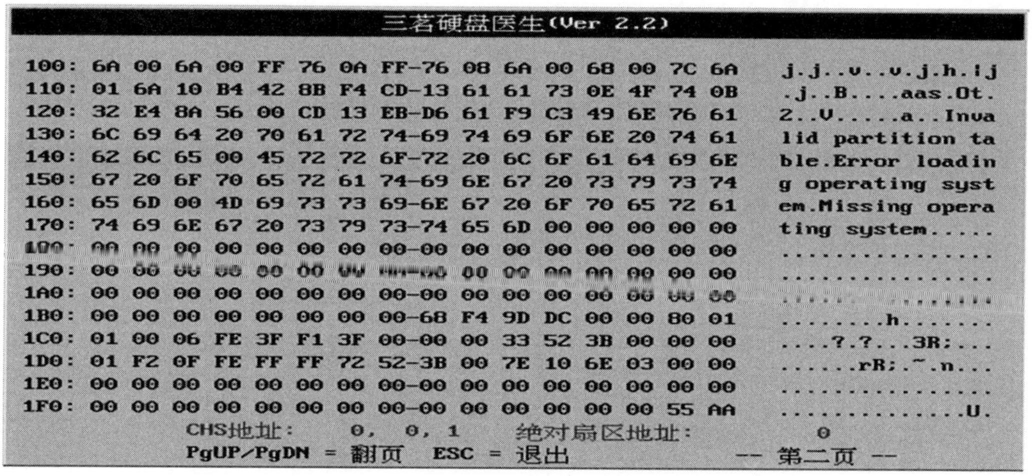

图 8-31　"张三虚拟机" 硬盘的 MBR 扇区

该逻辑分区的 FAT1 表的开始扇区位置 $LBA$ 为 00 3B 52 B1H+00 22H，即 00 3B 52 D3H，或 3 887 827D。该逻辑分区的 FDT 根目录的开始扇区位置 $LBA$ 为 00 3B 52 B1H＋00 22H＋

00 00 36 DBH×2＋（2-2）×20H，即 00 3B C0 89H，或 3 915 913D。

定位到逻辑分区的 FDT 根目录的开始扇区位置 *LBA* 为 00 3B C0 89H，即 3 915 913D。如图 8-34 所示。该扇区是 FAT 32 文件系统的逻辑分区的 FDT 根目录的开始扇区，可以看出，其上有若干的文件以及子目录的目录项。

定位并分析一个正常文件在数据区上扇区的位置以及在 FAT 表中的簇链表。如图 8-34 所示，在根目录表中确定一个正常文件的目录项，如"HDCLON～1. DOC"，其属性为 20H，偏移地址为 01 C0H～01 DFH，如图 8-35 所示。

"HDCLON～1.DOC"文件的首簇值为 00 00 00 07H，文件长度（即容量）为 00 00 2E 00H。而且，该文件是一个长文件名文件，并覆盖了原来的文件。

根据首簇值，可以确定该文件在 FAT 表中的簇链位置，具体公式如下：

$$A=00\ 00\ 00\ 07H×4+（00\ 22H×02\ 00H）=1CH+44\ 00H=44\ 1CH \tag{8-16}$$

$$B=44\ 1CH÷02\ 00H=22H \tag{8-17}$$

$$X=00\ 3B\ 52\ B1H+22H=3B\ 52\ D3H=3\ 887\ 827D \tag{8-18}$$

$$C=44\ 1CH-22H×02\ 00H=44\ 1CH-4400H=00\ 1CH \tag{8-19}$$

因此"HDCLON～1.DOC"文件的簇链表在硬盘中的位置为（即在 FAT 表中的扇区位置）3B 52 D3H。定位到该扇区位置，如图 8-36 所示。

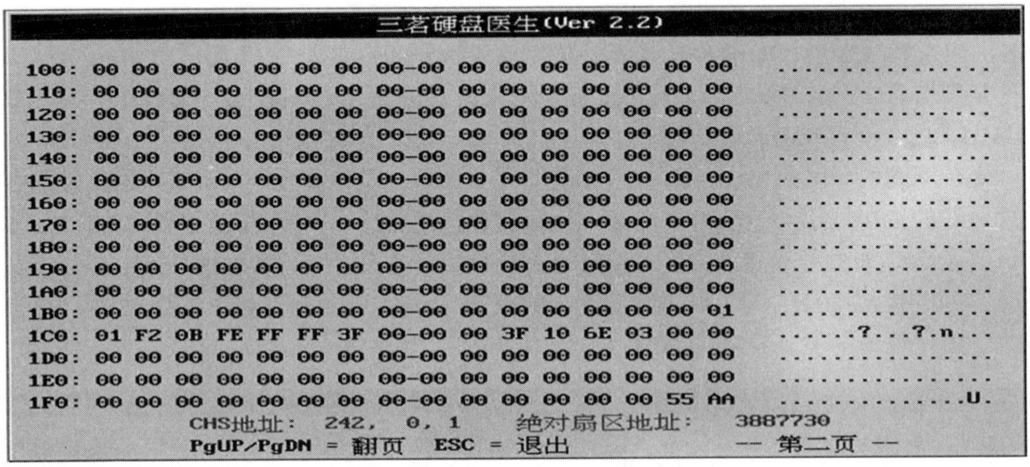

图 8-32　逻辑分区的虚拟 MBR 扇区

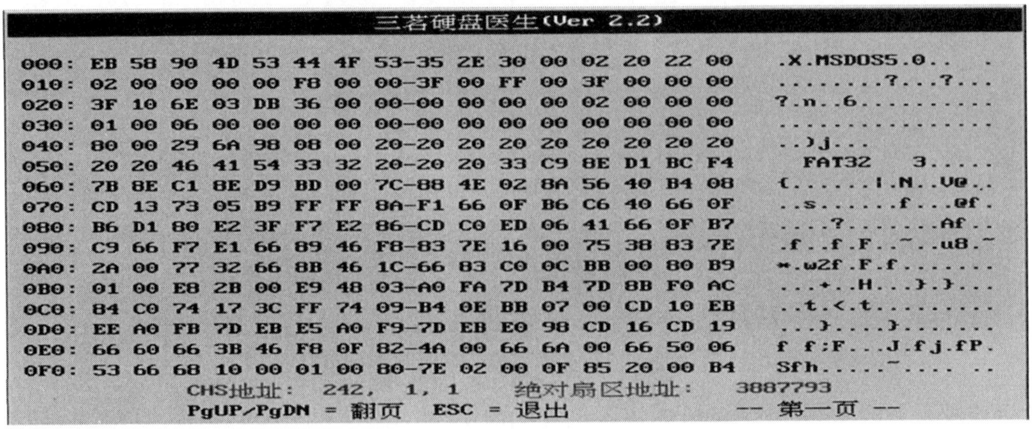

图 8-33　逻辑分区的 DBR 扇区

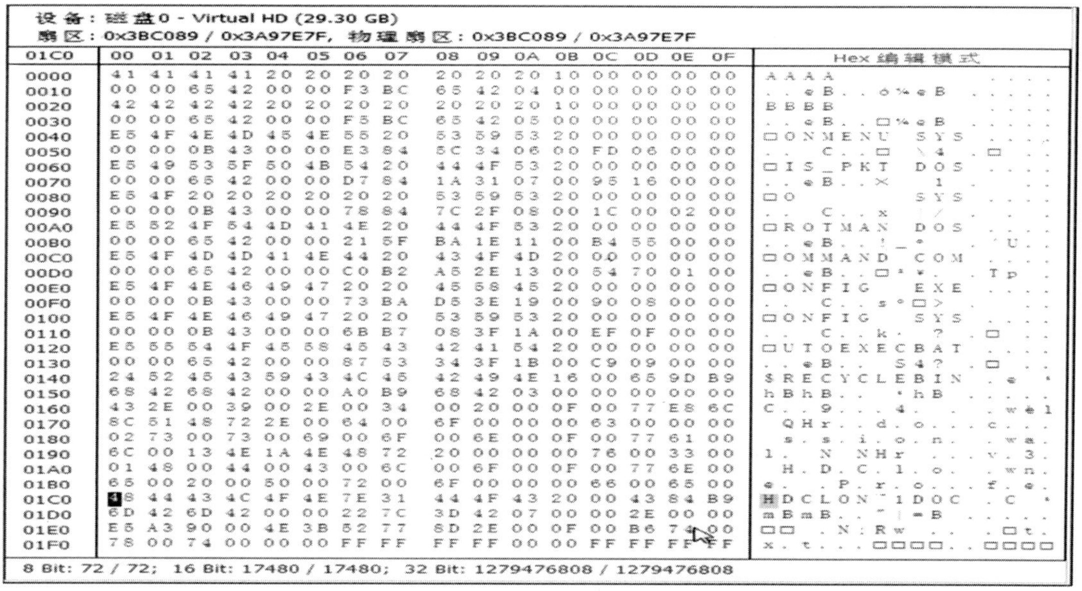

```
设备：磁盘0 - Virtual HD (29.30 GB)
扇区：0x3BC089 / 0x3A97E7F, 物理扇区：0x3BC089 / 0x3A97E7F
01C0   00 01 02 03 04 05 06 07   08 09 0A 0B 0C 0D 0E 0F        Hex编辑模式
0000   41 41 41 41 20 20 20 20   20 20 20 10 00 00 00 00   A A A A . . . . . . . □ . . . .
0010   00 00 65 42 20 00 F3 BC   65 42 04 00 00 00 00 00   . . e B . ö¼ e B . . . .
0020   42 42 42 42 20 20 20 20   20 20 20 10 00 00 00 00   B B B B . . . . . . . □ . . . .
0030   00 00 65 42 20 00 F5 BC   65 42 20 00 00 00 00 00   . . e B . ½ e B . . . .
0040   E5 4F 4E 4D 45 4E 55 20   53 59 53 20 00 00 00 00   □ O N M E N U   S Y S .
0050   00 00 00 8B 43 00 00 E3   84 5C 34 00 00 FD 06 00   . . . □ C . . □ . \ 4 . . □ . .
0060   E5 49 53 5F 50 4B 54 20   44 4F 53 20 00 00 00 00   □ I S _ P K T   D O S .
0070   00 00 65 42 00 00 D7 84   1A 31 07 00 95 16 00 00   . . e B . . × . . 1 . . □ . . .
0080   E5 4F 20 20 20 20 20 20   53 59 53 20 00 00 00 00   □ O       S Y S .
0090   00 00 0B 43 00 00 78 84   7C 2F 08 00 1C 00 02 00   . . . C . . x . | / . . . . . .
00A0   E5 52 4F 54 4D 41 4E 20   44 4F 53 20 00 00 00 00   □ R O T M A N   D O S .
00B0   00 00 65 42 00 00 21 5F   BA 1E 11 00 B4 55 00 00   . . e B . . ! _ □ . . . □ U . .
00C0   E5 4F 4D 4D 41 4E 44 20   43 4F 4D 20 00 00 00 00   □ O M M A N D   C O M .
00D0   00 00 65 42 00 00 C0 B2   A5 2E 13 00 54 70 01 00   . . e B . . □ □ □ . . . T p . .
00E0   E5 4F 4E 46 49 47 20 20   45 58 45 20 00 00 00 00   □ O N F I G     E X E .
00F0   00 00 0B 43 00 00 73 BA   D5 3E 19 00 90 08 00 00   . . . C . . s □ □ . . . □ . . .
0100   E5 4F 4E 46 49 47 20 20   53 59 53 20 00 00 00 00   □ O N F I G     S Y S .
0110   00 00 0B 43 00 00 6B B7   08 3F 1A 00 EF 0F 00 00   . . . C . . k □ . ? . . □ . . .
0120   E5 55 54 4F 45 58 45 43   42 41 54 20 00 00 00 00   □ U T O E X E C B A T .
0130   00 00 65 42 00 00 87 53   34 3F 1B 00 C9 09 00 00   . . e B . . □ S 4 ? . . □ . . .
0140   24 52 45 43 59 43 4C 45   42 49 4E 16 00 65 9D B9   $ R E C Y C L E B I N . . e □ □
0150   68 42 68 42 00 00 A0 B9   68 42 03 00 00 00 00 00   h B h B . . □ □ h B . . . .
0160   43 2E 00 39 00 2E 00 34   00 20 00 0F 00 77 E8 6C   C . . 9 . . . 4 . . . . . w □ l
0170   8C 51 48 72 2E 00 64 00   6F 00 00 00 63 00 00 00   □ Q H r . . d . o . . . c . . .
0180   02 73 00 73 00 69 00 6F   00 6E 00 0F 00 77 61 00   . s . s . i . o . n . . . w a .
0190   6C 00 13 4E 1A 4E 48 72   00 6F 00 00 00 76 00 33 00   l . . N . N H r . o . . . v . 3 .
01A0   01 48 00 44 00 43 00 6C   00 6F 00 0F 00 77 6E 00   . H . D . C . l . o . . . w n .
01B0   65 00 20 00 50 00 72 00   6F 00 00 00 66 00 65 00   e .   . P . r . o . . . f . e .
01C0   48 44 43 4C 4F 4E 7E 31   44 4F 43 20 00 43 84 B9   H D C L O N ~ 1 D O C   . C . □
01D0   6D 42 6D 42 00 00 22 7C   3D 42 07 00 00 2E 00 00   m B m B . . " | = B . . . . . .
01E0   E5 A3 90 00 4E 3B 52 77   8D 2E 00 0F 00 B6 74 00   □ □ □ . N ; R w □ . . . . □ t .
01F0   78 00 74 00 00 00 FF FF   FF FF 00 00 FF FF FF FF   x . t . . . □□□□ . . □□□□
8 Bit: 72 / 72; 16 Bit: 17480 / 17480; 32 Bit: 1279476808 / 1279476808
```

图 8-34　逻辑分区的 FDT 根目录的开始扇区位置

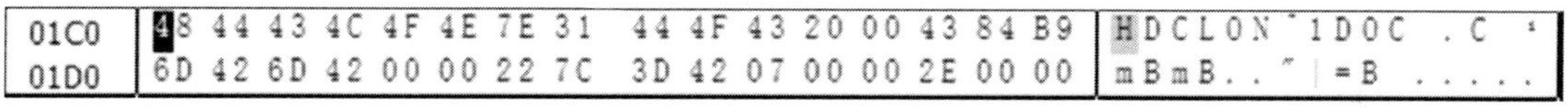

```
01C0   48 44 43 4C 4F 4E 7E 31   44 4F 43 20 00 43 84 B9   H D C L O N ~ 1 D O C   . C .
01D0   6D 42 6D 42 00 00 22 7C   3D 42 07 00 00 2E 00 00   m B m B . . " | = B . . . . .
```

图 8-35　逻辑分区 FDT 根目录中的一个正常文件的目录项

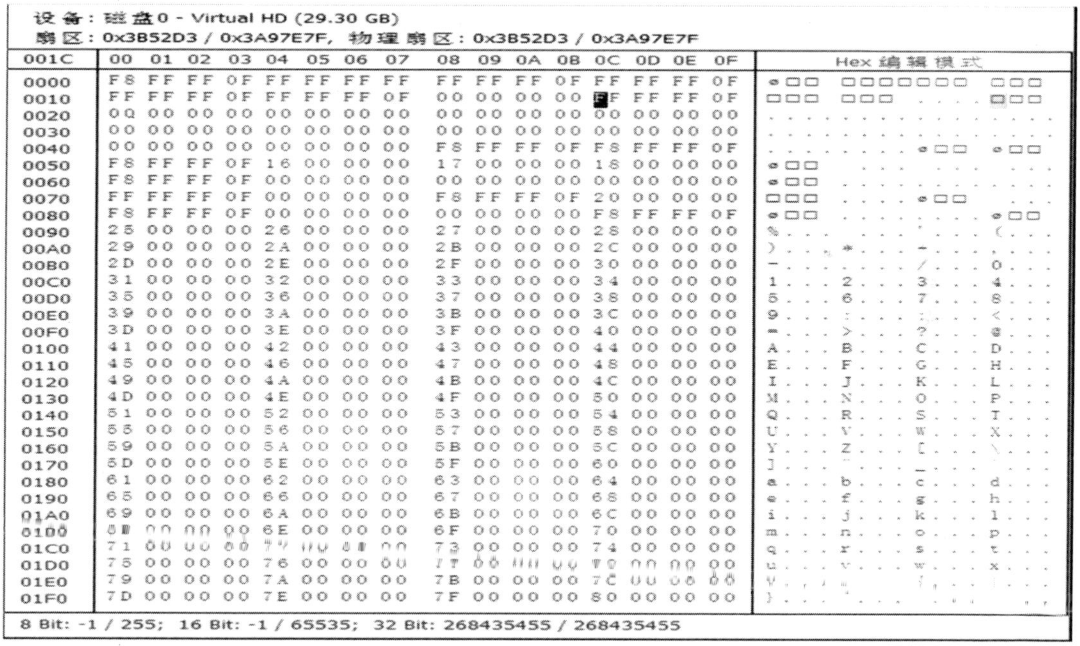

```
设备：磁盘0 - Virtual HD (29.30 GB)
扇区：0x3B52D3 / 0x3A97E7F, 物理扇区：0x3B52D3 / 0x3A97E7F
001C   00 01 02 03 04 05 06 07   08 09 0A 0B 0C 0D 0E 0F        Hex编辑模式
0000   F8 FF FF 0F FF FF FF 0F   FF FF FF 0F FF FF FF 0F   □ □□ □□□ □□□
0010   FF FF FF 0F FF FF FF 0F   00 00 00 00 FF FF FF 0F   □□□ □□□ □□□
0020   0C 00 00 00 00 00 00 00   00 00 00 00 00 00 00 00   . . . . . . . .
0030   00 00 00 00 00 00 00 00   00 00 00 00 00 00 00 00   . . . . . . . .
0040   00 00 00 00 00 00 00 00   F8 FF FF 0F F8 FF FF 0F   . . . . □□ □□
0050   F8 FF FF 0F 16 00 00 00   17 00 00 00 18 00 00 00   □□ . . . . . .
0060   F8 FF FF 0F 00 00 00 00   00 00 00 00 F8 FF FF 0F   □□ . . . . □□
0070   FF FF FF 0F 00 00 00 00   F8 FF FF 0F 20 00 00 00   □□□ . . . □□ . .
0080   F8 FF FF 0F 00 00 00 00   00 00 00 00 F8 FF FF 0F   □□ . . . . □□
0090   25 00 00 00 26 00 00 00   27 00 00 00 28 00 00 00   % . . . & . . . ' . . . ( .
00A0   29 00 00 00 2A 00 00 00   2B 00 00 00 2C 00 00 00   ) . . . * . . . + . . . , . .
00B0   2D 00 00 00 2E 00 00 00   2F 00 00 00 30 00 00 00   - . . . . . . . / . . . 0 . .
00C0   31 00 00 00 32 00 00 00   33 00 00 00 34 00 00 00   1 . . . 2 . . . 3 . . . 4 . .
00D0   35 00 00 00 36 00 00 00   37 00 00 00 38 00 00 00   5 . . . 6 . . . 7 . . . 8 . .
00E0   39 00 00 00 3A 00 00 00   3B 00 00 00 3C 00 00 00   9 . . . : . . . ; . . . < . .
00F0   3D 00 00 00 3E 00 00 00   3F 00 00 00 40 00 00 00   = . . . > . . . ? . . . @ . .
0100   41 00 00 00 42 00 00 00   43 00 00 00 44 00 00 00   A . . . B . . . C . . . D . .
0110   45 00 00 00 46 00 00 00   47 00 00 00 48 00 00 00   E . . . F . . . G . . . H . .
0120   49 00 00 00 4A 00 00 00   4B 00 00 00 4C 00 00 00   I . . . J . . . K . . . L . .
0130   4D 00 00 00 4E 00 00 00   4F 00 00 00 50 00 00 00   M . . . N . . . O . . . P . .
0140   51 00 00 00 52 00 00 00   53 00 00 00 54 00 00 00   Q . . . R . . . S . . . T . .
0150   55 00 00 00 56 00 00 00   57 00 00 00 58 00 00 00   U . . . V . . . W . . . X . .
0160   59 00 00 00 5A 00 00 00   5B 00 00 00 5C 00 00 00   Y . . . Z . . . [ . . . \ . .
0170   5D 00 00 00 5E 00 00 00   5F 00 00 00 60 00 00 00   ] . . . ^ . . . _ . . . ` . .
0180   61 00 00 00 62 00 00 00   63 00 00 00 64 00 00 00   a . . . b . . . c . . . d . .
0190   65 00 00 00 66 00 00 00   67 00 00 00 68 00 00 00   e . . . f . . . g . . . h . .
01A0   69 00 00 00 6A 00 00 00   6B 00 00 00 6C 00 00 00   i . . . j . . . k . . . l . .
01B0   6D 00 00 00 6E 00 00 00   6F 00 00 00 70 00 00 00   m . . . n . . . o . . . p . .
01C0   71 00 00 00 72 00 00 00   73 00 00 00 74 00 00 00   q . . . r . . . s . . . t . .
01D0   75 00 00 00 76 00 00 00   77 00 00 00 78 00 00 00   u . . . v . . . w . . . x . .
01E0   79 00 00 00 7A 00 00 00   7B 00 00 00 7C 00 00 00   y . . . z . . . { . . . | . .
01F0   7D 00 00 00 7E 00 00 00   7F 00 00 00 80 00 00 00   } . . . ~ . . . . . . . . . .
8 Bit: -1 / 255; 16 Bit: -1 / 65535; 32 Bit: 268435455 / 268435455
```

图 8-36　"HDCLON～1.DOC" 文件所在 FAT 表中的扇区位置

在该 FAT 表中，发现有若干的簇链，那么，哪个才是"HDCLON～1.DOC"文件的簇链呢？可根据 C 的值就能得到其偏移地址，用键盘的光标键定位到偏移地址为 00 1CH 的位置处，如图 8-37 所示。"HDCLON～1.DOC"文件在 FAT 表中只占用了一个表项的位置，这说明它是一个小于一个簇大小容量的小文件。

| 设备：磁盘0 - Virtual HD (29.30 GB) | | | | | | | | | | | | | | | | |
|---|---|---|---|---|---|---|---|---|---|---|---|---|---|---|---|---|
| 扇区：0x3B52D3 / 0x3A97E7F，物理扇区：0x3B52D3 / 0x3A97E7F | | | | | | | | | | | | | | | | |
| 001C | 00 | 01 | 02 | 03 | 04 | 05 | 06 | 07 | 08 | 09 | 0A | 0B | 0C | 0D | 0E | 0F | Hex 编辑模式 |
| 0000 | F8 | FF | FF | 0F | FF | FF | FF | FF | FF | FF | FF | 0F | FF | FF | FF | 0F | ⌀□□ □□□□□□□ □□□ |
| 0010 | FF | FF | FF | 0F | FF | FF | FF | 0F | 00 | 00 | 00 | 00 | 0F | FF | FF | 00 | □□□ □□□ . . . . □□□ |
| 0020 | 00 | 00 | 00 | 00 | 00 | 00 | 00 | 00 | 00 | 00 | 00 | 00 | 00 | 00 | 00 | 00 | . . . . . . . . . . . . |

图 8-37  "HDCLON～1.DOC"文件在 FAT 表中的簇链位置

最后，根据首簇值，可以确定该文件在数据区中扇区的位置，根据公式（8-9）可知：
$LBA$（文件或子目录）=00 3B 52 B1H+00 22H+2×00 00 36 DBH+(02H-2)×20H+(00 00 00 07H-2)×20H=3B 52 D3H+6D B6H+00H+A0H=3B C1 29H=39 16 073D，即该文件在数据区上的扇区位置为 $LBA$(文件或子目录)等于 3916073D。

定位到该扇区，如图 8-38 所示，"HDCLON～1.DOC"文件在数据区上的扇区信息都是些看不明白的乱码（其实，这些是 DOC 文档的头标信息，即 DOC 格式信息）。

注意，不同格式的文件，大多数都有格式信息。在某些情况下为恢复丢失文件，就要利用文档的格式信息，其恢复的概率是很高的（要求连续存储）。因文本文件没有格式信息，如果把文本文件保存到分区的根上，一旦文件丢失，是很难得到恢复的。如果文本文件在子目录中，则就相对安全，恢复的概率也非常高。

| 设备：磁盘0 - Virtual HD (29.30 GB) | | | | | | | | | | | | | | | | |
|---|---|---|---|---|---|---|---|---|---|---|---|---|---|---|---|---|
| 扇区：0x3BC129 / 0x3A97E7F，物理扇区：0x3BC129 / 0x3A97E7F | | | | | | | | | | | | | | | | |
| 000F | 00 | 01 | 02 | 03 | 04 | 05 | 06 | 07 | 08 | 09 | 0A | 0B | 0C | 0D | 0E | 0F | Hex 编辑模式 |
| 0000 | D0 | CF | 11 | E0 | A1 | B1 | 1A | E1 | 00 | 00 | 00 | 00 | 00 | 00 | 00 | 00 | □□ à í ± . . . . . . |
| 0010 | 00 | 00 | 00 | 00 | 00 | 00 | 00 | 00 | 3E | 00 | 03 | 00 | FE | FF | 09 | 00 | . . . . . . . . >. . . □□ . |
| 0020 | 06 | 00 | 00 | 00 | 00 | 00 | 00 | 00 | 00 | 00 | 00 | 00 | 01 | 00 | 00 | 00 | . . . . . . . . . . . . . . |
| 0030 | 01 | 00 | 00 | 00 | 00 | 00 | 00 | 00 | 00 | 10 | 00 | 00 | 02 | 00 | 00 | 00 | . . . . . . . . . . . . . . |
| 0040 | 01 | 00 | 00 | 00 | FE | FF | FF | FF | 00 | 00 | 00 | 00 | 00 | 00 | 00 | 00 | . . □□□□ . . . . . . |
| 0050 | FF | FF | FF | FF | FF | FF | FF | FF | FF | FF | FF | FF | FF | FF | FF | FF | □□□□□□□□□□□□□□□□ |
| 0060 | FF | FF | FF | FF | FF | FF | FF | FF | FF | FF | FF | FF | FF | FF | FF | FF | □□□□□□□□□□□□□□□□ |
| 0070 | FF | FF | FF | FF | FF | FF | FF | FF | FF | FF | FF | FF | FF | FF | FF | FF | □□□□□□□□□□□□□□□□ |
| 0080 | FF | FF | FF | FF | FF | FF | FF | FF | FF | FF | FF | FF | FF | FF | FF | FF | □□□□□□□□□□□□□□□□ |
| 0090 | FF | FF | FF | FF | FF | FF | FF | FF | FF | FF | FF | FF | FF | FF | FF | FF | □□□□□□□□□□□□□□□□ |
| 00A0 | FF | FF | FF | FF | FF | FF | FF | FF | FF | FF | FF | FF | FF | FF | FF | FF | □□□□□□□□□□□□□□□□ |
| 00B0 | FF | FF | FF | FF | FF | FF | FF | FF | FF | FF | FF | FF | FF | FF | FF | FF | □□□□□□□□□□□□□□□□ |
| 00C0 | FF | FF | FF | FF | FF | FF | FF | FF | FF | FF | FF | FF | FF | FF | FF | FF | □□□□□□□□□□□□□□□□ |
| 00D0 | FF | FF | FF | FF | FF | FF | FF | FF | FF | FF | FF | FF | FF | FF | FF | FF | □□□□□□□□□□□□□□□□ |
| 00E0 | FF | FF | FF | FF | FF | FF | FF | FF | FF | FF | FF | FF | FF | FF | FF | FF | □□□□□□□□□□□□□□□□ |
| 00F0 | FF | FF | FF | FF | FF | FF | FF | FF | FF | FF | FF | FF | FF | FF | FF | FF | □□□□□□□□□□□□□□□□ |
| 0100 | FF | FF | FF | FF | FF | FF | FF | FF | FF | FF | FF | FF | FF | FF | FF | FF | □□□□□□□□□□□□□□□□ |
| 0110 | FF | FF | FF | FF | FF | FF | FF | FF | FF | FF | FF | FF | FF | FF | FF | FF | □□□□□□□□□□□□□□□□ |
| 0120 | FF | FF | FF | FF | FF | FF | FF | FF | FF | FF | FF | FF | FF | FF | FF | FF | □□□□□□□□□□□□□□□□ |
| 0130 | FF | FF | FF | FF | FF | FF | FF | FF | FF | FF | FF | FF | FF | FF | FF | FF | □□□□□□□□□□□□□□□□ |
| 0140 | FF | FF | FF | FF | FF | FF | FF | FF | FF | FF | FF | FF | FF | FF | FF | FF | □□□□□□□□□□□□□□□□ |
| 0150 | FF | FF | FF | FF | FF | FF | FF | FF | FF | FF | FF | FF | FF | FF | FF | FF | □□□□□□□□□□□□□□□□ |
| 0160 | FF | FF | FF | FF | FF | FF | FF | FF | FF | FF | FF | FF | FF | FF | FF | FF | □□□□□□□□□□□□□□□□ |
| 0170 | FF | FF | FF | FF | FF | FF | FF | FF | FF | FF | FF | FF | FF | FF | FF | FF | □□□□□□□□□□□□□□□□ |
| 0180 | FF | FF | FF | FF | FF | FF | FF | FF | FF | FF | FF | FF | FF | FF | FF | FF | □□□□□□□□□□□□□□□□ |
| 0190 | FF | FF | FF | FF | FF | FF | FF | FF | FF | FF | FF | FF | FF | FF | FF | FF | □□□□□□□□□□□□□□□□ |
| 01A0 | FF | FF | FF | FF | FF | FF | FF | FF | FF | FF | FF | FF | FF | FF | FF | FF | □□□□□□□□□□□□□□□□ |
| 01B0 | FF | FF | FF | FF | FF | FF | FF | FF | FF | FF | FF | FF | FF | FF | FF | FF | □□□□□□□□□□□□□□□□ |
| 01C0 | FF | FF | FF | FF | FF | FF | FF | FF | FF | FF | FF | FF | FF | FF | FF | FF | □□□□□□□□□□□□□□□□ |
| 01D0 | FF | FF | FF | FF | FF | FF | FF | FF | FF | FF | FF | FF | FF | FF | FF | FF | □□□□□□□□□□□□□□□□ |
| 01E0 | FF | FF | FF | FF | FF | FF | FF | FF | FF | FF | FF | FF | FF | FF | FF | FF | □□□□□□□□□□□□□□□□ |
| 01F0 | FF | FF | FF | FF | FF | FF | FF | FF | FF | FF | FF | FF | FF | FF | FF | FF | □□□□□□□□□□□□□□□□ |
| 8 Bit: 0 / 0;  16 Bit: 0 / 0;  32 Bit: 0 / 0 | | | | | | | | | | | | | | | | |

图 8-38  "HDCLON～1.DOC"文件在数据区上的扇区

另外，可以根据"HDCLON～1.DOC"文件的长度值，求出在数据区中占用的扇区数或簇数，并由此可以推测该文件覆盖了多少以前的文件。

根据相关公式可知：该文件占用的扇区数=00 00 2E 00H÷200H=11776D÷512D=23D。该文件占用的簇数=00 00 2E 00H÷20H×200H=11776D÷32D×512D=0.718D，则被覆盖的文件占用的扇区数为 00 00 16 95H÷200H 即 5781D÷512D，或 11.29D。故可以看出，该文件实际占用了 23 个扇区，或 1 个簇，以前的文件被完全覆盖了。

定位并分析一个被删除的子目录在数据区上扇区的位置以及在 FAT 表中的簇链表。为了能找到一个典型的被删除的子目录，从如图 8-34 所示的扇区位置开始向下查找，直到找出某个被删除的子目录的目录项，如图 8-39 所示。

```
设备：磁盘 0 - Virtual HD (29.30 GB)
扇区：0x3BC08F / 0x3A97E7F, 物理扇区：0x3BC08F / 0x3A97E7F
0000   00 01 02 03 04 05 06 07  08 09 0A 0B 0C 0D 0E 0F    Hex 编辑模式
0000   E5 B6 D1 C0 C8 ED BC FE  20 20 20 10 00 B4 39 95    □□□□□ì ¼□   . ´9
0010   0B 43 0B 43 00 00 6B 8D  0B 43 CE 0C 00 40 00 00    C C . k   C□ .@..
```

图 8-39　某个被删除的子目录的目录项

根据其属性值 10H 可以判定是子目录，而其名称是乱码；目录项的第一个字符是 E5H，可以判断它被删除了（目前还不能确定是用什么命令来删除的）。

因为被删除的子目录的首簇值的高位为 00 00H 值，在数据区上定位的扇区以及在 FAT 表中的簇链可能是完全错误的，又考虑到被删除的是子目录，其下可能还有文件或其他数据，所有首簇值还无法确定。但可通过查看该目录项前后位置的正常文件或子目录的目录项中的首簇值的高位来确定！先看其前面的目录项，如图 8-40 所示。

```
0180   B0 B2 C8 AB B9 A4 BE DF  20 20 20 10 00 0A ED 94    □□□·□□¼□    . .i
0190   0B 43 0B 43 02 00 6B 8D  0B 43 6A 97 00 00 00 00    C C . k   Cj ....
01A0   E5 1A 4F F0 58 1A 4F 71  5F 58 00 00 42 35 00       . OX Oq_X . B5.
01B0   00 00 FF FF FF FF FF FF  FF FF 00 00 FF FF FF FF    . . □□□□□□ . □□□□
01C0   E5 E1 C9 F9 BB E1 7E 31  20 20 20 10 00 6C F0 94    □áÙ·á~1    . l□
01D0   0B 43 0B 43 02 00 6B 8D  0B 43 9? AC 00 00 00 00    C C . k   C .....
01E0   E5 DD 84 59 72 6F 8F F6  4E 00 00 FF 00 9A FF FF    □□ Yro □N. . □□□
01F0   FF FF FF FF FF FF FF FF  FF FF 00 00 FF FF FF FF    □□□□□□□□□□ . □□□□
8 Bit: -80 / 176;  16 Bit: -19792 / 45744;  32 Bit: -1412910416 / 2882056880
```

图 8-40　该被删除的子目录目录项之前的目录项表

目录项的第一个字符为 E5H 它用于确定文件是否被删除，故可以绕过。再向上找，可发现与之最近的偏移地址为 01 80H～01 9FH 的目录项，它是一个正常存储的子目录，其首簇值的高位地址为 00 02H。由此判断，该删除的子目录的首簇值的高位地址可能是 00 02H 值。

为了能确定完整的首簇值，还必须看该删除的子目录后面的目录项，如图 8-41 所示，直到找到一个正常的文件或子目录。偏移地址为 00 C0H～00 D0H 的目录项，它表示一个正常存储的子目录，其首簇值的高位为 00 04H。

```
设备：磁盘 0 - Virtual HD (29.30 GB)
扇区：0x3BC08F / 0x3A97E7F, 物理扇区：0x3BC08F / 0x3A97E7F
00C0   00 01 02 03 04 05 06 07  08 09 0A 0B 0C 0D 0E 0F    Hex 编辑模式
0000   E5 B6 D1 C0 C8 ED BC FE  20 20 20 10 00 B4 39 95    □□□□□ì ¼□   . ´9
0010   0B 43 0B 43 00 00 6B 8D  0B 43 CE 0C 00 40 00 00    C C . k   C□ .@..
0020   E5 36 65 F3 97 3A 67 00  00 FF FF 0F 00 D0 FF FF    □6eó :g. □□ . □□□
0030   FF FF FF FF FF FF FF FF  FF FF 00 00 FF FF FF FF    □□□□□□□□□□ . □□□□
0040   E5 D5 D2 F4 BB FA 20 20  20 20 20 10 00 A1 4F 95    □□□□»ú     . iO
0050   0B 43 0B 43 04 00 6B 8D  0B 43 15 85 00 00 00 00    C C . k   C ....
0060   43 56 00 00 00 2F 00 30  00 00 00 0F 00 2A FF FF    CV. 2. .0.   . *□□
0070   FF FF FF FF FF FF FF FF  FF FF 00 00 FF FF FF FF    □□□□□□□□□□ . □□□□
0080   02 63 00 6F 00 76 00 65  00 72 00 0F 00 2A 74 00    . c . o . v . e . r . . *y
0090   20 00 50 00 72 00 65 00  4F 00 00 00 53 00 20 00    . P . r . e . O . . □
00A0   01 00 4E 2E 95 62 60 0D  59 4F 00 0F 00 2A 6E 00    . N . b   YO. . *n
00B0   65 00 6B 00 65 00 79 00  20 00 00 00 52 00 65 00    e. k . e. y .  . R. e.
00C0   D2 BB BC FC BB D6 7E 31  30 20 20 10 00 6C 53 95    □»¼ü»□~10   . lS
00D0   0B 43 0B 43 04 00 CC 83  4A 42 4E 96 00 00 00 00    C C .□  JBN ....
```

图 8-41　该被删除的子目录目录项之后的目录项表

被删除的子目录的首簇值的高位地址到底是 00 02H 还是 00 04H 呢？这只能通过实验来验证了！而且因有两个不同的数据，为保证实验结果正确，至少要验证 2 次，而本实验验证 3 次，即还要验证高位地址为 00 03H 的情况。

注意，针对 FAT 32 文件系统，一个被删除了的文件或子目录的目录项中的首簇值的高位地址是“00H”值，则可能它本身存储在数据区的前面部位，而且无论是采用何种删除方法都没有区别；也可能它本身存储在数据区的中后部位，如果采用键盘命令“Shift+Del”来删除，则首簇的高位地址就会被清零，即“00H”值，其他删除方式其值不变。

由此可见，在 FAT 32 文件系统中，用键盘命令“Shift+Del”来删除文件或子目录之后，是没有办法确定首簇值的，其高位地址会被清零，这是微软对 FAT 32 文件系统的设计漏洞。

根据以上分析，该被删除的子目录的目录项中的首簇值，可能就有 00 02 0C CEH、00 03 0C CEH 和 00 04 0C CEH 等值。以下分别用这些首簇值来定位到数据区中，进而判断扇区信息。又因为是被删除的子目录，所以就能够确定该扇区的信息在数据区中有一个 FDT 表，从而就能够判断出首簇值。首先，假定首簇值为 00 02 0C CEH，根据 FAT 32 文件系统下的定位公式，即式（8-9）可知：*LBA*(文件或子目录)=00 3B 52 B1H+00 22H+2×00 00 36 DBH+（02H−2）×20H+（00 02 0C CEH−2）×20H=3B 52 D3H+6D B6H+00H+41 99 80H=7D 5A 09H=8 215 049D。其结果表示该被删除的子目录在数据区上的扇区位置为 *LBA*（文件或子目录）等于 7D 5A 09H，即 8 215 049D。定位到该扇区，如图 8-42 所示。

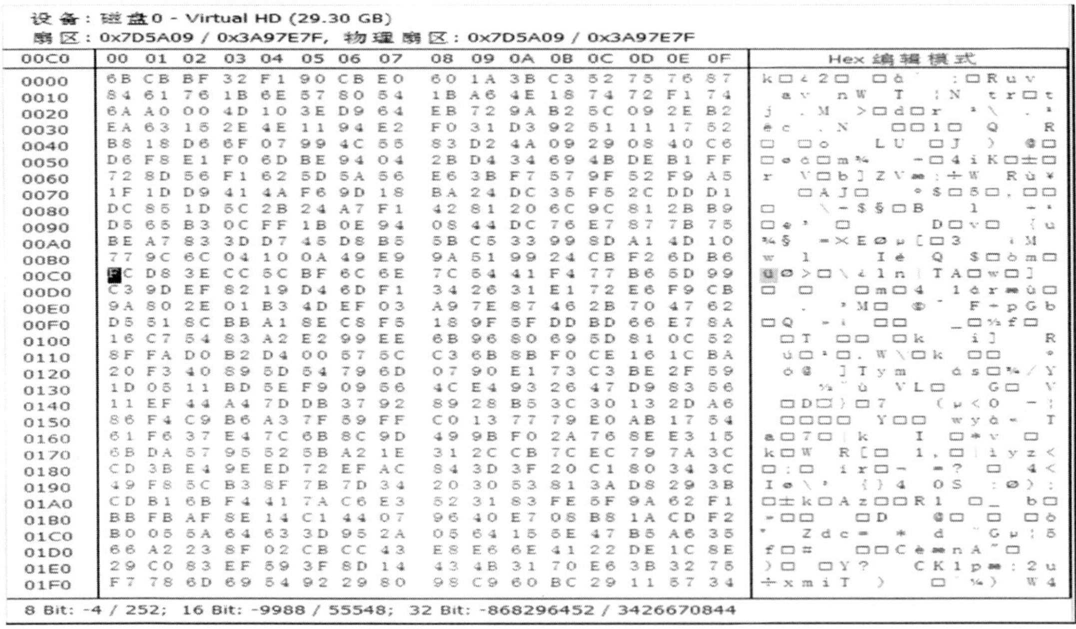
设备：磁盘0 - Virtual HD (29.30 GB)
扇区：0x7D5A09 / 0x3A97E7F，物理扇区：0x7D5A09 / 0x3A97E7F

| 00C0 | 00 | 01 | 02 | 03 | 04 | 05 | 06 | 07 | 08 | 09 | 0A | 0B | 0C | 0D | 0E | 0F |
|---|---|---|---|---|---|---|---|---|---|---|---|---|---|---|---|---|
| 0000 | 6B | CB | BF | 32 | F1 | 90 | CB | E0 | 60 | 1A | 3B | C3 | 52 | 75 | 76 | 87 |
| 0010 | 84 | 61 | 76 | 1B | 6E | 57 | 80 | 54 | 1B | A6 | 4E | 18 | 74 | 72 | F1 | 74 |
| 0020 | 6A | A0 | 00 | 4D | 10 | 3E | D9 | 64 | EB | 72 | 9A | B2 | 5C | 09 | 2E | B2 |
| 0030 | EA | 63 | 15 | 2E | 4E | 11 | 94 | E2 | F0 | 31 | D3 | 92 | 51 | 11 | 17 | 52 |
| 0040 | B8 | 18 | D6 | 6F | 07 | 99 | 4C | 55 | 83 | D2 | 4A | 09 | 29 | 08 | 40 | C6 |
| 0050 | D6 | F8 | E1 | F0 | 6D | BE | 94 | 04 | 2B | D4 | 34 | 69 | 4B | DE | B1 | FF |
| 0060 | 72 | 8D | 56 | F1 | 62 | 5D | 5A | 56 | E6 | 3B | F7 | 57 | 9F | 52 | F9 | A5 |
| 0070 | 1F | 1D | D9 | 41 | 4A | F6 | 9D | 18 | BA | 24 | DC | 35 | F5 | 2C | DD | D1 |
| 0080 | DC | 85 | 1D | 5C | 2B | 24 | A7 | F1 | 42 | 81 | 20 | 6C | 9C | 81 | 2B | B9 |
| 0090 | D5 | 65 | B3 | 0C | FF | 1B | 0E | 94 | 08 | 44 | DC | 76 | E7 | 87 | 7B | 75 |
| 00A0 | BE | A7 | 83 | 3D | D7 | 45 | D8 | B5 | 5B | C5 | 33 | 99 | 8D | A1 | 4D | 10 |
| 00B0 | 77 | 9C | 6C | 04 | 10 | 0A | 49 | E9 | 9A | 51 | 99 | 24 | CB | F2 | 6D | B6 |
| 00C0 | FC | D8 | 3E | CC | 5C | BF | 6C | 6E | 7C | 54 | 41 | F4 | 77 | B6 | 5D | 99 |
| 00D0 | C3 | 9D | EF | 82 | 19 | D4 | 6D | F1 | 34 | 26 | 31 | E1 | 72 | E6 | F9 | CB |
| 00E0 | 9A | 80 | 2E | 01 | B3 | 4D | EF | 03 | A9 | 7E | 87 | 46 | 2B | 70 | 47 | 62 |
| 00F0 | D5 | 51 | 8C | BB | A1 | 8E | C8 | F5 | 18 | 9F | 5F | DD | BD | 66 | E7 | 8A |
| 0100 | 16 | C7 | 54 | 83 | A2 | E2 | 99 | EE | 6B | 96 | 80 | 69 | 5D | 81 | 0C | 52 |
| 0110 | 8F | FA | D0 | B2 | D4 | 00 | 57 | 5C | C3 | 6B | 8B | F0 | CE | 16 | 1C | BA |
| 0120 | 20 | F3 | 40 | 89 | 5D | 54 | 79 | 6D | 07 | 90 | E1 | 73 | C3 | BE | 2F | 59 |
| 0130 | 1D | 05 | 11 | BD | 5E | F9 | 09 | 56 | 4C | E4 | 93 | 26 | 47 | D9 | 83 | 56 |
| 0140 | 11 | EF | 44 | A4 | 7D | DB | 37 | 92 | 89 | 28 | B5 | 3C | 30 | 13 | 2D | A6 |
| 0150 | 86 | F4 | C9 | B6 | A3 | 7F | 59 | FF | C0 | 13 | 77 | 79 | E0 | AB | 17 | 54 |
| 0160 | 61 | F6 | 37 | E4 | 7C | 6B | 8C | 9D | 49 | 9B | F0 | 2A | 76 | 8E | E3 | 15 |
| 0170 | 6B | DA | 57 | 95 | 52 | 5B | A2 | 1E | 31 | 2C | CB | 7C | EC | 79 | 7A | 3C |
| 0180 | CD | 3B | E4 | 9E | ED | 72 | EF | AC | 84 | 3D | 3F | 20 | C1 | 80 | 34 | 3C |
| 0190 | 49 | F8 | 5C | B3 | 8F | 7B | 7D | 34 | 20 | 30 | 53 | 81 | 3A | D8 | 29 | 3B |
| 01A0 | CD | B1 | 6B | F4 | 41 | 7A | C6 | E3 | 52 | 31 | 83 | FE | 5F | 9A | 62 | F1 |
| 01B0 | BB | FB | AF | 8E | 14 | C1 | 44 | 07 | 96 | 40 | E7 | 08 | B8 | 1A | CD | F2 |
| 01C0 | B0 | 05 | 5A | 64 | 63 | 3D | 95 | 2A | 05 | 64 | 15 | 5E | 47 | B5 | A6 | 35 |
| 01D0 | 66 | A2 | 23 | 8F | 02 | CB | CC | 43 | E8 | E6 | 6E | 41 | 22 | DE | 1C | 8E |
| 01E0 | 29 | C0 | 83 | EF | 59 | 3F | 8D | 14 | 43 | 4B | 31 | 70 | E6 | 3B | 32 | 75 |
| 01F0 | F7 | 78 | 6D | 69 | 54 | 92 | 29 | 80 | 98 | C9 | 60 | BC | 29 | 11 | 57 | 34 |

8 Bit: -4 / 252; 16 Bit: -9988 / 55548; 32 Bit: -868296452 / 3426670844

图 8-42 被删除的子目录在数据区上的扇区信息

该扇区信息不是 FDT 表，故不是所需的扇区位置，即可以断定该首簇值不是 00 02 0C CEH。

再假定首簇值为 00 04 0C CEH，从而在数据区中进行定位，根据上述公式可知：*LBA*(文件或子目录)=00 3B 52 B1H+00 22H+2×00 00 36 DBH+（02H−2）×20H+（00 04 0C CEH−2）×20H=3B 52 D3H+6D B6H+00H+81 99 80H=BD 5A 09H=12 409 353D。

其结果表示该被删除的子目录在数据区上的扇区位置为 *LBA*（文件或子目录）等于 BD 5A 09H，即 12 409 353D。定位到该扇区，如图 8-43 所示。

由此可以看出，该扇区的确是 FDT 表。最后，假定首簇值为 00 03 0C CEH，从而在数据区中进行定位，由上述公式可知：*LBA*(文件或子目录)=00 3B 52 B1H+00 22H+2×00 00 36 DBH+（02H−2）×20H+（00 03 0C CEH−2）×20H=3B 52 D3H+6D B6H+00H+61 9

80H=9D 5A 09H=10 312 201D。其结果表示该被删除的子目录在数据区上的扇区位置为 *LBA*（文件或子目录）等于 9D 5A 09H，即 10 312 201D。定位到该扇区，如图 8-44 所示。

　　该扇区信息不是 FDT 表，故不是所需的扇区位置，即可以断定该首簇值不是"00 03 0C CEH"。

　　到此，根据综合分析得出，删除的子目录在根目录的目录项中的首簇值一定是"00 04 0C CEH"值。事实上，也可以根据如图 8-43 所示的扇区（FDT 表）信息来得到答案的，该扇区中的"."（2EH）的目录项，其首簇值也为"00 04 0C CEH"，这就告诉了被删除子目录的所在位置。

　　根据如图 8-42 所示的扇区信息，还可以知道在 FAT 32 文件系统中，无论用何种命令来删除子目录，在数据区中的 FDT 表中，其下的文件或子目录的目录项中的首簇值的高位地址是不会变化的。这再次证明了子目录存储文件的安全性。

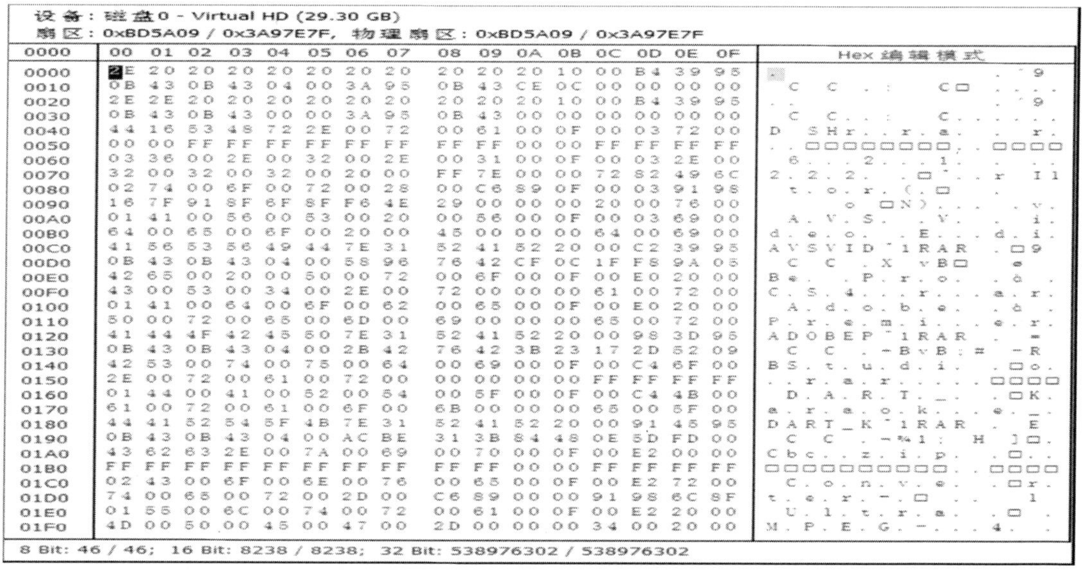

图 8-43　被删除的子目录在数据区上的扇区信息

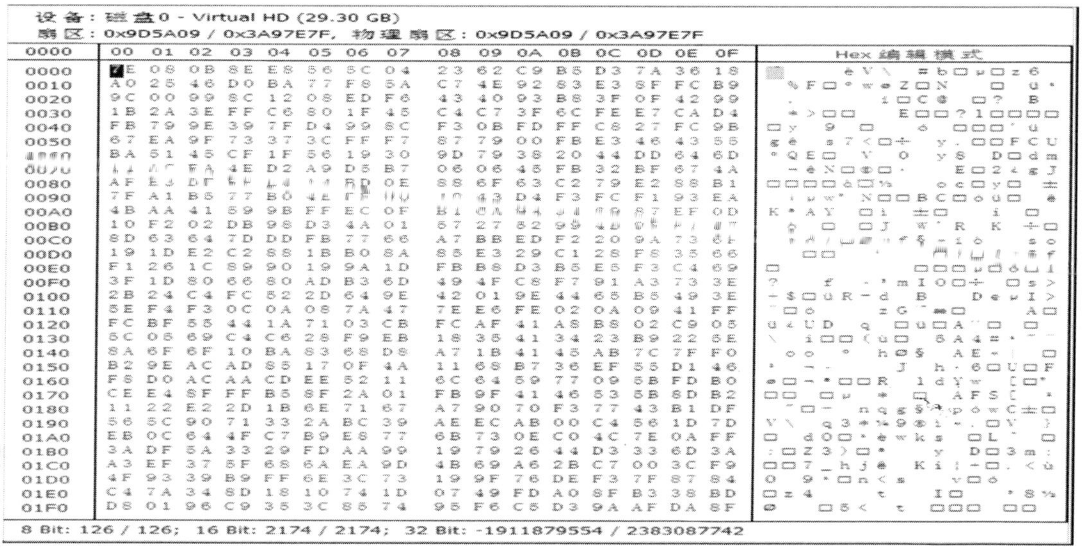

图 8-44　被删除的子目录在数据区上的扇区信息

找到了被删除的子目录在数据区中的 FDT 表后，就可以进一步分析其下的文件在数据区中的相关情况。这里从略。

最后，请读者根据本文中的实验，通过首簇值 00 00 0C CEH 来在数据区中进行定位并分析被删除子目录的相关情况。

〈请读者思考〉　根据如图 8-43 所示的 FDT 表，被"Shift+Del"命令删除的子目录下的文件，其目录项中的首簇值是否有变化？被删文件对应在 FAT 表中的簇链情况又如何？另外，对被"Del"命令删除（并清空了回收站）的子目录，其目录项中的首簇值是否有变化？其下的文件又如何（即在 FAT 表中的簇链情况）？

## 8.5　实　验　练　习

（1）对一台新硬盘分区，如果分区（主要指 FAT 16、FAT 32 等）没有高级格式化，其 DBR 扇区会显示什么信息？FAT 表以及 FDT 表存在吗？如果对一个曾经有数据的分区，再次高级格式化为相同的文件系统（主要指 FAT 16、FAT 32 等）之后，其上的 DBR、FAT 表和 FDT 表等，是否还有原来数据的信息？数据区上的文件还存在吗？

（2）如果要把一个或一些文件（包括子目录）进行加密（如可以是隐藏，或让其无法操作等），可以采用什么方法？是否能编程实现？

（3）利用包含有"三茗硬盘医生"和"Sector Editor"两软件的"TonPE_V3.3 分析盘.ISO"光盘，分析一台虚拟机中硬盘上的 2 个逻辑分区的相关扇区。虚拟机的硬件设备要求如下：内存 512MB，硬盘 20000MB，其他设置默认即可。硬盘的分区方案为 1 个主分区和 2 个逻辑分区，如图 8-45 所示。各个分区必须高级格式化，并让分区生效。

| | 扩展分区 | | |
|---|---|---|
| NTFS 3GB～10GB 容量____ | FAT 32 （余下空间） 容量_____ | FAT 16 500MB～2100MB 容量_____ |

图 8-45　分区方案示意图

①请分析两个逻辑分区的 DBR，并填写表 8-16 和表 8-17。

表 8-16　FAT 16 分区的 BPB 表

| DBR | BPB（FAT16） | | |
|---|---|---|---|
| 偏移地址 | 显示值 | 意义值 | 名称 |
| | | | 扇区字节数 |
| | | | 每簇扇区数 |
| | | | 保留扇区数 |
| | | | FAT 数 |
| | | | 根目录项数 |
| | | | 小扇区数 |
| | | | 媒体描述符 |
| | | | 每 FAT 扇区数 |
| | | | 每道扇区数 |
| | | | 磁头数 |
| | | | 隐藏扇区数 |
| | | | 大扇区数 |

表 8-17 FAT 32 逻辑分区的 BPB 表

| DBR | BPB（FAT 32） | | |
|---|---|---|---|
| 偏移地址 | 显示值 | 意义值 | 名称 |
| | | | 扇区字节数 |
| | | | 每簇扇区数 |
| | | | 保留扇区数 |
| | | | FAT 数 |
| | | | 根目录项数 |
| | | | 小扇区数 |
| | | | 媒体描述符 |
| | | | 每 FAT 扇区数 |
| | | | 每道扇区数 |
| | | | 磁头数 |
| | | | 隐藏扇区数 |
| | | | 总扇区数 |
| | | | 每 FAT 扇区数 |
| | | | 扩展标志 |
| | | | 文件系统版本 |
| | | | 根目录簇号 |
| | | | 文件系统信息扇区号 |
| | | | 备份引导扇区 |
| | | | 保留 |
| | | | 物理驱动器号 |
| | | | 保留 |
| | | | 扩展引导标签 |
| | | | 分区序号 |
| | | | 卷标 |
| | | | 文件系统类型 |

②确定各个虚拟 MBR 以及各个 DBR 的位置，即第　个、第一个逻辑分区的虚拟 MBR 扇区和 DBR 扇区的 *LBA* 值（分别用十进制和十六进制表达）。

③请把 MBR、虚拟 MBR 和 DBR 扇区备份到各自相邻的 MBR 或虚拟 MBR 区域的第 20 扇区到第 50 扇区之间的任意扇区中（这是比较安全的区域），并写出备份的 MBR 扇区、主分区的 DBR 扇区、第一个虚拟 MBR 扇区、第一逻辑分区的 DBR 扇区、第二个虚拟 MBR 扇区和第二逻辑分区的 DBR 扇区的 *LBA* 值（分别用十进制和十六进制表达）。

（4）利用包含有"三茗硬盘医生"和"Sector Editor"两软件的"TonPE_V3.3 分析盘.ISO"的光盘，分析一台虚拟机中硬盘上的两个逻辑分区的相关扇区。虚拟机的硬件设备要求如下：内存 512MB，硬盘 20000MB，其他设置默认即可。硬盘的分区方案为 1 个主分区和 2 个逻辑分区，如图 8-46 所示。各个分区必须高级格式化，并让分区生效。

| | 扩展分区 | |
|---|---|---|
| NTFS<br>3GB~10GB<br>容量____ | FAT 32<br>（余下空间）<br>容量____ | FAT 16<br>500MB~2100MB<br>容量____ |

图 8-46　分区方案示意图

进入 DOS 操作系统中（以下工作不建议在 WinPE 操作系统中进行），为两个逻辑分区各创建两个子目录（用英文名称），并把软盘 A 盘中一些文件复制进入这两个子目录中（文件个数不多于 10 个），再复制一些文件到各个逻辑分区的根上（也不多于 10 个）。再在每个分区的根上删除掉 1~3 个文件，并记录下被删文件的文件名。

请分析两个逻辑分区的 FAT 表，并填写或计算以下信息。

①请写出各个分区中的文件名以及子目录名、被删除掉的第一个逻辑分区上的文件名称和被删除掉的第二个逻辑分区上的文件名称。

②记录 FAT 32 文件系统下的相关信息，并填空。

保留扇区数：_____。　　　$H$：_____。　　$D$：_____。

DBR 扇区的 $LBA$：_____。　　$H$：_____。　　$D$：_____。

每 FAT 扇区数：_____。　　$H$：_____。　　$D$：_____。

每簇扇区数：_____。　　　$H$：_____。　　$D$：_____。

根目录起始簇数：_____。　　$H$：_____。　　$D$：_____。

FAT1 表的开始扇区 $LBA$：_____。　　　$D$：_____。

FAT2 表的开始扇区 $LBA$：_____。　　　$D$：_____。

③FAT 16 文件系统下的相关信息，并填空。

保留扇区数：_____。　　　$H$：_____。　　$D$：_____。

DBR 扇区的 $LBA$：_____。　　$H$：_____。　　$D$：_____。

每 FAT 扇区数：_____。　　$H$：_____。　　$D$：_____。

FAT1 表的开始扇区 $LBA$：_____。　　　$D$：_____。

FAT2 表的开始扇区 $LBA$：_____。　　　$D$：_____。

④分析 FAT 32 的 FAT 表，并写出以下信息。

进入 DOS 操作系统中，在第一个逻辑分区中存放了_____个文件、存放了_____个子目录；FAT 表中有_____个数据。

在 FAT 表中，请写出占用簇最长的数据的簇链表（用偏移地址来表达）。

在 FAT 表中，请写出第一个被删除的数据的簇链表（用偏移地址来表达）。

⑤分析 FAT 16 的 FAT 表，并写出以下信息。

进入 DOS 操作系统中，在第二个逻辑分区中存放了_____个文件、存放了____个子目录；FAT 表中有____个数据。

在 FAT 表中，请写出占用簇最长的数据的簇链表（用偏移地址来表达）。

在 FAT 表中，请写出第一个被删除的数据的簇链表（用偏移地址来表达）。

（5）利用包含有"三茗硬盘医生"和"Sector Editor"两软件的"TonPE_V3.3 分析盘.ISO"的光盘（请在"TonPE_V3.3 分析盘.ISO"光盘中，放入一些长文件名的文件，如".DOC"文档等），分析一台虚拟机中硬盘上的两个逻辑分区的相关扇区。

虚拟机的硬件设备要求如下：内存 512MB，硬盘 20000MB，其他设置默认即可。硬盘的分区方案为 1 个主分区和 2 个逻辑分区，如图 8-47 所示。各个分区必须高级格式化，并让分区生效。

| | 扩展分区 | |
|---|---|---|
| NTFS<br>3GB-10GB<br>容量____ | FAT 32<br>(余下空间)<br>容量____ | FAT 16<br>500MB-2100MB<br>容量____ |

图 8-47　分区方案示意图

进入 DOS 操作系统中（以下工作不建议在 WinPE 操作系统中进行），为两个逻辑分区各创建两个子目录（用英文名称），并把软盘 A 盘中一些文件复制进入这两个子目录中（文件个数不多于 10 个），再复制一些文件到各个逻辑分区的根上，可在每个分区的根上删除掉 1～3 个文件（删除前请记录下文件名）。最后，进入 WinPE 操作系统中，复制两个长文件名文件到各个逻辑分区的根上。

请分析各个逻辑分区的 FDT 信息，并填写以下内容。

①填写第一个逻辑分区信息。

FDT 根目录的开始扇区 *LBA*：＿＿＿＿＿＿。　*D*：＿＿＿＿。

根目录中有几个目录项：＿＿＿＿＿＿。

第三个目录项的首簇值是：＿＿＿＿＿＿。　*H*：＿＿＿＿。

第一个被删除掉的目录项是否被覆盖：首簇值是：＿＿＿＿。　*H*：＿＿＿＿。

第一个长文件的全名是：＿＿＿＿＿。

第一个长文件的短文件名目录项的首簇值是：＿＿＿＿＿。　*H*：＿＿＿＿。

第一个长文件的长文件名目录项有几个：＿＿＿＿＿。

②填写第二个逻辑分区信息。

FDT 根目录的开始扇区 *LBA*：＿＿＿＿＿＿。　*D*：＿＿＿＿。

根目录中有几个目录项：＿＿＿＿＿＿。

第四个目录项的首簇值是：＿＿＿＿＿＿。　*H*：＿＿＿＿。

第二个被删除掉的目录项是否被覆盖：＿＿＿＿；首簇值是：＿＿＿。　*H*：＿＿＿＿。

第二个长文件的全名是：＿＿＿＿＿＿。

第二个长文件的短文件名目录项的首簇值是：＿＿＿＿。　*H*：＿＿＿＿。

第二个长文件的长文件名目录项有几个：＿＿＿＿＿。

（6）利用包含有"三茗硬盘医生"和"Sector Editor"两软件的"TonPE_V3.3 分析盘.ISO"的光盘，分析一台虚拟机中硬盘上的 FAT 16 文件系统逻辑分区的相关扇区。

请单独制作一张无启动功能的"软件文档.ISO"光盘，在该光盘中任意放入若干的文件进去（主要包括各种软件、文档以及子目录，其总容量不要超过 2GB），以备用。

虚拟机的硬件设备要求如下：内存 512MB，硬盘 20000MB，其他设置默认即可。硬盘的分区方案为 1 个主分区和 2 个逻辑分区，如图 8-48 所示。各个分区必须高级格式化，并让分区生效。

进入 WinPE 操作系统（以下工作不建议在 DOS 操作系统中进行），复制"软件文档.ISO"光盘中的所有文件（包括子目录）到 FAT 16 文件系统的分区上；利用键盘命令"Del"（要求清空回收站）和"Shift+Del"来把在根上的一些文件和子目录（总个数为

10～20 个）删除掉，请记录下这些被删除掉的文件名称。再复制一些与被删文件不同的文件上去（如5～10 个）。分析并回答以下问题。

| | 扩展分区 | |
|---|---|---|
| NTFS | FAT 32 | FAT 16 |
| 3GB-10GB | (余下空间) | 500MB-2100MB |
| 容量____ | 容量____ | 容量____ |

图 8-48　分区方案示意图

①在 FAT 16 文件系统的分区中，找到根目录表，在其中找到第 10 个文件的目录项（无论是正常的还是被删除的均可），并根据其首簇值，写出定位到数据区扇区位置的公式、算式和结果值；写出定位到 FAT 表中簇链的公式和结果值。

②在 FAT 16 文件系统的分区中，找到根目录表，在其中找到第 2 个被删除的子目录的目录项，并根据其首簇值，写出定位到数据区扇区位置的公式、算式和计算结果；并根据其 FDT 表的"."（2EH）目录项来验证其首簇值的正确性。

③在 FAT 16 文件系统的分区中，找到根目录表，在其中找到第一个被覆盖的文件与覆盖的文件，并判断被覆盖的文件的覆盖程度。

# 实验项目 9　构造软 RAID

**实验工具软件**

Virtual PC 2007 SP1 V6.0.192.0（32/64 位）。

## 9.1　构造软 RAID

### 9.1.1　基本概念

在容灾备份、CDP、"云"存储等技术应用中，RAID 是 SAN 技术、NAS 技术、DAS 技术、远程镜像技术、基于 IP 的 SAN 的互连技术、快照技术等的基础核心架构，也是底层物理架构，同时，它还是解决信息安全重要而有效的手段。

（1）RAID 技术。独立磁盘冗余数组（RAID，Redundant Array of Independent Disks），旧称廉价磁盘冗余数组（RAID，Redundant Array of Inexpensive Disks）。冗余磁盘阵列技术诞生于 1987 年，由美国加州大学伯克利分校的 D.A. Patterson 教授提出。简单地解释，它就是将多台硬盘通过 RAID Controller（分硬件和软件两类）结合成虚拟单台大容量的硬盘来使用。RAID 技术是解决硬盘存储性能和数据安全的有效手段，具有高传输效率和强容错功能等优点。

RAID 是通过结合磁盘阵列与数据条块化，以提高数据可用率的一种结构。磁盘阵列针对不同的应用使用不同的技术，称之为 RAID 级别。目前，业界公认的标准是 RAID 0～RAID 7 八种基本的 RAID 级别。这个级别不代表技术的高低，每一个 RAID 级别都有自己的强项和弱项，至于要选择哪一种 RAID 级别的产品，视用户的操作环境（Operating environment）及应用（Application）而定，与级别的高低没有必然的关系。另外，上述八种基本的 RAID 级别之间还可以相互组合，如 RAID1.5、RAID10、RAID50 等。

根据选择的级别不同，RAID 比单个硬盘有以下好处：增强数据集成度、增强容错功能、增加处理量或容量。另外，磁盘阵列对于计算机来说，就像一个单独的硬盘或逻辑存储单元。

不同 RAID 级别（包括组合形式）代表着不同的存储性能、数据安全性和存储成本。每种级别都有优、缺点。在选择时，就必须在不同级别的目标间取得平衡，以增加数据可靠性性能、或存储器的读写性能、或降低成本。

目前，磁盘阵列有三种不同的实现方式，一是外接式磁盘阵列柜，或叫外置 RAID（External RAID）；二是内接式磁盘阵列卡，或叫硬件 RAID，三是软件仿真，或叫软RAID。

在很多操作系统中已经包含了一些级别的 RAID 功能，如 Windows Server、Netware 及 Linux。软件 RAID 中的所有操作皆由中央处理器负责，所以系统资源的利用率会很高，但会使系统性能有所降低，这也是软件 RAID 的弱点，故不适合大数据流量的应用，但可用于个人或小企业（如工作站、服务器或个人计算机等）。软件 RAID 不需要另外添加任何硬件设备，因为它是靠计算机系统（主要指中央处理器）的功能来提供所有资源。目前，软件RAID 的级别，主要有 RAID 0、RAID 1、RAID 5 以及 JBOD 等。

　　内接式磁盘阵列卡（即硬件 RAID），通常是采用一张 PCI、PCI-E、ISA 或计算机主板集成的 RAID 卡来构造的，这些 RAID 卡都会有自己的处理器及内存部件。卡上的处理器可以提供一切 RAID 所需要的资源，这样就不会占用计算机的系统资源。硬件 RAID 可以连接内置硬盘、热插拔背板或外置存储设备。无论连接何种硬盘，控制权都是在 RAID 卡上。在计算机系统里，硬件 RAID 卡通常都需要安装驱动程序，否则系统会拒绝支持。磁盘阵列可以在安装系统的前后产生，系统会视之为一个（大型）硬盘，具有容错及冗余的功能。磁盘阵列不但可以加入一个现成的系统，也可以支持容量扩展，只需要加入一个新的硬盘并执行一些简单的指令即可。硬件 RAID 往往要比软件 RAID 优越。但是在某些实际的运用中，特别是在需要大容量存储空间的工作中，如视频与音频制作、游戏开发软件，RAID 也能发挥不小的作用。硬件 RAID 因为价格便宜，用户可根据不同的应用需求来选硬件 RAID 卡，但需要较高的安装技术，故适合技术人员使用操作。

　　外接式磁盘阵列柜常被使用到大型服务器上，具有可热抽换（Hot Swap）的特性，不过这类产品的价格昂贵。外置式 RAID 也是属于硬件 RAID 的一种，但它的 RAID 卡不会安装在计算机系统里，而是安装在外置的存储设备内。外置的储存设备则会连接到计算机系统的 SCSI 卡上（可以是 SATA、SAS、SAN、NAS 和 DAS 等方式），计算机系统没有任何 RAID 功能，外接式 RAID 的级别最全面。

　　最初 RAID 方案主要针对 SCSI 硬盘系统，系统成本比较昂贵。1993 年，HighPoint 公司推出了第一款 IDE-RAID 控制芯片，即 IDE 接口 RAID 硬件卡（之后出现了 SATA 接口的 RAID 卡，有些计算机主板上也集成了 RAID 芯片），它能够利用相对廉价的 IDE 硬盘来组建 RAID 系统，从而大大降低了 RAID 的"门槛"。从此，个人用户或中小型企业也开始关注这项技术，因为硬盘是现代个人计算机中发展最为缓慢和最缺少安全性的设备，而用户存储在其中的数据却常常远超计算机本身的价格。在花费相对较少的情况下，RAID 技术可以使个人用户或中小型企业享受到高速的磁盘速度和更高的数据安全性。

　　面向个人用户或中小型企业的 RAID 卡一般只提供了 RAID 0、RAID 1、RAID 0+1（RAID 10）、RAID 5 以及 JBOD 等 RAID 级别的支持，虽然它们在技术上无法与商用系统相提并论，但是对普通用户来说，其提供的速度和安全性能已经能满足要求。RAID 硬件卡的成本很低，完全可以替代软件 RAID，从而有效提高计算机系统的磁盘性能。要选择哪种 RAID 级别，可以根据以下三个主要的因素来考虑：可用性（数据冗余，表示安全）、性能和成本。如果不要求可用性，选择 RAID 0 以获得最佳性能；如果可用性和性能是重要因素，则根据硬盘数量选择 RAID 1；如果可用性、成本和性能都同样重要，则根据一般的数据传输速度和硬盘的数量选择 RAID 5；如果只考虑磁盘的容量，则可以选择 JBOD。

　　RAID 一般用于以下行业：一般消费者备份数据、企业创建 ERP 系统或 NAS 系统的重要数据备份；影音多媒体数字内容创作公司；数字监控系统（DVR）、网络监控系统（NVR）等需要大量存储视频的监控系统；证券、银行等金融行业保管重要数据等。

　　下面介绍常用的 RAID 0、RAID 1、RAID 0+1（RAID 10）、RAID 5 以及 JBOD，其他的 RAID 级别，如 RAID 6 等，请读者查阅相关资料。

　　另外，用于创建 RAID 的磁盘，最好采用容量、型号和制造厂家都相同的磁盘，以避免产生兼容性错误，而且卷最好使用 NTFS 文件系统（因卷必然要使用大空间）；不推荐在同一个磁盘上创建不同的 RAID，也不要让操作系统卷与其他 RAID 在同一个磁盘上，否则当一个 RAID 或操作系统出现问题后，对于其他 RAID 来讲可能无法进行数据恢复工作。

创建任何 RAID 都要求是动态磁盘（以上要求也是组建 RAID 的基本原则）。

（2）JBOD（JBOD，Just a Bunch Of Disks），通常又称为 Span，即磁盘跨区（Disk Spanning）或跨区卷。它是在逻辑上将几个物理磁盘连起来，组成一个大的逻辑磁盘。JBOD 不提供容错，该阵列的容量等于组成 Span 的所有磁盘的容量的总和。严格意义上说，JBOD 不属于 RAID 的范围。JBOD 就是简单的硬盘容量叠加，但系统处理时并没有采用并行的方式，写入数据时先写第一块硬盘，写满了再写第二块硬盘，依序往后存放，即操作系统将其视为是一个大硬盘（由许多小硬盘组成的）。构造 JBOD 一般不会超过 5 台硬盘。

对于 JBOD 阵列，当第一台硬盘损坏时，因大部分文件系统将磁盘分区表"Partition table"存在磁盘前端，失去磁盘分区表即意味失去一切数据，所以该硬盘上的数据将无法恢复。JBOD 的好处是每次访问都不会读写硬盘的全部内容，所以磁盘性能不会下降太多。因此，JBOD 不能应用于数据安全性要求高的场合，它一般应用于个人计算机、视频音频编辑工作站中。不建议 JBOD 用于安装操作系统，最好不要与操作系统在同一个磁盘上。JBOD 结构如图 9-1 所示。

图 9-1　JBOD 结构　　　　图 9-2　RAID 0 结构

（3）RAID 0，又称为 Stripe 或 Striping，即带区集或无差错控制的带区组，它代表了所有 RAID 级别中最高的存储性能。RAID 0 提高存储性能的原理，是把连续的数据分散到多个磁盘上进行存取，这样，系统有数据请求就可以被多个磁盘并行执行，每个磁盘执行属于它自己的那部分数据请求。这种数据上的并行操作可以充分利用总线的带宽，显著提高磁盘整体存取的性能。RAID 0 以位或字节为单位分割数据，并行读写于多个磁盘上，因此具有很高的数据传输效率，但它没有数据冗余，因此并不能算是真正的 RAID 结构。如果一个磁盘（物理）损坏，则所有的数据都会丢失，此特点与 JBOD 相同。RAID 0 只是单纯地提高性能，并没有为数据的可靠性提供保证，而且其中的一个磁盘失效将影响到所有数据。因此，RAID 0 一般应用于个人计算机、视频音频编辑工作站等场合。不建议用 RAID 0 安装操作系统，最好不要与操作系统在同一个磁盘上。构造 RAID 0 一般不会超过 5 台硬盘。

理论上磁盘性能就等于"单一磁盘性能"与"磁盘数"的乘积，但是，实际上将受限于总线 I/O 瓶颈及其他因素的影响，RAID 0 的性能会随边际递减。比如，一个磁盘的性能是 50MB 每秒，两个磁盘的 RAID 0 性能约 96MB 每秒，三个磁盘的 RAID 0 约 130MB 每秒而不是 150MB 每秒。所以，使用两个磁盘构造 RAID 0 时，最能大幅度提升性能。RIAD 0 的结构如图 9-2 所示。

（4）RAID 1，又称为 Mirror 或 Mirroring，即磁盘镜像，它最大限度地保证用户数据的可用性和可修复性。 RAID 1 把用户写入硬盘的数据全部自动复制到另外一个硬盘上。由于对存储的数据进行了全备份，在所有 RAID 级别中，RAID 1 提供最高的数据安全保障。也正因为如此，RAID 1 的磁盘空间利用率低，存储成本高（利用率只有 50%，是所有 RAID 级别中最低的）。RAID 1 虽然不能提高存储的性能，但是，由于具有高数据安全性，使其十分适合用在存放重要数据且不计成本的应用中，如服务器、数据库存储等领域。当然，它也能用于操作系统的安装和启动，能保证系统的稳定性与可靠性。

RAID 1 通过磁盘数据镜像实现数据冗余，在成对的独立磁盘上产生互为备份的数据。当原始数据繁忙时，可直接从镜像拷贝中读取数据，因此 RAID 1 可以提高读取性能。当一个磁盘失效时，系统可以自动切换到镜像磁盘上读写，而不需要重组失效的数据。RAID 1 技术支持"热替换"，即在不断电的情况下对故障磁盘进行更换，更换完毕后只要从镜像盘上恢复数据即可。RAID1 的结构如图 9-3 所示。

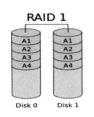
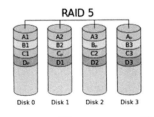

图 9-3　RAID 1 结构　　　　图 9-4　RAID 5 结构

（5）RAID 5 也叫"分布式奇偶校验的独立磁盘结构"，是一种储存性能、数据安全和存储成本兼顾的存储解决方案，即是 RAID 0 和 RAID 1 的折中方案。它使用的是"Disk Striping（硬盘分区）"技术。

构造 RAID 5 至少需要三台硬盘，RAID 5 不是对存储的数据进行备份，而是把数据和相对应的奇偶校验信息存储到组成 RAID 5 的各个磁盘上，并且奇偶校验信息和相对应的数据分别存储于不同的磁盘上，即奇偶校验码存于所有磁盘上。构造 RAID 5 一般不会超过 5 台硬盘。

当 RAID 5 的一个磁盘数据发生损坏后，可以利用剩下的数据和相应的奇偶校验信息去恢复被损坏的数据。RAID 5 可以为系统提供数据安全保障，但保障程度要比镜像低，而磁盘空间利用率要比镜像高。RAID 5 具有与 RAID 0 接近的数据读取速度，只是因为多了一个奇偶校验信息，写入数据的速度相对要慢些，若使用"回写高速缓存"技术，则可以显著改善其性能。

在 RAID5 上，读写指针可同时对阵列设备进行操作，提高了的数据流量。RAID 5 适合于小数据块的随机读写。由于多个数据对应一个奇偶校验信息，RAID 5 的磁盘空间利用率要比 RAID 1 高，存储成本相对较便宜。RAID 3 与 RAID 5 相比，重要的区别在于 RAID 3 每进行一次数据传输，需涉及到所有的阵列盘。而 RAID 5 在传输大部分数据时只对一块磁盘操作，也可进行并行操作。在 RAID 5 中有"写损失"，即每一次写操作，将产生四个实际的读写操作，其中两次读旧的数据及奇偶信息，两次写新的数据及奇偶信息。RAID 5 不推荐用于安装操作系统，也最好不与操作系统在同一个磁盘上。RAID 5 结构如图 9-4 所示。

（6）RAID 0+1，也叫 RAID 10 标准，它表示高可靠性与高效磁盘的一种结构，是应用中的主流选择。它综合了 RAID 0 和 RAID 1 技术，数据除分布在多个硬盘上外，每个盘都有其物理镜像盘，提供全冗余能力，并具有快速读写能力。可以说它提供了与 RAID 1 一样的数据安全保障的同时，也提供了与 RAID 0 近似的存储性能。但是，由于 RAID 10 也通过数据的全备份提供数据安全保障，因此，RAID 10 的磁盘空间利用率与 RAID 1 相同，存储成本高。构造 RAID 10 至少需要 4 个硬盘，但一般不会超过 10 台硬盘。

RAID 10 的特点使其特别适用于既有大量数据需要存取，同时又对数据安全性要求严格的领域，如银行、金融、商业超市、仓储库房、各种档案管理等。不推荐 RAID 10 用于安装操作系统，RAID 10 也最好不要与操作系统在同一个磁盘上。

RAID 10 也有另外一种结构，即 RAID 01，在内部结构上，它刚好与 RAID 10 相反。RAID 01 先分区再将数据镜像到两组硬盘，它将所有的硬盘分为两组，变成 RAID 1 的最低组合，而将两组硬盘各自视为 RAID 0 运作。

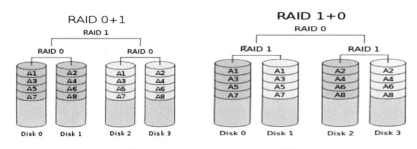

图 9-5    RAID 10 与 RAID 01 结构

当 RAID 10 有一个硬盘受损，其余硬盘会继续运作而不影响数据的安全性。而 RAID 01 只要有一个硬盘受损，同组 RAID 0 的所有硬盘都会停止运作，只剩下其他组的硬盘运作，其可靠性较低。因此，RAID 10 比 RAID 01 常用。它们的结构如图 9-5 所示。

表 9-1 对一些 RAID 级别的性能进行了比较。

表 9-1    磁盘阵列比较表

| RAID 级别 | 最少硬盘 | 最大容错 | 可用容量 | 读取性能 | 写入性能 | 安全性 | 目的 | 应用产业 |
|---|---|---|---|---|---|---|---|---|
| 单一硬盘 | - | 0 | 1 | 1 | 1 | 无 | | |
| JBOD | 1 | 0 | $n$ | 1 | 1 | 无（同 RAID 0） | 增加容量 | 个人（暂时）存储备份 |
| 0 | 2 | 0 | $n$ | $n$ | $n$ | 一个硬盘异常，全部硬盘都会异常 | 追求最大容量、速度 | 3D 产业实时渲染、视频剪接高速缓存用途 |
| 1 | 2 | $n$-1 | $n$/2 | $n$ | 1 | 最高，一个正常即可 | 追求最大安全性 | 个人、企业备份 |
| 5 | 3 | 1 | $n$-1 | $n$-1 | $n$-1 | 高 | 追求最大容量、安全、最小预算 | 个人、企业备份 |
| 6 | 4 | 2 | $n$-2 | $n$-2 | $n$-2 | 安全性较 RAID 5 高 | 同 RAID 5，但较安全 | 个人、企业备份 |
| 10 | 4 | $n$/2 | $n$/2 | $n$ | $n$/2 | 安全性高 | 综合 RAID 0/1 优点，理论速度较快 | 大型数据库、服务器 |

在表 9-1 中，$n$ 代表硬盘总数。JBOD 可接现有硬盘直接增加容量。RAID 2、RAID 3 和 RAID 4 较少应用，因为 RAID 5 已经涵盖了上述级别的功能，RAID 2、RAID 3 和 RAID 4 大多在研究领域有实现，实际应用中则以 RAID 5 为主。

（7）块。在 RAID 中，数据按一定的大小分段后写入到各个磁盘中，在一个磁盘写入一个数据段后就移至下一个磁盘，这个数据段的大小依据就是阵列中的块大小。块大小是 2 的扇区数次方。一般将会对阵列磁盘中的块由 0 开始编号，称为 0 号块、1 号块等。

（8）条带。将阵列中各个磁盘内编号相同的块组成的扇区段称为条带，条带号与组成他的块号相同。如，由各个磁盘的 0 号块组成的条带为条带 0 或 0 号条带。要注意，阵列中的磁盘由 0 开始编号，磁盘中的每个块也由 0 开始编号。

（9）RAID 数据恢复。随着服务器、"云"存储技术应用的普及，多磁盘卷技术应用越来越广泛。个人或企、事业单位通常都要求在满足数据量存储的基础上，提高数据的存储安全性，因此，RAID 技术应用就成为基础性架构。

但是，任何存储技术都不可能达到绝对的安全，一旦 RAID 因硬件失效、意外断电损坏阵列信息或损坏的 RAID 成员盘数量超出允许的范围导致崩溃时，能否快速、完整地恢复数据便成为了研究重心。

恢复 RAID 数据时，必须将原来分段存储于磁盘中的数据重新组合到一起，这就要求恢复人员必须通过某种有效的方式获知数据在 RAID 成员盘上的布局排列方式，并了解如何使用工具软件对阵列中的数据进行重组。

RAID 的组建有硬件与软件之分，两者恢复数据的过程较为类似，其区别如下。

第一，对硬件 RAID 进行取证分析时，首先应该对整个 RAID 卷进行扇区级镜像，然后使用工具软件对镜像进行分析。通常 RAID 卷容量都会很大，所以必须事先准备足够的空间作为镜像存储空间。对 RAID 卷完成镜像后，还需要对各个成员盘进行单独的镜像。

第二，与硬件 RAID 相比，即使软件 RAID 卷已经被撤掉，也有很多工具软件可以根据保存在磁盘中的配置信息将各个成员盘重新整合到一起，从而获得原来 RAID 卷的完整镜像不过，在对软件 RAID 进行数据恢复时，由于 Windows 操作系统在同一时刻只能支持一个磁盘组，当这个操作系统已经有磁盘组的情况下，Windows 操作系统会试图将新挂载的问题磁盘加入到已有的磁盘组中，问题磁盘上的 LDM 信息数据很容易被改写。

对 RAID 进行数据恢复，在大多数情况下，分为以下两个步骤：一是磁盘镜像并分析阵列组成结构；二是对数据重组。其中第一步是难点，也是十分重要和关键的部分，因为 RAID 的级别有很多，出现的问题也很多（这也是 RAID 比单磁盘的数据恢复要困难得多的原因）。当第一步做完之后，第二步就相对容易了，重组也需要镜像，之后就可以恢复数据了。

（10）卷与分区。要想存储数据到硬盘上，就必须将其进行区域划分，并对各个区域高级格式化成为某种文件系统之后才能够正常使用，这就是卷和分区的概念。

卷是操作系统或应用程序用来存储数据的、可寻址的扇区的集合，可由同一物理磁盘上的连续扇区组成，也可由不同的物理磁盘上的非连续的扇区组成。它主要是针对动态磁盘的区域划分。

分区就是由基本磁盘上的连续扇区组成的逻辑区域，在很多情况下，需要将磁盘分成若干个分区。

卷的概念是对分区概念的一种扩展和延伸，分区的概念要小些，而卷更广泛些。

基本磁盘也就是磁盘有一个 DOS（基于 IA32 系统的 DOS 分区结构"MBR"）或 GPT（基于 IA64 系统的全局 ID 分区表"GUID Partition Table"）分区表，每个分区都各自独立存在，它们可能是主分区，也可能是扩展分区或逻辑分区。由于"动态磁盘"可以由多块磁盘构成，而基本磁盘中的分区是不能跨越磁盘的，因此就必须把基本磁盘升级为动态磁盘之后，才能创建动态磁盘下的卷。

区别基本磁盘与动态磁盘的方法是：动态磁盘可以任意更改磁盘容量，即在不重新启动计算机的情况下更改磁盘的容量也不会丢失数据；而基本磁盘必须要利用第三方工具才能改变分区容量，而且会丢失数据。基本磁盘的分区必须是同一磁盘上的连续空间，分区的最大容量也不会超过该磁盘的容量。

（11）软件 RAID 技术。软件 RAID 就是不使用 RAID 控制器，直接通过软件层面实现的 RAID。与硬件 RAID 不同的是，软件 RAID 的各个成员盘对于操作系统来讲是可见的，但操作系统只是将通过软件层配置好了的虚拟 RAID 卷呈现给用户，而不是成员盘，使用户可以像使用一个普通磁盘一样使用 RAID 卷。

在 Unix 操作系统下，软件 RAID 的各个成员盘被识别为裸设备，其配置过程十分复杂。而在 Windows 操作系统下（主要指 Windows Server 2003/2008/2012 等），则可以在设备管理器中看到软件 RAID，并进行磁盘的相关配置，其配置过程十分简单。目前能支持软件 RAID 的操作系统还有 Apple OS X、Sun Solaris、HP-UX 以及 IBM AIX 等。

软件 RAID 中的所有操作皆由 CPU 负责，因为 CPU 要计算校验位和对数据进行分块写入等处理，所以系统资源的利用率会很高，从而降低了系统性能。

在 Windows Server 等操作系统中，可以使用逻辑磁盘管理器（Logical Disk Manager，LDM）进行 RAID 的管理和建立。利用 LDM 创建软件 RAID，要求所使用的磁盘必须为动态磁盘格式，便可以创建简单卷、JBOD、RAID 0、RAID 1 以及 RAID 5 等。

使用 Windows Sever 操作系统构造的软件 RAID，其所有的配置信息都保存在磁盘上，而不是保存在注册表或其他不利于更新的地方，磁盘的配置信息同时也被复制到其他动态磁盘上，这就方便了动态磁盘在不同计算机间进行移植。

Windows Server 操作系统下的动态磁盘，有两个重要的组成部分：一个是 LDM 分区区域，它占用磁盘的绝大部分建立动态卷；另一个是动态磁盘的最后 1MB 空间，用于分配 LDM 数据库，LDM 数据库包含区域的分配及其逻辑卷的建立等信息。

硬件 RAID 的性能优势固然不可否认，但是，软件的 RAID0、RAID1 和 RAID5 也有广泛的应用范围，如个人工作站、小企业服务器等。构造软件 RAID 也是学习硬件 RAID 的基础，它能使读者充分认识到 RAID 的概念和原理、以及性能上的差异。

用个人计算机来构造和使用软件 RAID，必须要满足以下三个条件：一是要使用 Windows Server 操作系统（如 Windows Server 2003 和 Windows 2008 等，32 位、64 位均可），因其他 Windows 操作系统对构造的某些软件 RAID 有限制；二是必须要有两台或两台以上的硬盘（最好是同一品牌的）；三是计算机主板上有能连接两台或两台以上的硬盘接口和相应数量的硬盘槽位。当然，也可选用有线或无线（WiFi）的 RAID 硬盘盒（硬盘槽位数最少 2 位，多的可达到 10 位或更多）。

### 9.1.2　实验目的

了解 RAID 的及其常规应用；能合理构造常见的 RAID。熟练利用虚拟机（Windows Server 操作系统）构造软件 RAID 0、RAID 1、RAID 5 和 JBOD。

### 9.1.3　实验指导

（1）创建动态磁盘。对已经保存好的 Windows Server 2003 操作系统"张三 03 机"虚拟机进行如下设置（原虚拟机中的硬盘为原硬盘）：为该虚拟机再添加两台硬盘，且容量与原硬盘相同。

启动"张三 03 机"虚拟机进入 Windows Server 2003 操作系统界面（以系统管理员身份登录）。进入磁盘管理界面，如图 9-6 所示，这是磁盘初始化和转换向导界面，表示该计算机连接有新磁盘。这里不作任何设置，点击"取消"按钮。如图 9-7 所示。

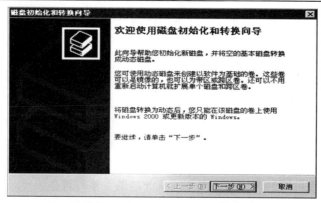

图 9-6　磁盘初始化和转换向导界面

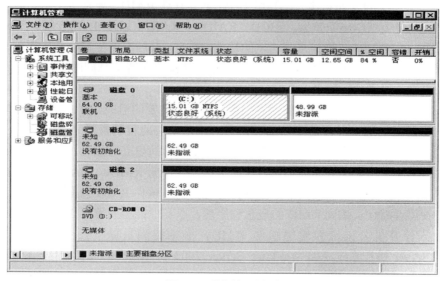

图 9-7　磁盘管理界面

在磁盘管理界面中，新添加的硬盘上有""标记，这表示该硬盘还没有被该操作系统识别，也就是该硬盘还不可使用。该硬盘还不能在该操作系统中使用。

在任意一个"　　"标记上右击鼠标，在快捷菜单上，点击"初始化磁盘（I）"命令如图 9-8 所示。

图 9-8　初始化磁盘界面

在该初始化磁盘界面中，选中所有的磁盘，并点击"确定"按钮，则在如图 9-7 所示的界面中，所有硬盘上的"　　"标记便没有了，即这些硬盘都可以使用了。

如图 9-7 所示，用鼠标右击任意一台有"基本"字样的硬盘，在快捷菜单中，选中"转换到动态磁盘（C）"命令，如图 9-9 所示。

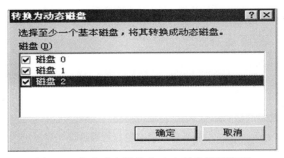

图 9-9　基本磁盘转换为动态磁盘设置界面

选中所有硬盘，并点击"确定"按钮，如图 9-10 所示。

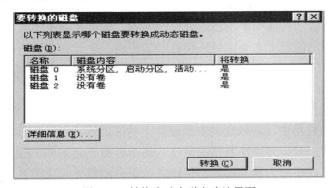

图 9-10　转换为动态磁盘确认界面

点击"转换"按钮，对所有硬盘进行转换，如图 9-11 所示。

图 9-11　转换为动态磁盘的警告提示

点击"是（Y）"按钮，进行转换，如图 9-12 所示。

图 9-12　动态磁盘转换完成提示

此时基本磁盘已经转换为动态磁盘，可以看到图 9-7 中硬盘的标记已经变更为"动态"字样。最后，需要重新启动计算机（指虚拟机），以便转换生效，点击"确定"按钮。

让"张三 03 机"虚拟机再次启动进入 Windows Server 2003 操作系统界面（以系统管理员身份登录），并进入到磁盘管理界面，如图 9-13 所示。

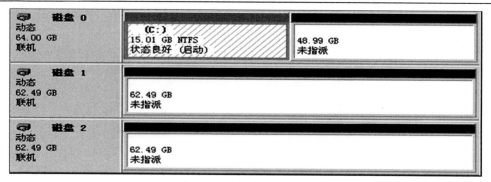

图 9-13　动态磁盘管理界面

由此可看出，"张三 03 机"虚拟机中的基本硬盘已经转换成动态磁盘，以后就可以进行各种卷或 RAID 的实验了，如可以创建简单卷、跨区卷（JBOD）、带区卷（RAID 0）、镜像卷（RAID 1）和 RAID 5 卷等。

其中，简单卷表示构成单个物理磁盘空间的卷，如操作系统区域。它也可以由磁盘上的单个区域，或同一磁盘上多个区域连接在一起组成，它允许在同一磁盘内扩展简单卷，可以使不同区域的卷构成一个区域来使用（简单卷不常用，一般用于磁盘多出的剩余空间）。

注意，基本硬盘一旦升级为动态磁盘，就没有主分区、扩展分区、逻辑分区的概念了；在动态磁盘的使用中，将以卷来表示硬盘上的区域或特点，其上的数据也不能被其他的操作系统所使用；安装有操作系统的硬盘，是不能再还原为基本磁盘的（除了低级格式化），其他磁盘可以还原为基本磁盘，但硬盘上保存的数据将全部丢失；一旦把基本磁盘升级为动态磁盘后，在硬盘上保存的数据将全部丢失，但操作系统所在区域不受影响；在 Windows Server 操作系统中允许多种类型的卷共存。

（2）创建 JBOD。创建 JBOD 就是为了能把所有的磁盘空间利用完。但 JBOD 不具备冗余性能，它只是把不同磁盘的空间串联在一起，构成一个大的空间。JBOD 一般用于空间的延伸，而且可以随时进行延伸的操作，以便随时扩大磁盘空间。

本实验将分别创建两次 JBOD 来说明其应用。第一次利用"磁盘 0"和"磁盘 1"的"未指派"空间来创建 JBOD；第二次为已经存在的 JBOD 进行延伸，添加"磁盘 2"，以扩大空间。

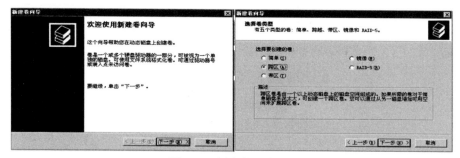

图 9-14　创建卷设置界面

如图 9-13 所示，用鼠标右击"磁盘 0"的"未指派"区域，在快捷菜单中，点击"新建卷（N）"命令，如图 9-14 所示。

选中"跨区（A）"单选项，点击"下一步"按钮，如图 9-15 所示。

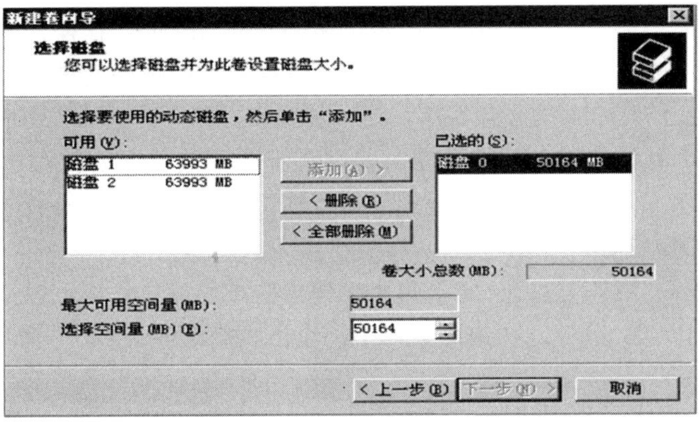

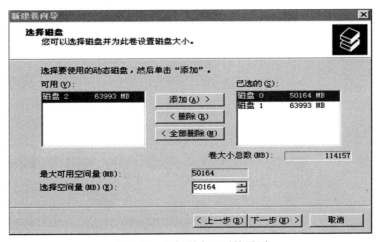

图 9-15　设置跨区卷设置界面

　　"可用"窗口中显示了还没有被使用的磁盘；"已选用"窗口显示已经被选用的磁盘。这里选中"可用"窗口中的"磁盘 1"，并点击"添加"按钮，如图 9-16 所示。

　　注意，"卷大小总数（MB）"表示被选用磁盘后的总空间容量。另外，如果选择错了磁盘，可以点击"删除"按钮，并重新选择。

图 9-16　添加磁盘 1 后的界面

　　此时"卷大小总数（MB）"所显示的值变大了，它表示"磁盘 0"的"未指派"区域与"磁盘 1"的"未指派"区域的空间总和。

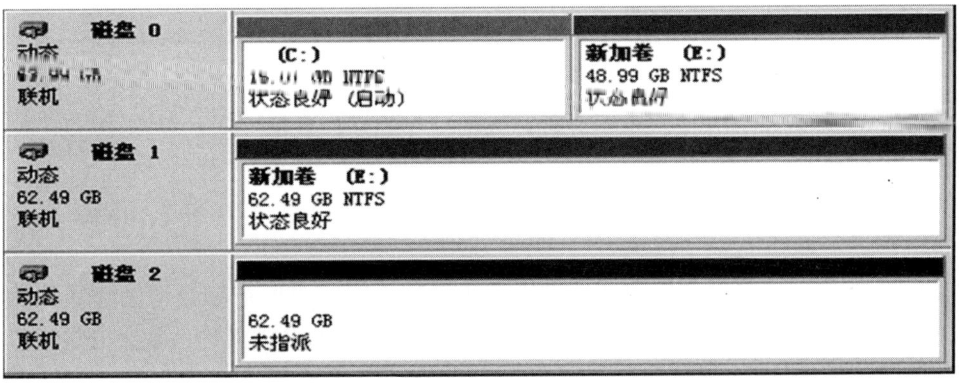

图 9-17　第一次创建的 JBOD

点击"下一步"按钮，如图 9-17 所示。所创建的 JBOD，在操作系统中看到的只是一个"E"盘符，用户在使用该盘时，不需要知道磁盘的底层是如何进行操作的。事实上，从操作系统看来，对于 JBOD 的磁盘底层，是"磁盘 0"和"磁盘 1"相加的空间，是一个整体，操作系统将使用和分配全部的空间，原则上一个磁盘放满后就存放到下一个磁盘上。所以，如果 JBOD 一旦有磁盘损坏，是无法进行恢复的。

下面，对 JBOD 进行扩容试验。

如图 9-17 所示，用户可以在"E"盘上创建一些文件或文件夹，以便进行后续实验的观察。用鼠标右击 JBOD 区域，在快捷菜单中，点击"扩展卷（X）"命令，如图 9-18 所示

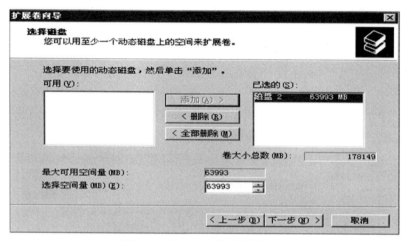

图 9-18　为 JBOD 扩容设置界面

添加"磁盘 2"，并点击"下一步"按钮，如图 9-19 所示。

| 磁盘 0<br>动态<br>63.99 GB<br>联机 | (C:)<br>15.01 GB NTFS<br>状态良好（启动） | 新加卷 (E:)<br>48.99 GB NTFS<br>状态良好 |
| 磁盘 1<br>动态<br>62.49 GB<br>联机 | 新加卷 (E:)<br>62.49 GB NTFS<br>状态良好 | |
| 磁盘 2<br>动态<br>62.49 GB<br>联机 | 新加卷 (E:)<br>62.49 GB NTFS<br>状态良好 | |

图 9-19　扩容后的 JBOD

对 JBOD 扩容十分方便，也不会破坏以前保存的文件数据（通过观察 E 盘上原保存的文件就可以证实）。这就是 JBOD 的最大优点，其他的卷不具备这样的功能。

一旦 JBOD 被创建，其中的某个磁盘是不能退出的，除非删除整个 JBOD 卷，自然其上的数据也就被删除了。

另外，在实际计算机应用中，原则上不推荐操作系统卷所在磁盘再创建其他的卷，如 JBOD、RAID 0 等。这是因为，一旦操作系统出现问题，对其他卷的恢复会变得十分被动，甚至无法进行数据恢复。

<请读者思考>　针对如图 9-19 所示的 JBOD，如果把"磁盘 2"从"张三 03 机"虚拟

机中退出，重新启动进入操作系统后，看看 JBOD 是否能正常工作（如保存文件或运行软件等操作）。

到此，JBOD 实验完成。请删除 JBOD，以便进行后面的实验。

（3）创建 RAID 0（带区卷）。创建 RAID 0 的目的是让计算机的整体性能有所提高，以及能使用足够多的磁盘空间。但是，RAID 0 不具备冗余，而且，一旦创建了 RAID 0，除非删除卷，否则不能再添加磁盘，也不能从中退出磁盘。

如图 9-13 所示，用鼠标点击"磁盘 1"，在快捷菜单中，点击"新建卷（N）"命令，如图 9-20 所示。

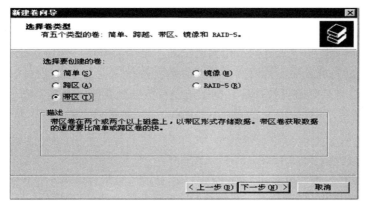

图 9-20　设置 RAID 0（带区卷）界面

选中"带区（T）"单选项，点击"下一步"按钮，如图 9-21 所示。

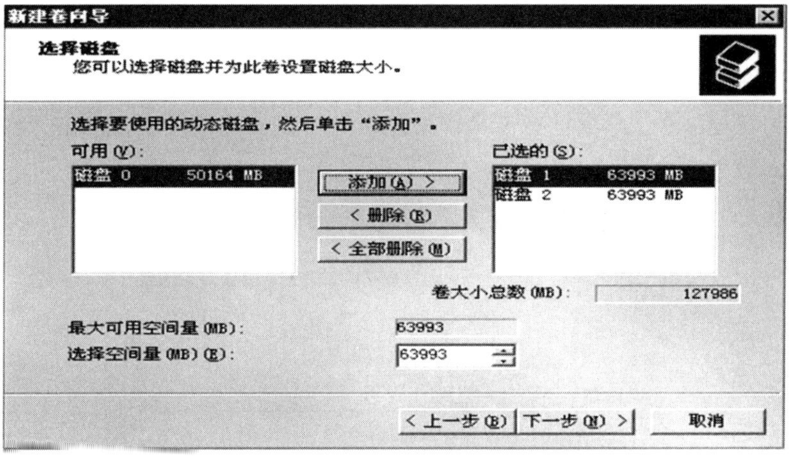

图 9-21　为 RAID 0 添加磁盘界面

选中"磁盘 2"，并点击"添加"按钮，表示用"磁盘 1"与"磁盘 2"来构成无浪费的 RAID 0 卷。"磁盘 1"和"磁盘 2"有相同的容量，这样不会产生空间浪费。当然，如果用于构造 RAID 0 的磁盘容量不等，在构造完 RAID 0 之后，对余下的空间也可以用于创建其他的卷。

<请读者思考>　如果在图 9-21 中，选择了"磁盘 0"，则所构成的 RAID 0 容量有多大，所有磁盘空间都利用了吗？

在图 9-21 中，点击"下一步"按钮，如图 9-22 所示。

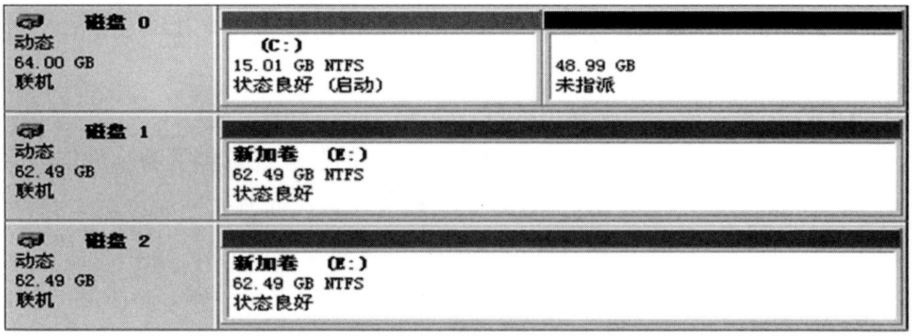

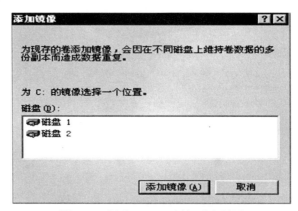

图 9-22　创建的 RAID 0

此时所创建的 RAID 0，在操作系统来中看到的只是一个"E"盘符，对于 RAID 0 的磁盘底层，是"磁盘 1"和"磁盘 2"相加的空间，是一个整体，操作系统将使用和分配全部的空间，文件被分为块之后，同时（并行）存放到两台磁盘上（这是性能提升的原因）。如果 RAID 0 中一旦有某个磁盘被损坏，则无法进行数据恢复的（这是不安全的主要原因）。

〈请读者思考〉　针对如图 9-22 所示的 RAID 0，如果把"磁盘 2"从"张三 03 机"虚拟机中退出，重新启动进入操作系统后，看看 RAID 0 是否能正常工作（如保存文件或运行软件等操作）？

到此，RAID 0 实验完成。请删除 RAID 0，以便进行后续实验。

（4）创建 RAID 1（镜像卷）。创建 RAID 1 的主要目的是保证磁盘数据的安全。当然，RAID 1 也可以用于操作系统卷，这样可以保证操作系统的稳定性和可靠性。要创建 RAID 1，只需要两台硬盘即可。创建中途可以退出某个磁盘，而不会损坏另一个磁盘上的数据。另外，在实际计算机中，构造的 RAID 1 主要用于灾备，如数据的备份或操作系统运行保证等情况。

如图 9-13 所示，为了能保证"张三 03 机"虚拟机的操作系统的可靠和安全，可以对操作系统卷构造 RAID 1。用鼠标右击操作系统区域，在快捷菜单中，点击"添加镜像（A）"命令，如图 9-23 所示。

图 9-23　创建 RAID 1 添加磁盘界面

为"磁盘 0"上的操作系统卷添加一台镜像的硬盘，只能选择其一。这里选中"磁盘 1"，并点击"添加镜像（A）"按钮，如图 9-24 所示。注意，添加为镜像的磁盘空间必须大于或等于现存卷。

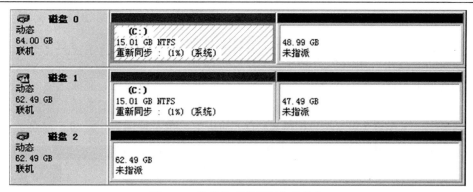

图 9-24　为操作系统卷添加的镜像

为操作系统卷添加了镜像后，系统要花一些时间进行同步备份。镜像磁盘同步备份完成后，将在磁盘上显示"状态良好"字样，这表示两台磁盘上的操作系统卷是完全一样的。用户在使用该卷时，只能看到其中一个磁盘的容量。

如果某个磁盘有损坏，另一个硬盘的操作系统可以照样工作，这就是用 RAID 1 来为操作系统作镜像的最大好处（数据的安全也同理）。而且，在正常情况下，RAID 1 中的某个磁盘也可以任意退出，不会影响另一台磁盘。

<请读者思考>　针对如图 9-24 所示的 RAID 1，在同步备份完成之后，如果把"磁盘 0"从"张三 03 机"虚拟机中退出，让"磁盘 1"来启动，是否能正常启动进入操作系统？这说明了什么问题？这样做会产生什么问题？如何解决？

针对如图 9-24 所示的 RAID 1，如果把"磁盘 0"和"磁盘 1"余下空间作 RAID 1，当在该区域上保存一些文件时，是否会有同步备份的情况？

到此，RAID 1 实验完成。请删除 RAID 1，以便进行后续实验。

（5）创建 RAID 5。创建 RAID 5 是为了提升计算机的整体性能，同时也能最大化地使用磁盘空间，最关键的是能为数据提供安全保证，构造的 RAID 5 主要用于灾备（如数据备份等）。要创建 RAID 5，至少需要 3 台硬盘。

一旦创建了 RAID 5，除非删除卷，否则不能再添加磁盘，也不能从中退出磁盘。

如图 9-13 所示，用鼠标点击"磁盘 0"后面的"未指派"磁盘区域，在快捷菜单中，点击"新建卷（N）"命令，如图 9-25 所示。

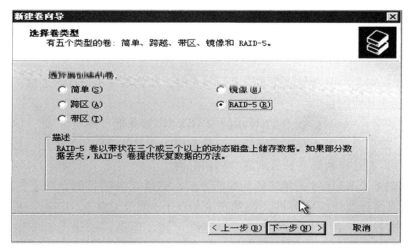

图 9-25　创建 RAID 5 设置界面

选中"RAID-5（R）"单选项，并点击"下一步"按钮，如图9-26所示。

此时必须添加所有的硬盘，要能保证达到3台或以上数量的硬盘，才能创建RAID 5。点击"下一步"按钮，如图9-27所示。

在创建好RAID 5后，系统还需要花一些时间进行高级格式化。完成之后，用户即可使用该卷。RAID 5的总容量总是所有磁盘容量之和再减去一个磁盘的容量，在性能上也接近RAID 0，所以，RAID 5是RAID 0和RAID 1的折中，也是使用最广泛的一种卷。

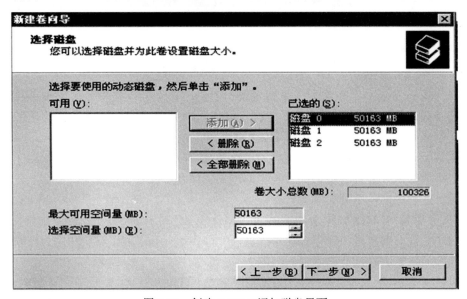

图9-26　创建RAID 5添加磁盘界面

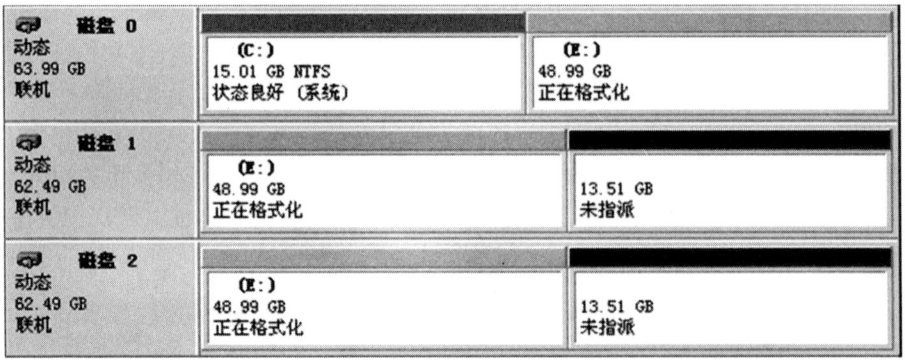

图9-27　创建的RAID 5

注意，如果用于构造RAID 5的磁盘容量不等，在构造完RAID 5之后，对余下的空间也可以用于创建其他的卷。

<请读者思考>　针对如图9-27所示的RAID 5，如果把"磁盘2"从"张三03机"虚拟机中退出，重新启动进入操作系统后，看看RAID 5卷是否能正常使用（如保存文件或运行软件等操作）？这样做会有什么问题？如何解决？

（6）RAID 1及RAID 5简单故障的排除方法。磁盘冗余的目的就在于当磁盘出现故障时，系统能够保存数据的完整性。虽然在RAID 1（或RAID 5）中某个磁盘成员损坏时不会导致数据丢失，其他成员盘仍然可以继续运转，但是，如果不能得到及时恢复（修复），那么磁盘卷将不再拥有冗余的特性，数据便得不到安全保障，且不允许两个或两

个以上磁盘同时出现故障。因此，必须及时恢复（修复）RAID 1（或 RAID 5）中损坏的磁盘。

在 RAID 1（或 RAID 5）中，如果有一个磁盘出现问题，在"磁盘管理"中，失败卷的状态将显示为"失败的重复（或冗余）"，磁盘之一将显示为"脱机"、"丢失"或"联机（错误）"等警告信息。这些信息表示其出现了简单故障，也有可能是严重故障。

简单故障的解决方法如下：当关闭计算机后，重新连接有问题的硬盘。启动系统后，在"磁盘管理"中，右击标识为"脱机"、"丢失"或"联机（错误）"的磁盘，然后在快捷菜单中单击"重新激活磁盘"选项。此时该磁盘的状态回到"良好"状态，同时镜像卷应该自动重新生成，故障得以解决。

（7）RAID 1（或 RAID 5）严重故障的修复。对 RAID 1（或 RAID 5）来讲，如果卷中的某个磁盘发生了严重损坏或者根本就无法修复时，在弹出的快捷菜单中将只能看到"删除"命令，即便进入 Windows Server 操作系统中，也无法修复 RAID 1（或 RAID 5）。如果磁盘连续显示"联机（错误）"，则表明该磁盘可能发生故障了。出现以上这些情况时，应当尽可能快地替换磁盘。

如果经修复仍未能重新激活镜像盘，或者镜像盘的状态没有恢复到"良好"状态，就必须替换失败的磁盘，并创建新的镜像盘。

针对 RAID 1，替换磁盘和创建新的镜像盘的方法如下：

第一，在失败的卷上右击鼠标，并选择"删除镜像"选项，将显示"删除镜像"对话框；

第二，从磁盘列表中选择丢失的磁盘，然后单击"删除镜像"按钮，将显示"磁盘管理"警告框，以提示用户确认；

第三，单击"是"按钮，删除该镜像盘，然后右击该丢失的磁盘，并在弹出的快捷菜单中选择"删除磁盘"选项，将该磁盘删除；

第四，关闭计算机后，更换新的磁盘，并在系统中将磁盘设置为动态磁盘；

最后，创建新的镜像盘。

针对 RAID 5，替换磁盘和重新生成 RAID 5 的方法如下：

第一，关闭计算机后，更换故障磁盘，并将它设置为动态磁盘；

第二，在"磁盘管理"中，右击失败磁盘的 RAID 5，在弹出的快捷菜单中选择"恢复卷"选项，将显示"修复 RAID 5 卷"对话框；

第三，选择要在 RAID 5 中替换失败磁盘的磁盘，并单击"确定"按钮，此时 RAID 5 卷开始自动修复；

第四，右击失败的磁盘，并在弹出的快捷菜单中选择"删除磁盘"选项，并从系统中删除该磁盘。

## 9.2　实　验　练　习

（1）模拟大多数服务器的实际应用，请利用"VMware Workstation"软件来构造一台虚拟机，并为其安装 Windows Server 2003 操作系统。该虚拟机的硬盘采用 SISC 的接口，并创建 5 台硬盘。其中，两台硬盘构造 RAID 1 操作系统卷，其他三台硬盘用于构造 RAID 5，不能有空间浪费。

（2）请利用 Windows Server 2003 操作系统的"张三 03 机"虚拟机来合理构造 RAID 0、RAID 1 和 RAID 5。要求如下：三台硬盘；RAID 0、RAID 1 和 RAID 5 同时合理地存在；不能有空间浪费（要用完全部空间）；要有实际意义；最后画出卷结构示意图。

说明该实验不用考虑操作系统卷所在磁盘不能与其他的卷共存的问题（即组建 RAID 的基本原则）。该实验模拟了个人计算机（或工作站）的实际应用。另外，是否可以用"通用 PE 工具箱"生成的"TonPE_V3.3 分析盘.ISO"光盘来启动并维护有 RAID 的"张三 03 机"虚拟机？是否可以用硬盘保护工具软件来保护该虚拟机的操作系统？

# 实验项目 10　GPT 分区结构分析

**实验工具软件**

（1）通用 PE 工具箱。

（2）UltraISO PE。

（3）VMware workstation full（V8.0.4 或以上安装版）。

（4）Windows Server 2008 或 Windows 7（64 位）等标准版安装盘之一。

（5）DiskGenius。

（6）Sector Editor 1.0.7.57 （Windows 版）。

## 10.1　GPT 分区结构分析

### 10.1.1　基本概念

目前，大多数计算机仍然使用的是不断完善的"BIOS+MBR"架构，也有不少计算机预装了微软的 64 位 Windows 7 和 Windows 8 等操作系统（包括 Mac OS X 操作系统）。有些整机产品所配硬盘的单个容量已超过 2TB，并用 GPT 分区结构的硬盘和 UEFI 的主板，即"EFI BIOS+GPT"架构，代替了无法支持大容量硬盘的 MBR 分区结构。为对该架构进行深入分析，就必须了解 BIOS、EFI BIOS（或 UEFI）、MBR 以及 GPT。

（1）BIOS。BIOS 即基本输入输出系统（Basic Input Output System），是一组固化到计算机主板上的一个 ROM（或 BIOS）芯片内程序，也叫传统式 BIOS（Legacy BIOS）。它保存着计算机最重要的基本输入输出程序（中断例程）、系统设置信息、开机自检程序（POST，Power On Self Test，即上电自检）和系统自启动程序（INT 19H），其主要功能是为计算机提供最底层的、最直接的硬件设置和控制。

BIOS 技术源于 IBM PC/AT 机器及由康柏公司研制生产的"克隆"PC。BIOS 程序存放在一个断电后内容不会丢失的只读内存中，其中还包含有存放 BIOS 程序所设置的参数数据的 CMOS 存储器。如果取出纽扣电池并短接电路可使 BIOS 恢复到出厂默认值，只有开机时才可进行相关设置。系统开电或被重置（RESET）时，处理器第一条指令的地址会被定位到 BIOS 的内存中，执行初始化程序。BIOS 设置程序主要对计算机的基本输入输出系统进行管理和设置，使系统运行在最佳状态，BIOS 设置程序也可用于排除系统故障。BIOS 与硬件的联系相当紧密，形象地说，BIOS 应该是连接软件程序与硬件设备的一座"桥梁"，负责解决硬件的即时需求。

BIOS 必须使用 MBR 分区结构的磁盘，用 MBR 磁盘来启动操作系统时，因 MBR 磁盘的第一个扇区就保存着启动代码（其作用是将计算机从活动分区引导启动操作系统）和硬盘分区表，主板 BIOS 的 INT 19H 将寻找和读取磁盘上的第一个扇区。在 MBR 中，分区表的大小是固定的，一共可容纳最多 4 个主分区的信息。分区表中逻辑块地址采用 32 位的二进制数表示，因此一共可表示 $2^{32}$ 个逻辑块地址。如果一个扇区大小为 512 字节，那么硬盘最大分区容量仅为 2TB。

（2）EFI 与 UEFI。EFI 即可扩展固件接口（Extensible Firmware Interface），UEFI 即统一的可扩展固件接口（Unified Extensible Firmware Interface），它们是图形化的硬件设置界面，是一种详细描述类型接口的标准。

UEFI 用于操作系统自动从预启动的操作环境，加载到另一种操作系统上。它是基于 EFI1.10 开发出来的，其容量一般大于 1M，而 EFI 仍然沿用传统 BIOS 的 512KB 空间。EFI 是英特尔为 PC 固件的体系结构、接口和服务提出的建议标准，其主要目的是提供一组在 OS 加载之前（启动前），在所有平台上一致的、正确指定的启动服务。

90 年代中期，英特尔就因为 PC BIOS 的极限性（16 位 CPU 模式、1MB 寻址空间、PC AT 的硬件依赖等问题）无法为大型安腾服务器提供支持而提出了 Intel Boot Initiative 项目，后来更名 EFI。英特尔从 2000 年开始，开发了可扩展固件接口（Extensible Firmware Interface），用以规范 BIOS，支持 EFI 规范的 BIOS 也被称为 EFI BIOS。到目前为止，UEFI 的版本为 2.3.1。

UEFI 与传统式 BIOS 相比，特点在于：绝大部分编码由 C 语言完成；采用了 Driver/protocol 的新操作方法；不支持 X86 模式，而直接采用 Flat mode；输出为 Removable Binary Drivers；直接利用 protocol/device Path 启动 OS；为第三方开发提供了便利。

根据 UEFI 概念图结构，可把 UEFI 概念划为两部分：UEFI 的实体（UEFI Image）和平台初始化框架。

UEFI 是用模块化、C 语言风格的参数堆栈传递方式、动态链接的形式构建系统，它比 BIOS 更易于实现，容错和纠错特性也更强，从而缩短了系统研发的时间。它运行于 32 位或 64 位模式，突破了传统 16 位代码的寻址限制，摆脱了传统 BIOS 复杂的 16 位汇编代码，克服了 BIOS 代码运行缓慢的弊端。

UEFI 体系的驱动并不是由直接运行在 CPU 上的代码组成的，而是用 EFI Byte Code（EFI 字节代码）编写而成的。EFI Byte Code 是一组用于驱动 UEFI 的虚拟机器指令，必须在 UEFI 驱动运行环境下运行，由此保证了充分的向下兼容性。

一个带有 UEFI 驱动的扩展设备既可以安装在使用安腾的系统中，也可以安装在支持 UEFI 的新 PC 系统中。UEFI 驱动不必重新编写，这样就无须考虑系统升级后的兼容性问题基于解释引擎的执行机制，大大降低了 UEFI 驱动编写的门槛，使所有的 PC 部件提供商都可以参与。

UEFI 内置图形驱动功能，可以提供一个高分辨率的彩色图形环境，用户进入后能用鼠标点击调整配置，一切就像操作 Windows 操作系统下的应用软件一样简单。

UEFI 使用模块化设计，它在逻辑上分为硬件控制与 OS（操作系统）软件管理两部分硬件控制为所有 UEFI 版本所共有，OS 软件管理其实是一个可编程的开放接口。借助这个接口，主板厂商可以实现各种功能。比如，各种备份及诊断功能、主板或固件厂商可以将它们作为自身产品的一大卖点等。UEFI 也提供了强大的联网功能，并不需要进入操作系统便可进行可靠的远程故障诊断。

UEFI 主要由以下几部分构成：UEFI 初始化模块、UEFI 驱动执行环境、UEFI 驱动程序兼容性支持模块、UEFI 高层应用和 GUID 磁盘分区。EFI 的组成部分与此类似。

UEFI 初始化模块和驱动执行环境，通常被集成在一个只读存储器中。在系统开机时最先执行 UEFI 初始化程序，它负责最初的 CPU、北桥、南桥及存储器的初始化工作。当这部分设备就绪后，就载入 UEFI 驱动执行环境（Driver Execution Environment，简称 DXE）。

当 DXE 被载入时，系统就可以加载硬件设备的 UEFI 驱动程序了。DXE 使用了枚举的方式加载各种总线及设备驱动，只要保证它可以按顺序被正确枚举，UEFI 驱动程序可以放置于系统的任何位置。因此，可以把众多设备的驱动放置在磁盘的 UEFI 专用分区中，当系统正确加载这个磁盘后，这些驱动就可以被读取并应用了。在这个特性的作用下，UEFI 也可以轻松地支持新设备，由此克服了传统 BIOS 无法支持新硬件设备的缺陷。

在 UEFI 规范中，引入了一种突破传统 MBR（主引导记录）磁盘分区结构限制的 GUID（全局唯一标志符）磁盘分区系统。MBR 结构磁盘只允许存在 4 个主分区，而 GUID 却不受此类限制。

在众多的分区类型中，UEFI 系统分区用来存放驱动和应用程序。系统引导所依赖的 UEFI 驱动通常不会存放在 UEFI 系统分区中，当该分区的驱动程序遭到破坏，可以使用简单方法加以恢复，不用担心计算机病毒造成的影响。

为了让不具备 UEFI 引导功能的操作系统提供类似于传统 BIOS 的系统服务，UEFI 提供了一个兼容性支持模块，这就保证了 UEFI 在技术上的良好过渡。比如，CSM 就是在 X86 平台上 EFI 系统中的一个特殊的模块，它将为不具备 EFI 引导能力的操作系统提供类似于传统 BIOS 的系统服务。

（3）GPT。GPT 即全局唯一标识分区表（Globally Unique Identifier Partition Table Format，GUID Partition Table，GPT），是一个物理硬盘的分区架构，由基于 64 位"Itanium"计算机中的可扩展固件接口（EFI）使用，是针对 Windows Server 2003 64 位操作系统提出的一种新型磁盘架构。

GPT 磁盘分区方式支持最大卷可达 18 EB（exabytes），并且每磁盘最多有 128 个分区，一个分区（使用 NTFS 分区格式）理论上最大可支持到 256TB。而 MBR 分区标准决定了 MBR 只支持 2TB 以下的硬盘。与 MBR 分区的磁盘不同，GPT 将至关重要的平台操作数据（即启动程序）放于分区中，而不是放于非分区或隐藏扇区部分。

GPT 分区磁盘有多余的主要及备份分区表来提高分区数据结构的完整性，允许将主磁盘分区表和备份磁盘分区表用于冗余，还支持唯一的磁盘和分区 ID （GUID），而且性能更加稳定。与 MBR 相同的是，GPT 也是基本磁盘，它们都可以升级为动态磁盘，都以某某"卷"来称呼区域。如果是在 Windows 操作系统的磁盘管理中，MBR 与 GPT 是可以互相转换的，但必须要求磁盘上无分区。另外，GPT 的动态磁盘转换为基本磁盘时，也必须要清除掉分区。

BIOS 无法识别 GPT 分区，所以 BIOS 下的 GPT 磁盘不能用于启动操作系统，但是，在操作系统提供支持的情况下可用于存储数据。

UEFI 可同时识别 MBR 分区和 GPT 分区，因此在 UEFI 计算机系统中，MBR 磁盘和 GPT 磁盘都可用于启动操作系统和存储数据。不过，UEFI 下必须使用 Windows 的标准安装版来安装操作系统，并且只能将系统安装在 GPT 磁盘中（不能使用 GHOST 版的 Windows 安装盘）。

表 10-1 列出了 Windows 各版本操作系统对 GPT 磁盘的支持程度。其中，"自 BIOS/GPT 启动"即主板利用 BIOS 启动 GPT 磁盘；"自 EFI/GPT 启动"即主板利用 EFI 启动 GPT 磁盘；"IA-64"指"Itanium"服务器或工作站；"X86-64"指 32 位和 64 位个人计算机或工作站；另外，使用英特尔架构的 Mac OS X 操作系统的苹果计算机必须使用 GPT。

由此可以看出，只要是计算机主板提供了 UEFI，就可以安装 64 位的 Windows Vista

/2008/7/8/2012 等操作系统和使用 GPT 磁盘，并能启动系统和存储数据，但所有 32 位的 Windows 版本都不支持。不过，使用任何 64 位的 Windows 操作系统版本，都可以将计算机中的另一个磁盘设置为 GPT 结构来存储数据。

**表 10-1 Windows 各版本操作系统对 GPT 磁盘的支持程度**

| 操作系统 | 平台 | 自 BIOS/GPT 启动 | 自 EFI/GPT 启动 | 读写 |
|---|---|---|---|---|
| Windows XP | IA-64 | 否 | 是 | 是 |
| Windows XP | IA-64 | 否 | 是 | 是 |
| Windows Server 2003 | IA-64 | 否 | 是 | 是 |
| Windows Server 2003 | x86-64 | 否 | 否 | 是 |
| Windows XP | x86-64 | 否 | 否 | 是 |
| Windows Vista | x86-64 | 否 | 是 | 是 |
| Windows Server 2008 | x86-64, IA-64 | 否 | 是 | 是 |
| Windows 7 | x86-64 | 否 | 是 | 是 |
| Windows Server 2004 R2 | x86-64, IA-64 | 否 | 是 | 是 |
| Windows 8 | x86-64 | 否 | 是 | 是 |
| Windows Server 2012 | x86-64, IA-64 | 否 | 是 | 是 |

GPT 磁盘的分区结构包括：启动用标准或默认 GPT 结构、启动用简化 GPT 结构、数据用简化 GPT 结构、系统恢复功能 GPT 结构等。启动用标准或默认 GPT 结构及简化 GPT 结构，如图 10-1 所示。

| | | | | | | |
|---|---|---|---|---|---|---|
| EFI 系统分区或叫 ESP 分区 | MSR 分区或叫保留分区 | 主分区 1 | 主分区 2 | … | 主分区 128 | GPT 备份 |

① 启动用标准或默认 GPT 结构

| | | | | | |
|---|---|---|---|---|---|
| EFI 系统分区或叫 ESP 分区 | 主分区 1 | 主分区 2 | … | 主分区 128 | GPT 备份 |

② 启动简化 GPT 结构

图 10-1 启动用标准或默认 GPT 结构和启动用简化 GPT 结构示意图

对于利用符合要求的 Windows 标准安装版安装操作系统时，将创建启动用标准或默认 GPT 结构或启动用简化 GPT 结构，也可以利用工具软件如“DiskGeius”，新创建分区结构。对于用于启动操作系统的 GPT 磁盘来讲，创建 ESP 分区的优先级高于创建 MSR 分区，因 ESP 分区内存放有引导管理程序、驱动程序、系统维护工具等，所以必须首先创建 ESP 分区。

MSR 分区即 Microsoft 保留分区，该分区在“磁盘管理”中不可见，用户也无法在“MSR 分区”上存储或删除数据。在 GPT 磁盘中，如果省略了（或删除了）MSR 分区，该 GPT 磁盘在转换为动态磁盘时，将显示“磁盘上没有足够的空间完成此操作”的提示信息，表示无法完成转换。但没有“MSR 分区”的 GPT 磁盘还是能正常使用。

如图 10-1 所示，GPT 结构最多创建 128 个主分区，“主分区 1”一般用于安装操作系统。另外，ESP 分区的大小在 Windows 操作系统下为 128MB，Mac OS X 操作系统下为 200MB，GPT 备份分区是 ESP 分区的备份。

数据用简化 GPT 结构如图 10-2 所示。

| | | | | | |
|---|---|---|---|---|---|
| MSR 分区或叫保留分区 | 主分区 1 | 主分区 2 | … | 主分区 128 | GPT 备份 |

图 10-2 数据用简化 GPT 结构示意图

对于利用符合要求的 64 位 Windows 操作系统所创建的 GPT 磁盘，将创建数据用简化 GPT 分区结构，也可以利用工具软件如"DiskGenius"，新创建这样的简化分区结构，这样的 GPT 磁盘主要用于储存数据。这时，EFI 系统分区不是必须的，在创建 GPT 磁盘时，可能会省略。

系统恢复功能 GPT 结构如图 10-3 所示。

| 恢复分区 Windows RE | EFI 系统分区或叫 ESP 分区 | MSR 分区或叫保留分区 | 主分区 1 | ... | 主分区 128 | GPT 备份 |
|---|---|---|---|---|---|---|

| 恢复分区 Windows RE | EFI 系统分区或叫 ESP 分区 | 主分区 1 | ... | 主分区 128 | GPT 备份 |
|---|---|---|---|---|---|

图 10-3　系统恢复功能的 GPT 结构示意图

自 64 位的 Vista 操作系统推出后，一些品牌计算机硬盘的分区结构就采用图 10-3 所示的两种结构，特别是 64 位的 Windows 8 等操作系统所安装的操作系统磁盘的情况（事实上，有些品牌计算机的 MBR 磁盘也有"恢复分区 Windows RE"），或是向空白磁盘安装 64 位 Windows 操作系统时默认产生 GPT 分区结构。其中，"恢复分区 Windows RE"（即 Windows 恢复环境）分区是一个特殊的分区（即对一般用户是不可见的），分区大小由系统或厂家决定，主要用于发生关键系统故障时重新或恢复到出厂时的操作系统状态，事实上就是对正版的 Windows 操作系统的保护，用户根据启动菜单的提示，要么恢复系统分区，要么恢复整个硬盘分区。

如图 10-3 所示的其余分区的结构与图 10-1 和图 10-2 相同。在图 10-1、图 10-2 和图 10-3 所示的分区结构图中，最为关键的是 GPT 磁盘的前 33 个扇区、EFI 分区以及"GPT 备份"区域。如图 10-4 所示。

| 0 扇区 保护 MBR（PMBR） | 1 扇区 GPT 头或叫 EFI 信息 | 2-33 分区表 | FAT 16 或 FAT 32 EFI 系统分区空间 |
|---|---|---|---|

图 10-4　EFI 系统分区示意图

在 MBR 硬盘中，分区信息直接存储于主引导记录（MBR）中（主引导记录中还存储着系统的引导程序）。但在 GPT 硬盘中，分区表的位置信息储存在 GPT 头中。出于兼容性的考虑，硬盘的第一个扇区仍然用作 MBR，也叫 PMBR（即保护 MBR 扇区），之后才是 GPT 头。在 GPT 工作时，会优先读取 GPT（$LBA-1$）的内容。如果没有 GPT 内容，则认为这是一块 MBR 磁盘，再从 $LBA$ 为 0 处读取 MBR。PMBR 的作用是当使用不支持 GPT 的分区工具时，整个硬盘将显示为一个受保护的分区，以防止分区表及硬盘数据遭到破坏。

在 PMBR 扇区中，保留着分区表和"55aa"结束标志，但只使用一个分区表项，描述一个大小为整个磁盘、分区类型为"0xEEH"的分区，以此来表示这块硬盘使用 GPT 分区表。不能识别 GPT 硬盘的操作系统通常会识别出一个未知类型的分区，并且拒绝对硬盘进行操作，这就避免了意外删除分区的危险。此外，能够识别 GPT 分区表的操作系统会检查保护 MBR 中的分区表，如果分区类型不是 0xEEH 或者 MBR 分区表中有多个项，也会拒绝对硬盘进行操作。

有些硬盘使用的是 MBR/GPT 混合分区表，这部分存储了 GPT 分区表的一部分分区（通常是前四个分区），可以使不支持从 GPT 启动的操作系统从 MBR 启动，启动后只能操作 MBR 分区表中的分区。如 Boot Camp 就是使用这种方式来启动 Windows 操作系统。

与 MBR 磁盘一样，GPT 磁盘也使用逻辑区块地址（*LBA*）。PMBR 扇区信息存储于 *LBA* 为 0 处，GPT 头扇区存储于 *LBA*=1 处，之后是 GPT 分区表（即 GUID 分区表）。64 位 Windows 操作系统使用 16 384 字节（或 32 扇区）作为 GPT 分区表，*LBA* 为 34 处是硬盘上第一个分区（即 EFI 系统分区空间即 ESP 分区）的开始位置，该空间一般采用 FAT 16 或 FAT32 文件系统。

因 ESP 分区存放有引导管理程序及驱动程序等安装完操作系统之后才产生的内容，对可启动操作系统的磁盘来讲十分重要，在启动计算机时 Administrator 需要 ESP 分区。

如果 GPT 磁盘前部的 EFI 扇区信息和分区表遭到破坏，只要将该磁盘结尾处备份的 EFI 部分复制回原来的位置即可。GPT 备份的区域，如图 10-5 所示。

| 32 个扇区分区表的备份（即 2-33 扇区的备份） | 磁盘末扇区 GPT 头或 EFI 信息备份 |
| --- | --- |

图 10-5　GPT 磁盘末尾的 GPT 备份区域示意图

GPT 备份区域总是占用 GPT 结束扇区和 EFI 结束扇区之间的共 33 个扇区。其中，最后一个扇区用于备份 *LBA* 为 1 的 EFI 扇区信息，其余 32 个扇区用于备份 *LBA* 为 2~33 的扇区信息，即分区表。

GPT 头信息结构参数定义，见表 10-2。

表 10-2　GPT 头信息结构参数定义

| 偏移 | 字节长度 | 说明 |
| --- | --- | --- |
| 0x00 | 8 | 签名，固定为 ASCII 码 "EFI PART"，十六进制表示 0x5452415020494645 |
| 0x08 | 4 | 版本号，目前的版本为 V1.0，十六进制表示 0x00010000 |
| 0x0C | 4 | 分区表头的大小（单位是字节，通常是 92 字节，即 5C 00 00 00） |
| 0x10 | 4 | GPT 头中字节的 CRC32 校验 |
| 0x14 | 4 | 固定值 00 00 00 00 |
| 0x18 | 8 | 当前 *LBA*（这个分区表头的位置） |
| 0x20 | 8 | 备份 *LBA*（另一个分区表头的位置） |
| 0x28 | 8 | 第一个可用于分区的 *LBA*（主分区表的最后一个 *LBA* + 1） |
| 0x30 | 8 | 最后一个可用于分区的 *LBA*（备份分区表的最后一个 *LBA*− 1） |
| 0x38 | 16 | 磁盘 GUID |
| 0x48 | 8 | 分区表项的起始 *LBA* |
| 0x50 | 4 | 分区表项的数量 |
| 0x54 | 4 | 一个分区表项的大小（通常是 128） |
| 0x58 | 4 | 分区表 CRC32 校验 |
| 0x5C | 420 | 保留，剩余的字节必须是 0（对于 512 字节 *LBA* 的硬盘即是 420 字节） |

　　GPT 头位于磁盘的 *LBA* 值为 1 的位置，占用一个扇区。GPT 磁盘创建后，由 GPT 头定义了分区表的位置和大小，即定义了硬盘的可用空间以及组成分区表的项的大小和数量。在使用 64 位 Windows Server 2003 及其以上操作系统的机器上，最多可以创建 128 个分区，即分区表中保留了 128 个项，其中每个分区表都是 128 字节（EFI 标准要求分区表最小要有 16384 字节，即 128 个分区项的大小）。

　　分区表头还记录了这块硬盘的 GUID，记录了分区表头（位置总是在 *LBA* 值为 1 处）以及备份分区表头和分区表（在硬盘的最后）的位置与大小。除此之外，它还储存着分区表头和分区表的 CRC32 校验和。

　　固件、引导程序和操作系统在启动时可以根据 CRC 32 校验来判断分区表是否出错，如果出错，可以使用软件从硬盘最后的备份 GPT 中恢复整个分区表，如果备份 GPT 也校验错误，硬盘将不可使用。所以 GPT 硬盘的分区表不可以直接使用十六进制编辑器修改或复制，这也是 GPT 头信息与备份 EFI 信息的差异。

　　128 字节的分区表数据结构定义，见表 10-3。

表 10-3　128 字节的分区表数据结构定义

| 偏移 | 字节长度 | 说明 |
|---|---|---|
| 0x00 | 16 | 分区类型 GUID |
| 0x10 | 16 | 唯一的分区 GUID |
| 0x20 | 8 | 开始 *LBA* |
| 0x28 | 8 | 结束 *LBA* |
| 0x30 | 8 | 分区属性 |
| 0x38 | 72 | 分区名称　（Unicode 码） |

　　GPT 磁盘的 *LBA* 为 2～33 的扇区区域，用于存放 GPT 磁盘的分区表，以描述 GPT 区域内的各个分区情况。分区表共占用 32 个扇区，每个分区表项占用 128 字节，32 个扇区共可存放 128 个分区表项。

　　可以看出，GPT 分区表使用简单而直接的方式表示分区。其中，偏移地址以 0x00H 开始的 16 字节是分区类型 GUID。比如，任何使用 EFI 的计算机，必须有一个由启动硬件和软件所需要的文件组成的 EFI 系统分区。那么，EFI 系统分区的 GUID 类型标识为"C12A7328-F81F-11D2-BA4B -00A0C93EC93B"。偏移地址为以 0x10H 开始的 16 字节是 GPT 该分区唯一的 GUID。之后的偏移地址字节表示分区的起始、末尾的 *LBA* 位置值，以及分区的属性和名字。

　　分区表项中的偏移地址为"0x30H"的数据结构是分区属性参数的定义，见表 10-4。

表 10-4　分区属性参数定义

| 位 | 说明 |
|---|---|
| Bit 0 | 系统分区　00 00 00 00 00 00 00 00 |
| Bit 60 | 分区只读　00 00 00 00 00 00 00 10 |
| Bit 62 | 隐藏分区　00 00 00 00 00 00 00 40 |
| Bit 63 | 不挂载此分区（不分配盘符）00 00 00 00 00 00 00 80 |

　　分区表项中的偏移地址为 0x00H 的数据结构是"分区类型 GUID"的参数定义，在不

同操作系统下不同工具所创建的 GPT 磁盘的类型，其值可能是显示值，也可能是换算之后的值，具体见表 10-5。

**表 10-5　分区类型 GUID 参数定义**

| 相关操作系统 | 分区类型 | GUID |
|---|---|---|
| None | 未使用 | 00000000-0000-0000-0000-000000000000 |
| | MBR 分区表 | 024DEE41-33E7-11D3-9D69-0008C781F39F |
| | EFI 系统分区 | C12A7328-F81F-11D2-BA4B-00A0C93EC93B |
| | BIOS 引导分区 | 21686148-6449-6E6F-744E-656564454649 |
| Windows | 微软保留分区 | E3C9E316-0B5C-4DB8-817D-F92DF00215AE |
| | 基本数据分区 | EBD0A0A2-B9E5-4433-87C0-68B6B72699C7 |
| | 逻辑软盘管理工具元数据分区 | 5808C8AA-7E8F-42E0-85D2-E1E90434CFB3 |
| | 逻辑软盘管理工具数据分区 | AF9B60A0-1431-4F62-BC68-3311714A69AD |
| | Windows 恢复环境 | DE94BBA4-06D1-4D40-A16A-BFD50179D6AC |
| | IBM 通用并行文件系统(GPFS)分区 | 37AFFC90-EF7D-4e96-91C3-2D7AE055B174 |
| HP-UX | 数据分区 | 75894C1E-3AEB-11D3-B7C1-7B03A0000000 |
| | 服务分区 | E2A1E728-32E3-11D6-A682-7B03A0000000 |
| Linux | 数据分区 | EBD0A0A2-B9E5-4433-87C0-68B6B72699C7 |
| | RAID 分区 | A19D880F-05FC-4D3B-A006-743F0F84911E |
| | 交换分区 | 0657FD6D-A4AB-43C4-84E5-0933C84B4F4F |
| | 逻辑卷管理器(LVM)分区 | E6D6D379-F507-44C2-A23C-238F2A3DF928 |
| | 保留 | 8DA63339-0007-60C0-C436-083AC8230908 |
| FreeBSD | 启动分区 | 83BD6B9D-7F41-11DC-BE0B-001560B84F0F |
| | 数据分区 | 516E7CB4-6ECF-11D6-8FF8-00022D09712B |
| | 交换分区 | 516E7CB5-6ECF-11D6-8FF8-00022D09712B |
| | UFS 分区 | 516E7CB6-6ECF-11D6-8FF8-00022D09712B |
| | en:Vinum volume manager 分区 | 516E7CB8-6ECF-11D6-8FF8-00022D09712B |
| | ZFS 分区 | 516E7CBA-6ECF-11D6-8FF8-00022D09712B |
| Mac OS X | HFS(HFS+)分区 | 48465300-0000-11AA-AA11-00306543ECAC |
| | 苹果公司 UFS | 55465300-0000-11AA-AA11-00306543ECAC |
| | ZFS | 6A898CC3-1DD2-11B2-99A6-080020736631 |
| | 苹果 RAID 分区 | 52414944-0000-11AA-AA11-00306543ECAC |
| | 苹果 RAID 分区，下线 | 52414944-5F4F-11AA-AA11-00306543ECAC |
| | 苹果启动分区 | 426F6F74-0000-11AA-AA11-00306543ECAC |
| | Apple Label | 4C616265-6C00-11AA-AA11-00306543ECAC |
| | Apple TV 恢复分区 | 5265636F-7665-11AA-AA11-00306543ECAC |
| Solaris | 启动分区 | 6A82CB45-1DD2-11B2-99A6-080020736631 |
| | 根分区 | 6A85CF4D-1DD2-11B2-99A6-080020736631 |
| | 交换分区 | 6A87C46F-1DD2-11B2-99A6-080020736631 |
| | 备份分区 | 6A8B642B-1DD2-11B2-99A6-080020736631 |
| | /usr 分区 | 6A898CC3-1DD2-11B2-99A6-080020736631 |
| | /var 分区 | 6A8EF2E9-1DD2-11B2-99A6-080020736631 |
| | /home 分区 | 6A90BA39-1DD2-11B2-99A6-080020736631 |
| | 备用扇区 | 6A9283A5-1DD2-11B2-99A6-080020736631 |
| | | 6A945A3B-1DD2-11B2-99A6-080020736631 |
| | | 6A9630D1-1DD2-11B2-99A6-080020736631 |
| | 保留分区 | 6A980767-1DD2-11B2-99A6-080020736631 |
| | | 6A96237F-1DD2-11B2-99A6-080020736631 |
| | | 6A8D2AC7-1DD2-11B2-99A6-080020736631 |
| NetBSD | 交换分区 | 49F48D32-B10E-11DC-B99B-0019D1879648 |
| | FFS 分区 | 49F48D5A-B10E-11DC-B99B-0019D1879648 |
| | LFS 分区 | 49F48D82-B10E-11DC-B99B-0019D1879648 |
| | RAID 分区 | 49F48DAA-B10E-11DC-B99B-0019D1879648 |
| | concatenated 分区 | 2DB519C4-B10F-11DC-B99B-0019D1879648 |
| | 加密分区 | 2DB519EC-B10F-11DC-B99B-0019D1879648 |

### 10.1.2　工具简介

　　VMware Workstation 是一款功能强大的桌面虚拟机软件，提供用户可在单一的桌面上同时运行不同的操作系统。VMware Workstation 可在一部实体计算机上模拟完整的网络环境，其灵活性与先进的技术胜过了市面上其他虚拟机软件。对于 IT 开发人员和系统管理员而言，VmwareWorkstation 在虚拟网路、实时快照、拖曳共享文件夹和支持 PXE 等方面具有的特点使它成为必不可少的工具。VMware Workstation 同时也是数据恢复技术研究的不可或缺的工具软件，是开发、测试的最佳解决方案。

　　VMware Workstation 安装版从 V8.0.2 开始，就全面支持 64 位的 Windows Vista 和 Windows 7 等操作系统的虚拟机，能模拟 EFI 的启动方式，即"UEFI BIOS 主板"计算机的启动方式，这为研究 GPT 结构的磁盘提供了基础。只需要对所创建的虚拟机的配置文件（后缀为".VMX"的文本文件）进行修改，即加入"firmware="efi""或"firmware = "bios""命令，就可以用 BIOS 来启动 MBR 磁盘，也可以用 EFI 来启动 GPT 磁盘。

　　本实验项目就是利用"VMware-workstation-full-10"、"三茗硬盘医生"、"Sector Editor"和"DiskGenius"工具软件来完成对 GPT 磁盘结构的分析。

### 10.1.3　实验目的

　　了解 BIOS、MBR、EFI BIOS、GPT 等的意义；理解不同 GPT 磁盘的用途和创建方法；了解计算机的两种架构"BIOS+MBR"和"UEFI+GPT"的应用。

　　熟练分析 GPT 分区结构，并能定位用户主分区的 DBR 扇区位置；熟练利用"VMware Workstation"工具软件构造"UEFI+GPT"架构计算机系统，并为 GPT 磁盘安装 Windows 2008/Vista/7/8 操作系统中的某一个 64 位操作系统；了解保护 GPT 分区结构的方法。

### 10.1.4　实验指导

　　（1）Ghost 版操作系统创建数据用简化 GPT 结构的磁盘。制作好包含有"DiskGenius"和"Sector Editor"软件的"TonPE_V3.3 分析盘.ISO"光盘。下载并备好"Ghost win server 2008 r2 x64.ISO"Ghost 版安装光盘和"VMware- workstation-full-10"安装版软件。

　　利用"VMware-workstation-full-10"安装版软件创建一台虚拟机，其名称为"Windows Server 2008 R2 x64"，并保存到"张三虚拟机"文件夹中。硬件设备要求如下：内存 1024MB，两台硬盘各 60GB，都用 SATA 接口，其他设置默认即可。

　　用"Ghost win server 2008 r2 x64.ISO"光盘启动"Windows Server 2008 r2 x64"虚拟机，并利用其中的相关工具软件对第一台硬盘分区，使其分为 1 个主分区（用于安装操作系统）和 1 个逻辑分区（用于放文件数据），各个分区必须高级格式化；第二台硬盘不用分区。分区方案如图 10-6 所示。

| NTFS<br>30GB(操作系统) | 扩展分区 | |
| | NTFS（剩余容量） | |

图 10-6　第一台硬盘分区方案示意图

　　重新启动虚拟机，利用"Ghost win server 2008 r2 x64.ISO"光盘，为"Windows Server 2008 r2 x64"虚拟机的第一台硬盘的第一个分区安装 64 位 Windows server 2008 操作系统，并能让该虚拟机正常启动进入 Windows server 2008 操作系统桌面。

　　右击"我的电脑"，在快捷菜单中选择"管理"下的"磁盘管理"命令，查看其磁盘分区，如图 10-7 所示。

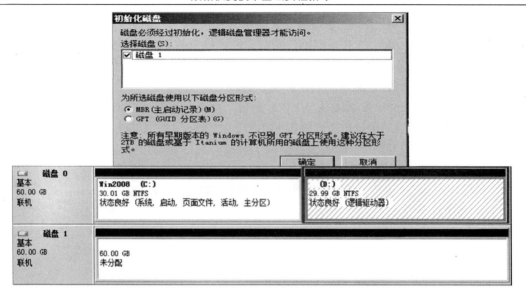

图 10-7　"Windows Server 2008 r2 x64"虚拟机磁盘分区方案

　　请选中"MBR（主启动记录）"单选项。其中，"磁盘 0"就是第一台硬盘，"磁盘 1"是第二台硬盘，它们目前都是 MBR 基本磁盘架构。

　　右击"磁盘 1"文字（或区域），在快捷菜单中选择"转换成 GPT 磁盘（V）"命令，"磁盘 1"便即刻转换为 GPT 磁盘结构。

　　再右击"磁盘 1"的"未分配"区域，利用快捷菜单上的"新建简单卷"命令对"磁盘 1"进行分区，使其有 5 个主分区。

　　最后，用"TonPE_V3.3 分析盘.ISO"光盘启动"Windows Server 2008 r2 x64"虚拟机，并用"DiskGenius"工具软件观察该虚拟机"磁盘 0"和"磁盘 1"的分区情况，如图 10-8 所示。

| 卷标 | 序号(状态) | 文件系统 | 标识 | 起始柱面 | 磁头 | 扇区 | 终止柱面 | 磁头 | 扇区 | 容量 |
|---|---|---|---|---|---|---|---|---|---|---|
| MSR (0) | 0 | MSR | | 0 | 0 | 35 | 16 | 81 | 35 | 128.0MB |
| 新加卷(F:) | 1 | NTFS | | 16 | 113 | 34 | 2464 | 58 | 26 | 18.8GB |
| 新加卷(G:) | 2 | NTFS | | 2464 | 58 | 27 | 3612 | 19 | 55 | 8.8GB |
| 新加卷(H:) | 3 | NTFS | | 3612 | 19 | 56 | 4885 | 61 | 40 | 9.8GB |
| 新加卷(I:) | 4 | NTFS | | 4885 | 61 | 41 | 6317 | 95 | 50 | 11.0GB |
| 新加卷(J:) | 5 | NTFS | | 6317 | 95 | 51 | 7832 | 62 | 38 | 11.6GB |

图 10-8　"磁盘 0"和"磁盘 1"的分区结构

　　"磁盘 0"是 MBR 磁盘，"磁盘 1"是 GPT 磁盘，它们都是基本磁盘。其中"磁盘 1"是数据用简化 GPT 结构的磁盘，在该磁盘中，默认创建了一个隐藏的 MSR 分区，这表示该硬盘可以转换为动态磁盘，但不能用于启动操作系统，也不能用于存储数据，利用"磁盘管理"功能也无法删除 MSR 分区。当然，如果利用其他工具软件删除了 MSR 分区，该硬盘将无法转换为正常的动态磁盘，但该硬盘还是能正常使用。

<请读者思考并验证>    如果把如图 10-8 所示的"磁盘 1"中的 MSR 分区删除之后（利用"DiskGenius"工具软件），进入"Windows Server 2008 r2 x64"虚拟机的 Windows Server 2008 操作系统中，是否还能正常使用"磁盘 1"中的分区？"磁盘 1"是否能转换为动态磁盘？会有怎样的现象？如果上述五个分区中有文件数据，是否存在数据损毁的危险？目前的"磁盘 1"还能转换回基本磁盘和 GPT 磁盘吗？若能应如何操作？"磁盘 1"是否能把其设置为启动用的标准 GPT 磁盘，应如何操作？

该实验的目的，是使读者理解针对一般计算机（即指 BIOS+MBR 架构，并且使用硬盘小于 2TB 的计算机系统），在添加了大于 2TB 硬盘时采用 GPT 磁盘，及 GPT 创建的过程、方法和应用。

请保留"Windows Server 2008 r2×64"虚拟机，以备用。

（2）标准版操作系统创建启动用标准或默认 GPT 结构或启动用简化 GPT 结构磁盘。制作好包含有"DiskGenius"和"Sector Editor"软件的"TonPE_V3.3 分析盘.ISO"光盘；下载并备好"Windows 7 ultimate sp1 x64.ISO"标准安装版光盘和"VMware- workstation- full-10"安装版软件。

利用"VMware-workstation-full-10"安装版软件创建一台虚拟机，然后将其命名为"Windows 7 x64"，并保存到"李四虚拟机"文件夹中，硬件设备要求如下：内存 1024MB，一台硬盘 60GB，用 SATA 接口，其他设置默认即可。最后关闭虚拟机。

本实验必须把"Windows 7 x64"虚拟机设置为 EFI（或 UEFI）启动的虚拟机，这样才能在安装操作系统时自动创建 GPT 磁盘。设置为 FE1(或 UEF1)启动的方法是：进入"李四虚拟机"文件夹，找到文件名后缀为".VMX"的文件，即文件类型为虚拟机配置的文件，如用记事本打开该文件（该文件是文本文件），并在文本的末尾加入一条命令（firmware = "efi"），最后保存即可（如果需要把该虚拟机设置回 BIOS 启动的虚拟机，则在虚拟机配置文件中找到添加的命令，并把 efi 改为 bios 即可）。

用"Windows 7 ultimate sp1 x64.ISO"光盘启动"Windows 7 x64"虚拟机，并为其安装 Windows 7 操作系统。在安装操作系统的过程中，利用系统提供的分区工具为硬盘分区，使其有 1 个安装操作系统的主分区（约 30GB）和 1 个存储数据用的主分区（用余下的全部空间）。如图 10-9 所示。

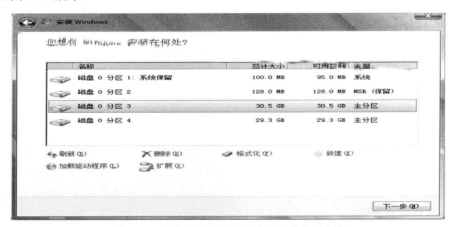

图 10-9    操作系统安装过程中创建的分区方案

"Windows 7 x64" 虚拟机中的硬盘划分出了 4 个分区，是典型的启动用标准或默认 GPT 结构。其中，分区 1 和分区 2 是在划分分区时自动默认创建的，分区 1 是 ESP 分区，也叫系统保留分区，容量默认一般是 100MB，且是隐藏的不可使用的 FAT 16 或 FAT 32 文件系统。分区 2 是 MSR 分区，容量默认一般是 128MB，且是隐藏不可使用的分区。分区 3 和分区 4 是用户划分的主分区。分区 3 用于安装操作系统，分区 4 用于保存文件数据。

在操作系统自动创建的默认分区中，可能不一定有 MSR 分区，即可能创建的是启动用简化 GPT 结构，也可能是启动用标准或默认 GPT 结构。另外，不同的 Windows 操作系统所创建的 ESP 和 MSR 分区的容量不完全相同，其容量默认即可，没有特别的情况不需要修改。

如图 10-9 所示，点击分区 3，并点击"下一步"按钮，即可完成安装操作系统的后续工作，再次启动系统后，该分区将显示为 C 盘符。

启动"Windows 7 x64"虚拟机进入操作系统界面，打开"磁盘管理"窗口查看分区情况，如图 10-10 所示。

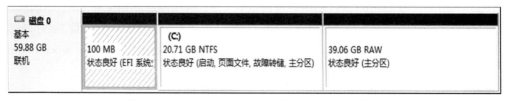

图 10-10    "Windows 7 x64"虚拟机磁盘分区情况

在磁盘管理窗口中，除了 MSR 分区没有显示出来外，其余分区都有显示，而且，利用"磁盘管理"功能也无法删除 MSR 和 ESP 分区。

最后，在操作系统中，把"TonPE_V3.3 分析盘.ISO"光盘插入到"Windows 7 x64"虚拟机的光驱中，找到并用"DiskGenius"工具软件观察该虚拟机硬盘的分区情况，具体如图 10-11 所示。

对于该"Windows 7 x64"虚拟机，目前是采用"EFI+GPT"架构来运行的，如果使用"TonPE_V3.3 分析盘.ISO"光盘将无法启动。这与 Ghost 版操作系统创建数据用简化 GPT 结构磁盘的情况完全不同。

| 卷标 | 序号(状态) | 文件系统 | 标识 | 起始柱面 | 磁头 | 扇区 | 终止柱面 | 磁头 | 扇区 | 容量 |
|---|---|---|---|---|---|---|---|---|---|---|
| ESP (0) | 0 | FAT32 | | 0 | 32 | 33 | 12 | 223 | 19 | 100.0MB |
| MSR (1) | 1 | MSR | | 12 | 223 | 20 | 29 | 49 | 20 | 128.0MB |
| 本地磁盘(C:) | 2 | NTFS | | 29 | 49 | 21 | 2733 | 55 | 10 | 20.7GB |
| Basic dat... | 3 | M... | | 2733 | 55 | 11 | 7832 | 95 | 7 | 39.1GB |

图 10-11    利用"DiskGenius"工具软件查看分区结构

从该"Windows 7 x64"虚拟机硬盘的分区结构可以看出，ESP 分区总是在 MSR 分区之前，这是操作系统在创建 GPT 磁盘时的默认设置位置。可以利用"DiskGenius"工具软件来查看 ESP 分区中的文件，如"EFI"文件夹等重要数据，它是安装操作系统时产生的，如果没有安装操作系统，将不会有"EFI"文件夹。

<请读者思考并验证>    如图 10-11 所示的"EFI+GPT"架构的"Windows 7 x64"虚拟

机，如何利用"TonPE_V3.3 分析盘.ISO"光盘来启动该虚拟机？另外，如果为该虚拟机再额外创建一台 GPT 磁盘，请问所创建的 ESP 与 MSR 分区是否可以任意顺序放置？是否可以放置在硬盘的其他位置？

　　本实验的目的是使读者理解针对"UEFI+GPT"架构（硬盘容量随意）的计算机系统（包括虚拟机），如何安装 64 位 Windows 操作系统，以及创建 GPT 磁盘的过程和方法，并理解利用可启动工具光盘来启动该计算机系统（包括虚拟机）的方法。

　　针对实际计算机，如果采用"UEFI+GPT"架构，表示主板具有 UEFI 的启动功能，则就可以使用 GPT 磁盘（磁盘容量随意），并可以为该磁盘新安装操作系统。当然，这样的主板也支持 MBR 磁盘的启动。具体如何设置主板的 UEFI 启动功能，需要参阅相应主板说明书，而操作系统的安装方法与在虚拟机中安装操作系统是完全一样的，且所用操作系统安装盘可以是标准安装版光盘或 UEFI 启动 U 盘等，但绝对不能使用 Ghost 版的 Windows 安装光盘，否则会把 GPT 分区损毁掉。

　　该实验到此为止，请暂时保留"Windows 7 x64"虚拟机，以备用。

　　（3）用"DiskGenius"工具软件创建任意结构的 GPT 磁盘。制作好包含有"DiskGenius"和"Sector Editor"软件的"TonPE_V3.3 分析盘.ISO"光盘；下载并备好"Windows 7 ultimate sp1 x64.ISO"标准安装版光盘和"VMware- workstation- full-10"安装版软件。

　　利用"VMware-workstation-full-10"安装版软件创建一台虚拟机，其名称为"Windows 8 x64"，并保存到"DiskGenius 虚拟机"文件夹中。硬件设备要求如下：内存 1024MB，两台硬盘各 60GB，都用 SATA 接口，其他设置默认即可。

　　用"TonPE_V3.3 分析盘.ISO"光盘启动"Windows 8 x64"虚拟机（该虚拟机默认的启动架构是"BIOS+MBR"运行方式），并运行"DiskGenius"软件，分别选中第一台和第二台硬盘的名称（即 HD0: VMware Virtual SATA Hard Drive(60GB)和 HD1：VMware Virtual SATA Hard Drive（60GB）），右击鼠标，在快捷菜单中点选"转换分区表类型为 GUID 格式（P）"命令，两硬盘都进行 GPT 的转换。如图 10-12 所示。

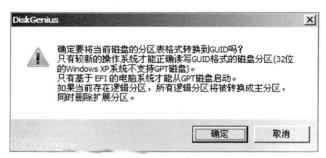

图 10-12　提示 MBR 的磁盘转换为 GPT 格式

　　点击"确定"按钮，要求继续转换，把两台硬盘都转换为 GPT 磁盘，注意要保存分区表。之后，便是对两台硬盘进行区域的划分操作。

　　首先选中第一台硬盘，在第一台硬盘的直观图上右击鼠标，在快捷菜单中，选"建立新分区"命令，将显示"建立 ESP、MSR 分区"对话框，如图 10-13 所示。

　　该对话框表示当硬盘转换为 GPT 磁盘之后，如果对其分区，则默认必须首先划分出 ESP 和（或）MSR 分区。该对话框的意义是：必须根据硬盘的用途来设置相应的 GPT 磁盘结构。

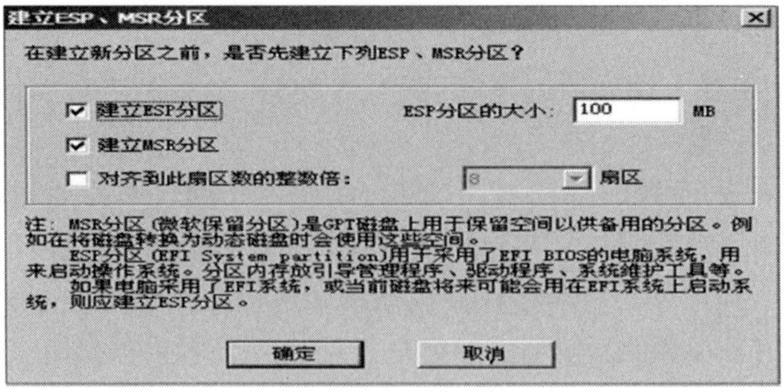

图 10-13　为 GPT 磁盘设置 ESP 或 MSR 分区提示框

　　无论是实际计算机还是虚拟机，也无论是在"BIOS+MBR"还是"UEFI+GPT"架构中运行，都可以利用"DiskGenius"软件对硬盘设置为 GPT 磁盘结构。但是，事先必须考虑硬盘的用途，再进行划分。比如，硬盘主要用于安装 64 位 Windows 操作系统（或 Mac OS X 操作系统），并用于启动系统，就必须要采用启动用标准或默认 GPT 结构或启动用简化 GPT 结构，即划分出 ESP 分区和（或）MSR 分区区域。当然，如果只采用启动用简化 GPT 结构也是可以的，但是不能转换为动态磁盘。如果硬盘只是用于保存文件数据，就可以采用数据用简化 GPT 结构，即只需要划分出 MSR 分区区域即可（当然，前面的结构也是可以的）。采用系统恢复功能 GPT 结构的硬盘的划分方式较为特殊，"DiskGenius"软件是无法实现的（有兴趣的读者请查阅相关资料，目前 64 位的 Windows 8 等操作系统标准安装版可以自动创建系统恢复功能 GPT 结构，不需要其他工具软件来创建）。最后，当硬盘根据用途设置了 GPT 结构后，硬盘上的其余空间则由用户根据经验划分分区即可。注意："对齐到此扇区的整数倍"主要针对固态硬盘的使用情况，并且必须设置，而对一般硬盘则无须考虑；ESP 分区的容量大小默认是 100MB，MSR 分区的默认大小为 128MB，在大多数情况下不用修改这些值。

　　如图 10-13 所示，第一台硬盘设置为启动用标准或默认 GPT 结构，第二台硬盘设置为数据用简化 GPT 结构。两硬盘的其余空间分别划分出 3 个主分区和 5 个主分区，最后保存分区表，如图 10-14 所示。

图 10-14　"Windows 8 x64"虚拟机 GPT 硬盘结构

　　"Windows 8 x64"虚拟机的两台硬盘都设置为 GPT 结构了，其中，第一台硬盘可用于安装可启动的 64 位操作系统，该虚拟机必须设置为"UEFI+GPT"架构，并使用"Windows 7 ultimate sp1 x64.ISO"标准安装版光盘来安装系统，而且第一个主分区的容量要能够安装下相应的操作系统。第二台硬盘只能用于存储文件数据，不具备启动功能。

　　另外，如果利用"DiskGenius"工具软件将硬盘设置为 GPT 磁盘结构，但还没有安装操作系统，则其上的 ESP 分区中是没有任何文件数据的。

　　请读者就"Windows 8 x64"虚拟机，设置为"UEFI+GPT"架构，并利用"Windows 7 ultimate sp1 x64.ISO"标准安装版光盘为其安装操作系统。

　　该实验的目的，是使读者能理解针对"UEFI+GPT"和"BIOS+MBR"架构同在的（硬盘容量不定）计算机系统，利用"DiskGenius"工具软件，创建不同用途的 GPT 结构的方法和过程，并理解"UEFI+GPT"与"BIOS+MBR"架构的互相转换过程和应用。

　　该实验到此为止，请暂时保留"Windows 8 x64"虚拟机，以备用。

　　（4）分析 GPT 分区结构。根据"（1）Ghost 版操作系统创建数据用简化 GPT 结构磁盘"和"（2）标准版操作系统创建启动用标准或默认 GPT 结构"的实验可知，虚拟机"Windows Server 2008 r2 x64"采用"BIOS+MBR"架构，并用 Ghost 版安装光盘安装了 64 位 Windows server 2008 操作系统；而虚拟机"Windows 7 x64"采用"UEFI+GPT"架构，用标准安装版光盘安装了 64 位 Windows 7 操作系统。

　　图 10-8 所示的是"Windows Server 2008 r2 x64"虚拟机两台硬盘的分区结构，其中磁盘 1 采用数据用简化 GPT 结构。图 10-11 所示的是"Windows 7 x64"虚拟机硬盘的分区结构，其中磁盘 0 采用启动用标准或默认 GPT 结构。它们都是十分典型的 GPT 磁盘的应用。

　　下面分析"Windows Server 2008 r2 x64"虚拟机的 GPT 磁盘的分区结构。

　　制作好包含有"DiskGenius"和"Sector Editor"软件的"TonPE_V3.3 分析盘.ISO"光盘。利用"TonPE_V3.3 分析盘.ISO"光盘来启动"Windows Server 2008 r2 x64"虚拟机，并用"三茗硬盘医生"或"Sector Editor"软件查看磁盘 1 的 $LBA$ 为 0 的扇区，如图 10-15 所示。

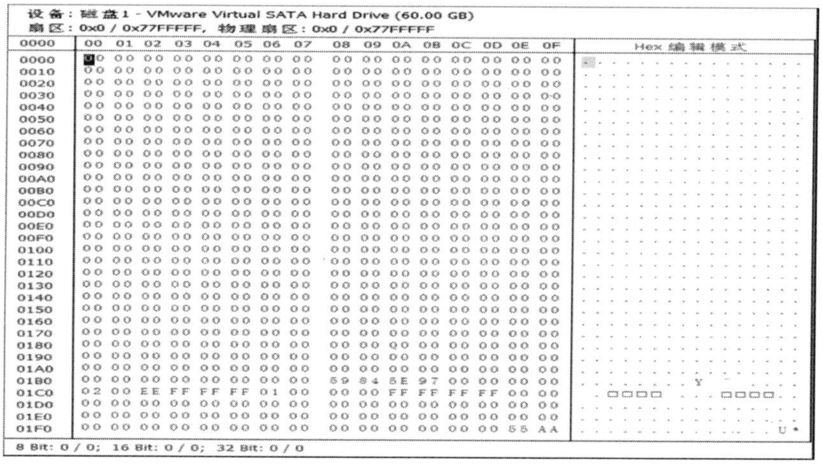

图 10-15　磁盘 1 的 0 号扇区

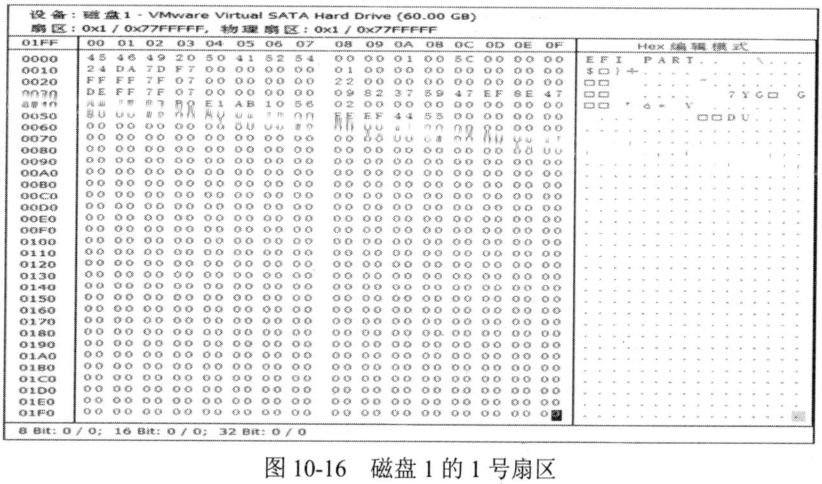

图 10-16　磁盘 1 的 1 号扇区

磁盘 1 的 0 号扇区是 PMBR，其中只有一个分区表项，它描述了除 PMBR 扇区外的整个硬盘的空间，其值为 00 00 02 00 EE FF FF FF 01 00 00 00 FF FF FF FFH，从 00 02 00H（LBA 为 1，也等于相对扇区数）开始到 FF FF FFH 结束的位置是 GPT 结构区域，结束位置也是磁盘的最终位置，与分区总扇区数相同，用极大值来表达。该区域的分区类型为 EEH，即 GPT 结构；PMBR 扇区也有一个结束标志信息 55 AAH。分区表项之前的内容可能是由"00H"填充的（因是新硬盘），也可能是由 MBR 磁盘转换而来的，故可能存在对 GPT 磁盘无意义的信息。

该硬盘的 PMBR 扇区的意义就是让计算机系统认为该硬盘是个正常而合法的硬盘，从而不阻止对其进行高级格式化等非法的操作，这个 PMBR 分区表信息就保护了 GPT 的磁盘结构。不过，在计算机启动时，不会使用 PMBR 扇区的分区表信息。

再查看 LBA 为 1 的扇区信息，如图 10-16 所示，该扇区对于 GPT 磁盘来讲，只有一个且十分重要。GPT 头信息结构参数的定义，见表 10-6。

表 10-6　磁盘 1 的 GPT 头信息结构参数

| 偏移地址 | 字节意义内容 | 说明 |
| --- | --- | --- |
| 0x00 | 54 52 41 50 20 49 46 45H ASCII 码为 EFI PART | 签名，固定为 ASCII 码 EFI PART，十六进制表示 0x5452415020494645 |
| 0x08 | 00 01 00 00H | 版本号，目前的版本为 V1.0，16 进制表示 0x00010000 |
| 0x0C | 00 00 00 5CH（字节） | 分区表头的大小（单位是字节，通常是 92 字节，即 5C 00 00 00） |
| 0x10 | F7 7D DA 24H | GPT 头中字节的 CRC32 校验 |
| 0x14 | 00 00 00 00H | 固定值 00 00 00 00 |
| 0x18 | 00 00 00 00 00 00 00 01H | 当前 LBA（这个分区表头的位置） |
| 0x20 | 00 00 00 00 07 7F FF FFH | 备份 LBA（另一个分区表头的位置） |
| 0x28 | 00 00 00 00 00 00 00 22H | 第一个可用于分区的 LBA（主分区表的最后一个 LBA + 1） |
| 0x30 | 00 00 00 00 07 7F FF DEH | 最后一个可用于分区的 LBA（备份分区表的最后一个 LBA − 1） |
| 0x38 | 56 10 AB E1 B0 83 CB A2 47 8E EF 47 59 37 82 09H | 磁盘 GUID |
| 0x48 | 00 00 00 00 00 00 00 02H | 分区表项的起始 LBA |
| 0x50 | 00 00 00 80H | 分区表项的数量 |
| 0x54 | 00 00 00 80H | 一个分区表项的大小（通常是 128 字节） |
| 0x58 | 55 44 EF EEH | 分区表 CRC32 校验 |
| 0x5C | 420 个 00H | 保留，剩余的字节必须是 0（对于 512 字节 LBA 的硬盘即是 420 字节） |

再查看 LBA 为 2 的扇区分区表信息，如图 10-17 所示。

根据如图 10-8 所示的磁盘分区结构，磁盘 1 共划分了 6 个分区。故该分区表中就有 6 张分区表，每张分区表有 128 字节且占 8 排。

根据 GPT 结构的定义，分区表共占用 32 个扇区，即 LBA 为 2～33；而 LBA 为 34 的扇区，就是 ESP 或 MSP 分区的开始扇区位置。如果是 ESP 分区的开始扇区位置，则一般是 FAT 16 或 FAT 32 的 DBR 扇区；如果是 MSR 分区的开始扇区位置，则一般是用"00H"填充的内容。

根据如表 10-3 所示的 128 字节的分区表数据结构定义，磁盘 1 的第一个分区的分区表中的几个重要参数如下：

第一，分区类型 GUID，显示值为 16 E3 C9 E3 5C 0B B8 4D　81 7D F9 2D F0 02 15 AEH，意义值为 E3C9E316-0B5C-4DB8-817D-F92DF00215AEH（注意该值被系统做了变换），其意义为 Windows 微软保留分区；

第二，开始 *LBA* 为 00 00 00 00　00 00 00 22H，其意义为 ESP（或 MSR）分区的开始位置，结束 *LBA* 为 00 00 00 00　00 04 00 21H，其意义为 ESP（或 MSR）分区的结束位置；

第三，分区属性为 00 00 00 00　00 00 00 00H，其意义为系统分区。

磁盘 1 的其他分区的分区表分析同上，故从略。

该分区表中，第一个分区表项对应的是 ESP，第二个分区表项对应的是 MSR，第三到五个分区表项对应的都是用户可用的 NTFS 文件系统的主分区。

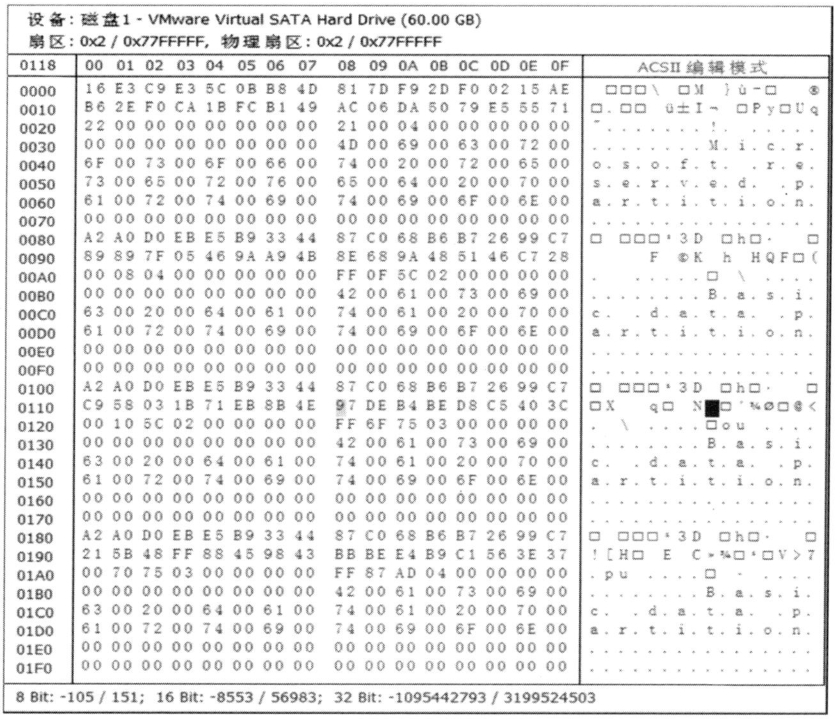

图 10-17　磁盘 1 的 *LBA*=2 的分区表信息

在图 10-17 中，查看磁盘 1 末尾扇区信息，即 *LBA* 为 07 7F FF FFH，如图 10-18 所示。

该磁盘 1 的末尾扇区是图 10-16 所示的第二个扇区的备份，即 GPT 头信息的备份，其位置在 *LBA* 为 07 7F FF FFH 处。但它们的信息有些差异：GPT 头中字节的 CRC32 校验不同；当前 *LBA* 和备份 *LBA* 不同、以及分区表项的起始 *LBA*（这里指备份的分区表项位置）不同。

可以看出，GPT 磁盘的 GPT 头信息并非是简单地保存一份原始数据，所以，不能简单地用备份 GPT 头信息来覆盖 GPT 头扇区来进行相应的修复。另外，还可以查看磁盘 1 的备份分区表扇区信息，其位置在 *LBA* 为 07 7F FF FFH-20H，即 125 829 119D-32D 处，分析从略。

到此，对 "Windows Server 2008 r2 x64" 虚拟机的 GPT 磁盘的分析结束。

"Windows 7 x64" 虚拟机采用 "UEFI+GPT" 架构，不能直接用 "TonPE_V3.3 分析盘.ISO" 光盘来启动该虚拟机，为了能使用该工具光盘上的相关工具软件，可以用如下两种方法：启动 "Windows 7 x64" 虚拟机进入 Windows 7 操作系统界面，再插入工具光盘即可；或把 "UEFI+GPT" 架构设置为 "BIOS+MBR" 架构，就可以用该工具光盘来启动虚拟机了。这两种方法针对实际的计算机也是有效的。

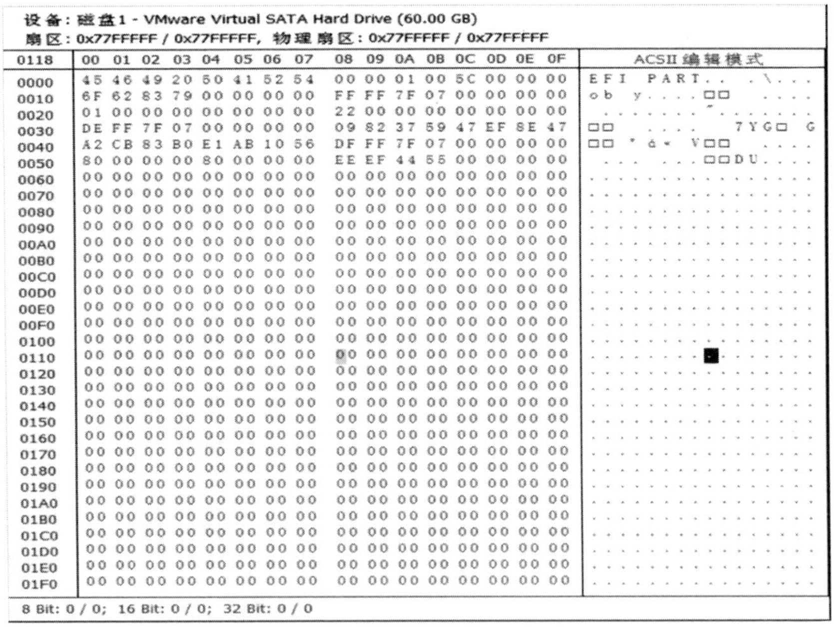

设备：磁盘1 - VMware Virtual SATA Hard Drive (60.00 GB)
扇区：0x77FFFFF / 0x77FFFFF，物理扇区：0x77FFFFF / 0x77FFFFF

| 0118 | 00 01 02 03 04 05 06 07 | 08 09 0A 0B 0C 0D 0E 0F | ACSII 编辑模式 |
|---|---|---|---|
| 0000 | 45 46 49 20 50 41 52 54 | 00 00 00 01 00 5C 00 00 00 | E F I　P A R T . . 　\ . . |
| 0010 | 6F 62 83 79 00 00 00 00 | FF FF 7F 07 00 00 00 00 | o b　y . . . . .□□ |
| 0020 | 01 00 00 00 00 00 00 00 | 22 00 00 00 00 00 00 00 | . . . . . . . . " |
| 0030 | DE FF 7F 07 00 00 00 00 | 09 82 37 59 47 EF 8E 47 | □□ . . . . 　7 Y G□ G |
| 0040 | A2 CB 83 B0 E1 AB 10 56 | DF FF 7F 07 00 00 00 00 | □□ " á « 　V□□ |
| 0050 | 80 00 00 00 00 80 00 00 | EE EF 44 55 00 00 00 00 | . . . . .□□ D U . |
| 0060 | 00 00 00 00 00 00 00 00 | 00 00 00 00 00 00 00 00 | . . . . . . . . . |
| 0070 | 00 00 00 00 00 00 00 00 | 00 00 00 00 00 00 00 00 | . . . . . . . . . |
| 0080 | 00 00 00 00 00 00 00 00 | 00 00 00 00 00 00 00 00 | . . . . . . . . . |
| 0090 | 00 00 00 00 00 00 00 00 | 00 00 00 00 00 00 00 00 | . . . . . . . . . |
| 00A0 | 00 00 00 00 00 00 00 00 | 00 00 00 00 00 00 00 00 | . . . . . . . . . |
| 00B0 | 00 00 00 00 00 00 00 00 | 00 00 00 00 00 00 00 00 | . . . . . . . . . |
| 00C0 | 00 00 00 00 00 00 00 00 | 00 00 00 00 00 00 00 00 | . . . . . . . . . |
| 00D0 | 00 00 00 00 00 00 00 00 | 00 00 00 00 00 00 00 00 | . . . . . . . . . |
| 00E0 | 00 00 00 00 00 00 00 00 | 00 00 00 00 00 00 00 00 | . . . . . . . . . |
| 00F0 | 00 00 00 00 00 00 00 00 | 00 00 00 00 00 00 00 00 | . . . . . . . . . |
| 0100 | 00 00 00 00 00 00 00 00 | 00 00 00 00 00 00 00 00 | . . . . . . . . . |
| 0110 | 00 00 00 00 00 00 00 00 | 00 00 00 00 00 00 00 00 | . . . . . . . ■ |
| 0120 | 00 00 00 00 00 00 00 00 | 00 00 00 00 00 00 00 00 | . . . . . . . . . |
| 0130 | 00 00 00 00 00 00 00 00 | 00 00 00 00 00 00 00 00 | . . . . . . . . . |
| 0140 | 00 00 00 00 00 00 00 00 | 00 00 00 00 00 00 00 00 | . . . . . . . . . |
| 0150 | 00 00 00 00 00 00 00 00 | 00 00 00 00 00 00 00 00 | . . . . . . . . . |
| 0160 | 00 00 00 00 00 00 00 00 | 00 00 00 00 00 00 00 00 | . . . . . . . . . |
| 0170 | 00 00 00 00 00 00 00 00 | 00 00 00 00 00 00 00 00 | . . . . . . . . . |
| 0180 | 00 00 00 00 00 00 00 00 | 00 00 00 00 00 00 00 00 | . . . . . . . . . |
| 0190 | 00 00 00 00 00 00 00 00 | 00 00 00 00 00 00 00 00 | . . . . . . . . . |
| 01A0 | 00 00 00 00 00 00 00 00 | 00 00 00 00 00 00 00 00 | . . . . . . . . . |
| 01B0 | 00 00 00 00 00 00 00 00 | 00 00 00 00 00 00 00 00 | . . . . . . . . . |
| 01C0 | 00 00 00 00 00 00 00 00 | 00 00 00 00 00 00 00 00 | . . . . . . . . . |
| 01D0 | 00 00 00 00 00 00 00 00 | 00 00 00 00 00 00 00 00 | . . . . . . . . . |
| 01E0 | 00 00 00 00 00 00 00 00 | 00 00 00 00 00 00 00 00 | . . . . . . . . . |
| 01F0 | 00 00 00 00 00 00 00 00 | 00 00 00 00 00 00 00 00 | . . . . . . . . . |

8 Bit: 0 / 0;　16 Bit: 0 / 0;　32 Bit: 0 / 0

图 10-18　磁盘 1 末尾扇区信息

事实上，对于任何结构的 GPT 磁盘，最为重要的就是前 33 个扇区，它包括 PMBR 扇区、GPT 头信息和 GPT 分区表信息等（这是保护这些扇区，以及保护 ESP 和 MSR 区域的原因）。当然，GPT 备份区域也是十分重要的，它提供了修复的参考。

分析"Windows 7 x64"虚拟机的 GPT 硬盘的方法同上，对于用户使用的主分区的定位和分析这里从略。

（5）GPT 与 MBR 的互相转换。原则上，最好不要对已有分区的磁盘进行 GPT 与 MBR 的互相转换，因为可能丢失数据。如果非要进行转换，就必须把磁盘上的分区都删除当然要求用第三方操作系统来启动计算机并使用相关工具软件进行。如果是 GPT 转 MBR，则计算机必须能用 BIOS 启动工具光盘；如果是 MBR 转 GPT，则转换之后，计算机必须能用 UEFI 启动系统。转换的工具软件可以是操作系统中提供的磁盘管理工具，也可以是"DiskGenius"等工具软件。

启动进入的操作系统中，利用磁盘管理工具对已经存在分区的磁盘进行转换是不被允许的。磁盘在有分区的情况下，利用第三方操作系统（如 WinPE 或 DOS 等）启动后，再用相关工具软件进行 GPT 与 MBR 的互相转换，也是不被允许的。这是操作系统对 GPT 或 MBR 磁盘的一种保护措施。另外，如果磁盘的容量大于 2TB，不能将 GPT 转换为 MBR 磁盘的，因为大于 2TB 的磁盘本身不使用 MBR 结构。

（6）操作系统的保护。与在 MBR 结构的磁盘上使用硬盘保护工具一样，GPT 磁盘上也需要进行操作系统的保护，但是，在 GPT 磁盘上保护操作系统区域，目前能使用的工具软件还不多，也无法达到在 MBR 磁盘上的保护效果。比较典型的有"易数一键还原"，但它要求必须用 U 盘来通过 BIOS 启动进入第三方操作系统之后进行备份与还原操作。所以 GPT 磁盘的应用还在大力推广中，相关的保护工具软件也在发展中。

（7）GPT 结构的保护（即备份）。根据对 GPT 磁盘结构的分析可知，针对启动用标准或默认 GPT 结构、启动用简化 GPT 结构以及数据用简化 GPT 结构的 GPT 磁盘，其前 3 个扇区以及 ESP 分区和 MSR 分区如果丢失或被损坏，则 GPT 磁盘无法再使用，利用备份

GPT 区域信息进行还原在某些情况下也不可靠。

下面通过对"Windows 7 x64"虚拟机的磁盘进行备份来说明。

首先，制作好包含有"BOOTICE（32/64 位版）"、"DiskGenius"和"Sector Editor"软件的"TonPE_V3.3 分析盘.ISO"光盘。

"BOOTICE"工具软件是国产免费且功能强大的绿色小软件，有 32 位和 64 位的版本，其用途是对磁盘进行维护，如安装、修复、查看、备份和恢复磁盘或磁盘镜像（*.IMG、*.IMA、*.VHD）上的 MBR 或分区上的 PBR 等，也能对 GPT 磁盘的结构进行备份和恢复。

其次，在"UEFI+GPT"架构的"Windows 7 x64"虚拟机启动进入操作系统后，插入"TonPE_V3.3 分析盘.ISO"工具光盘。在"Windows 7 x64"虚拟机的操作系统中运行"BOOTICE"工具软件，如图 10-19 所示。

图 10-19　"BOOTICE"工具软件主界面

在主界面上，必须正确选择"目标磁盘"，这里选择"HD0"（即磁盘 0）。点击"扇区编辑（S）"按钮，在显示的扇区编辑界面中，查看"磁盘 0"上的分区表（即 $LBA$ 为 2 的扇区），并找到包含有 ESP 和（或）MSR 分区的最后扇区位置，如图 10-20 所示。

从分区表可以看出，$LBA$ 为 0～07 27 FFH（即 0～468 991D）的位置区域，就是 GPT 磁盘结构的主要区域，包括了 PMBR、GPT 头、分区表、ESP 分区和 MSR 分区的所有部分。本实验就是对该区域进行备份，当 GPT 磁盘出现问题时，就可通过工具光盘来启动计算机，从而用"BOOTICE"软件对其进行修复。

图 10-20　磁盘 0 的分区表

点击"扇区编辑"主界面右上角的"备份扇区到文件"按钮，如图 10-21 所示。

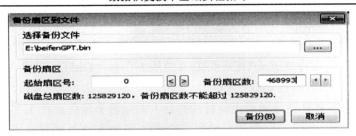

图 10-21　磁盘 0 的扇区信息

　　在"选择备份文件"输入框中正确选择和输入要保存的位置和文件名；在"备份扇区"下面的"起始扇区号"和"备份扇区数"输入框中输入 0 和 468991D。

　　注意，*LBA* 为 468991D 值表示在第一个主分区之前的一个扇区位置，也就是 MSR 分区的末端扇区位置。此时可以把第一个主分区的头 2 个扇区，即 NTFS 文件系统的 DBR 扇区也包含在内，与前面的区域一起备份。因此，输入"备份扇区数"的值就是 468991D+2D，即 468993D。

　　最后，点击"备份"按钮，进行备份。完成备份后，要妥善保存好备份文件，如果保存到被保护的磁盘上，当该磁盘无分区时，将无法提取备份文件。

　　注意，在使用备份文件进行恢复的过程中，要求把主板设置为"BIOS"的启动方式，再用工具光盘启动进入 WinPE 操作系统，如可以使用"TonPE_V3.3 分析盘.ISO"光盘，再用"BOOTICE"软件的进行恢复即可。还原完成后，把主板设置为"UEFI"的启动方式。

　　<请读者验证>　就"Windows 7 x64"虚拟机，根据如图 10-21 所示所创建的备份文件，进行 GPT 磁盘的还原实验，并观察该虚拟机是否能正常启动并进入操作系统。

## 10.2　实验练习

　　（1）请完成对 10.1.4 节中"（3）用'DiskGenius'工具软件创建任意结构的 GPT 磁盘"中的两台 GPT 磁盘的分析，要求该"UEFI+GPT"架构的虚拟机已经利用"Windows 7 ultimate sp1 x64.ISO"标准安装版安装完操作系统。

　　①在表 10-7 中填写磁盘 0 的 GPT 头信息结构参数，即字节意义内容。

表 10-7　磁盘 0 的 GPT 头信息结构参数

| 偏移地址 | 字节意义内容 | 说明 |
|---|---|---|
| 0x00 | | 签名，固定为 ASCII 码"EFI PART"，十六进制表示 0x5452415020494645 |
| 0x08 | | 版本号，目前的版本为 V1.0，十六进制表示 0x00010000 |
| 0x0C | | 分区表头的大小（单位是字节，通常是 92 字节，即 5C 00 00 00） |
| 0x10 | | GPT 头中字节的 CRC32 校验 |
| 0x14 | | 固定值 00 00 00 00 |
| 0x18 | | 当前 *LBA*（分区表头的位置） |
| 0x20 | | 备份 *LBA*（分区表头的位置） |
| 0x28 | | 第一个可用于分区的 *LBA*（主分区表的最后一个 *LBA* + 1） |
| 0x30 | | 最后一个可用于分区的 *LBA*（备份分区表的最后一个 *LBA* − 1） |
| 0x38 | | 磁盘 GUID |
| 0x48 | | 分区表项的起始 *LBA* |
| 0x50 | | 分区表项的数量 |
| 0x54 | | 一个分区表项的大小（通常是 128） |
| 0x58 | | 分区表 CRC32 校验 |
| 0x5C | | 保留，剩余的字节必须是 0（对于 512 字节 *LBA* 的硬盘即是 420 字节） |

②填写磁盘 0 的分区表项。

磁盘 0 上共有＿＿＿＿＿＿＿＿个分区。

第一个分区开始 *LBA*：＿＿＿＿＿＿＿＿＿＿。其意义为：＿＿＿＿＿＿＿＿＿＿＿＿＿＿。

第一个分区结束 *LBA*：＿＿＿＿＿＿＿＿＿＿。其意义为：＿＿＿＿＿＿＿＿＿＿＿＿＿＿。

分区属性：＿＿＿＿＿＿＿＿＿＿＿＿＿＿。其意义为：＿＿＿＿＿＿＿＿＿＿＿＿＿＿。

最后一个分区开始 *LBA*：＿＿＿＿＿＿＿＿。其意义为：＿＿＿＿＿＿＿＿＿＿＿＿＿＿。

最后一个分区结束 *LBA*：＿＿＿＿＿＿＿＿。其意义为：＿＿＿＿＿＿＿＿＿＿＿＿＿＿。

分区属性：＿＿＿＿＿＿＿＿＿＿＿＿＿＿。其意义为：＿＿＿＿＿＿＿＿＿＿＿＿＿＿。

该主分区的 DBR 扇区位置 *LBA*：＿＿＿＿＿＿＿＿＿＿。

③在表 10-8 中填写磁盘 1 的 GPT 头信息结构参数，即字节意义内容。

表 10-8　磁盘 1 的 GPT 头信息结构参数

| 偏移地址 | 字节意义内容 | 说明 |
|---|---|---|
| 0x00 | | 签名，固定为 ASCII 码 EFI PART，十六进制表 0x5452415020494645 |
| 0x08 | | 版本号，目前的版本为 V1.0，十六进制表示 0x00010000 |
| 0x0C | | 分区表头的大小（单位是字节，通常是 92 字节，即 5C 00 00 00） |
| 0x10 | | GPT 头中字节的 CRC32 校验 |
| 0x14 | | 固定值 00 00 00 00 |
| 0x18 | | 当前 *LBA*（分区表头的位置） |
| 0x20 | | 备份 *LBA*（分区表头的位置） |
| 0x28 | | 第一个可用于分区的 *LBA*（主分区表的最后一个 *LBA* + 1） |
| 0x30 | | 最后一个可用于分区的 *LBA*（备份分区表的最后一个 *LBA* − 1） |
| 0x38 | | 磁盘 GUID |
| 0x48 | | 分区表项的起始 *LBA* |
| 0x50 | | 分区表项的数量 |
| 0x54 | | 一个分区表项的大小（通常是 128） |
| 0x58 | | 分区表 CRC32 校验 |
| 0x5C | | 保留，剩余字节必须是 0（对于 512 字节 *LBA* 的硬盘即是 420 字节） |

④填写磁盘 1 的分区表项。

磁盘 1 上共有＿＿＿＿＿＿＿＿个分区；

第一个分区开始 *LBA*：＿＿＿＿＿＿＿＿＿＿。其意义为：＿＿＿＿＿＿＿＿＿＿＿＿＿＿。

结束 *LBA*：＿＿＿＿＿＿＿＿＿＿＿＿。其意义为：＿＿＿＿＿＿＿＿＿＿＿＿＿＿。

分区属性：＿＿＿＿＿＿＿＿＿＿＿＿＿＿。其意义为：＿＿＿＿＿＿＿＿＿＿＿＿＿＿。

最后一个主分区开始 *LBA*：＿＿＿＿＿＿。其意义为：＿＿＿＿＿＿＿＿＿＿＿＿＿＿。

最后一个主分区结束 *LBA*：＿＿＿＿＿＿。其意义为：＿＿＿＿＿＿＿＿＿＿＿＿＿＿。

分区属性：＿＿＿＿＿＿＿＿＿＿＿＿＿＿。其意义为：＿＿＿＿＿＿＿＿＿＿＿＿＿＿。

该主分区的 DBR 扇区位置 *LBA*：＿＿＿＿＿＿＿＿＿＿。

⑤用工具软件"BOOTICE"备份磁盘 0 的 ESP 和（或）MSR 分区，并进行恢复还原，并验证其正确性。

（2）学会利用 Vmware 虚拟机软件来构造具有"系统恢复功能 GPT"结构的 64 位 Windows 8 等操作系统虚拟机。具体要求：下载 64 位 Windows 8 等的标准版安装光盘；虚拟机硬盘不低于 50GB 容量；利用带"DiskGenius"工具软件的工具光盘来分析该虚拟机的硬盘结构；学会并使用该 Windows 操作系统的恢复功能。

# 实验项目 11　NTFS 文件系统分析初步

**实验工具软件**

Sector Editor 1.0.7.57　（Windows 版）。

## 11.1　NTFS 文件系统分析初步

### 11.1.1　基本概念

（1）NTFS 文件系统。NTFS （New Technology File System，新技术文件系统），是微软 Windows NT 操作环境和 Windows NT 高级服务器网络操作系统环境的默认文件系统或分区格式，它也是 Windows NT 以及之后推出的 NT 核心的 Windows 2000 等操作系统的标准文件系统，之前的操作系统除非使用转换补丁程序，否则不直接支持、访问和识别 NTFS 文件系统及其分区。

NTFS 是微软为 Windows 系列操作系统提供的主要文件系统。NTFS 对 FAT 和 HPFS（高性能文件系统）作了若干改进，有取代 FAT 文件系统的趋势。比如，NTFS 支持元数据并且使用了高级数据结构，便于改善性能、可靠性和磁盘空间利用率，并提供了若干附加扩展功能。

到目前为止，NTFS 推出了以下几个版本：v1.0，随 NT 3.1 于 1993 年中旬一起发布V1.1，随 NT 3.5 于 1994 年秋季一起发布；V1.2，随 NT 3.51（1995 年中旬）和 NT 4（1996 年中旬）推出（也叫 NTFS 4.0）；V3.0，因 Windows 2000 而推出（也叫 NTFS5.0）；V3.1，因 Windows XP（2001 年秋季，也叫"NTFS 5.1"）而推出，之后推出的还有 NTFS5.2、NTFS6.0 和 NTFS6.1。

从 V3.0 开始，NTFS 便支持磁盘限额、加密、稀疏文件，更新串行数（USN）日志，并改进了安全描述符，以便于使用相同安全设置的多个文件共享一个安全描述符。V3.1 版本的 NTFS 使用冗余 MFT 记录数（用于恢复受损的 MFT 文件）扩展了主文件表（MFT项，并且具有相同的分区结构特点。从 V3.1 版本开始的 NTFS 文件系统，已成为主要的研究目标。

Windows Vista 以及以后推出的操作系统，提供了事务 NTFS、NTFS 符号链接、收缩卷以及自我恢复等功能，这些附加功能由操作系统提供，并非 NTFS 文件系统自身的功能。

NTFS 的分区还可以支持 Everything、光速搜索等极速磁盘文件搜索软件，它们的搜索速度高于 Windows 自带的搜索功能的速度。

NTFS 还有以下特点。

一是容错性，NTFS 可以自动地修复磁盘错误而不显示出错信息。

二是安全性，NTFS 有许多安全性能方面的选项，可以在本机上或通过远程的方法包含文件及目录。NTFS 还支持加密文件系统（EFS），可以阻止没有授权的用户对文件进行访问。

三是文件压缩，在 NTFS 中，用户可以选择压缩单个文件或整个文件夹，而且可控性和速度都要优于 FAT 文件系统。不过，无论是哪种文件系统，使用了压缩功能都会引起系统性能下降，大大增加了 CPU 的处理时间。

四是磁盘限额，磁盘限额功能允许系统管理员对分配给各个用户的磁盘空间进行管理，合法用户只能访问属于自己的空间和文件。

五是 NTFS 可以支持的分区（如果采用动态磁盘则称为"卷"）大小或单个文件大小可以达到 2TB。近年来出现的 3TB 大容量硬盘，也可以在 WinPE 操作系统下利用"DiskGenius"等工具软件对其进行分区，而且也可将其全部容量创建为一个 NTFS 的分区。由此可见，NTFS 文件系统的分区其实际可支持容量可以超过 2TB。有实验显示，用"VMware 10"高版本的虚拟机软件进行测试，NTFS 的分区大小可以达到 8TB，而 Windows 2000 中的 FAT 32 支持的分区最大实际容量只能达到 32GB。

六是具有可恢复的文件系统。在 NTFS 中，可以通过使用标准的事物处理日志和恢复技术来保证分区的一致性。如果系统需要修复，NTFS 可利用这一特点来恢复文件系统。

七是采用更小的簇。NTFS 能有效地管理磁盘空间。在 FAT 32 上，当分区为 2GB～8GB 时簇为 4KB；8GB～16GB 时簇为 8KB；16GB～32GB 时簇为 16KB。而在 NTFS 上，一个分区小于 2GB 时，其簇小于 4KB；当分区大于 2GB 时（2GB～2TB），簇大小为 4KB。由此可以看出，NTFS 比 FAT 32 能更有效地管理磁盘空间，最大限度地避免浪费磁盘空间。表 11-1 所示是 NTFS 文件系统分区大小与簇大小值的默认关系。

八是可以为共享资源、文件夹以及文件设置访问许可权限。

九是在 NTFS 文件系统上，可以把磁盘升级为动态磁盘，从而提高磁盘的使用效率和应用范围，如可以将磁盘创建为 RAID 0、RAID1、RAID5 或 JBOD 等方式。

十是文件读取速度更高效。

表 11-1　NTFS 分区大小与簇大小值默认关系表

| 分区大小 | 每簇扇区数 | 默认簇大小值 |
| --- | --- | --- |
| ≤512MB | 1 | 512B |
| 513~1024MB | 2 | 1024B(1KB) |
| 1025~2048MB | 4 | 2048B(2KB) |
| ≥2049MB | 8 | 4096B(4KB) |

在应用中，一个 NTFS 分区大小的簇值与具体的应用有直接关系。簇值大小直接影响文件系统的性能、磁盘空间的利用率和磁盘读写速度。在一个确定大小的分区上，如果簇值太小，就会出现过多的磁盘碎片，导致文件的访问时间变长；如果簇值过大，就会浪费磁盘空间。因此，确定合适的簇值就成了主要考虑因素，但簇值始终小于 4KB。不过，在系统中创建一个分区时的，用户可以根据实际情况来修改或采用默认值。

在 NT 核心操作系统中，要将一个区域创建为一个 NTFS 的文件系统分区，一般采用 NT 操作系统提供的磁盘管理功能或专业工具软件（如"DiskGenius"）等来实现，这样才能做到微软倡导的真正意义上的最优化系统。而采用其他方式把 FAT 文件系统转化为 NTFS 的做法，不适合企业的应用要求，而且簇值不一定是最优化的，可能会导致数据丢失。所以，最好将 FAT 分区重新高级格式化为 NTFS 来使用。

（2）NTFS 文件系统的结构。无论在 MBR 分区结构、GPT 分区结构还是 RAID 结构中，Windows XP 之后的操作系统对分区所创建的都是 V3.1 或以上版本的 NTFS 文件系统，而且其结构基本是相同的。

　　一个 NTFS 文件系统的区域大致可以分为引导区域、MFT 元数据区域、MFT 元数据备份区域、数据区域和 DBR 备份区域等部分。NFTS 将所有的数据都视为文件，理论上除了 DBR 扇区必须位于第一扇区外，NTFS 的余下区域可以在任意位置上存放文件。但是还是会遵循一定的习惯布局，比如利用 Windows XP 操作系统（以及之后发布的操作系统）所创建的 NTFS 文件系统分区，其大致结构布局，如图 11-1 所示。

| 引导区域 | | | | | | | |
|---|---|---|---|---|---|---|---|
| DBR<br><br>1 个<br><br>扇区 | NTLDR<br><br>15 个扇区 | 用户数据区域 | MFT 元数据区域 | 用户数据区域 | MFT 元数据备份区域 | 用户数据区域 | DBR 备份扇区<br><br>1 个扇区 |
| NTFS 文件系统分区区域 | | | | | | | |

图 11-1　Windows XP 操作系统的 NTFS 结构布局

　　引导区域包括 DBR 扇区（占用分区开始的第一个扇区位置）和引导代码部分区域，一般系统为其分配 16 个扇区，但未全部使用。在计算机启动时，总是要找到 DBR 扇区并由 DBR 来引导操作系统。Windows XP 及以后的操作系统所创建的 NTFS 分区的引导区域都是 16 个扇区。DBR 扇区的位置与 FAT 文件系统在布局上是相同的，都在分区的第一个扇区。

　　NTFS 文件系统的 DBR 扇区的字节定义，见表 11-2。

表 11-2　NTFS 的引导扇区 DBR 扇区结构定义

| 偏移地址 | 占用字节数 | 描述 |
|---|---|---|
| $0_X00H$ | 3 | 跳转到启动例程的指令 |
| $0_X03H$ | 8 | NTFS 分区标志，NTFS |
| $0_X0BH$ | 2 | 每扇区字节数 |
| $0_X0DH$ | 1 | 每簇扇区数 |
| $0_X0EH$ | 2 | 保留扇区数，值为 0 |
| $0_X10H$ | 1 | FAT 个数（为了与 FAT 和 FAT 32 的 BPB 兼容，值为 0） |
| $0_X11H$ | 2 | 根目录项数，值为 0 |
| $0_X13H$ | 2 | 分区扇区数，值为 0 |
| $0_X15H$ | 1 | 存储介质（扇区为 F8） |
| $0_X16H$ | 2 | 每个 FAT 占用扇区数，值为 0 |
| $0_X18H$ | 2 | 每道扇区数 |
| $0_X1AH$ | 2 | 磁头数 |
| $0_X1CH$ | 4 | 隐藏扇区数 |
| $0_X20H$ | 4 | 分区扇区数，值为 0 |
| $0_X24H$ | 1 | 物理设备号（每一个硬盘为 80H） |
| $0_X25H$ | 1 | 未用 |
| $0_X26H$ | 2 | 保留，值为 80H |
| $0_X28H$ | 8 | 分区的扇区总数 |
| $0_X30H$ | 8 | $MFT 第一簇簇号，即 MFT 的起始簇号 |
| $0_X38H$ | 8 | $MFT Mirr 第一簇簇号，即 MFT 备份的起始簇号 |
| $0_X40H$ | 1 | 每个文件记录占用的簇数，即每 MFT 大小 |
| $0_X41H$ | 3 | 未使用 |
| $0_X44H$ | 1 | 每个目录项存储区占用的簇数，即每个索引的大小簇数 |
| $0_X45H$ | 3 | 未使用 |
| $0_X48H$ | 8 | 分区序列号 |
| $0_X50H$ | 4 | 校验和 |
| $0_X54H$ | 426 | 引导代码 |
| $0_X1FE$ | 2 | 结束标志 55 AA |

　　其中，MFT 和 MFT 备份在磁盘上的绝对扇区位置，由如下公式来确定。

$$LBA（MFT）=MFT 起始簇号×每簇扇区数+LBA（DBR）\qquad (11-1)$$
$$LBA（MFT 备份）=MFT 备份起始簇号×每簇扇区数+LBA（DBR）\qquad (11-2)$$

在 DBR 扇区之后，即在分区的第 2 扇区开始处，就是 NTLDR 区域，它占用 15 个扇区（它有别于用于实现多引导的 NTLDR 系统文件），其作用是在计算机启动时，由 DBR 调入 NTLDR，再由 NTLDR 启动操作系统。NTLDR 区域是引导程序的一部分，它被引导扇区中的引导程序读到内存中后获得执行权（因 NTLDR 区域中的代码要用引导扇区中的 BPB 参数，所以实际上在读这个区域的同时引导扇区再次被读入到内存），从而来完成对操作系统的引导。

MFT 元数据区域，也叫主控文件表（Master File Table）区域，一般在用户数据区域中，具体的开始扇区位置由 $LBA$（MFT）扇区定位公式（即公式（11-1））来确定。一般在把分区高级格式化为 NTFS 文件系统时，就创建了该区域。MFT 表由 MFT 项（也叫文件记录，或元数据 "metadata"）组成，共有 16 个元文件的文件记录，即 16 个 MFT 项，每个 MFT 项占用 1024 字节，一般为连续的簇空间，且从 "0" 开始编号。MFT 项是存储在分区上支持文件系统格式管理的数据，它不能被应用程序访问，只能为系统提供服务。它的前 16 项是非常重要的元数据文件，其名字都以 "$" 开始，且是隐藏的文件。每个 MFT 项的前部有着固定的头结构，用来描述该 MFT 项的相关信息，后面的字节用于存放属性。

磁盘上的每个文件和文件夹都有自己的 MFT 项，而且其相关信息都包含在 MFT 项中，每个文件和文件夹在 MFT 表中至少有一个 MFT 项。除引导扇区外，访问其他任何一个文件前都要先访问 MFT，并在 MFT 中找到该文件的 MFT 项，根据 MFT 项中记录的信息找到文件内容并对其进行读取等操作。

NTFS 文件系统的 16 个 MFT 元数据文件，见表 11-3。

表 11-3　16 个 MFT 元数据文件

| 序号（ID） | 元文件 | 功能 |
| --- | --- | --- |
| 0 | $MFT | 主文件列表本身 |
| 1 | $MFTMirr | 主文件表的部分镜像 |
| 2 | $LogFile | 日志文件 |
| 3 | $Volume | 卷文件 |
| 4 | $AttrDef | 属性定义列表 |
| 5 | $Root | 根目录 |
| 6 | $Bitmap | 位图文件 |
| 7 | $Boot | 引导文件 |
| 8 | $BadClus | 坏簇文件 |
| 9 | $Secure | 安全文件 |
| 10 | $UpCase | 大写文件 |
| 11~15 | $Extend | 扩展文件（一共 5 个文件） |
| 16~22 | — | 保留 |
| 23+ | — | 用户文件和目录 |

$MFT 项是主文件表，NTFS 将整个 MFT 表看做一个文件，当访问某个 MFT 项时，实际上就是访问$MFT 文件中的某个文件记录。$MFTMirr 项是 MFT 项的备份，NTFS 也将其作为一个文件来看待。$Bitmap 的数据属性的每一位对应文件系统中的一个簇，用以描述簇的分配情况。$MFT 和$Bitmap 项决定了文件的位置和文件所占用的簇。

在 FAT 文件系统中，通过 FAT 表和文件目录项（FDT）可存储文件数据和记录文件的文件名、扩展名、创建时间、访问时间、修改时间、文件属性、文件大小、文件在磁盘中所占的簇等信息。而在 NTFS 文件系统中，上述信息（在 NTFS 中称为属性，包括文件数据都被认为是文件的属性）都是通过 MFT 项来进行管理。每一个属性都在 MFT 项中进行记载，用户数据写入分区时，会在 MFT 文件中为其添加 MFT 记录，MFT 文件也随之不断增大。

访问任何数据时都必须首先访问 MFT，默认情况下，Windows 系统会预先将 NTFS 文件系统分区的 12.5%保留给 MFT 表使用（该区域是连续的扇区空间，这主要是为了减少磁盘碎片，一旦该区域有了碎片，将严重影响系统性能），当文件系统的其他部分被写满后才会暂时使用该部分空间，除非其他的空间已经全部被分配使用了，否则不会在 MFT 表的区域中存储用户的文件或文件夹。所以，NTFS 也叫预定义文件系统。这也是当 NTFS 文件系统的操作系统区域空间不足时，运行性能会剧烈下降的主要原因。

所谓 NTFS 的属性，也叫文件属性，是指在 NTFS 中所有与数据相关的信息的总称。属性可以是文件名、日期、时间以及文件内容（也叫数据属性）等，这些属性的列表不固定，可以随时增加（这也是在 NTFS 分区上看到更多文件属性的原因）。大多数文件系统是对文件的内容进行读写，而 NTFS 则是对包含文件内容的属性进行读写。属性有很多种类型，每种类型的属性都有自己的内部结构，但大体结构都可以分为两个部分，即属性头和属性内容。

NTFS 文件系统的文件属性可以分成两种：一是常驻属性，二是非常驻属性。常驻属性其属性内容很小，可以将相关内容直接保存在 MFT 项中。为了节省存储空间，其存储的可以是文件名和相关时间信息等（如创建时间、修改时间）。

非常驻属性则保存在 MFT 项之外，它是指那些内容较大的属性，无法完全存放在其MFT 项中，需另外为其分配足够的簇空间进行存储，同时使用一种复杂的索引方式来进行指示。一般地，如果文件或文件夹小于 1.5KB（事实上，计算机中有相当多这样大小的文件或文件夹），那么它们的所有属性、内容都会常驻在 MFT 项中。MFT 项是 Windows 操作系统一启动时就会载入到内存中，这样当查看或读取这些文件或文件夹时，自然大大提高了文件和文件夹的访问速度。

表 11-3 中的的 16 个 MFT 元数据文件的顺序十分重要，是分析 RAID 结构的重要根据

由于 MFT 表对 NTFS 文件系统极其重要，在文件系统分区的中部位置专门为其保留了一个用于备份 MFT 元数据的区域，一般为 MFT 表中的前面 16 个元数据项的备份。其作用是当 MFT 出现损坏时，系统会自动用此备份来进行恢复。

对于 Windows XP 以及之后的操作系统所创建的 NTFS 文件系统，一般情况下 DBR 备份扇区会放在 NTFS 分区的最后一个扇区位置，即 DBR 扇区字节定义中的"分区的扇区总数"的位置。DBR 备份扇区的作用主要是当 DBR 出现了损坏时，可以自动进行修复，以保证文件系统的正常使用。

（3）定位文件（包括文件夹）的方法。在 MBR 分区结构中（或 GPT 分区结构，或RAID 结构），当确定了某个文件或文件夹所在的 NTFS 文件系统分区的 DBR 扇区位置之后，就可以开始对文件或文件夹进行定位和簇占用分析了。

根据如表 11-2 所示的"每簇扇区数"、"MFT 的起始簇号"等参数，可利用相关公式定位到 MFT 表中的第一个 MFT 项的起始扇区位置，之后找到所需要的文件或文件夹的

MFT 项，并进行相关信息分析。

MFT 项的 MFT 头记录数据结构定义，如表 11-4 所示。

表 11-4  MFT 头记录的数据结构定义

| 偏移地址 | 字节数 | 含义 |
|---|---|---|
| $0_x00\sim0_x03$ | 4 | 签名值，一般是"46 49 4C 45"（即"FILE"） |
| $0_x04\sim0_x05$ | 2 | 更新序列号的偏移 |
| $0_x06\sim0_x07$ | 2 | 更新序列号的数组个数（每个数组占用两个字节），值为 3 |
| $0_x08\sim0_x0F$ | 8 | 日志序列号（LSN） |
| $0_x10\sim0_x11$ | 2 | 序列号，每当该 MFT 项被分配或取消分配时，该值会加 1 |
| $0_x12\sim0_x13$ | 2 | 硬链接数，即指有多少文件名指向该 MFT 项 |
| $0_x14\sim0_x15$ | 2 | 第一个属性的偏移地址 |
| $0_x16\sim0_x17$ | 2 | 标志，$0_x00$ 为已删除的文件；$0_x01$ 为文件；$0_x02$ 为已删除的目录；$0_x03$ 为目录 |
| $0_x18\sim0_x1B$ | 4 | MFT 项逻辑长度，即该 MFT 项的内容使用的实际长度 |
| $0_x1C\sim0_x1F$ | 4 | MFT 项物理长度，即为每个 MFT 项分配的长度，为 1024B |
| $0_x20\sim0_x27$ | 8 | 基本文件记录索引号，如果该 MFT 项为基本文件记录，则此处为 0；如果该 MFT 项不为基本文件记录，则此处的值为基本文件记录中偏移 $0_x2C\sim0_x2F$ 处的文件记录号 |
| $0_x28\sim0_x29$ | 2 | 下一属性 ID，如果要为文件增加属性时，就使用该 ID |
| $0_x2A\sim0_x2B$ | 2 | 边界 |
| $0_x2C\sim0_x2F$ | 4 | MFT 记录编号（起始编号为 0） |
| $0_x30\sim0_x37$ | 8 | 更新序列号数组 |
| $0_x38\sim0_x3FF$ | 968 | 属性和修正值 |

其中，偏移地址为 $0_x00\sim0_x03$ 的参数，表示如果操作系统的磁盘检测程序发现某个 MFT 项存在错误，则会将"FILE"值改写为"BAAD"。偏移地址为 $0_x14\sim0_x15$ 的参数，表示该 MFT 项的第一个属性起始于这个偏移字节值，其他的属性跟在第一个属性后面，在最后一个属性后面写入 $0_x$FF FF FF FFH 属性结束标志，就表示后面不再有属性（如果后面有内容，也是无意义的）。

一个 MFT 项的头有 56 字节，每个 MFT 项占用两个扇区，即 1024 字节，每个扇区的结尾两字节都有一个修正值，这个修正值与 MFT 项中的更新序列号相同。如果系统发现这两个值不相同，则会认为该 MFT 项存在错误。

如表 11-4 所示，偏移地址为 $0_x38\sim0_x3FF$ 的 968 字节，就是一个 MFT 项中的属性列表，属性的用途不同，结构也不同，存储的位置也就不同，以下就是一些常见的属性类型。

$0_x10$ 属性：$STANDARD_INFORMATION 即标准属性，包含文件和目录的基本信息，如：只读、系统属性；创建时间、最后访问时间、最后修改时间；属主及安全 ID；硬链接数等。

$0_x20$ 属性：$ATTRIBUTE_LIST 即属性列表，用以记录所具有的属性。

$0_x30$ 属性：$FILE_NAME 即文件名属性，用以记录文件名，使用 Unicode 码。该属性中也记录最后访问时间、最后修改时间及创建时间等信息。

$0_X40$ 属性：它在不同的操作系统版本中有不同的含义。一是$VOLUME_VERSION，即卷信息属性，在 Windows NT 的操作系统的 NTFS 中使用；二是$OBJECT_ID，即对象 ID，它是文件或文件夹的 16 字节的唯一标识，在 Windows 2000 以及之后的操作系统的 NTFS 中使用。

$0_X50$ 属性：$SECURITY_DESCRIPTOR，即安全描述符，用以控制文件的访问控制及安全属性。

$0_X60$ 属性：$VOLUME_NAME，即卷名属性，用以记录卷名。

$0_X70$ 属性：$VOLUME_INFORMATION，即卷信息，用以文件系统及其他标志。

$0_X80$ 属性：$DATA，即数据属性，它为文件内容。

$0_X90$ 属性：$INDEX_ROOT，即索引根属性。

$0_XA0$ 属性：$INDEX_ALLOCATION，来源于索引根属性的索引树节点。

$0_XB0$ 属性：$BITMAP，为$MFT 文件及索引的位图。

$0_XC0$ 属性：$SYMBOLIC_LINK，即符号链接，只存在于 NTFS V1.2 中。

$0_XD0$ 属性：$EA_INFORMATION，即扩展属性信息，用于向后兼容 OS/2（HPFS）。

$0_XE0$ 属性：$EA 即扩展属性，用于向后兼容 OS/2（HPFS）。

$0_X100$ 属性：$LOGGED_UTILITY_STREAM，即 EFS 加密属性，包含实现 EFS 加密的相关信息。

上述属性都以"$"符号开头，同时都被分配一个默认的属性类型值，如"$0_X10$"、"$0_X80$"等。这些属性可能是常驻属性，也可能是非常驻属性。它们都有各自的内部结构，即属性头和属性内容，其中属性头的前 16 字节具有相同的结构。如表 11-5 和表 11-6 就是常驻属性头和非常驻属性头的结构定义，因非常驻属性需要存储可增长的数据流，所以二者属性头结构还是有一定的差异。

**表 11-5　常驻属性的属性头结构定义**

| 相对偏移地址 | 字节数 | 含义 |
|---|---|---|
| $0_X00 \sim 0_X03$ | 4 | 属性类型 |
| $0_X04 \sim 0_X07$ | 4 | 属性长度字节数（包括属性头） |
| $0_X08$ | 1 | 是否为常驻属性标志，$0_X00$ 为常驻，$0_X01$ 为非常驻 |
| $0_X09$ | 1 | 属性名长度，没有属性名则设置为 0 |
| $0_X0A \sim 0_X0B$ | 2 | 属性名位置偏移 |
| $0_X0C \sim 0_X0D$ | 2 | 标志（压缩、加密、稀疏） |
| $0_X0E \sim 0_X0F$ | 2 | 属性 ID 标志 |
| $0_X10 \sim 0_X13$ | 4 | 属性内容大小（不包括属性头） |
| $0_X14 \sim 0_X15$ | 2 | 属性内容相对于本属性头起始位置的偏移（也就是属性头的长度） |
| $0_X16$ | 1 | 索引标志 |
| $0_X17$ | 1 | 无意义 |

表 11-6　非常驻属性的属性头结构定义

| 相对偏移地址 | 字节数 | 含义 |
|---|---|---|
| $0_X00\sim0_X03$ | 4 | 属性类型 |
| $0_X04\sim0_X07$ | 4 | 属性长度字节数（包括属性头） |
| $0_X08$ | 1 | 是否为常驻属性标志，$0_X00$ 为常驻，$0_X01$ 为非常驻 |
| $0_X09$ | 1 | 属性名长度，没有属性名则设置为 0 |
| $0_X0A\sim0_X0B$ | 2 | 属性名位置偏移 |
| $0_X0C\sim0_X0D$ | 2 | 标志（压缩、加密、稀疏） |
| $0_X0E\sim0_X0F$ | 2 | 属性 ID 标志 |
| $0_X10\sim0_X17$ | 8 | 簇流的起始 VCN（Virtual Cluster Number，虚拟簇号） |
| $0_X18\sim0_X1F$ | 8 | 簇流的结束 VCN |
| $0_X20\sim0_X21$ | 2 | 簇流列表相对于本属性头起始处的偏移 |
| $0_X22\sim0_X23$ | 2 | 压缩单位大小 |
| $0_X24\sim0_X27$ | 4 | 未使用 |
| $0_X28\sim0_X2F$ | 8 | 为属性内容分配的空间大小字节数，大小是簇的整数倍 |
| $0_X30\sim0_X37$ | 8 | 该属性的内容实际占用字节数，也就是属性的实际大小 |
| $0_X38\sim0_X3F$ | 8 | 属性内容初始大小 |

　　属性头用于说明该属性的类型、大小及名字，同时还包含压缩和加密标志。属性类型使用一个基于数据类型的数字来表示。一个 MFT 项中可以同时存在几个同一类型的属性。相对偏移地址是指，相对于该属性类型为起始的偏移地址。比如，某个属性类型的值在本扇区中的偏移地址为 00 38H（即绝对偏移地址），则该属性类型的值的相对偏移地址就是"00 00H"。

　　MFT 项中属性的属性内容有不同的格式和大小。比如，一个用于存储文件内容的属性，其大小可以达到 MB 级甚至 GB 级，这就不可能存储在只有 1024B 大小的 MFT 项中。属性内容需要根据不同类型的属性来具体分析，参见实验指导部分。

　　在 FAT 文件系统中，用 FAT 表链描述为同一个文件分配的簇空间之间的关系。在 NTFS 文件系统中，使用"簇流列表"来描述同一个文件的簇流之间的关系，即簇占用情况。NTFS 将为同一个文件分配的簇空间中一段段连续的簇空间看作一个整体簇流，簇流列表中的每个簇流项对应一个簇流，通过对起始簇流的位置、大小，以及对各个簇流间的关系进行描述，达到表述整个文件存储情况的目的。

　　为了分析一个文件或文件夹在某个 NTFS 文件系统分区中的起始扇区位置和占用簇数（即簇流），需要对"$0_X10$"、"$0_X30$"和"$0_X80$"等属性进行详细分析。

### 11.1.2　实验目的

　　理解 V3.1 版本的 NTFS 文件系统的结构及其意义；理解 MFT 项的头信息、10 属性、30 属性以及 80 属性等。能熟练分析并确定一个文件（或文件夹）在 NTFS 分区中的开始扇区位置以及占用簇数（即簇流）。

### 11.1.3　实验指导

　　（1）准备工作。下载好"Sector Editor 1.0.7.57"工具软件，并保存到任何可用分区中以备用；

　　利用"BIOS+MBR"架构计算机来完成该项目的实验。安装 32 位 Windows Server 2003 操作系统，并能正常使用。硬盘分区结构如图 11-2 所示。

用户的计算机可以采用"BIOS+MBR"或"UEFI+GPT"架构,其操作系统可以是 32 位或 64 位 Windows XP 以及之后的任何操作系统之一,如 Windows Serer 2003、Windows 7 和 Windows 8 等。

| 扩展分区 | |
|---|---|
| NTFS 25GB Windows 2003 (1.1) | NTFS 130GB (1.2) |

图 11-2　硬盘分区结构示意图

图 11-2 所示是标准的 MBR 分区结构。其中,分区序号为"1.1"的分区为 Windows Server 2003 操作系统所用,分区序号为"1.2"的分区为数据存储所用。该硬盘的分区是利用"TonPE_V3.3 分析盘.ISO"光盘启动计算机后,再利用其中的"DiskGenius"工具软件来划分的。

在分区序号为"1.2"的分区的根上复制上一些文档,并创建一些文件夹,如图 11-3 所示。

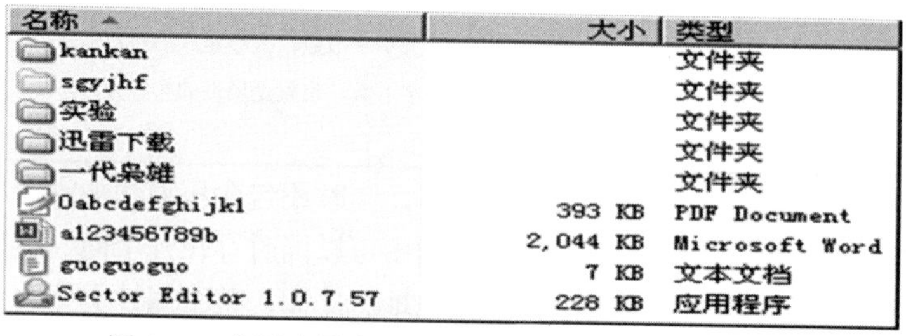

| 名称 ▲ | 大小 | 类型 |
|---|---|---|
| kankan | | 文件夹 |
| sgyjhf | | 文件夹 |
| 实验 | | 文件夹 |
| 迅雷下载 | | 文件夹 |
| 一代枭雄 | | 文件夹 |
| 0abcdefghijkl | 393 KB | PDF Document |
| a123456789b | 2,044 KB | Microsoft Word |
| guoguoguo | 7 KB | 文本文档 |
| Sector Editor 1.0.7.57 | 228 KB | 应用程序 |

图 11-3　分区序号为"1.2"的分区上的文件和文件夹

对于"BIOS+MBR"架构的计算机来讲,一般可以利用"TonPE_V3.3 分析盘.ISO"光盘(或 U 盘)来启动该计算机,从而使用相关工具软件来分析 NTFS 文件系统分区,如"DiskGenius"、"WinHex"和"Sector Editor 1.0.7.57"等。

对于"UEFI+GPT"架构的计算机,一般可以使用 UEFI 启动光盘(或 U 盘)来启动,再利用其上的相关工具软件来分析 NTFS 文件系统分区。如果计算机(无论是什么架构的,包括 RAID)能正常启动并进入操作系统界面,都可以直接使用(运行)相关工具软件进行分析。

(2)分析某个文件的 MFT 项,确定该文件在分区中的起始扇区位置。本实验主要分析文件或文件夹在分区中的起始扇区位置及相关信息。

第一,找到 NTFS 分区的 DBR 扇区和 MFT 项的开始扇区位置。运行"Sector Editor 1.0.7.57"工具软件,并正确选择所要分析的硬盘,查看硬盘的第一个扇区,如图 11-4 所示。

从该扇区可以看出,因其上有一个主分区和一个扩展分区,该硬盘一定是 MBR 的分区结构。所要分析的是分区"1.2",而且该分区一定在扩展分区内,且是第一个逻辑分区。根据 MBR 分区结构原理,扩展分区开始扇区位置为:$LBA$(扩展)是 03 20 1C C0H 处。该值也是扩展分区之前的位置值。而第一个逻辑分区就是分区序号为"1.2"的分区,故其第一个扇区,即 DBR 的开始扇区位置为:$LBA$(DBR)等于 03 20 1C C0H+3FH,即 03 20 1C FFH 处。

找到并定位到 DBR 扇区位置,如图 11-5 所示。

根据表 11-2 所示的"NTFS 的引导扇区 DBR 扇区结构定义",可以找到每簇扇区数为 04H,MFT 表的起始簇号为"01 F0 3D 93H";则 MFT 表的起始扇区位置为 $LBA$(MFT)等于 03 20 1C C0H(扩展分区之前的位置值)+3FH(隐藏扇区数)+04H×01 F0 3D 93H,即 0A E1 13 4BH 处。

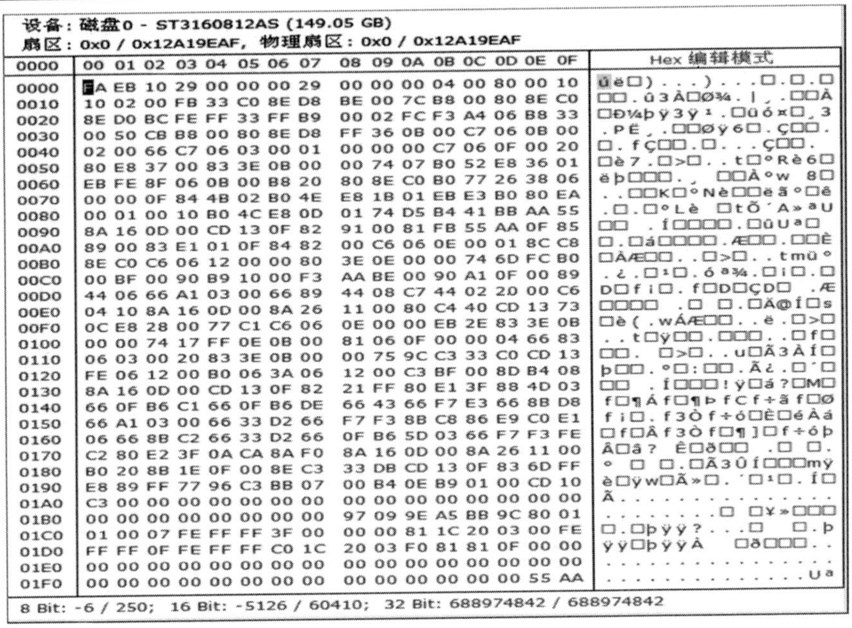

图 11-4    硬盘上第一个扇区

找到并定位到 MFT 表的开始扇区位置，图 11-6 所示为 MFT 表的第一个 MFT 项的起始位置。

根据表 11-4 所示的"MFT 头记录的数据结构定义"可知，该 MFT 项的 MFT 头的区域为偏移地址"00 00H～00 37H"，而且从结构定义中的标志可知（标志位"00 01H"），该 MFT 项对应的是一个文件。MFT 头之后就是第一个属性的位置，即第一个属性的偏移地址为"00 38H"。

一个 MFT 项中，所有属性结束后，都有 4 个"FFH"值，这表示该 MFT 项中的属性全部结束。

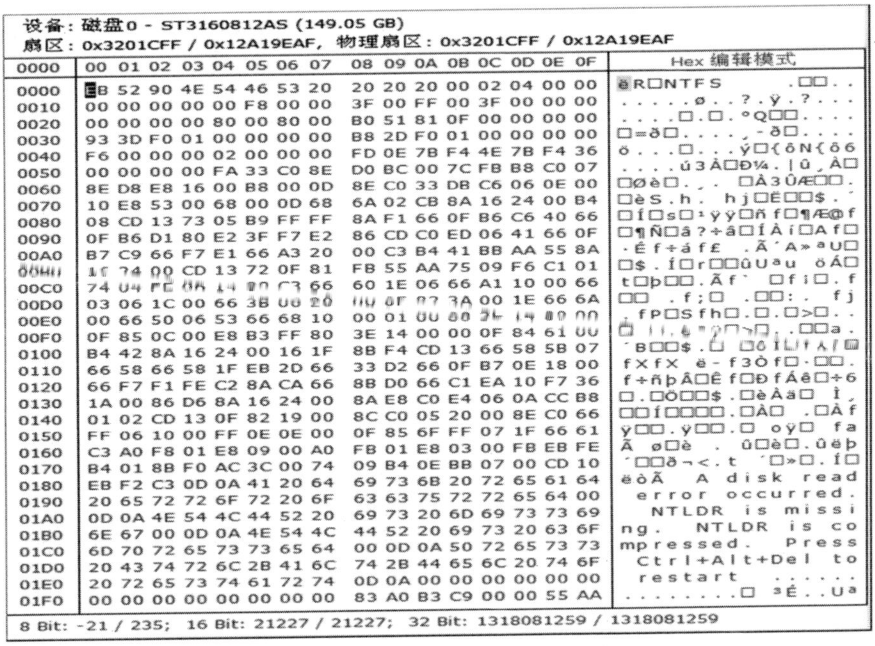

图 11-5    分区序号"1.2"的 DBR 扇区

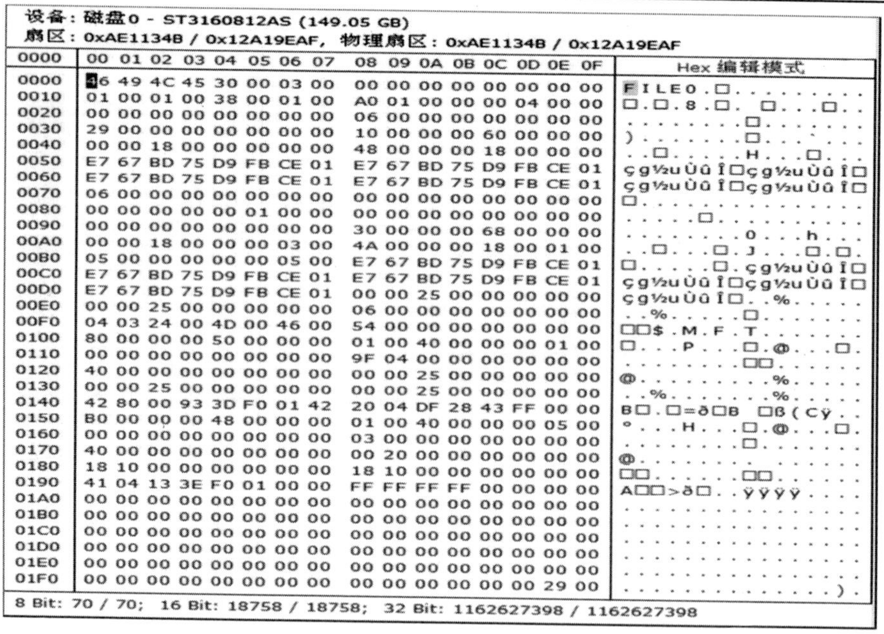

图 11-6　分区序号 "1.2" 上的 MFT 开始扇区

第二，分析 MFT 项的 10 属性。如图 11-6 所示，偏移地址 00 38H 处就是第一个属性的开始位置，根据表 11-5 和表 11-6 可知，其属性类型为 "0x10H"，属性的总长度为 60H 即 96D（8 字节为一排，占用 12 排），且是常驻属性。

确定了以上参数后，特别是确定了该 "0x10 属性" 为常驻属性后，就可对其属性的内容进行分析。

"0x10" 类型的属性，即标准属性，也叫 10 属性，该属性总是常驻属性。10 属性是所有文件和文件夹都必须有的属性，且总是在基本 MFT 项中 MFT 头之后的第一个属性。该属性不但包含文件和文件夹的时间、所有权等基本信息，还包含有加强数据安全和磁盘配额方面的数据信息。其中，NTFS 文件系统中的时间信息采用 64 位值，以 1601 年 01 月 01 日为基准时间，精确度达到千万分之一秒。表 11-7 是 10 属性类型的数据结构定义。

表 11-7　10 属性类型的数据结构定义

| 偏移地址 | 字节数 | 含义 |
| --- | --- | --- |
| — | — | 属性头 |
| 0x00～0x07 | 8 | 建立时间 |
| 0x08～0x0F | 8 | 最后修改时间 |
| 0x10～0x17 | 8 | MFT 改变时间 |
| 0x18～0x1F | 8 | 最后访问时间 |
| 0x20～0x23 | 4 | 标志 |
| 0x24～0x27 | 4 | 最高版本号 |
| 0x28～0x2B | 4 | 版本号 |
| 0x2C～0x2F | 4 | 分类 ID |
| 0x30～0x33 | 4 | 属主 ID（Windows 2000 中用） |
| 0x34～0x37 | 4 | 安全 ID（Windows 2000 中用） |
| 0x38～0x3F | 8 | 配额管理（Windows 2000 中用） |
| 0x40～0x47 | 8 | 更新序列号（Windows 2000 中用） |

　　其中，含义为"标志"的用于描述文件的常规属性，如只读、系统或存档等，该属性值还同时说明该文件是否具有压缩、稀疏或加密等属性。10 属性的标志，其功能与 FAT 文件系统中的短文件名目录项的偏移"0x0B"处的属性值类同。另外，如表 11-7 所示，存在这样一种现象，即一个文档的"修改时间"可能要早于"建立时间"，这是因为该文档是复制而来的。由于 Windows 对时间值的更新策略，当一个位置复制到另一个位置时，新位置的文档会将创建时间设置为复制发生时的时间，而其修改时间则会保持与原文档的修改时间相同。这种现象，可以用来确定一个文档是否被非法复制了。

　　表 11-8 是 10 属性中标志值的定义。

表 11-8　10 属性的标志定义

| 标志值 | 含义 |
| --- | --- |
| 0x0001 | 只读 |
| 0x0002 | 隐藏 |
| 0x0004 | 系统 |
| 0x0020 | 存档 |
| 0x0040 | 设备 |
| 0x0080 | 常规 |
| 0x0100 | 临时 |
| 0x0200 | 稀疏 |
| 0x0400 | 重解析点 |
| 0x0800 | 压缩 |
| 0x1000 | 脱机 |
| 0x2000 | 没有，为了快速搜索而编入索引 |
| 0x4000 | 加密 |

　　如图 11-6 所示，根据表 11-7 可知，该文件的标志为 00 00 00 06H（即 00 00 00 02H+00 00 00 04H），即隐藏和系统。10 属性中的其他参数分析从略。

　　第三，分析 MFT 项的 30 属性。如图 11-6 所示，偏移地址为"00 98H"是 MFT 项中的第二个属性开始位置，其属性类型为 30 属性。30 属性即文件名属性，因为任何文件或文件夹都必须有名字，所以，任何文件或文件夹的 MFT 项中，都至少有一个文件名属性。

　　对于数据恢复来讲，30 属性十分重要，可以通过浏览 MFT 表的方式，查找需要的文件或文件夹的文件名，从而对所找到的 MFT 项进行进一步的分析（该方法如同在 FAT 的 FDT 中查找文件或文件夹的名称）。

　　30 属性还包含文件大小和时间信息，同时每个文件和文件夹至少有一个父目录索引中的文件名属性参考号。文件名属性包含 UTF-16 Unicode 编码文件名，而且文件名必须符合某个特定的命名空间，如 DOS 的 8.3 格式、Windows 32 格式或 POSIX 格式等。通常，DOS 的 8.3 格式也叫段文件名，且是强制必须拥有的。

　　30 属性与 10 属性类似，也有一个"标志"，用于说明该 MFT 项对应的是文件还是文件夹，其中也包含了只读、系统、压缩、加密等属性。其"标志"参见表 11-8 所示。

表 11-9　30 属性的数据结构定义

| 偏移地址 | 字节数 | 含义 |
|---|---|---|
| — | — | 属性头 |
| $0_X00\sim 0_X07$ | 8 | 父目录的文件参考号 |
| $0_X08\sim 0_X0F$ | 8 | 文件建立时间 |
| $0_X10\sim 0_X17$ | 8 | 最后修改时间 |
| $0_X18\sim 0_X1F$ | 8 | MFT 改变时间 |
| $0_X20\sim 0_X27$ | 8 | 最后访问时间 |
| $0_X28\sim 0_X2F$ | 8 | 文件分配空间大小 |
| $0_X30\sim 0_X37$ | 8 | 文件实际大小 |
| $0_X38\sim 0_X3B$ | 4 | 标志 |
| $0_X3C\sim 0_X3F$ | 4 | 重解析值 |
| $0_X40$ | 1 | 文件名长度 $L$ |
| $0_X41$ | 1 | 文件名命名空间：0-POSIX 命名空间；1-Win dows32 命名空间；2-DOS 命名空间；3-Win dows32&DOS 命名空间 |
| $0_X42$ | $2L$ | — |

30 属性的数据结构定义，见表 11-9。其中，所谓命名空间，是指 POSIX 命名空间、Windows 32 命名空间、DOS 命名空间等，即相应的命名规则。

如图 11-6 所示，根据表 11-9 可知，该 30 属性是常驻属性，属性的总长度为 68H 即 104D，名字的长度为 4D，名称为$MFT。其实，$MFT 就是一个文件的名称，属性为系统隐藏。

到目前为止，分析了硬盘上分区序号为 1.2 分区的第一个 MFT 项的 MFT 头、10 属性和 30 属性，从而可以判断一些重要信息。比如，通过 MFT 头的信息判断是文件还是文件夹，通过 10 属性的信息判断该文件或文件夹的各种时间以及基本属性，通过 30 属性的信息判断该文件或文件夹的名称等信息。

其实，在 MFT 表中进行文件或文件夹名称的查找方法，与操作系统列出文件或文件夹名称的方法是相同的，即是说，操作系统也是首先找到第一个 MFT 项，并向后一直搜索所有的 MFT 项，同时显示找到的符合要求的文件或文件夹的名称以及相关属性。所谓显示符合要求的文件或文件夹的名称，是指这些文件或文件夹都是能正常使用的，而非删除的或元数据等文件。

第四，分析 MFT 项的 80 属性。如图 11-3 所示，在分区序号"1.2"的分区中，需要找到"a123456789b.DOC"文档的 MFT 项，以及"guoguoguo.TXT"文档的 MFT 项。

在"Sector Editor 1.0.7.57"工具软件界面中，从第一个 MFT 项开始，利用键盘上的"Page Up"或"Page Down"键，向后逐一进行扇区的搜索。在搜索中，注意观察 ASCII 显示区域中的文件或文件夹的名称信息（根据 30 属性的特点）。

注意，"Sector Editor 1.0.7.57"工具软件的 ASCII 区域只能显示英文和数字符号，中文则显示为乱码。如果使用"WinHex"工具软件，则都能正常显示。

从第一个 MFT 项开始对每一个扇区进行搜索，首先找到了"a123456789b.DOC"文档的 MFT 项，如图 11-7 所示。

从该 MFT 项可以看出，偏移地址为 00 38H 的是 10 属性，有 60H 字节的长度，且是常驻属性；偏移地址为 00 98H 的是第一个 30 属性，有 78H 字节的长度，且是常驻属性，所描述的是 DOS 命名空间的短文件名；偏移地址为 01 10H 的是第二个 30 属性，有 78H 字节的长度，且是常驻属性，描述了完整的文件名称，是 Win32 命名空间的长文件名；偏移地址为 01 88H 是 80 属性。

80 属性对于文件或文件夹来说，是数据恢复技术中至关重要的内容，它反映了文件或文件夹在磁盘中所占用的簇的情况。

80 属性有 48H 字节长度，且是非常驻属性。查看表 11-6 中的"非常驻属性的属性头结构定义"，可以看出相对于 80 属性来讲，其偏移地址为 20H～21H 的两字节（或对本扇区来讲，就是偏移地址为 01 A8H～01 A9H 的两字节），就是"簇流列表相对于本属性头起始处的偏移"的值，其值为 00 40H，即相对于本扇区的偏移地址为 01 C8H。

图 11-7 所示中的 80 属性，其"属性类型"的值对于本扇区的偏移地址为 01 88H（也叫绝对偏移地址）。对于 80 属性本身的这个值来讲，其偏移地址就是 00H（也叫相对偏移地址）。

一个文件的内容（即数据）较少时，则直接以常驻属性存储在 MFT 项中，而内容较大的则存储在非常驻属性的 MFT 项以外的空间中，而且通过 80 属性中的簇流项来记录，这些簇流项构成了一个簇流列表。80 属性中的簇流列表中，至少要用到一个簇流项。

```
设备：磁盘 0 - ST3160812AS (149.05 GB)
扇区：0xAE11399 / 0x12A19EAF，物理扇区：0xAE11399 / 0x12A19EAF

0000  00 01 02 03 04 05 06 07  08 09 0A 0B 0C 0D 0E 0F   Hex 编辑模式

0000  46 49 4C 45 30 00 03 00  10 5F 7F 74 00 00 00 00   FILE0.□.□_ t....
0010  87 00 02 00 38 00 01 00  D8 01 00 00 00 04 00 00   □.□.8.□.Ø□...□..
0020  00 00 00 00 00 00 00 00  06 00 00 00 27 00 00 00   ...........'...
0030  03 00 00 00 00 00 00 00  10 00 00 00 60 00 00 00   □........□...`...
0040  00 00 00 00 00 00 00 00  48 00 00 00 18 00 00 00   ........H......
0050  92 83 6D 1D 97 21 CF 01  1A F3 EB 8D 7C 1E CF 01   □□m □!Ï□óë□| Ï□
0060  C4 0E 46 66 C6 21 CF 01  92 83 6D 1D 97 21 CF 01   ÄF fÆ!Ï□□□m □!Ï□
0070  20 00 00 00 00 00 00 00  00 00 00 00 00 00 00 00    ...............
0080  00 00 00 00 34 01 00 00  00 00 00 00 00 00 00 00   ....4□..........
0090  00 00 00 00 00 00 00 00  30 00 00 00 78 00 00 00   ........0...x...
00A0  00 00 00 00 00 00 05 00  5A 00 00 00 18 00 01 00   ........Z....□.□.
00B0  05 00 00 00 00 00 05 00  92 83 6D 1D 97 21 CF 01   □.....□.□□m □!Ï□
00C0  1A F3 EB 8D 7C 1E CF 01  58 B5 BE 38 E1 1F CF 01   □óë□| Ï□Xµ¾8 á Ï□
00D0  92 83 6D 1D 97 21 CF 01  00 F0 1F 00 00 00 00 00   □□m □!Ï□.ð......
00E0  00 F0 1F 00 00 00 00 00  20 00 00 00 00 00 00 00   .ð...... .......
00F0  0C 02 41 00 31 00 32 00  33 00 34 00 35 00 7E 00   □□A.1.2.3.4.5.~.
0100  31 00 2E 00 44 00 4F 00  43 00 64 00 6F 00 63 00   1...D.O.C.d.o.c.
0110  30 00 00 00 78 00 00 00  00 00 00 00 00 00 04 00   0...x..........
0120  60 00 00 00 18 00 01 00  05 00 00 00 00 00 05 00   `....□.□.□.....□.
0130  92 83 6D 1D 97 21 CF 01  1A F3 EB 8D 7C 1E CF 01   □□m □!Ï□óë□| Ï□
0140  58 B5 BE 38 E1 1F CF 01  92 83 6D 1D 97 21 CF 01   Xµ¾8 á Ï□□□m □!Ï□
0150  00 F0 1F 00 00 00 00 00  00 F0 1F 00 00 00 00 00   .ð...... .ð......
0160  20 00 00 00 00 00 00 00  0F 01 61 00 31 00 32 00    ...........□□a.1.2.
0170  33 00 34 00 35 00 36 00  37 00 38 00 39 00 62 00   3.4.5.6.7.8.9.b.
0180  2E 00 64 00 6F 00 63 00  80 00 00 00 48 00 00 00   ...d.o.c.□...H...
0190  01 00 00 00 00 00 01 00  00 00 00 00 00 00 00 00   □.....□.........
01A0  FD 03 00 00 00 00 00 00  40 00 00 00 00 00 00 00   ý□......@.......
01B0  00 F0 1F 00 00 00 00 00  00 F0 1F 00 00 00 00 00   .ð...... .ð......
01C0  00 F0 1F 00 00 00 00 00  32 FE 03 9E 26 15 00 00   .ð...... 2þ□□ □..
01D0  FF FF FF FF 82 79 47 11  00 00 00 00 00 00 00 00   ÿÿÿÿ□yG□........
01E0  00 00 00 00 00 00 00 00  00 00 00 00 00 00 00 00   ................
01F0  00 00 00 00 00 00 00 00  00 00 00 00 00 00 03 00   ..............□.

8 Bit: 70 / 70;  16 Bit: 18758 / 18758;  32 Bit: 1162627398 / 1162627398
```

图 11-7　"a123456789b.DOC"文档的 MFT 项

每一个 MFT 项中的某属性（如 80 属性）中的簇流列表，其第一个簇流项记录数据的起始簇以及该簇流的簇数，之后的簇流项，则记录以本簇流起始的相对于前一个簇流起始簇的距离。为此，必须要清楚簇流项的结构。

一个簇流项由 3 部分构成，第一部分用于说明后续字节的长度分配；第二部分为无符号整型数，用于描述本簇流项对应的簇流长度；第三部分是有符号的整型数，用于说明簇流的起始位置，而且遵循簇流项间的关系原则。

簇流项的第三部分的数据是有符号的，为了能正确用于计算，该值必须按照以下规则进行转换：如果最高字节的最高位为"0"则符号为正（或"00H～7FH"的值），该正数值不做任何转换，直接用于计算；如果最高位为"1"则符号为负（或"80H～FFH"的值），必须进行转换，转换方法（公式）如下。

$$用于计算的值=-（FF\ FF\ FFH-原第三部分值+1）\qquad(11-3)$$

比如，起始位置值为 8C B5 82H，则用于计算的值为-（FF FF FFH-8C B5 82H+1），即-73 4A 7EH。其中，负值表示该簇的位置值，是在当前簇之前的位置值。又如，起始位置为 76 AA FEH，则用于计算的值就是其本身。计算的最终值即是本分区的簇位置值。

就图 11-7 所示的 80 属性为例，说明簇流项的结构。偏移地址为 01 C8H 是第一个簇流项，其值为 32 FE 03 9E 26 15，如图 11-8 所示。"32"表示该字节之后有共 5 字节（3+2），是本簇流项的内容；"3"指向最后面的 3 字节，表示本簇流的起始位置，该簇的起始位置为 15 26 9EH；"2"指向"32"之后的 2 字节，表示本簇流的簇数。

图 11-8　一个簇流项的结构

如图 11-7 所示，80 属性中只有一个簇流项，而且该簇的起始位置为 15 26 9EH。可知，"a123456789b.DOC"文档在本分区中的起始扇区位置为：

$LBA$（DOC 文档）=扩展分区开始扇区位置+隐藏扇区数+簇的起始位置×每簇扇区数

$$=03\ 20\ 1C\ C0H+3FH+15\ 26\ 9EH×04H=03\ 74\ B7\ 77H\qquad(11-4)$$

$LBA$（DOC 文档）为 03 74 B7 77H 就是"a123456789b.DOC"文档在分区序号为 1.2 中的开始扇区位置，而且该文档连续占用了 03 FEH 个簇。

到此，对"a123456789b.DOC"文档的 MFT 项的分析结束。

接下来，搜索并分析"guoguoguo.TXT"文档的 MFT 项，如图 11-9 所示。该 MFT 项的 MFT 头、10 属性、30 属性、30 属性、40 属性等分析从略。

该 MFT 项的 80 属性，有两个簇流项，分别是 41 03 19 A7 E0 00H 和 31 01 26 BA A4。根据簇流项的规则可知，"guoguoguo.TXT"文档在分区中的起始扇区位置为：

$LBA$（TXT 文档）=扩展分区开始扇区位置+隐藏扇区数+簇的起始位置×每簇扇区数

$$=03\ 20\ 1C\ C0H+3FH+00\ E0\ A7\ 19H×04H=06\ A2\ B9\ 63H\qquad(11-5)$$

由此可知，$LBA$（TXT 文档）为 06 A2 B9 63H 就是"guoguoguo.TXT"文档在分区中的起始扇区位置，而且该部分内容连续占用 3 个簇。查看该扇区信息从略。

但是，因"guoguoguo.TXT"文档还有第二个簇流项 31 01 26 BA A4，所以该文档不是连续存放的，是垮簇的（这就是 NTFS 文件系统仍然存在磁盘碎片的原因）。

设备：磁盘 0 - ST3160812AS (149.05 GB)
扇区：0xAE113AD / 0x12A19EAF，物理扇区：0xAE113AD / 0x12A19EAF

| 01B0 | 00 01 02 03 04 05 06 07 | 08 09 0A 0B 0C 0D 0E 0F | Hex 编辑模式 |
|---|---|---|---|
| 0000 | 46 49 4C 45 30 00 03 00 | 47 A3 D9 75 00 00 00 00 | FILE0.□.G- u.... |
| 0010 | AB 00 02 00 38 00 01 00 | 08 02 00 00 00 04 00 00 | «.□.8.□.□.....□.. |
| 0020 | 00 00 00 00 00 00 00 00 | 08 00 00 00 31 00 00 00 | ........□...1... |
| 0030 | 05 00 B1 B5 00 00 00 00 | 10 00 00 00 60 00 00 00 | □.±µ........`... |
| 0040 | 00 00 00 00 00 00 00 00 | 48 00 00 00 18 00 00 00 | ........H..□.... |
| 0050 | D1 4F 78 B4 19 23 CF 01 | 89 ED 6B CD 1B 23 CF 01 | ÑOx´.#Ï□.íkÍ.#Ï□ |
| 0060 | 89 ED 6B CD 1B 23 CF 01 | D1 4F 78 B4 19 23 CF 01 | □íkÍ.#Ï□ÑOx´.#Ï□ |
| 0070 | 20 00 00 00 00 00 00 00 | 00 00 00 00 00 00 00 00 | ............... |
| 0080 | 00 00 00 00 34 01 00 00 | 00 00 00 00 00 00 00 00 | ....4□.......... |
| 0090 | 00 00 00 00 00 00 00 00 | 00 00 00 00 78 00 00 00 | ............x... |
| 00A0 | 00 00 00 00 00 00 05 00 | 5A 00 00 00 18 00 01 00 | ........Z...□.□. |
| 00B0 | 05 00 00 00 00 00 05 00 | D1 4F 78 B4 19 23 CF 01 | ........ÑOx´.□#Ï□ |
| 00C0 | D1 4F 78 B4 19 23 CF 01 | D1 4F 78 B4 19 23 CF 01 | ÑOx´.□#Ï□ÑOx´.□#Ï□ |
| 00D0 | D1 4F 78 B4 19 23 CF 01 | 00 00 00 00 00 00 00 00 | ÑOx´.□#Ï□........ |
| 00E0 | 00 00 00 00 00 00 00 00 | 20 00 00 00 00 00 00 00 | ............... |
| 00F0 | 0C 02 47 00 55 00 4F 00 | 47 00 55 00 4F 00 7E 00 | □□G.U.O.G.U.O.~. |
| 0100 | 31 00 2E 00 54 00 58 00 | 54 00 74 00 18 00 00 00 | 1..T.X.T.t.□.... |
| 0110 | 30 00 00 00 78 00 00 00 | 00 00 00 00 00 00 04 00 | 0...x.........□. |
| 0120 | 5C 00 00 00 18 00 01 00 | 05 00 00 00 00 00 05 00 | \...□.□.......□. |
| 0130 | D1 4F 78 B4 19 23 CF 01 | D1 4F 78 B4 19 23 CF 01 | ÑOx´.□#Ï□ÑOx´.□#Ï□ |
| 0140 | D1 4F 78 B4 19 23 CF 01 | D1 4F 78 B4 19 23 CF 01 | ÑOx´.□#Ï□ÑOx´.□#Ï□ |
| 0150 | 00 00 00 00 00 00 00 00 | 00 00 00 00 00 00 00 00 | ............... |
| 0160 | 20 00 00 00 00 00 00 00 | 0D 01 67 00 75 00 6F 00 | ........□□g.u.o. |
| 0170 | 67 00 75 00 6F 00 67 00 | 75 00 6F 00 2E 00 74 00 | g.u.o.g.u.o...t. |
| 0180 | 78 00 74 00 18 00 00 00 | 40 00 00 00 28 00 00 00 | x.t.□...@...(... |
| 0190 | 00 00 00 00 00 00 00 00 | 10 00 00 00 18 00 00 00 | ............□... |
| 01A0 | 44 A0 22 C3 D6 8E E3 11 | 9A 64 C8 3A 35 CF AA BA | D "ÃÖ□ã□□dÈ:5Ïªº |
| 01B0 | 80 00 00 00 50 00 00 00 | 01 00 00 00 00 00 07 00 | □...P.........□. |
| 01C0 | 00 00 00 00 00 00 00 00 | 03 00 00 00 00 00 00 00 | ............... |
| 01D0 | 40 00 00 00 00 00 00 00 | 00 00 00 00 00 00 00 00 | @.............. |
| 01E0 | 97 1B 00 00 00 00 00 00 | 97 1B 00 00 00 00 00 00 | □.............. |
| 01F0 | 41 03 19 A7 E0 00 31 01 | 26 BA A4 00 1C 03 05 00 | A□□§à.1□ °×. □□. |
| 0000 | FF FF FF FF 82 79 47 11 | 00 00 00 00 00 00 00 00 | ÿÿÿÿ□yG□........ |
| 0010 | 00 00 00 00 00 00 00 00 | 00 00 00 00 00 00 00 00 | ............... |

图 11-9　"guoguoguo.TXT"文档的 MFT 项

第二个簇流项中的簇起始位置为 A4 BA 26H，根据公式（11-3）可知：

$$用于计算的值 = -（FF FF FFH - A4 BA 26H）+ 1 = -5B 45 DAH \qquad (11-6)$$

第二个簇流项的簇起始位置为上一个簇起始位置加上该簇起始位置即 00 E0 A7 19H 再减去 5B 45 DAH，即为 85 61 3FH。第二个簇流项在分区中的起始扇区位置计算如下。

$$LBA（TXT 文档续）= 扩展分区开始扇区位置 + 隐藏扇区数 + 簇起始位置 × 每簇扇区数$$
$$= 03 20 1C C0H + 3FH + 85 61 3FH × 04H = 05 35 A1 FBH \qquad (11-7)$$

由此可知，$LBA$（TXT 文档续）为 05 35 A1 FBH 处是"guoguoguo.TXT"文档的另外一部分在分区中的起始扇区位置，而且该部分内容连续占用一个簇。查看该扇区信息从略。

到此，对"guoguoguo.TXT"文档的 MFT 项的分析结束。

对 MFT 项的分析还有很多内容，本实验仅仅分析了某个文件在分区中的起始扇区位置以及续簇的位置等情况，只对 MFT 项中的 MFT 头、10 属性、30 属性以及 80 属性进行了简单的分析。不过，至少可以通过这些属性能够对文件在分区中的起始扇区位置进行定位。所以，该实验仅仅是对 NTFS 文件系统的初步分析。

在 NTFS 分区中，MFT 表中的 MFT 项有很多，一般是连续存放的，而且是每两个扇区为一个 MFT 项，它可以理解为 FAT 中的 FDT 表。所以，分析时首先就是要找到第一个 MFT 项，之后就可以通过第一个 MFT 项来向后搜索所需要的某个文件的 MFT 项，通过 30 属性的特点来观察文件的名称。该方法需要对 30 属性要有充分的了解。

NTFS 中的 MFT 表十分安全，它一般在数据区域的中间位置，不易被破坏。文件丢失（或删除）之后，要立即停止对其写入数据，以免被覆盖，然后利用一些数据恢复工具软件进行扫描就基本能恢复。对分区进行数据恢复的原则是：首先恢复分区，再恢复数据。FAT 文件系统上的文件恢复情况就比 NTFS 要复杂得多。

值得注意的是 NTFS 文件系统使用了多种分区工具软件创建分区，或使用了多种操作系统创建分区，因不同操作系统或工具软件所创建的 NTFS 文件系统分区，其版本可能不同，如果磁盘出现分区丢失的情况，则进行恢复时难度很大。所以，一台硬盘最好采用相同的工具软件或操作系统来创建分区。

如果读者对 NTFS 文件系统有兴趣，请参阅相关资料。

## 11.2  实 验 练 习

请读者利用自己的计算机（操作系统任意），分析某个 NTFS 分区上的某个文件（如可以是根上的文件或某个文件夹中的文件等）在分区中的扇区位置以及簇占用情况，分析所用工具软件可以是"WinHex"或"Sector Editor 1.0.7.57"等。要求：能根据某个文件的实际容量大小来判断所占用的簇数；能定位到该 NTFS 分区的 DBR 扇区位置；能定位到该分区的第一个 MFT 项；能找到所需文件的 MFT 项；能根据其 80 属性，求得该文件在分区中的起始扇区位置；如果该文件还有续簇，求得其续簇在分区中的起始扇区位置。

# 实验项目 12　磁盘结构和文件系统的快速分析

**实验工具软件**

（1）通用 PE 工具箱。

（2）UEFI 启动盘（或"BIOS 和 UEFI 双启动"盘）。

（3）UltraISO PE。

（4）Virtual PC 2007 SP1 V6.0.192.0（32/64 位）。

（5）VMware workstation full（V8.0.4 或以上安装版）。

（6）Sector Editor 1.0.7.57 （Windows 版）。

（7）DiskGenius。

（8）WinHex。

（9）BOOTICE（32/64 位版）。

## 12.1　磁盘结构和文件系统的快速分析

### 12.1.1　基本概念

（1）磁盘快速分析方法。磁盘快速分析方法是指利用常规工具软件所显示的直观数据，对磁盘的分区结构、文件系统和文件数据等信息进行综合并得出相应结论的分析方法。磁盘快速分析方法主要用于对未知磁盘进行分析。

要进行磁盘的快速分析，必须熟悉磁盘的结构（包括 MBR 分区结构、GPT 分区结构以及 RAID 结构等）、文件系统（包括 FAT 16/32/NTFS 等）、文件和文件夹数据的存储原理等内容。用于分析磁盘的工具软件有很多，比如"Sector Editor 1.0.7.57"、"DiskGenius"、"WinHex"、"PQ"等。它们配合启动盘，就可构成一个强大的磁盘分析工具盘。

因目前的计算机系统存在两种架构，即"BIOS+MBR"和"UEFI+GPT"架构（包括虚拟机，比如 32 位"Virtual PC"和低版本"VMware"软件只能创建"BIOS+MBR"架构的虚拟机；而 64 位"Virtual PC"以及"VMware V8.04 或以上版本"软件，两种架构的虚拟机都可以创建），所以启动盘也就存在两种，第一种是用"通用 PE 工具箱"等软件所创建的启动盘，这只能用于启动"BIOS+MBR"架构的计算机，并可进入 DOS 或 WinPE 操作系统，再利用相关工具软件对磁盘进行分析。第二种是用"UEFI 启动盘"等 ISO 软光盘来启动"UEFI+GPT"架构的计算机，并只能进入 64 位的 WinPE 操作系统。"UEFI+GPT"架构的计算机是不能启动进入 DOS 或 32 位 WinPE 操作系统的，也就说，GPT 架构的出现，会淘汰 DOS 和 32 位操作系统。

另外，还存在"BIOS 和 UEFI 双启动"ISO 软光盘，既可用于启动"BIOS+MBR"架构计算机，也可启动"UEFI+GPT"架构计算机。这样的双启动盘，主要用于使用了新技术主板的计算机系统（即主板提供的是"BIOS 和 UEFI 双启动"方式）。当然，也可用于虚拟机的启动。读者可以将下载或编辑制作好的可启动的工具光盘 ISO，制作（或刻录）为物理光盘或 U 盘，用于实际计算机的维护或数据恢复工作。物理光盘是一种十分通用的存储介质，可以用于所有的计算机系统。

### 12.1.2　实验目的

在充分熟悉磁盘的分区结构、文件系统以及文件或文件夹数据的存储原理的基础上，熟练利用启动盘启动计算机系统（包括虚拟机），并利用相关工具软件对磁盘的分区结构、文件系统等进行分析；熟悉"DiskGenius"软件显示界面和相关参数。

### 12.1.3　实验指导

（1）准备工作。备好"DiskGenius"、"Sector Editor 1.0.7.57"、"WinHex"和"BOOTICE（32/64 位版）"等工具软件，并添加进启动盘中。

利用"Virtual PC 2007"和"VMware"软件各创建一台虚拟机，并利用 Windows 的 Ghost 安装版为"BIOS+MBR"架构的虚拟机安装 32 位或 64 位操作系统，以及利用 Windows 标准安装版为"UEFI+GPT"架构的虚拟机安装 64 位操作系统。

虚拟机的硬盘容量、分区数量、分区格式以及虚拟机硬件设置自定，复制若干文档到磁盘的各个分区中。

（2）分析 GPT 磁盘。用启动盘启动"UEFI+GPT"架构虚拟机（或实际计算机）进入操作系统界面，该操作系统是 64 位的 WinPE 操作系统，并首先运行"DiskGenius"软件，如图 12-1 所示。

图 12-1　"UEFI+GPT"架构虚拟机的磁盘分区结构直观图

利用"DiskGenius"软件，便可直观看出该虚拟机磁盘的分区结构，该硬盘是典型的 GPT 分区结构，其中有一个 ESP 分区、一个 MSR 分区、三个用户划分出来的主分区（其中后两个主分区未高级格式化）。各个分区的容量也显示在图中。在磁盘直观图的下面，显示了硬盘的重要信息，如硬盘的接口、容量、柱面数、磁头数、每道扇区数以及磁盘的总扇区数等。

为了解各个分区的更详细的情况，用鼠标从磁盘的第一个分区开始点选，并依次观看"DiskGenius"软件界面的中部位置所显示的内容。首先点选第一个分区，即 ESP 分区，如图 12-2 所示。

该 ESP 分区是 FAT 32 文件系统的分区，但它是隐藏的，在 Windows 的磁盘管理工具窗口中是无法显示的，也无法被用户使用，图中最下面显示了分区的名字为 EFI 系统分区；ESP 分区的容量为 100MB；图中"已用空间"说明 ESP 分区中有文件数据存在。另外，在图 12-2 的右下角，点击"分析"按钮，还可以观察该分区的数据分布和占用情况。

注意，ESP 分区是 GPT 分区结构中唯一一个特殊的 FAT 文件系统分区，该分区的起始位置与 MBR 分区结构不同，但与 FAT 的分区结构相同。一般地，在 GPT 分区结构中所划分出来的正常分区不会使用 FAT 文件系统的，而是使用 NTFS 文件系统。

如图 12-2 所示，因为 ESP 分区是隐藏的 FAT 32 分区，簇大小（即每簇扇区数）、起始扇区号（即隐藏扇区数）、保留扇区数、FAT1 扇区号、FAT 扇区数、根目录扇区号、根目录簇号和数据起始扇区号等参数需要重点关注，并且这些参数值都是十进制值。

其中，起始扇区号（即隐藏扇区数）是指该分区的 DBR 扇区位置值，也是该 DBR 扇区在该磁盘中的绝对扇区位置 $LBA$（DBR）。该值是定位一个分区开始的位置值。

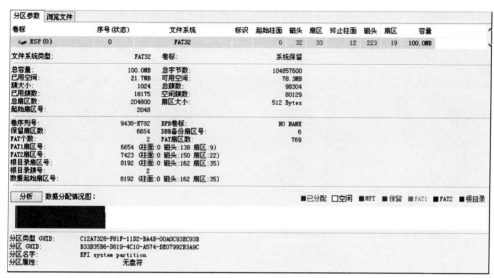

图 12-2 　ESP 分区的详细信息

根据以上参数，利用相关公式，再利用"Sector Editor 1.0.7.57"或"WinHex"等工具软件，便可定位并分析相关扇区信息，如分区开始位置扇区（即 DBR 扇区位置）、FDT 表、FAT 表、某文件或文件夹在数据区域中的起始扇区位置（通过分析该文件或文件夹的目录项来得出相关数据）等。比如，$LBA$（DBR）=起始扇区号=2048D；$LBA$（FAT 表）=隐藏扇区数+保留扇区数=2048D+6654D＝8702D；$LBA$（FDT 表）=隐藏扇区数+根目录扇区号=2048D+8192D＝10240D。

点击图 12-2 右上角的"浏览文件"按钮，如图 12-3 所示。

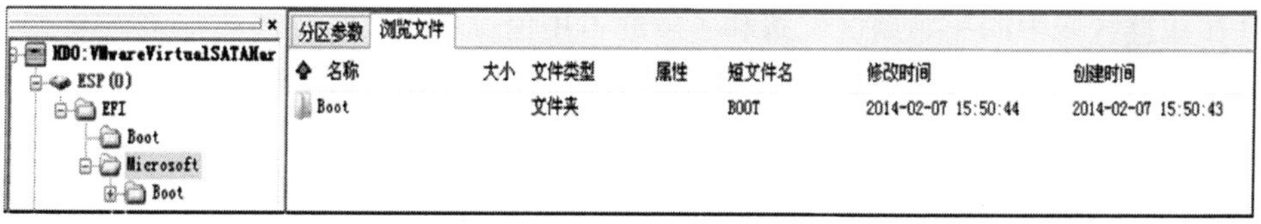

图 12-3 　ESP 分区上的文件

"浏览文件"功能将显示该分区上的一切非被删除的文件及文件夹数据，可以是正常的文件或文件夹、隐藏的文件或文件夹或元文件等数据，而且该分区可以是正常使用的分区，也可以是隐藏的分区。

"浏览文件"功能一般用于判断该分区上的数据正常与否，或判断文件数据是否存在于该分区上等情况。"浏览文件"功能不能查看被删除文件或文件夹等数据。另外，双击某个文件，还可以查看该文件的代码，事实上这就是把整个文件数据从磁盘中调入内存，以十六进制方式显示其内容，就可以对文件数据进行进一步分析，如对文件数据的结构进行分析。

如图 12-3 所示，如果磁盘的结构是标准 GPT 分区，一般都有 ESP 分区，而且在安装了操作系统之后，其上都会有相关数据，且一般存在 ESP 文件夹中。用鼠标右击该文件夹，可以通过"ESP"文件夹的创建时间，计算出该操作系统的安装时间。

无论用什么方法所创建的 ESP 分区，其中不一定有文件数据。必须是安装了操作系统之后才会有文件数据，如 ESP 文件夹等。到此，对 ESP 分区的分析结束。

再点选第一个主分区，即操作系统分区，如图 12-4 所示。

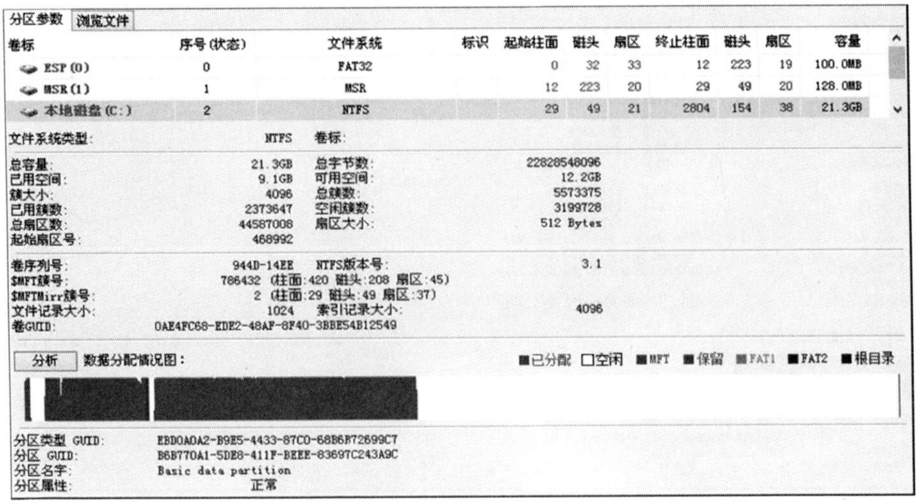

图 12-4　主分区的详细信息

该主分区是 NTFS 文件系统的分区，是安装了操作系统的主分区，它直接提供了十分重要的参数信息，如簇大小、起始扇区号（即 DBR 扇区）、$MFT 簇号、$MFTMirr 簇号和 NTFS 版本号等。

找到并定位该主分区中的第一个 MFT 项的扇区位置的公式如下：

$$LBA（MFT 项）=起始扇区号+\$MFT 簇号×簇大小$$
$$=468992D+786432D×8D=6760448D \qquad (12-1)$$

找到了第一个 MFT 项后，便可向后搜寻所需要的文件或文件夹的 MFT 项，进而找到并定位文件在数据区域中的起始扇区位置和了解簇占用情况。

为了保护 GPT 的结构，需要把包含 ESP 区域、MSR 区域和第一个主分区的 DBR 扇区等信息备份为一个文件，以便以后修复使用。起始扇区号参数值就是该主分区的 DBR 扇区位置值，所以，LBA 从零至起始扇区号的区域，就是需要备份的区域，即 GPT 的主要结构区域，之后再利用"BOOTICE"工具软件来备份即可。

点击图 12-4 右上角的"浏览文件"按钮，如图 12-5 所示，它所显示的是主分区上的操作系统文件，包括元文件等数据。如果分区没有文件系统（即没有高级格式化的），则无法显示相关参数信息。

到此，对 GPT 分区结构的磁盘分析结束。

（3）分析 MBR 磁盘。用启动盘启动"BIOS+MBR"架构虚拟机（或实际计算机）进入 DOS 或 WinPE 操作系统界面，并首先运行"DiskGenius"软件，如图 12-6 所示。

利用"DiskGenius"软件，可直观看出该虚拟机磁盘的分区结构是标准的 MBR 分区结构，其中有一个主分区，一个扩展分区，扩展分区内有 5 个逻辑分区。各个分区的容量也已显示在图中。在图 12-6 的下面部分，也显示了硬盘的一些重要信息，如硬盘的接口、容量、柱面数、磁头数、每道扇区数以及磁盘的总扇区数等。

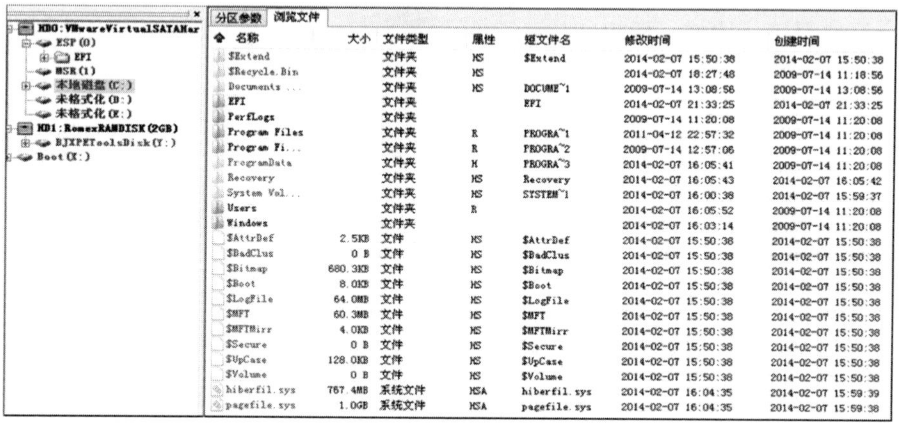

图 12-5　第一个主分区上的文件

图 12-6　"BIOS+MBR"架构虚拟机的磁盘分区结构直观图

为了更详细的了解所有分区的情况，需要从磁盘的第一个分区开始进行分析。

首先点击第一个分区，即主分区，如图 12-7 所示。该主分区采用的是 NTFS 的文件系统，并显示了簇大小、起始扇区号、$MFT 簇号、$MFTMirr 簇号和 NTFS 版本号等参数信息。通过这些参数就可以找到并定位所需要的扇区了，如主分区的 DBR 扇区位置、第一个MFT 项的起始扇区位置等。

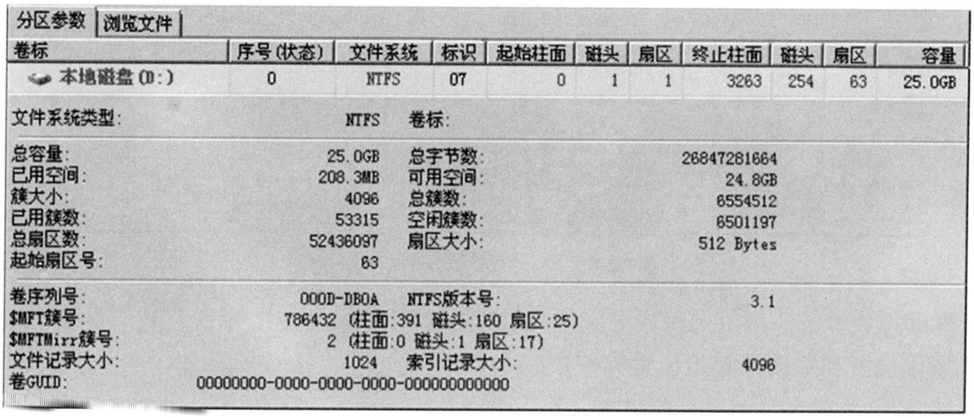

图 12-7　主分区的详细信息

其中，"起始扇区号"即是主分区的 DBR 扇区位置，在这之前的区域就是 MBR 区域。在标准的 MBR 分区结构中，MBR 区域以及 VMBR 区域，都将占用 3FH（或 63D）个扇区。另外，如果点击"浏览文件"按钮，还可看到分区上存在的未被删除的文件或者文件夹数据。

再点击第二个分区，即第一个逻辑分区，如图 12-8 所示。该分区采用 FAT 16 的文件系统，并显示了簇大小、起始扇区号、保留扇区数、FAT1 扇区号、根目录扇区号、数据起始扇区号和 FAT 扇区数等参数。根据以上这些参数，即可求得该分区上的虚拟 MBR 扇区位置（也是扩展分区的起始扇区位置）、FAT 表起始扇区位置、FDT 表起始扇区位置以及数据

区起始扇区位置等。比如，虚拟 MBR 扇区位置为起始扇区号减去 63（十进制，即结果为 52 436 1601）

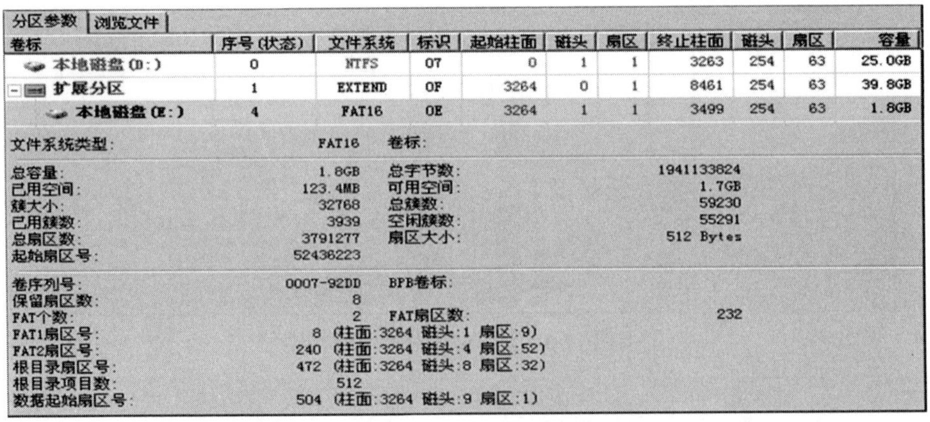

| 卷标 | 序号(状态) | 文件系统 | 标识 | 起始柱面 | 磁头 | 扇区 | 终止柱面 | 磁头 | 扇区 | 容量 |
|---|---|---|---|---|---|---|---|---|---|---|
| 本地磁盘(D:) | 0 | NTFS | 07 | 0 | 1 | 1 | 3263 | 254 | 63 | 25.0GB |
| 扩展分区 | 1 | EXTEND | 0F | 3264 | 0 | 1 | 8461 | 254 | 63 | 39.8GB |
| 本地磁盘(E:) | 4 | FAT16 | 0E | 3264 | 1 | 1 | 3499 | 254 | 63 | 1.8GB |

文件系统类型：　　　　　　　　　FAT16　　　　卷标：
总容量：　　　　　　　　　　　1.8GB　　　　总字节数：　　　　　　　1941133824
已用空间：　　　　　　　　　123.4MB　　　可用空间：　　　　　　　1.7GB
簇大小：　　　　　　　　　　32768　　　　总簇数：　　　　　　　　59230
已用簇数：　　　　　　　　　3939　　　　空闲簇数：　　　　　　　55291
总扇区数：　　　　　　　　　3791277　　　扇区大小：　　　　　　　512 Bytes
起始扇区号：　　　　　　　　52436223

卷序列号：　　　　　　　　　0007-92DD　　BPB卷标：
保留扇区数：　　　　　　　　8
FAT个数：　　　　　　　　　2　　　　　FAT扇区数：　　　　　　　232
FAT1扇区号：　　　　　　　8（柱面:3264 磁头:1 扇区:9）
FAT2扇区号：　　　　　　　240（柱面:3264 磁头:4 扇区:52）
根目录扇区号：　　　　　　　472（柱面:3264 磁头:8 扇区:32）
根目录项目数：　　　　　　　512
数据起始扇区号：　　　　　　504（柱面:3264 磁头:9 扇区:1）

图 12-8　第一个逻辑分区的详细信息

再点击第三个分区，即第二个逻辑分区，如图 12-9 所示。该分区采用的是隐藏的 FAT 32 文件系统。如果点击"浏览文件"按钮，还能看到其上未删除的文件或文件夹数据。

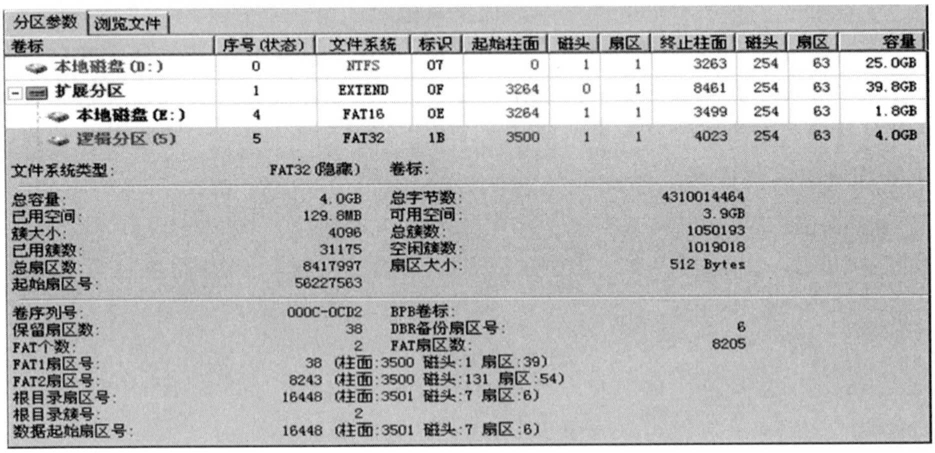

| 卷标 | 序号(状态) | 文件系统 | 标识 | 起始柱面 | 磁头 | 扇区 | 终止柱面 | 磁头 | 扇区 | 容量 |
|---|---|---|---|---|---|---|---|---|---|---|
| 本地磁盘(D:) | 0 | NTFS | 07 | 0 | 1 | 1 | 3263 | 254 | 63 | 25.0GB |
| 扩展分区 | 1 | EXTEND | 0F | 3264 | 0 | 1 | 8461 | 254 | 63 | 39.8GB |
| 本地磁盘(E:) | 4 | FAT16 | 0E | 3264 | 1 | 1 | 3499 | 254 | 63 | 1.8GB |
| 逻辑分区(5) | 5 | FAT32 | 1B | 3500 | 1 | 1 | 4023 | 254 | 63 | 4.0GB |

文件系统类型：　　　　　　　　　FAT32（隐藏）　卷标：
总容量：　　　　　　　　　　　4.0GB　　　　总字节数：　　　　　　　4310014464
已用空间：　　　　　　　　　129.8MB　　　可用空间：　　　　　　　3.9GB
簇大小：　　　　　　　　　　4096　　　　总簇数：　　　　　　　　1050193
已用簇数：　　　　　　　　　31175　　　空闲簇数：　　　　　　　1019018
总扇区数：　　　　　　　　　8417997　　　扇区大小：　　　　　　　512 Bytes
起始扇区号：　　　　　　　　56227563

卷序列号：　　　　　　　　　000C-0CD2　　BPB卷标：
保留扇区数：　　　　　　　　38　　　　　DBR备份扇区号：　　　　　6
FAT个数：　　　　　　　　　2　　　　　FAT扇区数：　　　　　　　8205
FAT1扇区号：　　　　　　　38（柱面:3500 磁头:39 扇区:39）
FAT2扇区号：　　　　　　　8243（柱面:3500 磁头:131 扇区:54）
根目录扇区号：　　　　　　　16448（柱面:3501 磁头:7 扇区:6）
根目录簇号：　　　　　　　　2
数据起始扇区号：　　　　　　16448（柱面:3501 磁头:7 扇区:6）

图 12-9　第二个逻辑分区的详细信息

根据相关参数，可以求得该分区的 VMBR 扇区位置、DBR 扇区位置、FAT1 扇区位置、FDT 扇区位置和数据区起始位置等参数。

## 12.2　BIOS+UEFI 双启动 U 盘制作

### 12.2.1　基本概念

自 2010 年英特尔公司推出"6"系列芯片组（如 H61）主板起，计算机产品普遍使用了"UEFI+GPT"和"BIOS+MBR"双架构的启动技术，而且主板的默认 U 盘启动方式主要采用"USB-ZIP"（大容量软盘仿真模式）或"USB-HDD"（硬盘仿真模式）等，这使双启动 U 盘的应用趋于标准化、大众化。随着"UltraISO"工具软件的"U+"、"U+ V2"技术（即制作模式或启动模式）的发展，启动 U 盘的制作过程逐渐简化，大大提高了启动

U 盘的兼容性和启动成功率，成为制作双启动 U 盘的主流模式。

无论是服务器、个人台式机、笔记本、超级本、上网本还是一体机等计算机产品，它们能识别的启动设备除了"USB-ZIP"、"USB-HDD"外，还有"ZIP"（大容量软盘）、"FDD"（软盘）、"CD-ROM"（光盘）、"HDD"（硬盘）、"LAN"（网卡）、"USB-CD-ROM"（光盘仿真模式）和"USB-FDD"（软驱仿真模式）等。不过，不同的主板提供的启动设备不完全相同，启动设备的启动顺序可以通过 BIOS 设置程序进行设置，也可以在启动计算机系统时，按某个键来设置，如可以按"F11"或"F12"等键（这要视主板而定）。

所谓"BIOS+UEFI"双启动 U 盘，就是指利用主板提供的"USB-ZIP"、"USB-HDD"等启动方式，能启动"BIOS+MBR"和"UEFI+GPT"架构计算机系统的启动 U 盘。制作"BIOS+UEFI"双启动 U 盘必须满足以下几个基本条件。

第一，选用合适的制作模式工具软件。目前比较主流的是"UltraISO"（要求 V9.5 以上版本）工具软件，该软件提供了十分典型的制作启动 U 盘的模式（或写入方式），如"U+V2"，其制作出的启动 U 盘具有相当高的兼容性，该软件还提供了制作启动 U 盘的多种启动模式，如典型的"U+"、"U+ V2"等，后者兼容性高于前者。"U+"、"U+ V2"等是众多计算机产品中默认支持的启动模式，即"UEFI+GPT"和"BIOS+MBR"双架构的启动方式。

U 盘的制作模式还有"明文"、"量产"、"UD"、"B+"等，但因所制作出的启动 U 盘的兼容性不强，或制作过程复杂，所以没有得到广泛推广。

第二，选用合适的制作双启动 U 盘的材料，即"BIOS+UEFI 双启动 ISO 软光盘"。它是一种集多种操作系统和大量工具软件为一体的系统维护盘，如"北极熊维护系统 Win8PE_x64_x32.ISO"、"天意 U 盘维护系统技术员版.ISO"等（这些 ISO 软光盘，也可以自己制作，有兴趣的读者，请查阅相关资料）。"BIOS+UEFI 双启动 ISO 软光盘"既可以启动进入 DOS 操作系统，也可启动进入 32 位或 64 位的 WinPE 操作系统。

所有可引导的 ISO 软光盘都可以刻录成物理光盘，但并非都能成功制作为启动 U 盘。比如，大多数用于安装操作系统的 ISO 软光盘，就不能用"UltraISO"工具软件来制作，但可通过如"量产"或其他模式来制作。又如，"通用 PE 工具箱"生成的 ISO 软光盘可以制作为启动 U 盘，只不过目前的版本只能启动"BIOS+MBR"架构计算机系统。

第三，选用合适的 U 盘。U 盘容量需大于 ISO 软光盘的容量。另外，U 盘的主控芯片也是关键因素，若是采用"U+"、"U+ V2"等模式来制作启动 U 盘，因其提高了兼容性，简化了制作过程，理论上就与所用 U 盘的主控芯片无关，所以 U 盘品牌的可选范围很广，比如"朗科"、"台电"、"Kingston 金士顿"等。原则上讲，只要能启动自己的计算机系统，所制作的启动 U 盘就是最好的。

有了"UltraISO"工具软件以及双启动 ISO 软光盘材料，就可以制作自己的"BIOS+UEFI"双启动 U 盘了。如果该双启动 U 盘用于启动"UEFI+GPT"架构的计算机系统，则直接启动进入 64 位的 WinPE 操作系统；如果是用于启动"BIOS+MBR"架构的计算机系统，则可以选择进入 DOS 操作操作系统、32 位或 64 位的 WinPE 操作系统等。

为了能正确使用"BIOS+UEFI"双启动 U 盘来启动相应的架构，需要设置计算机的启动设备顺序。方法如下：把启动 U 盘插入到计算机的 USB 接口后，重新启动计算机，在开机时点击键盘的某个按键（不同的计算机系统，其按键是不同的，如 F12、F11、F10 等，这需要查阅计算机主板说明书），将显示启动设备的选择菜单，此时不需要进入 BIOS 设置界面（个别计算机需要进入 BIOS 来设置启动设备的顺序），可利用键盘上的"↑"（上）或"↓"（下）键来选择需要的启动模式或启动设备（有"UEFI"字样的就是 UEFI 启动模式或启动设备）。

"U+"模式也叫"USB-ZIP+"（增强的 USB-ZIP 模式）启动模式、"USB-HDD+"（增强的 USB-HDD 模式）启动模式，是"UltraISO"工具软件特有的制作技术。它是一种利用"UltraISO"工具软件把可引导的 ISO 软光盘写入到 U 盘的中，从而制作可启动 U 盘的模式。该模式成功率和兼容性都非常高，而且操作十分方便，可以创建启动分区并支持"无隐藏"、"一般隐藏"或"高端隐藏"等分区模式。其中，"无隐藏"模式的兼容性是最高的，应该是制作启动 U 盘的首选方式，但该方式无法防止病毒攻击和误删除等问题。另外，"USB-ZIP+"的兼容性强于"USB-HDD+"。

"U+ V2"模式，也叫第二代"U+"制作模式，即"USB-ZIP+ V2"启动模式、"USB-HDD+ V2"启动模式，它是对"U+"模式的更新和发展，比"U+"模式具有更高的兼容性和稳定性，还能创建启动分区并支持"深度隐藏"的分区模式。不过，"深度隐藏"的分区模式其兼容性不高，使用并不广泛。另外，"USB-ZIP+ V2"的兼容性强于"USB-HDD+ V2"。

U 盘的启动模式还有"USB-HDD"（硬盘仿真模式）、"USB-ZIP"（大容量软盘仿真模式）、"USB-CDROM"（光盘仿真模式或外置光驱）、"USB-FDD"（模拟软驱或外置软驱）、"fbinst"、"grub4dos"、"NT 5.x"、"NT 6.x"和"PLoP Boot Manager"等。它们大都是由不同的制作模式软件所创建的，其兼容性都不高，而且制作过程复杂。其中"USB-CDROM"启动模式主要用于有外置光驱的情况。

最初制作的启动 U 盘，只能启动进入 DOS 操作系统。随着计算机技术以及制作启动 U 盘技术的发展和普及，制作出了启动进入 32 位 WinPE 操作系统的启动 U 盘，目前，也可轻松制作出启动进入 64 位 Windows 8 等的 WinPE 操作系统的启动 U 盘。

另外，DOS 或 32 位 WinPE 操作系统的启动 U 盘，只能启动"BIOS+MBR"架构的计算机系统，而 64 位的 WinPE 操作系统则可用于启动"UEFI+GPT"或"BIOS+MBR"架构的计算机系统，"UEFI+GPT"架构不能启动进入 DOS 或 32 位 WinPE 操作系统。

### 12.2.2　实验目的

认识"UltraISO"工具软件提供的制作启动 U 盘的制作模式和过程，并能利用该工具制作启动 U 盘；了解并熟练设置计算机主板提供的启动模式和启动设备顺序。

### 12.2.3　实验指导

（1）准备工作。在本地计算机系统中安装好"UltraISO"工具软件；下载好"北极熊维护系统 Win8PE_x64_x32.ISO"软光盘（容量不到 900MB），或其他的可启动工具软件 ISO 软光盘，如"通用 PE 工具箱"生成的 ISO 软光盘；备好一个至少 1GB 容量的空白 U 盘，并插入计算机的 USB 接口中。

（2）制作"BIOS+UEFI"双启动 U 盘。运行"UltraISO"工具软件，并打开 ISO 软光盘，如"北极熊维护系统 Win8PE_x64_x32. ISO"或"通用 PE 工具箱"生成的软光盘，其主界面如图 12-10 所示。

　　一个能启动"UEFI+GPT"架构计算机系统的 ISO 软光盘，必然至少包含有"grldr"、"boot"和"efi"等内容。点击菜单"启动"下的"写入硬盘映像"命令，具体如图 12-11 所示，这是"写入硬盘映像"界面。其中，"硬盘驱动器"选择框中是可选的 U 盘，显示有 U 盘的名称以及相关信息（用于判断是否是所选 U 盘）。"写入方式"（即制作模式或启动方式）和"隐藏启动分区"选择框最为关键，是制作启动 U 盘成败和兼容性好坏的关键。其他选项默认即可。

图 12-10　打开 ISO 软光盘的主界面

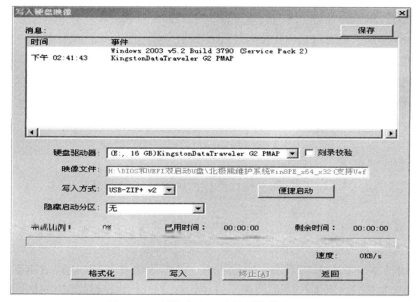

图 12-11　制作启动 U 盘的制作模式界面

　　一般来讲，第一次制作启动 U 盘，为了能最大限度地保证成功，"写入方式"可选择"USB-ZIP+ V2"模式，"隐藏启动分区"方式可选"无"（即无隐藏方式）模式。以后，可以根据经验和计算机的启动设备特点，再进一步修改这两项参数。比如可以在"写入方式"不变的情况下，逐步修改"隐藏启动分区"的参数，直到所制作的启动 U 盘有最好的兼容性为止。

在"隐藏启动分区"的选项中，"无"模式是指不隐藏数据，直接将 ISO 映像写入到 U 盘的可见独立分区中，且该分区的文件系统一般是 FAT 32。其特点是写入简单、更新方便，若有更新的内容，直接在 U 盘里替换即可。缺点是容易被误删除、误格式化和易受病毒攻击。不过，如果 U 盘有写保护锁，便可采用这种兼容性最高的方式。

"隐藏"模式是指把 U 盘重新进行分区，且在隐藏分区中写入 ISO 镜像，U 盘的其余部分则分为可见分区，其文件系统一般是 FAT 32。隐藏的分区在 U 盘的前部，且分区格式为隐藏的 FAT 16 或 FAT32。该方式的特点是：具有防误删除、防误格式化和防病毒等功能，可见分区可以再次高级格式化为其他的文件系统。

"高端隐藏"模式与"隐藏"模式相似，只是隐藏的分区在 U 盘的后部，可用分区在 U 盘的前部。"高端隐藏"与"隐藏"模式中的隐藏分区，可以通过工具软件"DiskGenius"的"浏览文件"功能查看到其中的文件内容。

"深度隐藏"模式与前两者隐藏模式都不同，即便用工具软件"DiskGenius"的"浏览文件"功能也无法看到其中的文件内容，隐藏分区的安全性固然是最高的，但是，其兼容性很低。

无论是哪种隐藏模式，其可见分区都可以利用工具软件"DiskGenius"来重新高级格式化为其他的文件系统，如 FAT 32 或 NTFS 等，NTFS 文件系统可以支持保存大于 4GB 的文件。所以，可见分区一般用于放置 GHO 映像文件（该 GHO 文件一般是 Ghost 版 Windows 安装包，而且体积都较大），专门针对"BIOS+MBR"架构的计算机安装操作系统。"UEFI+GPT"架构的计算机不能使用 GHO 映像来安装操作系统，但可以对分区进行备份与还原等操作。无隐藏分区的模式无法保存大于 4GB 的 GHO 映像文件。

如图 12-11 所示，在确定了 U 盘设备、写入方式和隐藏启动分区等参数后，点击"写入"按钮，便开始了制作启动 U 盘的过程（如果 ISO 软光盘的容量越大，所花时间就越长），制作完成后必须把 U 盘拔出。注意，如果 U 盘中有文件数据，制作 U 盘时将覆盖其上的所有内容。

最后，将制作好了的启动 U 盘再次插入到计算机的 USB 接口中重新启动计算机，并选择相应的启动模式或启动设备，看看是否能正常启动。如果不能正常启动，则必须重新制作启动 U 盘。

本实验到此结束。

（3）制作可为"UEFI+GPT"架构计算机产品安装 64 位 Windows 7/8/8.1 等操作系统的 U 盘。

目前，多数的计算机产品采用了"UEFI+GPT"架构，并且不再提供光驱，这些产品所装系统都是默认的 64 位 Windows 操作系统。从前面的实验项目可以了解到，针对"BIOS+MBR"架构的计算机产品，可以利用标准安装版本或 Ghost 安装版本的安装光盘或 U 盘来重新安装系统，而且安装过程简单方便。而"UEFI+GPT"架构的计算机产品，只能用标准安装版本的安装光盘来安装系统，这是微软默认的操作系统安装方式。如果用"BIOS+MBR"架构的方式来安装操作系统，则必然采用 MBR 的磁盘分区结构，就会导致原 GPT 磁盘分区结构完全被毁掉。

事实上，微软鼓励用户采用 U 盘来为"UEFI+GPT"架构的计算机安装操作系统，只需要下载 64 位的 Windows 操作系统标准安装版 ISO 软光盘，之后通过简单的方法制作到盘上即可。

制作 U 盘的方法（以制作 64 位 Windows 7 标准安装版的 U 盘为例来说明）如下。

备好一个至少 4GB 容量的 U 盘；下载一个 "Windows 7 ultimate sp1 x64.ISO" 软光盘；再下载一个 "BootX64.efi" 文件，它是必须的一个标准启动文件，其作用是能让 U 盘启动所有具有 "UEFI+GPT" 架构的计算机产品；安装好 "UltraISO PE" 工具软件。

利用 "UltraISO PE" 工具软件把 ISO 软光盘制作到 U 盘中，必须采用 "无隐藏" 的方式，至于 "写入方式" 可以是 "U+" 或 "U+V2" 等，根据自己计算机产品情况来确定。无隐藏方式制作的 U 盘，表示可以由用户直接读写数据，并且采用 FAT 32 的文件系统，这也是 "UEFI+GPT" 架构所默认的。

制作好 U 盘后，把 "BootX64.efi" 文件复制到 "\efi\microsoft\boot" 文件夹下，再把 "\efi\microsoft" 下的 "boot" 文件夹，复制到 "\efi" 文件夹下，便构成了一个标准的能被主板的 "UEFI" 启动方式识别的启动结构了。到此，可启动 U 盘制作完成。该 U 盘可用于 "UEFI+GPT" 架构计算机产品安装 64 位的 Windows 7 操作系统了。

注意，微软的 32 位和 64 位标准安装版的 Windows 8/8.1 等 ISO 软光盘中，已经包含了 "BootX64.efi" 文件，而且是标准的启动结构，所以，可以直接用 "UltraISO PE" 工具软件来制作 U 盘，但最好采用 "无隐藏" 的方式制作。

## 12.3  实验练习

请读者下载一个 "BIOS+UEFI 双启动" ISO 软光盘，并把工具软件 "DiskGenius"、"Sector Editor 1.0.7.57"、"WinHex"、"BOOTICE（32/64 位版）" 等添加进 ISO 软光盘中，并制作为可启动 U 盘，以备用。

用以上制作好的启动 U 盘，启动读者自己的计算机，利用相关工具软件分析和回答以下问题。

（1）该 U 盘是采用 "BIOS+MBR" 架构还是 "UEFI+GPT" 架构来启动的？

（2）请画出硬盘的分区结构示意图（图 2-12），并标出 "分区类型"、"容量"、"分区格式（或文件系统）" 等参数。

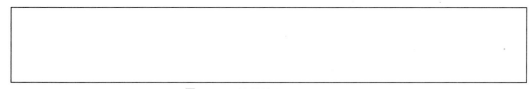

图 12-12  硬盘的分区结构示意图

（3）如果硬盘是 MBR 的分区结构，请计算和回答以下问题。

① $LBA$（MBR 扇区位置）=＿＿＿＿＿

②所分析的磁盘中，哪个分区是 FAT 32 文件系统的（只要求一个）？是第＿＿主分区、还是第＿＿＿＿个逻辑分区？

③如果是 FAT 32 文件系统，则有：

$LBA$（该分区的 DBR 扇区位置）=＿＿＿＿＿＿；

$LBA$（该分区的 VMBR 扇区位置）=＿＿＿＿＿＿；

$LBA$（该分区的 FAT 表起始扇区位置）=＿＿＿＿；

$LBA$（该分区的 FDT 表起始扇区位置）=＿＿＿＿。

④所分析的磁盘中，哪个分区是 NTFS 文件系统的（只要求一个）？是第＿＿主分区、还是第＿＿个逻辑分区？NTFS 的版本号是：＿＿＿＿。

⑤如果是 NTFS 文件系统，则有：

$LBA$（该分区的 DBR 扇区为位置）=＿＿＿＿；

$LBA$（该分区的 VMBR 扇区位置）=＿＿＿＿；

$LBA$（该分区的 MFT 项起始位置）=＿＿＿＿。

（4）如果硬盘是 GPT 的分区结构，请计算、回答和操作以下问题。

①是否有 ESP 分区？是否有 MSR 分区？

②$LBA$（第一主分区的 DBR 扇区位置）=＿＿＿＿。

③请用"BOOTICE"工具软件备份 GPT 结构为文件，并保存之。